SETI

Die wissenschaftliche Suche nach außerirdischen Zivilisationen

TELEPOLIS
magazin der netzkultur

→ www.telepolis.de

Das Online-Magazin TELEPOLIS wurde 1996 gegründet und begleitet seither die Entwicklung der Netzkultur in allen Facetten: Politik und Gesetzgebung, Zensur und Informationsfreiheit, Schutz der Privatsphäre, wissenschaftliche Innovationen, Entwicklungen digitaler Kultur in Musik, Film, bildender Kunst und Literatur sind die Kernthemen des Online-Magazins, welche ihm eine treue Leserschaft verschafft haben. Doch TELEPOLIS hat auch immer schon über den Rand des Bildschirms hinausgesehen: Die Kreuzungspunkte zwischen realer und virtueller Welt, die »Globalisierung« und die Entwicklung der urbanen Kultur, Weltraum und Biotechnologie bilden einige der weiteren Themenfelder.

Als reines Online-Magazin ohne Druckausgabe nimmt TELEPOLIS damit eine einzigartige Stellung im deutschsprachigen Raum ein und bildet durch seine englischsprachige Ausgabe und seinen internationalen Autorenkreis eine wichtige Vermittlungsposition über sprachliche, geografische und kulturelle Grenzen hinweg. Verantwortlich für das Online-Magazin und Herausgeber der TELEPOLIS-Buchreihe ist Florian Rötzer.

Die TELEPOLIS-Bücher basieren auf dem Themenkreis des Online-Magazins. Die Reihe schaut wie das Online-Magazin über den Tellerrand eingefahrener Abgrenzungen hinaus und erörtert Phänomene der digitalen Kultur und der Wissensgesellschaft.

Eine Auswahl der bisher erschienenen TELEPOLIS-Bücher:

Craig Morris
Zukunftsenergien
Die Wende zum nachhaltigen Energiesystem
2005, 180 Seiten, 16 €

Brigitte Zarzer
Einfach GEN:ial
Die grüne Gentechnik: Chancen, Risiken und Profite
2006, 190 Seiten, 16 €

Erik Möller
Die heimliche Medienrevolution
Wie Weblogs, Wikis und freie Software die Welt verändern
2., erweiterte und aktualisierte Auflage
2006, 247 Seiten, 19 €

Alfred Krüger
Angriffe aus dem Netz
Die neue Szene des digitalen Verbrechens
2006, 220 Seiten, 19 €

Olga Drossou, Stefan Krempl, Andreas Poltermann (Hrsg.)
Die wunderbare Wissensvermehrung
Wie Open Innovation unsere Welt revolutioniert
2006, 192 Seiten, 18 €

Vanessa Diemand, Michael Mangold, Peter Weibel (Hrsg.)
Weblogs, Podcasting und Videojournalismus
Neue Medien zwischen demokratischen und ökonomischen Potenzialen
2007, 234 Seiten, 18 €

Peter Bürger
Bildermaschine für den Krieg
Das Kino und die Militarisierung der Weltgesellschaft
2007, 224 Seiten, 18 €

Stefan Iglhaut, Herbert Kapfer, Florian Rötzer (Hrsg.)
what if ?
Zukunftsbilder der Informationsgesellschaft
2007, 238 Seiten, 18 €

Andreas Lober
Virtuelle Welten werden real
Second Life, World of Warcraft & Co: Faszination, Gefahren, Business
2007, 174 Seiten, 16 €

Stephan Schleim
Gedankenlesen
Pionierarbeit der Hirnforschung
2008, 184 Seiten, 18 €

Rainer Sommer
Die Subprime-Krise und ihre Folgen
Von faulen US-Krediten bis zur Kernschmelze des internationalen Finanzsystems
2009, 232 Seiten, 19 €

Stefan Weber
Das Google-Copy-Paste-Syndrom
Wie Netzplagiate Ausbildung und Wissen gefährden
2., aktualisierte Auflage
2009, 196 Seiten, 16 €

Klaus Schmeh
Versteckte Botschaften
Die faszinierende Geschichte der Steganografie
2009, 246 Seiten, 18 €

Vanessa Diemand, Uwe Hochmuth, Christina Lindner, Peter Weibel (Hrsg.)
Ich, Wir und Die Anderen
Neue Medien zwischen demokratischen und ökonomischen Potenzialen II
2009, 212 Seiten, 18 €

Matthias Brake
Mobilität im regenerativen Zeitalter
Was bewegt uns nach dem Öl?
2009, 154 Seiten, 16 €

Stefan Selke, Ullrich Dittler (Hrsg.)
Postmediale Wirklichkeiten
Wie Zukunftsmedien die Gesellschaft verändern
2009, 256 Seiten, 19 €

Matthias Becker
Datenschatten
Auf dem Weg in die Überwachungsgesellschaft?
2010, 182 Seiten, 16,90 €

Lothar Lochmaier
Die Bank sind wir
Chancen und Perspektiven von Social Banking
2010, 160 Seiten, 15,90 €

Weitere Informationen zu den TELEPOLIS-Büchern und Bestellung unter:
→ www.dpunkt.de/telepolis

TELEPOLIS
magazin der netzkultur

Harald Zaun (48)
ist promovierter Historiker und studierter Philosoph mit naturwissenschaftlichem Hintergrund. Er arbeitet in Köln als freiberuflicher Wissenschaftsjournalist und Sachbuchautor und schreibt primär für Printmedien (Die Welt, Frankfurter Rundschau, Rheinischer Merkur, Wiener Zeitung, WAZ u.a.), gelegentlich für den Online-Bereich. Der Bestseller-Coautor ist Herausgeber und Mitautor von vier erfolgreichen Telepolis-Wissenschaftsmagazinen. Sein Werk »Die kürzeste Geschichte allen Lebens. Eine Reportage über 13,7 Milliarden Jahre Werden und Vergehen« (Piper 2008), das er mit Prof. Dr. Harald Lesch verfasst hat, wurde in mehreren Sprachen übersetzt und avancierte auch zum Hörbuch-Bestseller. Sein Lieblingszitat stammt aus der Feder des griechischen Philosophen Heraklit (um 540–480 v. Chr.), das seiner Ansicht nach vor allem SETI-Wissenschaftler beherzigen sollten:

»Wer nicht Unerwartetes erwartet,
wird das Unerwartete nicht finden.«

Für Monique
in tiefer und ewiger
Freundschaft

[Ich widme diese Arbeit auch:
Betty, Celine, Joelle, Nicki, Paul, Pia, Theo und Tiffy]

Harald Zaun

SETI

Die wissenschaftliche Suche nach außerirdischen Zivilisationen

Heise

Harald Zaun
harald.zaun@netcologne.de

Reihenherausgeber: Florian Rötzer, München, fr@heise.de

Lektorat: Susanne Rudi, Heidelberg
Herstellung: Birgit Bäuerlein
Umschlaggestaltung: Hannes Fuß, www.exclam.de
Druck und Bindung: Media-Print Informationstechnologie, Paderborn

Bibliografische Information der Deutschen Nationalbibliothek
Die Deutsche Nationalbibliothek verzeichnet diese Publikation in der Deutschen Nationalbibliografie; detaillierte bibliografische Daten sind im Internet über http://dnb.d-nb.de abrufbar.

ISBN 978-3-936931-57-0

1. Auflage 2010

5 4 3 2 1 0

Vorwort

Vermutlich sind wir allein im Universum. Nur der fehlende Konkurrenzdruck kann unsere Schwächen erklären.

Karl-Heinz Karius

Was wäre das für eine Nachricht: Leben auf einem anderen Planeten entdeckt! Unser alltägliches Leben wäre davon womöglich nicht betroffen, unser Bild von der Welt indes schon. Die Welt wäre nicht mehr dieselbe. Die Entdeckung von außerirdischem Leben würde uns neue Zukunftsperspektiven eröffnen, aber zugleich auch zahlreiche Fragen aufwerfen. Existiert dort intelligentes Leben und wenn ja, können wir mit den *Anderen* kommunizieren? Könnten wir sogar zu deren Welt reisen?

Keine Nachricht der Astronomen ginge uns so nahe wie die Erkenntnis, dass wir nicht allein sind. Wer weiß, was die Außerirdischen alles so wissen und technisch bewerkstelligen! Möglicherweise sind sie in puncto Technik und Wissenschaft viel weiter als wir. Vielleicht sind sie sogar weiser und haben Probleme wie die Energiekrise, den Klimawandel, die Überbevölkerung und die Ressourcenbegrenzung längst gelöst. Besonders interessant wäre ihre Soziologie, welche Form des Zusammenlebens sie praktizieren und nicht zuletzt ihr Verhältnis zur Kunst, Musik und Religion.

Kurzum, egal wie weit weg sie auch immer wären – allein die Erkenntnis, dass *sie* existieren, würde unser Weltbild radikal verändern, stärker als alles andere zuvor. Dass sich Wissenschaftler ernsthaft über diese Fragen Gedanken machen, ist ein recht modernes Phänomen. Einzelne Privatgelehrte hatten sich im Laufe der Jahrhunderte immer mal wieder zur Möglichkeit außerirdischen Lebens geäußert, aber eben ohne jede wissenschaftliche Grundlage, eher aus einem instinktiv-intuitiven Gefühl heraus, teils auch aus rein philosophischen Gründen. Literarisch waren andere bewohnte Welten schon immer Gegenstand von großen Epen und kleinen Geschichten, aber eben auch nur Fiktion. Seit 50 Jahren jedoch ist die Suche nach außerirdischen Hochkulturen kein Hirngespinst mehr, sondern ein Teil des wissenschaftlichen Alltags. Woher kommt dieser Wandel? Wann hat es ein zunächst fast ausschließlich in Romanerzählungen existierendes Szenarium schon einmal geschafft, sich in der Welt der Wissenschaften, sogar der härtesten aller Naturwissenschaften, der Physik, derart viel Gehör zu verschaffen, dass daraus neue Forschungszweige entstanden sind? Einer davon ist die *Bioastronomie*, ein anderer SETI (Search for Extraterrestrial Intelligence – Suche nach außerirdischer Intelligenz). Seitdem die NASA in ihrem Programm »Origins« (Ursprünge) die Entdeckung eines lebensfähigen Planeten in den nächsten 20 Jahren zur zentralen Aufgabe erkoren hat, haben die Bioastronomie und auch SETI noch mehr an Profil und Bedeutung gewonnen.

Diese Entwicklung ist überhaupt nur denkbar mittels einer Hypothese, die heute im Zentrum aller astronomischen Forschung steht und zugleich ihr Credo ist: Die Naturgesetze, die wir von der Erde kennen, gelten überall im Universum! Diese Hypothese muss sich, gemäß den ungeschriebenen Gesetzen der Naturwissenschaft, an der Erfahrung messen lassen. Anders formuliert: Die These von der Allgemeingültigkeit der physikalischen Naturgesetze muss in Experiment und Beobachtung überprüfbar sein. Die Suche nach außerirdischem Leben geschieht vor allem auf der Basis elektromagnetischer Strahlung ganz verschiedener Frequenzbereiche. Besagte Hypothese beinhaltet also die Annahme, dass die Entstehung und Ausbreitung der Strahlung sich so verhält, wie wir es von Strahlungsquellen hier auf der Erde kennen. Dann und nur dann können wir aus der Strahlung etwas lernen. Diese Korrespondenz der Naturgesetze hat zur Konsequenz, dass wir zum Beispiel alle chemischen Elemente kennen, die es im Universum gibt – das Periodensystem der Elemente ist komplett. Es hat keine Lücken mehr. Das bedeutet aber zugleich auch, dass intelligente Aliens ähnlich wie wir aus Molekülen bestehen, die wie auf der Erde durch sehr energiereiche Strahlung zerstört werden können. Mit diesen und ähnlichen Überlegungen gelangt man zu dem Schluss: Der Außerirdische ist auch nur ein Mensch! Das ist natürlich im übertragenen Sinne zu verstehen, eröffnet aber insgesamt erst die Perspektive für eine erfolgreiche Suche nach ET & Friends. Gerade das spannungsreiche Verhältnis von Spekulation und wissenschaftlicher Untersuchung macht die Suche nach kommunikationsbereiten Aliens zum wirklichen Ziel jeder astronomischen Untersuchung nach den physikalischen, planetaren und biochemischen Voraussetzungen für Leben.

Jetzt mal unter uns: Was wir wirklich wissen wollen, sind doch nicht diese ganzen Bedingungen für irgendwelche kleinen langweiligen Einzeller. Wir wollen uns doch lieber mit interessanten, möglichst hoch intelligenten Außerirdischen darüber unterhalten, was unsere Welten im Innersten zusammenhält, welchen Sinn dieses ganze Universum hat und was ihre Hoffnungen und Pläne für die Zukunft sind.

Weil das so ist, hat sich SETI seit 50 Jahren zu einem der größten und faszinierendsten Projekte gemausert. Seine Geschichte ist gefüllt mit Spekulation, technischem Aufwand, Sturheit und dem unbändigen Willen, weiterzusuchen, auch wenn bislang noch nichts gefunden wurde. Wir vertrauen dem Universum und hoffen, dass es neben uns andere vernunftbegabte Kreaturen hervorgebracht hat, weil wir nicht allein sein können und wollen.

Da die SETI-Idee so großartig und die möglichen Konsequenzen und Aussichten so ungeheuerlich sind, sollten wir wichtige Aspekte der Geschichte, Gegenwart und Zukunft von SETI kennen, um dessen Chancen und Perspektiven, aber auch Risiken besser einschätzen zu können.

Harald Zaun hat unter Berücksichtigung der wissenschaftlichen Literatur nun als erster deutscher Autor diesen Zusammenhang deutlich herausgearbeitet und auf distinguierte Weise zu Papier gebracht. Ich gratuliere ihm zu dieser grandiosen Arbeit. Und ich wünsche Ihnen, liebe Leser, viel Vergnügen beim Studium seiner kurzweiligen Lektüre!

Prof. Dr. Harald Lesch
München, 23. März 2010

Prolog

Es wäre vermessen, in uns selbst die einzigen Statthalter des Geistes im Kosmos zu sehen.

Heinz Haber, 1970

Die ungewöhnlichste Ausschreibung der Wissenschaftsgeschichte ereignete sich nur wenige Wochen vor dem kalendarischen Sprung der Menschheit ins 20. Jahrhundert. Im Auftrag einer gewissen Madame Clara Goguet Guzman setzte die Französische Akademie der Wissenschaften im Dezember 1900 einen mit 100.000 Francs dotierten Preis für jene Person oder Nation aus, die nachweisen kann, erstmals mit einer außerirdischen Zivilisation in Kontakt getreten zu sein. Und damit meinten Frau Guzman und mit ihr das Gros der zeitgenössischen Astronomen keineswegs Mond- oder Marsbewohner. Von deren Existenz gingen sie ohnehin aus.

Dass der Guzman-Preis bis auf den heutigen Tag nicht ausgezahlt werden musste, spricht Bände und spiegelt den aktuellen Stand der exobiologischen Forschung nur allzu deutlich wider. Tatsächlich hat bis heute noch keine intelligente Lebensform der Erde in offizieller Mission die Aufwartung gemacht oder sich zu Forschungszwecken als Studienobjekt eingefunden, geschweige denn als interplanetarer Botschafter mediale Aufmerksamkeit erlangt. Selbst die Fangquote der weltweit verstreuten SETI-Radioastronomen (SETI = Search for ExtraTerrestrial Intelligence = Suche nach außerirdischer Intelligenz), die mit ihren Antennen, Schüsseln und optischen Teleskopen passiv nach künstlich erzeugten intelligenten Radio- und Lichtsignalen suchen, ist fürwahr ernüchternd. Seitdem der US-Radioastronom Frank Drake vor genau 50 Jahren den ersten wissenschaftlich-systematischen Lauschangriff auf außerirdische Funksignale startete und mehr als 120 weitere *offizielle* SETI-Suchprogramme seinem Beispiel folgten,[1] vereinzelt sekundiert von geheimen militärischen Horchoperationen,[2] zog kein einziger

1) Die genaue Anzahl aller Suchprogramme von 1960 bis Ende 2009 ist rückblickend nicht ermittelbar. Weil viele Amateure und Profis – insbesondere die zahlreichen Mitglieder der SETI-League – zuweilen auf Selbstkostenbasis und in Eigenregie nach extraterrestrischer Intelligenz fahnden, lassen sich nicht alle Lauschangriffe systematisch erfassen.

Forscher oder Amateurwissenschaftler die lang ersehnte interplanetare Flaschenpost ans Erdufer. Keine aus den Tiefen des Alls eintreffende Funknachricht übertönte die kosmisch-natürliche Sphärenmusik, kein künstlicher Laserblitz überstrahlte das astrale Lichtmeer. Nur das allgegenwärtige Rauschen der Hintergrundstrahlung und das unnachgiebige Pulsieren der Neutronensterne verschaffen sich im *Äther* ohne Unterlass Gehör. Und allein das natürliche Feuer der Sterne erhellt hie und da die kalte Schwärze des Alls. Es hat den Anschein, als herrsche in den Tiefen und Weiten des materiearmen Universums pure Tristesse und weiträumig gähnende Leere – auch in Bezug auf das Vorkommen anderer Lebensformen.

Dennoch oder gerade deswegen ist derzeit die Suche nach ET & Co. en vogue und salonfähig wie nie zuvor. Großen Anteil hieran haben die Planetenjäger, die bislang 461 Exoplaneten (Stand: Juni 2010) entdeckten, und die Hochrechnungen der Exobiologen, denen zufolge intelligentes Leben im All eher die Regel als die Ausnahme ist. Der neue Optimismus der SETI-Forscher und Bioastronomen speist sich nicht zuletzt aus der Gegebenheit, dass die Teleskope zu Boden oder im Orbit, mit denen Radioastronomen, Astrophysiker und Exobiologen das planetare Geschehen außerhalb unseres Sonnensystems studieren, immer sensibler und effektiver werden. Gleiches gilt für die Hard- und Software und alle daraus resultierenden Berechnungen und Computersimulationen. Dank dieser Fortschritte können die Planetendetektive mit ihren Hightech-Lupen die Atmosphären ferner Exoplaneten immer schneller Fingerabdruck für Fingerabdruck abtasten und die SETI-Jäger im *Äther* ausgewählte Frequenzbereiche immer genauer Wellenlänge für Wellenlänge sezieren – auf mehreren Milliarden Kanälen gleichzeitig. Darüber hinaus bedienen sich SETI-Astronomen neuester Suchmethoden und Strategien und peilen fernerhin neue Zielsterne an, die sie noch vor einigen Jahren sträflich ignorierten. Dieser Um- und Aufbruch, aber auch die neue Kooperation zwischen den SETI-Wissenschaftlern und den Planetenjägern soll näher beleuchtet werden (Kap. 8).

Zu Anfang noch mit dem Stigma des Unseriösen behaftet, hat sich die SETI-Idee heute nicht nur in der Welt der Wissenschaft, sondern auch in der Öffentlichkeit und den Medien einen Namen erarbeitet. Mittlerweile erfreut sich dieser Forschungsbereich breiter Zustimmung und allgemeiner Beliebtheit,

2) Es ist davon auszugehen, dass im Auftrag hochrangiger Militärs bzw. unter deren Aufsicht bereits SETI-Suchdurchläufe in diversen Ländern stattgefunden haben oder noch stattfinden, nicht zuletzt deshalb, weil das Militär traditionell über die besten Kommunikationsanlagen (Radioteleskope und Sender) verfügt. Da all diese potenziellen SETI-Projekte naturgemäß *top secret* sind und auf einer rein militärischen Ebene durchgeführt werden und die offiziellen Quellen hierzu schweigen, befasst sich dieses Buch allein mit der wissenschaftlich-systematischen *zivilen* Suche nach außerirdischer Intelligenz.

was nicht zuletzt die rege Beteiligung an der SETI@home-Initiative und die eindrucksvolle Arbeit der Planetary Society[3] sowie das Engagement der SETI League[4] dokumentieren. Wie schnell sich SETI etablierte, brachte eine am 29. Oktober 1982 im renommierten Wissenschaftsmagazin *Science* erschienene Petition zum Ausdruck. Veranlasst durch die Drohung des US-Senats, die SETI-Gelder bis auf Weiteres zu streichen, setzte sich ihr Initiator Carl Sagan für die Intensivierung und Finanzierung einer koordinierten weltweiten Suche nach außerirdischen Funksignalen ein. Dass sein Aufruf Gehör fand, belegen 70 Unterschriften namhafter Wissenschaftler. Gleich acht Nobelpreisträger wie etwa Sir Francis Crick (Medizin 1962), Linus Pauling (Chemie 1954/Friedensnobelpreis 1963) und angesehene Astrophysiker wie Fred Hoyle, Kip S. Thorne, Martin Rees und nicht zuletzt Stephen W. Hawking werteten mit ihrem Namenszug das Unternehmen SETI auf. Und als im selben Jahr die knapp 7000 Mitglieder der Internationalen Astronomischen Union (IAU) die neue Kommission »Bioastronomie« ins Leben riefen, kam die Suche nach außerirdischem Leben und damit auch SETI zu unerwarteten Ehren. Ein erlesener Zirkel von zumeist konservativen Astronomen gab dem neuen Fachgebiet den Ritterschlag und nahm SETI offiziell in seine Tafelrunde auf.

Anno Domini 2010 scharen sich um die große Anhängerschaft der SETI-Gemeinde selbst erlesene Astronomen und Physiker, hierunter auffallend viele Nobelpreisträger. Kaum ein ernst zu nehmender Intellektueller und Wissenschaftler zweifelt mehr am Dasein hochstehender Kulturen im All. »Eigentlich bin ich mir sicher, dass sie existieren«, erklärte 2006 der damals frisch gekürte Physik-Nobelpreisträger, George F. Smoot, dem Autor dieser Zeilen. Längst plädieren er und andere Nobelpreisträger immer eindringlicher, die wissenschaftliche Suche nach außerirdischen Zivilisationen zu intensivieren. Der Physik-Nobelpreisträger von 1964, Charles Townes, schlug bereits 1961 vor, neben Radiowellen auch künstlich generierte Lichtsignale näher zu untersuchen. 25 Jahre später folgte er seinem eigenen Vorschlag und leitete ein selbst initiiertes SETI-Projekt. Rückblickend betrachtet war er der Pionier der optischen SETI-Suche (OSETI = optisches SETI), die aufgrund ihres geringen Bekanntheitsgrads in einem separaten Abschnitt näher *reflektiert* werden soll (Kapitel 7).

So wollen wir *sine ira et studio* in diesem Buch in erster Linie die intellektuelle Ernsthaftigkeit und wissenschaftliche Seriosität der SETI-Ambitionen in Theorie und Praxis behandeln, parallel dazu aber alle unwissenschaftlich, esoterisch und ersatzreligiös angehauchten Ansätze, Thesen oder Interpretati-

3) Näheres zur Planetary Society siehe: *http://www.planetary.org/home/*
4) Näheres zur SETI League siehe: *http://www.setileague.org/*

onen ausblenden. Anstatt uns in einem Geflecht wirrer Verschwörungstheorien zu verlieren, bewegen wir uns lieber auf wissenschaftlich sicherem Terrain, wagen uns aber dennoch bis an seine Randgebiete vor (Kap. 9), ohne dabei zu tief ins Reich des Fantastischen einzutauchen. Gedanklich müssen wir freilich bereit sein, zuweilen bestimmte Grenzen zu überschreiten, weil im SETI-Genre wahrer Erkenntnisgewinn offensichtlich nur über die Tugenden Fantasie und Offenheit möglich ist (Kap. 1).

Sich einem delikaten Thema wie SETI auf seriöse Weise zu nähern, erfordert aber auch den Mut, mit alten Legenden und glorifizierendem Einerlei aufzuräumen. Um solchen Strömungen Einhalt zu gebieten, erweisen sich intensives Quellenstudium, eingehende Recherche der einschlägigen Fachliteratur und interdisziplinären Werke sowie das Verfassen eines ausführlichen Fußnoten- bzw. Anmerkungsapparats als Mittel der ersten Wahl. Schließlich kursieren auch heute noch unter den SETI-Fans alte Geschichten, die sich über die Jahre hinweg weit vom Kern der Wahrheit entfernt haben. Da beispielsweise die Bedeutungen des legendären Wow-Signals, der berühmten Drake-Formel und der »historischen« Arecibo-Botschaft selbst heute stets in schöner Regelmäßigkeit verklärt werden, war eine Klarstellung unabdingbar (Kap. 4). Ähnliches war bei dem oft zitierten *Fermi-Paradoxon* vonnöten, das in Wahrheit weder ein Paradoxon ist noch als solches jemals von seinem Urheber und Namensgeber auch nur angedacht war (Kap. 5).

Auf eine punktuelle historische Darlegung der SETI-Geschichte und eine chronologische Auflistung von Fakten, Daten, Statistiken, Ideen und ellenlangen Beschreibungen wurde bewusst verzichtet, weil sich diese Publikation nicht als Lexikon, SETI-Handbuch oder Kompendium versteht. Vielmehr geht es dem Autor dieser Zeilen darum, dem geneigten Leser vornehmlich die Besonderheiten, Highlights und Kuriosa sowie neuen Strategien, Ideen und alternativen Suchmethoden auf informativ-faktenreiche, aber doch unterhaltsame Weise vorzustellen. Dass dies angesichts der enormen Literaturvielfalt über SETI, mit der sich spielerisch leicht eine Bibliothek füllen ließe, leider nur lückenhaft möglich war, versteht sich von selbst. Bei alledem fanden immerhin einige Fragen zur METI-Problematik (Messaging to Extraterrestrial Intelligence) ein Forum: Welche Risiken birgt das Versenden von irdischen Botschaften? Wie hoch ist die Wahrscheinlichkeit, dass uns aggressiv gesinnte außerirdische Intelligenzen eines Tages eine elektromagnetische Büchse der Pandora schicken? (Kapitel 10 und 11)

So tief die Frage nach der Existenz außerirdischer Intelligenz in unserem wissenschaftlich-kulturellen Erbe verankert ist, so überraschend die Tatsachen anmuten, dass von der Antike bis zum Jahr 1917 zu diesem vermeintlich futuristischen Thema mehr als 140 Schriften und Abhandlungen verfasst wurden und zu Anfang des letzten Jahrhunderts Koryphäen und Erfinder vom Schlage eines Nikola Tesla und Guglielmo Marconi einst mit beschränkten technischen Mitteln selbst den *Äther* nach außerirdischen Funksignalen durchforsteten (Kap. 2/3) – die wissenschaftlich-systematische Fahndung nach ETI hat trotz ihrem historisch langen Anlauf noch nicht einmal die Kinderschuhe gefunden, die sie sich später vielleicht einmal anziehen darf. Selbst MSETI (Mikrowellen-SETI), die klassische Suche nach den Funksignalen der *Anderen*, sucht noch nach einem eigenen Profil. Wir haben nicht mehr als einen verstohlenen, extrem kurzen Blick vor unsere eigene Haustür geworfen und dabei allenfalls feststellen dürfen, dass wir vorerst von schweigsamen interplanetaren Mitstreitern umgeben sind. Der Homo sapiens, gefangen zwischen Makro- und Mikrokosmos, eingebettet im Zeitstrom, treibend in seinem Fluss, vermag beim Betrachten der am nächtlichen Firmament funkelnden Sterne allenfalls zu erkennen, dass er mit größter anzunehmender Wahrscheinlichkeit nicht allein im All ist. Er weiß, dass sich unser kreatives Universum nicht damit begnügt haben kann, nur einer Spezies Raum und Zeit für ein kurzes Gastspiel zu gewähren. Die Logik sagt uns, dass auch außerirdische Geschöpfe samt und sonders Kinder ihrer Sonne sind und den Sternenstaub in sich tragen, der in unzähligen Supernovae-Explosionen in den Kosmos freigesetzt wurde. Wir sind nicht allein, weil wir in diesem Universum nicht allein sein können – das ist die Prämisse dieses Buches! Sie fußt auf dem von Carl Sagan 1966 extrapolierten Wert von einer Million Zivilisationen in unserer Galaxis (Milchstraße), ein Wert, den der deutsche Astrophysiker Peter Ulmschneider jüngst auf zwei Millionen Kulturen nach oben korrigiert hat. Und damit meinten beide nur die Spitze der Spitze des riesigen galaktischen Eisbergs, der im Ozean des Universums treibt.

Lieber Leser, bedenken Sie bitte bei der Lektüre der folgenden Seiten, dass die SETI-Astronomen gegenwärtig nur einen Teil der erdnahen Sterne für kurze Zeit (und nicht durchgehend) belauscht haben! Es sind größtenteils Sonnen, die innerhalb eines Radius von maximal 1000 Lichtjahren liegen. Sie sind stellare Kinder einer durchschnittlichen Galaxie, die mit ihren 100.000 Lichtjahren Durchmesser selbst nur ein galaktisches Kind unter vielen des Universums ist. Wie die 200 bis 500 Milliarden anderen Sprösslinge muss auch unsere Heimatgalaxie dem Gesetz der kosmisch-räumlichen Expansion Tribut zollen, mit der Folge, dass sich unsere extragalaktischen Freunde immer weiter von uns entfernen. Sie, die Extragalaktischen da draußen, und die innergalaktischen *Anderen*, haben auf unterschiedlichen Ebenen immerhin eines gemeinsam: Alle sind sie so fern – und doch so zahlreich ...

Dr. Harald Zaun
Köln, 20. Juni 2010

Inhaltsverzeichnis

1 Der *blinde Fleck* als Chance

Von der Möglichkeit des Unmöglichen

Der blinde Fleck ist auf einer ganz elementaren, physiologischen Ebene der Beweis dafür, dass in der Realität Dinge existieren können, die wir nicht wahrnehmen.

Hoimar von Ditfurth, 1987

Unbeliebte Querdenker

Für den heutigen geistes- und naturwissenschaftlich interessierten Leser mag der Gedanke befremdlich sein, dass viele Forscher und Philosophen der Aufklärung noch fest mit der theologischen Vorstellung verwurzelt waren, die Welt sei vor etwa 6000 Jahren von Gott erschaffen worden. Wer damals wissen wollte, wann das Universum mitsamt seinen Bewohnern kreiert worden war, sah sich entweder apodiktischen kirchlichen Dogmen gegenüber – wie etwa jenem vom englischen Bischof James Ussher (1581–1656) im 17. Jahrhundert zum Besten gegebenen, in dem der Geistliche den Schöpfungsakt im Einklang mit der Bibel auf den 23. Oktober des Jahres 4004 vor Christus[5] zurückdatierte – oder musste mit der von Georges Baron de Cuvier (1769–1832) formulierten Katastrophentheorie vorliebnehmen, wonach die Erde ebenfalls etwa 6000 Jahre alt war.

Wer dagegen damals wie der schottische Geologe Sir Charles Lyell (1797–1875) gegen die Katastrophentheorie wetterte und behauptete, die natürlichen geologischen Prozesse, die das Gesicht der Erde ständig verändern, seien in der Vergangenheit genauso langsam abgelaufen, brauchte einen langen Atem. Denn trotz bester wissenschaftlich ausformulierter Theorie und ungeachtet aller Beobachtungen und Messungen, die Lyell und seine Kollegen in dieser Epoche immer häufiger machten, prägte das altbewährte theologische Datierungsmodell noch viele Dekaden lang das Weltbild. Bis bei den

5) Annals of the World: James Ussher's Classic Survey of World History, Master Books, Oktober 2003, S. 5.

Naturwissenschaftlern die Erkenntnis heranreifte, dass die biologische, geologische und kosmische Gegenwart das Resultat einer langen historischen Entwicklung ist, strichen viele Jahrzehnte durch die dürre Forschungslandschaft, in der die Oasen des Wissens erst im Zuge der Aufklärung peu à peu an Größe gewinnen sollten.

Querdenkern und Rebellen, die es wagten, an den Fundamenten des bestehenden naturwissenschaftlichen Weltbildes zu kratzen, blies in der Regel ein heftiger und eiskalter Gegenwind in die Gesichter. Verantwortlich hierfür waren in der Regel unbelehrbare, meist konservative und dogmatisch geprägte Wissenschaftspäpste, die neue Ideen und revolutionäre Theorien mit fast religiösem Eifer im Keim erstickten. »Im Allgemeinen gilt für den wissenschaftlichen Diskurs, dass der Widerstand gegen eine neue These um so heftiger ausfällt, je stärker diese von der gültigen Lehrmeinung abweicht«,[6] stellt die Historikerin und Philosophin Evelyn Fox Keller wohl nicht ganz zu Unrecht fest. Dass unorthodoxe Ideen, neue Entdeckungen und Forschungsergebnisse, die Altbewährtes infrage stellten, auch heute noch von Wissenschaftlern gerne unbewusst überlesen oder bewusst ignoriert, vielleicht auch nur milde belächelt, schlimmstenfalls aber ins Lächerliche gezogen werden, hat im Wissenschaftsbetrieb eine lange Tradition. Die Augen zu, die Ohren auf Durchzug und den Denkapparat erst gar nicht mit Ungewöhnlichem belasten – mit dieser Haltung blockten selbst renommierte Forscher oft fortschrittliche Ideen und Modelle im Vorfeld ab, die Jahre später einmal in Lehrbüchern sakrosankten Status erlangen sollten.

Am Beispiel des Phänomens der Meteoriten lässt sich dies anschaulich darlegen: Im Mittelalter wurden vom Himmel herabfallende Steine zuweilen als »Fingerzeige Gottes«, als »böse« Zeichen und Boten des Unheils gedeutet. Die wenigen Menschen, die einst Zeugen eines klassischen Meteoritenschauers wurden, beobachteten das Naturschauspiel noch voller Angst und Argwohn. Wer damals den Mut aufbrachte, seine Beobachtungen publik zu machen und öffentlich behauptete, er habe Steine vom Himmel fallen sehen, wurde, anstatt Gehör zu finden, vielerorts zum Fantasten abgestempelt. Bis Ende des 18. Jahrhunderts nahm das Gros der Gelehrten derlei Berichte überhaupt nicht zur Kenntnis. Solche Geschosse, so lautete das fast einhellige Vorurteil der Naturforscher, beruhten entweder auf optischen Täuschungen, Wunderglauben oder irdischen, erklärbaren Phänomenen wie etwa hochgeschleuderten Gesteinsbrocken vulkanischer Herkunft. Jede andere Erklärung

---

6) Zitiert nach: Bürgin, Luc: Irrtümer der Wissenschaft. Verkannte Genies, Erfinderpech und kapitale Fehlurteile – »Und sie hatten doch recht«, Bastei-Verlag Gustav H. Lübbe, Bergisch Gladbach 1997, S. 19.

schied von vornherein aus oder war ad absurdum zu führen. Zu spüren bekam dies der Wittenberger Physiker Ernst Florens Friedrich Chladni (1756–1827), der erstmals wissenschaftlich belegte Meteoritenfälle (18 an der Zahl) sammelte und diese 1794 veröffentlichte. Als Chladni mit der These vorstellig wurde, dass die zuhauf beobachteten Feuerkugeln nichts anderes als fliegende Steine respektive Irrläufer aus dem All seien, dankte ihm dies die Kollegenschaft mit Hohn und Spott: »Es sey ihm bey dem Lesen der Schrift anfangs so zu Muthe gewesen, als wenn ihm selbst ein solcher Stein am Kopf getroffen haette«, polemisierte seinerzeit kein Geringerer als der schon zu Lebzeiten bekannte Göttinger Professor für Physik, Mathematik und Astronomie, Georg Christoph Lichtenberg (1742–1799), der hinter den mysteriösen Erscheinungen allenfalls ein rein elektrisches Phänomen vermutete.[7]

Egal, wie viele Menschen jener Epoche Zeugen solcher Naturereignisse wurden, und gleichgültig, welcher sozialer und bildungsmäßiger Herkunft sie waren – die zeitgenössische Wissenschaft ignorierte sämtliche Meteoritenschilderungen beharrlich: »In unserer Zeit wäre es unverzeihlich, solche Märchen auch nur für wahrscheinlich zu halten,«[8] warnte der Wiener Mineraloge Andreas X. Stütz im Jahr 1790 voller Inbrunst. Erst im April 1803, als in L'Aigle in der Normandie in Gegenwart von Wissenschaftlern 2500 Steine niederfielen, erlebte Chladnis Theorie eine Rehabilitierung. Langsam wurde das, was die Forscher zuvor noch als kollektive »Wahnvorstellung« abgewertet hatten, zu einer unumstößlichen astrophysikalischen Wahrheit: Steine fallen vom Himmel. Und sie gelangen aus den Tiefen des Weltraums zu uns.

Einen steinigen Weg musste auch Alfred Wegener (1880–1930) beschreiten, um den Geologen seiner Ära seine Theorie von der Kontinentalwanderung schmackhaft zu machen. Wegener, dessen Ausnahmestellung in der Polarforschung und den Geowissenschaften heute unumstritten ist, sah sich seinerzeit herben Anfeindungen gegenüber. Als er am 6. Januar 1912 seine Theorie von der permanenten Verschiebung der Kontinente auf der Jahresversammlung der Geologischen Vereinigung in Frankfurt einem Fachpublikum nahezubringen versuchte, schimpften und tobten die Gelehrten und stempelten ihn kurzum als fachfremden Fantasten ab. Kurze Zeit später kommentierte die Fachpresse seine Thesen mit bösen Worten. Während ein Kolumnist Wegeners Theorie als »Fantasiegebilde« titulierte, das wie eine »Seifenblase« platzen werde, ließ sich der Wiener Paläoklimatologe Fritz Kerner von Marilaun (1866–1944) zu der Bemerkung hinreißen, Wegeners

7) Pinter, Christian: Vater der Meteoritenkunde, in: Wiener Zeitung, 25.11.2006 (Samstagsausgabe).

8) Zit. nach Bürgin, Luc: Irrtümer der Wissenschaft, a.a.O., S. 86.

Thesen seien »Fieberfantasien eines von Krustendrehkrankheit und Polschubseuche schwer Befallenen.«[9] Ja, selbst einer der bekanntesten Astronomen der Neuzeit, Fred Hoyle (1915–2001), sprach der Wegener'schen Hypothese jeglichen Kredit ab. Hoyle, der als Anhänger der Steady-State-Theorie zeitgleich das kosmologische Modell vom Anfang der Welt verächtlich als »Big Bang« kritisierte,[10] schrieb 1955:

> *»Wie es ein Kontinent, der aus gut 35 Kilometer starkem Felsgestein besteht, anstellen soll, sich fortzubewegen, ist nie wirklich geklärt worden; und ehe nicht irgendein plausibler Mechanismus dafür angegeben werden kann, brauchen wir die Verschiebung von Kontinenten nicht ernst zu nehmen.«*[11]

Begrenzter Wahrnehmungshorizont

Die Liste von Fallbeispielen kreativer und zukunftsorientierter Ingenieure und Wissenschaftler, deren angeblich revolutionäre Botschaften in der Vergangenheit stets auf taube Ohren stießen, lässt sich endlos fortsetzen. Zu verdanken ist dieser Umstand in erster Linie jenen konservativ und pessimistisch orientierten Mainstream-Skeptikern, deren wissenschaftshistorisch belegbare Kurzsichtigkeit jeglichen Blick auf weitreichende Entwicklungen und zukunftsorientierte Techniken verwehrte. Wie anders ließe sich sonst die draufgängerische Bemerkung des damaligen Chefs des US-Patentamts, Charles Durell (1850–1920), erklären, der 1899 in einem Anflug von geistiger Umnachtung proklamierte: »Alles, was erfunden werden kann, ist bereits erfunden.« Nicht minder erschreckend kurzsichtig war auch die Prognose von Gottlieb Daimler (1834–1900), der einige Jahre danach selbstsicher erklärte: »Die weitere Nachfrage nach Kraftfahrzeugen wird eine Million nie überschreiten, schon allein aus Mangel an verfügbaren Chauffeuren.« Noch ein Beispiel gefällig? Kein Problem! Thomas J. Watson, seinerzeit Vorstandsvorsitzender von IBM, hat es geliefert. 1943 wagte er als Fachmann eine Voraussage, über die später einmal sprachbegabte und emotional gepolte Computer herzhaft lachen werden. »Weltweit besteht ein Bedarf nach höchstens fünf Computern.«[12]

---

9) Ebd., S. 77.

10) Man's Place in the Expanding Universe, in: The Nature of the Universe. A Series of Broadcast Lectures by Fred Hoyle, Oxford 1950, S. 102.

11) Hoyle, Fred: Das grenzenlose All – der Vorstoß der modernen Astrophysik in den Weltraum, Kiepenheuer & Witsch, Köln 1957.

Oder was ist mit all den schwarzmalerischen Astronomen, die noch vor zwei Dekaden die Existenz von Planeten außerhalb des Sonnensystems glattweg negierten? Da draußen, so lautete einst deren unerschütterliches Dogma, erfüllten bestenfalls Asteroiden, Sterne und Galaxien den Raum mit »materiellem« Leben. Von exoplanetaren Sterntrabanten seien mitnichten irgendwelche Spuren erkennbar, von Lebewesen außerhalb der Erde natürlich ganz zu schweigen. Einer, der sich in den Chor der unnachgiebigen Gegner der extraterrestrischen Hypothese einreihte, war der Evolutionsbiologe Heinrich K. Erben. In seinem 1984 erschienenen Buch »Intelligenzen im Kosmos« giftete Erben mit unerbittlicher Polemik gegen außerirdische Mikroben und Intelligenzen. Es sei »überastronomisch unwahrscheinlich«,[13] dass sich die komplexe irdische Evolution auf irgendeinem anderen Planeten ein zweites Mal exakt wiederholt habe. Die statistische Wahrscheinlichkeit, dass sich alles fernab der Erde in der gleichen Abfolge mit dem gleichen Ergebnis wiederhole, sei gleich null, so Erben.

Warum sich in der Vergangenheit so viele Wissenschaftler à la Erben im Pessimismus übten und etliche Fachleute selbst auf ihrem Spezialgebiet keine Antennen für das Neue und Ungewöhnliche ausgebildet oder ausgefahren hatten, wieso sie mit beeindruckender Zielgenauigkeit jedwedes darin ruhende Potenzial verkannten, bleibt ihr Geheimnis. Weshalb haben sie sich so selten provokativen Ideen offenherzig gestellt? Tief verwurzelte Vorurteile oder persönliche Tabus mögen hier vielleicht eine Rolle gespielt haben, ein fachbedingter Tunnelblick sowie eine leicht überhebliche Grundhaltung zum Teil auch. Doch in erster Linie dürfte diese scheinbare Intoleranz mit einem Wahrnehmungsproblem zusammenhängen, wie Hoimar von Ditfurth schon vor mehr als 35 Jahren feststellte: »Jedes Weltbild, es mag noch so unvollkommen sein, suggeriert den Eindruck innerer Geschlossenheit. Daraus aber erwächst für den Forscher die Gefahr, dass sich bei ihm ein Wahrnehmungsdefekt ausbildet, eine Art ›blinder Fleck‹, der ihm die bestehenden Wissenslücken verdeckt.«[14]

Tatsächlich drängt sich dem neutralen Beobachter beim Betrachten der Wissenschaftslandschaft der Eindruck auf, dass diese vornehmlich aus Wissensinseln besteht, auf denen die Spezialisten mit Scheuklappen vor den

---

12) Beispiele zit. nach: Eschbach, Andreas: Das Buch der Zukunft, Rowohlt Taschenbuch Verlag, Reinbek 2007, S. 8.

13) Erben, Heinrich K.: Intelligenzen im Kosmos? Die Antwort der Evolutionsbiologie, Piper-Verlag, München 1987, S. 80.

14) Ditfurth, Hoimar v.: Der blinde Fleck in der Forschung. Die Suche nach Erkenntnislücken, in: Unbegreifliche Realität. Reportagen, Aufsätze, Essays eines Menschen, der das Staunen nicht verlernt hat (Hoimar v. Ditfurth), Rasch und Röhring Verlag, Hamburg 1987, S. 239.

Augen herumlaufen. Den unsichtbaren *blinden Fleck* im Gesichtsfeld, nehmen die Experten nur kleine Ausschnitte ihres Fachbereichs wahr und übersehen glattweg die wahren Probleme und drängenden Fragen ihrer Disziplin. Rückblickend betrachtet wurden viele Antworten deshalb nicht gefunden, weil die hierfür notwendigen Fragen erst gar nicht gestellt wurden. »In den meisten Fällen stellt sich heraus, dass die Probleme nicht etwa deshalb ungelöst blieben«, so von Ditfurth, »weil ihre Lösung zu schwierig gewesen wäre, sondern deshalb, weil sie als Probleme überhaupt nicht gesehen wurden.«[15]

Im Wissen um den *blinden Fleck*, der allenfalls den linearen Tunnelblick schärft, uns die Sicht auf die noch ungelösten Probleme aber versperrt, und in Anbetracht aller daraus resultierenden Wissenslücken müssen wir uns stets vor Augen halten, dass wir die Welt ohnehin nicht so sehen und erleben, wie sie ist. Wie man es erkenntnistheoretisch auch immer drehen und wenden mag – den Blick auf das Ganze trüben primär physikalische und physiologische Barrieren. Trotz einer Milliarden Jahre währenden Evolution sind unsere Sinne höchst unvollkommen geartet. Wie sehr unsere eigene Sichtweise begrenzt ist, führt uns das elektromagnetische Spektrum sekündlich und unmissverständlich vor Augen. Es zeigt uns ein im Shakespeare'schen Sinn unentdecktes Land, in dem Licht mehr ist als eine bloße Ansammlung von Photonen oder Wellen. Denn nicht das Weiße Licht – jener Bereich im Sichtbaren, der sich in unseren Augen widerspiegelt –, sondern die von Roten Zwergsternen oder Gas fressenden Schwarzen Löchern ausgesandte Infrarot- und Röntgenstrahlung erfüllt das All am intensivsten mit Licht, wobei sich die stärksten Lichtquellen in Form von Strahlenblitzen im Gammabereich zu erkennen geben. Von all dem wüssten wir nichts, gäbe es nicht Teleskope, Mikroskope oder Teilchenbeschleuniger. Ohne geeignetes Instrumentarium könnten wir nur oberflächliche und fragmentarische Abbilder einer Welt projizieren, von der wir bestenfalls einige Mosaiksteine kennen, wohl wissend, dass das komplexe Gesamtbild für alle Zeiten unsichtbar bleibt.

Selbst einige unserer biologischen Mitstreiter sind uns in puncto Wahrnehmungsvermögen um Nasenlängen voraus. Vieles von dem, was uns verborgen bleibt, nehmen sie deutlich wahr: Während Fledermäuse oder Hunde etwa für die Geräuschkulisse im Ultraschall empfänglich sind, Vögel oder Wale sich mittels des Magnetfelds der Erde orientieren, Katzen oder Klapperschlangen im für uns unsichtbaren Infrarotbereich sehen, gewinnt unser unmittelbares Weltbild durch das Makroskopische (»grobe Betrachtung«) an Konturen. Alles, was wir von Natur aus sehen, hören, schmecken, riechen und ertasten oder fühlen, definiert den uns umgebenden Makrokosmos, der

15) Ebd., S. 240.

selbst nur aus vielen Mikrokosmen besteht, nur ein Teil der großen unbegreiflichen Realität. Bereits eine Ebene darüber erstreckt sich das Reich der Galaxien, der für uns sichtbare Bereich des Universums. Eine Ebene unter dem Makrokosmos breitet sich ein biologischer Mikrokosmos aus, in dem sich Bakterien und Viren als älteste, bevölkerungsreichste und erfolgreichste irdische Spezies eingenistet haben. Jedes einzelne Individuum dieses Sub-Universums kann mit Fug und Recht behaupten, ein Teil der realen Welt zu sein und diesen zu »erleben«. Immerhin lebt es – und das kann beim besten Willen nicht abgestritten werden – auf einer Ebene dieser Welt, die einerseits real ist, die wir andererseits aber ohne technische Hilfsmittel als solche nicht erkennen könnten. So wenig wir diesen Kosmos auf Mikrobenniveau wahrnehmen und erleben können, genauso wenig haben just diese Kleinstlebewesen von den Kosmen über oder unter ihnen Kenntnis.[16] Im Gegensatz zu einer Amöbe oder einem Tuberkulose-Bakterium wissen wir immerhin, dass viele Geheimnisse der Welt im Quantenkosmos zu finden sind, dort, wo sich jene Bausteine der Materie tummeln, die unsere Welt im Innersten zusammenhalten. Irgendwann organisierten sich die atomaren Bausteine der Materie zu Molekülen und bildeten schließlich Gehirne, die seit einiger Zeit vermehrt über ihr eigenes Dasein und das außerirdischer Zivilisationen reflektieren, so wie wir in diesem Buch. Es liegt in unserer Natur, den Sinn unserer Existenz zu hinterfragen, den Dingen auf den Grund zu gehen und die elementare Frage aufzuwerfen, ob alles nur ein bloßer Zufall war oder nicht und ob wir die einzigen Lebensformen im Universum sind, die über diese Frage sinnieren. Antworten hierzu sind rar, Fragen dagegen nicht.

Je tiefer die Spezialisten in das Wesen der Dinge eintauchen, je genauer sie die »Forschungsgegenstände« unter die Lupe nehmen, desto deutlicher treten *sichtbare* Wissenslücken zutage. So darf es kaum verwundern, dass Geologen oder Meeresbiologen von ihren Kosmen bestenfalls nur kleine Bereiche kennen. Während die Astrophysiker von drei Vierteln der kosmischen Materie keine Rechenschaft ablegen können, haben die Paläoanthropologen bislang noch nicht einmal 0,001 Prozent aller potenziellen fossilen Fundstücke ausgegraben, ganz zu schweigen von all jenen im Boden schlummernden Schätzen, deren Fundorte Archäologen noch gar nicht lokalisiert haben. Nicht zu vergessen das zuvor erwähnte Universum incognitum *Mikrokosmos,* in dem sich Myriaden von Bakterien, Viren, Einzellern und Pilzen tummeln, von denen Wissenschaftler maximal ein Prozent seiner Bewohner kennen.

---

16) Lesch, Harald/Zaun, Harald: Die kürzeste Geschichte allen Lebens. Eine Reportage über 13,7 Milliarden Jahre Werden und Vergehen, Piper, München 2008, S. 202 ff.

Das Unmögliche denken

Eingedenk all dieser Wissensdefizite, aller Vorurteile, Wahrnehmungsprobleme und erkenntnistheoretischen Schwierigkeiten, die dem Homo sapiens naturgemäß den Blick auf das Ganze erschweren, stellt sich unweigerlich die Frage, warum sich eine Handvoll irdischer Wissenschaftler überhaupt die Mühe macht, nach intelligenten, in den Tiefen des Kosmos beheimateten Lebensformen zu suchen? Sind wir überhaupt jemals in der Lage, mit hoch stehenden Kulturen im All zu kommunizieren? Und können wir überhaupt angesichts unserer physikalischen, physiologischen und physisch-mentalen Einschränkungen fremdes Leben als solches erkennen? Ähnelt die Suche nach Zivilisationen außerhalb des Sonnensystems nicht vielmehr einer sinnlosen Sisyphosarbeit, bei der der Misserfolg programmiert ist? Dürfen wir so verschwenderisch mit Zeit und Geld haushalten, nur um in den Genuss einer interstellaren Flaschenpost zu kommen? Ist es nicht an der Zeit, SETI auf dem Schuttabladeplatz der Zeit zu entsorgen?

Gewiss, auf solche Fragen werden überzeugte Schwarzmaler, notorische Besserwisser sowie Querulanten und berufsbedingte Skeptiker naturgemäß eindimensional antworten, weil sie eindimensional denken. Sie werden aus ihren angestaubten geistigen Schubladen scheinbar Altbewährtes herauskramen, so wie es ihre Vorgänger schon im letzten Jahrhundert zu Genüge getan haben. Sie werden das Unternehmen SETI samt und sonders als unseriös, unsinnig und womöglich sogar als ridikül abqualifizieren. SETI-Protagonisten können schließlich ein Lied davon singen, wie Zukunftsmusik in den Ohren von Pessimisten und Argwöhnern klingt. Auch heute noch sehen sich Astronomen, die sich der Suche nach außerirdischer Intelligenz verschrieben haben, zeitweilig bösen Anfeindungen und heftiger Kritik ausgesetzt. Es sind bisweilen harsche Töne, die aus einigen Elfenbeintürmen ertönen. Mal werfen die SETI-Gegner ihnen pure Geldverschwendung, mal das Ausbleiben des »First Contact«, ein anderes Mal bloße Naivität und eine unwissenschaftliche Attitüde vor. Dabei sollte der Blick zurück auf die Wissenschaftsgeschichte uns lehren, dass solcherlei Kritik, gepaart mit negativ-destruktivem Denken und dem aus Angst vor Veränderung entsprungenen Festhalten an alten Traditionen und Theorien, den geistigen Fortschritt stets gebremst und mitnichten vorangetrieben hat. Etwas konservieren zu wollen mag für sich gesehen genau so wenig verwerflich sein wie das Bewahren einer kritischen Attitüde. Konstruktive Kritik kann zum belebenden Element reifen. Wer jedoch als Forscher zu oft dem Altbewährten traut, läuft Gefahr, blind für das Neue und Unkonventionelle zu werden. Nur wer die ausgetretenen Pfade verlässt, darf sich der berechtigten Hoffnung hingeben, neue Wege zu finden.

Und nur wer geduldig nach vorn schaut und dabei seine Augen für das Unerwartete offen hält, erweitert seinen Horizont, so wie es einst dem griechischen Philosophen Heraklit im sechsten Jahrhundert vor Christus widerfahren ist, als er folgenden Aphorismus zum Besten gab: »Wer nicht Unerwartetes erwartet, wird das Unerwartete nicht finden.«

Auf der Suche nach dem Unbekannten, nach der »intelligenten« Stecknadel im Sternhaufen, ist SETI derweil zwar noch kein Jota vorangekommen. Wohl wissend, dass das Unerwartete dennoch jederzeit eintreffen kann, arbeiten die Protagonisten dieser Idee weiterhin mit Hochdruck daran, den ersten Nachweis einer außerirdischen Nachricht zu erbringen. Es liegt auf der Hand, dass sie hierfür Geld, Zeit, Muße und eine gehörige Portion Zuversicht brauchen. Doch ungeachtet aller Hochrechnungen über die Wahrscheinlichkeit außerirdischen Lebens und aller Diskussionen über das große Schweigen im *Äther* könnte das lang ersehnte künstliche Signal einer fernen hoch technologischen Kultur bei uns eintreffen, während sie dieses Buch lesen. Die Chancen auf Erfolg sind real, auch wenn sie irreal anmuten. Sie sind existent, weil – und diese Erkenntnis scheint wichtig –, in allen von Wissenschaftlern postulierten »Unmöglichkeiten« immer auch eine Restwahrscheinlichkeit »Möglichkeit« steckt. Und solange etwas möglich ist, kann es eintreffen. Von dieser Erkenntnis beseelt waren auch die beiden Pioniere der SETI-Idee, Giuseppe Cocconi und Philip Morrison, die 1959 in ihrem legendären *Nature*-Artikel (vgl. S. 39 ff.) das Startsignal zur Suche nach Radiosignalen von Alien & Co. gaben und in ihrem kurzen Aufsatz abschließend bemerkten: »Die Erfolgswahrscheinlichkeit ist schwer einzuschätzen; aber wenn wir niemals suchen, ist die Chance auf Erfolg gleich null.«[17]

So gesehen dürfen und können wir uns bei SETI einen *blinden Fleck* – wie in den Epochen zuvor – nicht erlauben. Schließlich kann uns das Undenkbare, das Unerwartete und Unbekannte schon morgen begegnen. Und hierfür brauchen wir alle Sinne, dafür müssen wir unserer Fantasie Raum geben und freien Lauf lassen, die Albert Einsteins Worten zufolge nun einmal wichtiger als pures Wissen ist.

---

17) Cocconi, Giuseppe/Morrison, Philip: Searching for Interstellar Communications, in: Nature (19.09.1959), Bd. 184, Nr. 4690, S. 846.

2 Epikurs Außerirdische

Entdecker und Erfinder der Aliens

Denn weshalb sollte das kunstvolle Gebäude dieser ungeheuer großen Welt leer sein? Warum sollten die Bedingungen dort schlechter sein als auf unserer viel kleineren Welt?

Giordano Bruno, 1591

Sich in Gedanken verlieren, ohne dabei den Gedanken zu verlieren, sich an die Grenze des Undenkbaren wagen, die Realität für einen Moment verlassen und dabei a priori das Spekulative bis zum Letzten ausreizen – diese hohe Schule der transzendentalen Reflexion und geistigen Fokussierung auf ein bestimmtes Problem beherrschten die Vordenker der Antike, vornehmlich die griechischen Gelehrten, die ionischen Naturphilosophen und Kosmologen von Milet par excellence. Beflügelte das mediterrane Klima – die sonnen- und damit lichtreiche Umgebung, der Rotwein, das Olivenöl, der kristallklare Blick zu den Sternen – oder ein kreativ-geistiger Urknall deren intellektuelle Weitsicht? Oder war es schlichtweg ein geografisch-historischer Zufall, dass bereits vor mehr als 2500 Jahren die ersten Menschen[18] nach den *aperoi kosmos* (»unzählig vielen Welten«) bzw. *plures mundi* (»vielen Welten«) Ausschau hielten und sich gedanklich mit außerirdischen Lebensformen sowie Kulturen befassten, ihren Gedankenfluss gottlob nicht dem Strom der Zeit anvertrauten, sondern auf Papyrus verewigten.

18) Eine übersichtliche Zusammenfassung hierzu bei: Buedeler, Werner: Geschichte der Raumfahrt, Künzelsau 1979, S. 41–70.

Nichts kommt aus dem Nichts

Von hoher Vorstellungs- und Einbildungskraft beseelt, blickten die antiken Philosophen unbeeinflusst von der Willkür der Götter[19] bereits im sechsten Jahrhundert vor Christus weit über den irdischen Horizont hinaus und verdeutlichten mit mutigen Worten ihre Faszination für das Außerirdische. Dabei warfen sie eine Frage in den Weltenraum, die auch heute noch Astrobiologen und SETI-Forscher rund um den Globus bewegt: Gibt es Welten neben unserer Welt, auf denen vernunftbegabte Lebewesen existieren?

So ungewöhnlich und fortschrittlich diese Frage für jene Epoche war – letzten Endes ging ihr eine viel zentralere, weit übergeordnete Überlegung voraus, mit der die Griechen das Tor zu einer rational fundierten Wissenschaft öffneten. Die größtenteils in der damaligen Handelsmetropole Milet (heutige Türkei) lebenden Denker brachen vor 26 Jahrhunderten nicht ohne einen triftigen Grund zu neuen Ufern des Wissens auf. Nicht mehr länger gewillt, die Welt anhand mythologischer Metaphern und Analogien zu verklären und jede Naturgewalt einer Gottheit zuzuschreiben, verbannten sie die bis dahin allgegenwärtigen, mythologisch glorifizierten Götter aus ihren Denkmodellen und avancierten dadurch zu den ersten Vertretern der Naturwissenschaft. Ihr Credo wurde stilprägend für eine neue Denkweise: Nichts kommt aus dem Nichts! Die Welt hat sich irgendwann einmal aus einem Urchaos gebildet und geordnet!

Ohne jegliches empirisches Wissen und ohne astronomisches Instrumentarium – den Gesetzen der Logik folgend und auf die Kraft und Kreativität ihrer Gedanken vertrauend – entwickelten sie Modelle und Theorien, die samt und sonders darauf abzielten, den Urgrund der Welt in einem stofflichen Prinzip zu suchen. Um Ordnung in den chaotischen Urzustand zu bringen, suchten die Denker jener Epoche nach dem Urstoff aller Materie (*arche*), aus dem sich alle anderen Dinge entwickelt haben mussten. Während Thales von Milet (um 624–546 v. Chr.) als erster Vertreter der milesischen Schule hierauf einen Erklärungsversuch startete und dabei in der Feuchtigkeit, also im Wasser, die *arche* zu erkennen glaubte, weist der Weltentstehungsentwurf des ionischen Philosophen Anaximander (610–545 v. Chr.) gar Urknall-ähnliche Züge auf. Anaximander zufolge war die Welt aus einem zeugungsträchtigen Keim des Heißen und Kalten – und zwar durch »Abtrennung« – entstanden. Für den Vorsokratiker stand anstelle der sagenhaften Götter am Anfang allen Seins

19) So Walter, Ulrich: Zivilisationen im All. Sind wir allein im Universum?, Spektrum Akademischer Verlag, Heidelberg/Berlin 1999, S. 3.

das *Ápeiron*, »das Grenzenlose«, dem später eine Art Explosion folgte, aus der sich alle Himmelskörper bildeten und eine unendliche Zahl von Welten.[20]

Dem Urstoff allen Seins indes kamen die beiden Denker Leukippos aus Milet (um 450–370 v. Chr.) und Demokrit (um 460–370 v. Chr.) erstaunlich nahe. Sie gelten nachweislich als die ersten Menschen, die behaupteten, die Welt bestehe aus leerem Raum und kleinen, unsichtbaren, ewigen und unzerstörbaren Teilchen, die sich jeweils durch ihre Form, Gestalt und Größe voneinander unterschieden. »Alle anderen Dinge existieren nur, weil sie aus Atomen zusammengesetzt sind.«[21]

Außerirdische rücken in den Fokus

Viele Jahrhunderte vor Nikolaus Kopernikus (1473–1543), zu einer Zeit, da kein Mensch eine genaue Vorstellung von der kugelähnlichen Gestalt der Erde hatte, ganz zu schweigen von ihrer Stellung im Kosmos und der Unermesslichkeit des Weltraums, rüttelte mit dem griechischen Philosophen Aristarchos von Samos (310–230 v. Chr.) bereits ein Denker der Antike an den Festen des anthropozentrischen Weltbilds. Einer der »bemerkenswertesten Forscher der griechischen Zeit«[22] nahm als Erster die Erde aus dem Zentrum des Universums, rückte die Sonne in den Mittelpunkt und schärfte somit auch den Blick auf das Außerirdische. Sein Modell hatte aber nur für kurze Zeit Bestand; es ging für lange Zeit im Strom der Zeit unter.

Das von Aristoteles (384–322 v. Chr.) begründete, von dem griechischen Astronomen Hipparchos von Nicäa (190–120 v. Chr.) weiterentwickelte und von Claudius Ptolemaeus (um 100–175 n. Chr.) ausgearbeitete geozentrische Modell definierte die Erde als perfekt kugelförmiges Gebilde, das im Zentrum des Universums fixiert ist. Da die sinnliche sowie empirische Wahrnehmung und auch die astronomische Beobachtung tatsächlich den Schluss nahelegten, dass sich alle Himmelskörper um die Erde drehten, rückte die aristotelisch-ptolemäische Kosmologie die Erde und somit den Menschen konsequenterweise in den Mittelpunkt allen Seins. Während die Erde als absolutes Zentrum im Universum die unumstrittene Hauptrolle mimte, gefielen sich die in den konzentrisch angeordneten Schalen eingebetteten Him-

---

20) Röd, Wolfgang: Die Philosophie der Antike I – Von Thales bis Demokrit, in: Geschichte der Philosophie, Bd. I, Hrsg.: Wolfgang Röd, Verlag C.H. Beck, München 1988², S. 39–46.

21) Beide Philosophen glaubten, dass Atome (griechisches Wort »atomos« = »das Unteilbare«) aus dem gleichen Stoff gemacht sind und sich untereinander verbinden können. Ein guter Überblick über die Anfänge des atomistischen Grundgedankens in der Antike bei: Röd, Wolfgang: Die Philosophie der Antike I, a.a.O., S. 192–211.

22) Hamel, Jürgen: Geschichte der Astronomie, Kosmos Verlag, Stuttgart 2002, S. 42.

melskörper (Mond, Sonne, Planeten) in der Rolle ihrer Komparsen. Als schmückendes Beiwerk begleiteten sie die Erde mit konstanter Winkelgeschwindigkeit in perfekten Kreisbahnen und wahrten dadurch stets den rechten Abstand. Während in der Vorstellung der Denker der ewige Kreislauf des Werdens und Vergehens den Lauf der irdischen Zeit diktierte, umkreisten alle Himmelskörper die Erde seit ewigen Zeiten, ohne sich selbst im Geringsten zu verändern. Noch nicht einmal am äußeren Ende der Sphäre, im Reich der Fixsterne, starben oder entstanden Sterne. Demnach verwundert es nicht, dass Aristoteles' Konzept außerirdischen Lebensformen keinen Platz zugestand. In seinem Opus »De caelo« (»Über den Himmel«) ging er konsequent von einer einzigen Welt aus und schloss damit außerirdisches Leben kategorisch aus.[23]

Andere antike Gelehrte, wohl jene, die noch von einen heliozentrischen Kosmos ausgingen, legten in diesem Punkt eine verblüffende Voraussicht an den Tag und schlüpften bisweilen sogar unwissentlich in die Rolle der geistigen Vorväter der Exobiologie, allen voran der griechische Philosoph Metrodorus von Chios (4. Jhr. v. Chr.), der in seiner Schrift »Peri physeos« (»Über die Natur«) einen Gedanken ausführte, den so mancher Astronom des 20. Jahrhunderts noch nicht einmal zu denken wagte:

> *»Die Erde als einzig bewohnte Welt im unendlichen Weltraum zu betrachten, ist ebenso absurd wie die Behauptung, auf einem ganzen, mit Hirse gesäten Feld würde nur ein einziges Korn wachsen.«*[24]

Verwegen war auch die Behauptung eines gewissen Philolaos von Kroton (ca. 470–399 v. Chr.), der als Zeitgenosse von Sokrates bereits im 5. Jahrhundert v. Chr. den Mond zu einem Hort des Lebens erhob, auf dem im Vergleich zur Erde weitaus größere und schönere Tiere ihr Dasein genießen würden.[25]

Während Metrodorus' Lehrer, Demokrit, der bekannteste Vertreter des atomistischen Materialismus, in seinen Schriften die Existenz fremder Lebensformen im Kosmos nur marginal erwähnte, dafür aber immerhin das Vorhandensein fremder Welten annahm, konzipierte der griechische Philosoph und Demokrit-Schüler Epikur (um 341–271 v. Chr.) ein Modell, dem zufolge sich das Universum am Anfang in einem permanent wechselnden Zustand des Ur-Chaos befand, aus dem dann sukzessive geordnete Struktu-

---

23) Crowe, Michael J.: The Extraterrestrial Life Debate – Antiquity to 1915, A Source Book, Notre Dame/Indiana 2008, S. 8.

24) Diels, Hermann/Kranz, Walter: Die Fragmente der Vorsokratiker, Weidmann, Zürich 1996 (3 Bde., Repr. d. Ausg. Berlin 1952).

25) Boeckh, August: Philolaos des Pythagoreers Lehren nebst den Bruchstücken seines Werkes, Berlin 1819, S. 131 f.

ren hervorgingen, allen voran die Atome, aus denen, wie Epikur glaubte, die gesamte physikalische Welt aufgebaut sei – und später Leben. Atome formten alles, selbst die Seele. Wo sie fehlten, machte sich Leere breit. Egal, wo diese seien, es bildeten sich Welten, auch ei- oder kugelförmige Welten jenseits unserer Welt[26] und Lebewesen auf ihnen.

> *»Ferner sind auch die Welten grenzenlos an Zahl, teils dieser hier ähnlich, teils unähnlich. Denn die Atome, deren Zahl grenzenlos ist, [...] bewegen sich auch in die unendlichste Ferne [...] Nichts steht also der Annahme einer unbegrenzten Zahl von Welten im Wege.«*[27]

Diese und andere exobiologischen Überlegungen Epikurs und Demokrits dienten knapp zwei Jahrhunderte später dem römischen Dichter und Philosophen Titus Lucretius Carus (97–55 v. Chr.) als Quelle der Inspiration. Das atomistische Weltbild beider Autoren vor Augen, richtete Lucretius (Lukrez) sein Augenmerk auch auf die bewohnten Welten abseits der hiesigen Sphäre. In seinem beeindruckenden Lehrgedicht »De rerum natura« (»Über die Natur der Dinge«, 55 v. Chr.) sinniert er in poetischen Worten über die von Tier und Mensch bevölkerten Welten, die es in den Tiefen des Weltalls geben müsse. »Gedrängt bist du zu gestehen; andere gibt es in anderen Teilen Erden und bunte Stämme der Menschen und Rassen von Tieren.«[28]

Interessant an Lucretius' Ansatz ist die starke Anlehnung an Epikurs Atomismus. Wie sein griechischer Kollege favorisierte der Römer den Gedanken, die Welt bestehe nur aus Atomen und Leere. Keine Götter steuerten das Schicksal der Menschen und das des Weltalls. Nichts entstehe aus dem Nichts, nichts ende dort, weil die Welt nicht von Gott kreiert worden sei, sondern – dem Faktor Zufall folgend – sich über einen unendlich langen Zeitraum in einem unendlich großen Raum aus unermesslich vielen Atomen selbst geschaffen habe. Erst als unendlich viele Atomkombinations-Varianten durchgespielt worden seien, habe sich eine Welt herauskristallisiert, in der Lebensformen ihre Nischen gefunden hätten – kosmosweit. Gleichwohl haben in Lucretius' Vision nur Atome ewigen Bestand, wohingegen das Leben auf der Erde und das auf anderen Planeten, ja sogar das ganze Universum irgendwann dem Tod anheimfallen würden.

---

26) Akerma, Karim: Außerirdische Einleitung in die Philosophie. Extraterrestrier im Denken von Epikur bis Hans Jonas, Verlagshaus Monsenstein und Vannerdat, Münster 2002, S. 22.

27) Epikur, Von der Überwindung der Angst. Brief an Herodot, in: Epikur: Von der Überwindung der Furcht. Mit einer Einführung und Erläuterungen von Olof Gigon, Deutscher Taschenbuch Verlag, München 1991, S. 69 f.

28) Lucrez: Welt aus Atomen. Lateinisch-Deutsch, Reclam-Verlag, Stuttgart 1986, 2. Buch, Vers 1074 ff., S. 163.

Erster Kontakt mit den Außerirdischen

In der Spätantike rückten die Außerirdischen, insbesondere deren Morphologie, noch stärker in den Fokus. Nicht mehr allein in der Unendlichkeit des Universums, sondern vor der kosmischen Haustür, auf dem irdischen Trabanten, vermuteten die damaligen Autoren intelligente Spezies. So fabuliert der griechische Historiker und Priester Plutarch (46–120 n. Chr.) in seinem Buch »De facie in orbe lunae« (»Vom Gesicht in der Mondscheibe«, 100 n. Chr.) nicht nur über das Aussehen der von ihm dort vermuteten Mondbewohner, sondern gibt ihnen in Anlehnung an die griechische Mondgöttin Selene auch erstmals einen Namen: Seleniten. Mit seinem Werk versuchte der Anhänger der platonischen Philosophie, die Flecken der Mondscheibe auf naturwissenschaftliche Weise zu erklären und erkannte in dem Erdtrabanten zugleich jenen Ort, wohin einst die Seelen der Verstorbenen gelangten.

Nachdem Plutarch selbst das Zeitliche gesegnet hatte und seine Seele in lunare jenseitige Sphären entschwunden war, legte der griechische Satiriker Lukian von Samosata (120–180 n. Chr.) mit seinem fantastischen Roman »Vera historia« (»Wahre Geschichte«, 160 n. Chr.) den ersten, gleichwohl nicht naturwissenschaftlich orientierten Raumfahrtroman vor. In ihm berichtet Lukian von einer unfreiwilligen Schiffsreise zum Mond. Nach einem gewaltigen Sturm treibt das Segelschiff seiner Helden sieben Tage und Nächte durch die Luft, bis es am achten Tag weit entfernt von den Säulen des Herakles am Erdtrabanten strandet, auf dem ein höllischer Krieg wütet, ausgetragen von gruselig aussehenden »Flohschützen«, »Pferdekranichen«, »Pferdeameisen«, »Luftmücken« und anderen Fabelwesen wie den Hippogryphen:

> *»Diese Hippogypen [sic] sind Männer, die auf großen Geiern reiten und sie so gut wie wir die Pferde zu regieren wissen: Die Geier aber sind meistens dreiköpfig, und wie groß sie sein müssen, kann man daraus abnehmen, dass jede ihrer Schwingfedern länger und dicker ist als der Mast eines großen Kornschiffes.«*[29]

Seinerzeit hat es viele zeitgenössische Gelehrte und Geistliche irritiert, dass im ausgehenden Mittelalter ausgerechnet ein Mann der Kirche das Schalenuniversum mitsamt seiner Fixsternsphäre gedanklich hinter sich ließ, die Idee von einem fixen Mittelpunkt im Universum imaginär beiseiteschob und frei heraus über die Möglichkeit außerirdischer intelligenter Lebensformen sinnierte. Schließlich war es im scholastisch geprägten Mittelalter verpönt,

29) Lukain: Der wahren Geschichte erstes Buch, in: Marsmenschen. Wie die Außerirdischen gesucht und erfunden wurden, Hrsg.: Justus Fetscher/Robert Stockhammer, Reclam Verlag Leipzig 1997, S. 66.

neben der Erde andere bewohnte Welten im Blickfeld zu haben. Nach wie vor schwebte die Inquisition wie ein Damoklesschwert über den Häuptern jener, die das von der Kirche gesegnete und von der Scholastik befürwortete aristotelisch-ptolemäische geozentrische Modell auch nur im Ansatz infrage stellten. Was jedoch Nicolaus Cusanus (1401–1464), der eine Zeit lang sogar als Berater des Papstes fungierte, im besten Glauben[30] postulierte und als Hommage an die Allmacht und Unendlichkeit Gottes verstand, war seiner Zeit voraus: Nicht die Erde, sondern Gott sei der Mittelpunkt des Universums, das selbst räumlich unbeschränkt ist! Da Gott im Kosmos allgegenwärtig sei, befinde sich der Mittelpunkt des grenzenlosen Universums gleichsam überall. Und da unser bewohnter Stern einer unter vielen ist, müssen laut Cusanus auch auf anderen Planeten Geschöpfe existieren, die möglicherweise sogar anderer Gattung sind. In seiner Schrift »Die belehrte Unwissenheit« schreibt er, dass »[...] Gott der Mittelpunkt und der Umkreis aller Sternregionen ist und von ihm Naturen verschiedenen Ranges ihren Ausgang nehmen, die in jeder Region wohnen, auf dass nicht diese Vielzahl von Stätten des Himmels und der Sterne leer sei und nur diese Erde, die vielleicht zu den geringsten zählt, bewohnt.«[31] Es müsse davon ausgegangen werden, dass keine Sternregion frei von Bewohnern sei. Vielmehr müsse es gleichsam so viele einzelne Teilwelten im Universum geben, wie es Sterne gäbe. Und deren Zahl sei unendlich.[32] Cusanus schließt nicht aus, auf einigen fernen Welten intelligente Lebensformen anzutreffen. Eine Kontaktaufnahme mit diesen hält er allerdings für zu kompliziert, da niemand genau wisse, ob man diese überhaupt verstehen könne oder als Geschöpfe Gottes erkennen würde.

Unter dem Eindruck dieser und anderer Abhandlungen schrieb der deutsche Astronom Johannes Kepler (1571–1630) mehr als 100 Jahre später als erster Wissenschaftler der Neuzeit einen mit Science-Fiction-ähnlichen Grundelementen bestückten Roman. Es war nachweislich der erste Versuch eines Autors, das Äußere von nichtmenschlichen Wesen konkret zu beschreiben.[33] Kepler, der selbst stark unter dem Einfluss der antiken Autoren stand – er übersetzte die von dem Griechen Lukian stammende Schrift »Vera historia« ins Lateinische – erzählt in seiner Schrift »Somnium, seu opus posthumum de

30) Akerma, Karim, a.a.O., S. 40.

31) Cusanus, Nicolaus: Die belehrte Unwissenheit. Lateinisch-Deutsch, Felix Meiner Verlag, Hamburg 1994, Buch II, Kap. 12, S. 101.

32) Ebd., S. 103 u. 105.

33) Heuser, Marie-Luise: Transterrestrik in der Renaissance: Nikolaus von Kues, Giordano Bruno, Johannes Kepler, in: Von Menschen und Außerirdischen. Transterrestrische Begegnungen im Spiegel der Kulturwissenschaft, Hrsg.: Michael Schetsche, Martin Engelbrecht, transcript Verlag, Bielefeld 2008, S. 73 f.

astronomia lunari«[34] (»Traum oder posthumes Werk über die Astronomie des Mondes«) von einer fiktiven Reise zum Mond. In der erst 1634 von seinem Sohn Ludwig posthum veröffentlichten Lektüre schickt Kepler seine Hauptfigur in Ermangelung eines hochtechnisierten Antriebssystems erwartungsgemäß nicht mit einem Raumschiff, sondern auf traumwandlerische Weise zum Erdtrabanten. Sein Held träumt sich sozusagen zum Mond und begegnet dort den Privolvanern, lunaren schlangenförmigen Höhlenbewohnern, die zwar ungeheuer groß, dafür aber ausgesprochen kurzlebig sind:

» […] scharenweise durchqueren die Mondgeschöpfe während eines einzigen ihrer Tage ihre ganze Welt, indem sie teils zu Fuß, mit Beinen ausgerüstet, die länger sind als die unserer Kamele, teils mit Flügeln, teils zu Schiff den zurückweichenden Wassern folgen.«[35]

Der unbekannte Revolutionär und die Folgen

Einige Dekaden vor Vollendung dieser Schrift initiierte der Dominikanermönch Giordano Bruno (1548–1600) eine neue Revolution, eine, die ihn das Leben kosten sollte. In seinem 1591 veröffentlichten Dialog »Über das Unendliche, das Universum und die Welten« sprengte er nicht nur den Rahmen des anthropozentrischen Weltbilds des Mittelalters, sondern erweiterte auch das heliozentrische Modell des Kopernikus. Seine Worte, die seine fiktiven Figuren aussprachen, waren unmissverständlich und provokativ:

»So wird die Herrlichkeit Gottes erhöht, die Größe seines Reiches wird offenbart, nicht in einer Sonne wird er verherrlicht, sondern in unzähligen, nicht in einer Erde, einer Welt, sondern in zehnmal hunderttausend – was sage ich: in unzählig vielen.«[36]

Doch damit nicht genug. Bruno legt im gleichen Dialog seinem Protagonisten *Burchio* die Frage in den Mund, ob denn die anderen Welten wie die Erde bewohnt seien. Hierauf antwortet eine andere fiktive Figur namens *Fracastorio*:

---

34) Buedeler, Werner, a.a.0., S. 66 f. Vgl. Lukian: Zum Mond und darüber hinaus. Artemis-Verlag, Zürich 1967.

35) Kepler, Johannes: Astronomischer Traum oder Mondgeographie mit Anmerkungen, in: Marsmenschen. Wie die Außerirdischen gesucht …, a.a.O., S. 78.

36) Bruno, Giordano: Über das Unendliche, das Universum und die Welten, Reclam Verlag, Stuttgart 1994, S. 26.

»Wenn nicht genau so und wenn nicht besser, dann um nichts weniger und nichts geringer, denn ein vernünftiger und halbwegs wacher Verstand kann sich unmöglich vorstellen, dass unzählige Welten ebensolcher oder besserer Bewohner bar sein sollten – Welten, die ebenso wie diese oder herrlicher als sie erscheinen [...].« [37]

Und durch *Philotheos'* ergänzende Worte gewinnt Brunos Meinung zu außerirdischen Lebensformen noch mehr an Profil:

»Dies sind nun alles Welten, die von ihren Lebewesen bewohnt und bebaut werden, darüber hinaus, dass sie selbst die allerersten und göttlichsten Lebewesen des Universums sind.«

Giordano Bruno, für den die Planeten und Sonnen nicht nur bewohnt, sondern selbst belebt waren, hat »[...] in Sachen Außerirdischer in bestem Glauben zu seinen Überzeugungen [...]«[38] gestanden. Umso trauriger ist es, dass der erste Mensch der Neuzeit, der die astronomische Stellung unseres Planeten im Universum erkannte und öffentlich relativierte, seine Überzeugung mit dem Leben bezahlen musste. Als der unbekannte »Revolutionär«,[39] für den der Mensch aufgrund der Unermesslichkeit des Universums einfach nicht die einzige intelligente Spezies im All sein konnte, der Ketzerei angeklagt wurde und auf dem Scheiterhaufen starb, erstickte eine Idee im lodernden Feuer der Inquisition, die einige Dekaden später wie Phoenix aus der Asche emporsteigen sollte. Verantwortlich hierfür waren renommierte Philosophen wie René Descartes, John Locke und Gottfried Wilhelm Leibniz,[40] die im aufblühenden Zeitalter der Aufklärung fast zwangsläufig für die Existenz außerirdischer Lebensformen plädieren mussten. Während nämlich die Philosophen der Renaissance außerirdische Wesen »wieder in den Bereich des Möglichen«[41] rückten und das Irdische gedanklich überschritten, transformierten und transzendierten, ja sogar die Fixsternsphäre gedanklich hinter sich ließen, erklommen die Denker der Aufklärung die nächste exobiologisch-literarische Stufe: Sie antizipierten – das heliozentrische kopernikanische Modell weit hinter sich lassend – unbewusst das kosmologische Prinzip, demzufolge das Universum homogen und isotrop ist, und konkretisierten gezielt das Außerirdische: Sie gaben den vermeintlichen intelligenten Lebensformen auf anderen Planeten

37) Ebd., S. 118 f.

38) So Akerma, Karim, a.a.O., S. 40.

39) So Ditfurth, Hoimar von: Unbegreifliche Realität. Reportagen, Aufsätze, Essays eines Menschen, der das Staunen nicht verlernt hat (Hoimar v. Ditfurth), Rasch und Röhring Verlag, Hamburg 1987, S. 170.

40) Akerma, Karim, a.a.O., S. 135 ff.

41) So Heuser, Marie-Luise: Transterrestrik in der Renaissance, a.a.O., S. 55 u. 57 f.

Gestalt und Form, ein Aussehen, ein Gesicht, einen Charakter und auch neue Heimatwelten, die jenseits der Mondbahn lokalisiert waren, bezogen aber auch deutlich den christlichen Gott in ihre Argumentation mit ein. »Viele Autoren waren fest davon überzeugt, dass Leben anderswo existierte und bestanden darauf, dies zeige die Herrlichkeit Gottes«, konstatiert die englische Wissenschaftshistorikerin Patricia Fara wohl nicht zu Unrecht.[42]

Während etwa Locke im Universum Intelligenzen mit mehr als acht Sinnen vermutete, die uns in puncto Wissen und Erfahrung weit voraus seien, und Leibniz unzählige Erden mit vernunftbegabten Wesen sah, bediente sich der französische Schriftsteller Bernard le Bovier de Fontenelle (1657–1757) in seinem 1686 erschienenen Buch »Gespräche über die Vielzahl der Welten« cartesianischer Argumente, um aufzuzeigen, dass auf Tausenden anderer Himmelskörper Leben existieren musste. Es war das vielleicht erste Buch, »dessen zentrales Thema die Bewohner anderer Welten«[43] waren.

Einen ganz besonderen Bewohner einer anderen Welt stellte der bekannte französische Philosoph und Schriftsteller Voltaire (1694–1778) seinen Lesern in seiner fantastischen Geschichte »Mikromegas« vor. Auch wenn in der 1756 erschienenen Schrift keine wissenschaftlich-technischen Elemente vorhanden sind, würdigen einige Science-Fiction-Kenner sie als ersten modernen SF-Roman. Vor allem aber blickt Voltaire in seiner Schrift durch die Augen extraterrestrischer Lebewesen auf uns[44] – mit dem Ziel vor Augen, das allzu Menschliche, die Verfehlungen des Homo sapiens, anzuprangern.

Mikromegas, so die Hauptfigur der Geschichte, ist ein kolossaler Außerirdischer von acht Meilen Größe, der bis zu zehn Millionen Erdjahre alt werden kann und über 1000 Sinne verfügt. Als er seine Heimatwelt, einen Planeten des Sterns Sirius, verlässt und das Sonnensystem besucht, landet er zuerst auf dem Saturn. Hier freundet er sich mit einem körperlich weitaus kleineren Saturnier an, der »nur« 6000 Fuß misst und 15.000 Jahre lebt. Gemeinsam statten sie mithilfe eines Kometen schließlich der Erde einen Besuch ab, wo sie in Mikromegas Augen auf höchst seltsame Lebewesen stoßen, die er aufgrund ihrer geringen Körpergröße als »Atome« und »unsichtbare Insekten«[45] bezeichnet. Mikromegas, der die Milchstraße wie seine Westentasche

42) Fara, Patricia: Vervielfältigtes Leben. Newtonianismus, Natürliche Theologie und die Debatte um die Vielzahl der Welten im 18. Jahrhundert, in: Science & Fiction II. Leben auf anderen Sternen, Hrsg.: Thomas P. Weber, Fischer Taschenbuch Verlag, Frankfurt a. Main 2004, S. 62.

43) So Akerma, Karim, a.a.O., S. 158. Mehr zu Fontenelle siehe Crowe, Michael J.: The Extraterrestrial Life Debate, 2008, a.a.O., S. 72–86.

44) Akerma, Karim, a.a.O., S. 158.

45) Voltaire: Mikromegas. Eine philosophische Geschichte, in: Marsmenschen. Wie die Außerirdischen gesucht …, a.a.O., S. 196–198.

kennt und sich nach etlichen Begegnungen mit vielen anderen Kulturen im All dem Pazifismus verschrieben hat, zeigt sich während eines Gesprächs mit einem Erdling entsetzt über die Streitsucht und Kriegslust der Menschen. Als der Sirier erfährt, dass sich drei Nationen während seiner interstellaren Visite um ein Stück Land von der Größe seines Absatzes bekriegen (Voltaire spielte auf den Krieg 1735–1739, Türkei versus Russland und Österreich, an), hegt er für einen kurzen Moment den Gedanken, die kriegslüsternen und mordenden Erdlinge wie Ameisen zu zertreten, besinnt sich aber schnell eines Besseren und bemitleidet »die kleine Menschengattung«.[46]

Die Liste jener Denker und Autoren, die vor und nach Giordano Bruno ihrer Faszination für extraterrestrisches Leben in Wort und Schrift Ausdruck verliehen haben, ist damit längst noch nicht zu Ende. Selbst ein Immanuel Kant (1724–1804) glaubte größtenteils an bewohnte Welten mit vernunftbegabten Wesen. Für ihn waren »die meisten unter den Planeten gewiss bewohnt, und die es nicht sind, werden es dereinst werden«.[47] Und sogar der unverbesserliche Pessimist und schwermütige Arthur Schopenhauer (1788–1860) vermutete auf fernen Planeten Lebensformen. Deren Dasein sei aber ebenso von Elend und Not geprägt wie das Unsrige. Und je mehr Zivilisationen dieser Couleur im All existierten, desto mehr bevölkerten leidende Wesen das Universum.

> *»Man möchte toll werden, wenn man die überschwänglichen Anstalten betrachtet, die zahllosen flammenden Fixsterne im unendlichen Raum, die nichts weiter zu tun haben, als Welten zu beleuchten, die der Schauplatz der Not und des Jammers sind und im glücklichsten Fall nichts abwerfen als Langeweile – wenigstens nach dem uns bekannten Probestück zu urteilen.«*[48]

Selbst anerkannte Kapazitäten und bedeutende Astronomen jener Epoche hatten ihren Frieden mit den Mondbewohnern geschlossen und deren Existenz als unumstößliche Wahrheit akzeptiert. Allen voran Sir John Herschel (1738–1822), der im Jahre 1781 mit der Entdeckung des Uranus Wissenschaftsgeschichte geschrieben hat. Wie aus einigen seiner publizierten Schriften und unveröffentlichten Manuskripte hervorgeht, reifte in Herschel nach intensiven Observationen des Erdtrabanten die Gewissheit, dass der Mond bewohnt sein müsse. In einem Notizbucheintrag aus dem Jahre 1778 verstieg

46) Ebd., S. 201.

47) Kant, Immanuel: Allgemeine Naturgeschichte und Theoriegeschichte des Himmels, in: Immanuel Kant: Träume eines Geistersehers und andere vorkritische Schriften, Werke Bd. 1, Könemann Verlag, Köln 1995, S. 173.

48) Schopenhauer, Arthur: Parerga und Paralipomena § 156, Werke, Bd. 5, S. 353.

er sich sogar zu der Behauptung, er habe durch sein Okular Großstädte, Städte, Pyramiden und Dörfer gesehen. Kurze Zeit später berichtete er sogar von Kanälen und Straßen, die seiner Meinung nach künstlich angelegt sein mussten, ruderte aber mit den Jahren etwas zurück und relativierte seine Beschreibungen, indem er häufiger nur noch von »großen, runden Plätzen« sprach.[49]

Noch deutlicher wurde hingegen der deutsche Astronomieprofessor Franz von Paula Gruithuisen (1774–1852) in seiner ausführlichen Schrift mit dem vielsagenden Titel »*Entdeckung vieler deutlicher Spuren der Mondbewohner, besonders eines collosalen Kunstgebäudes derselben*«. In diesem dreiteiligen Traktat aus dem Jahr 1824 erzählt der Autor frisch von der Leber weg von seinen fantastischen Beobachtungen und interpretiert diese – ähnlich wie Herschel – als Straßen, Befestigungsbauten, Städte usw. Damit waren die Fantastereien noch nicht zu Ende. Gruithuisen vermutete überdies außerirdische Kulturen auf Kometen und auf den Planeten Merkur und Venus, wo er – basierend auf seinen Beobachtungen – »allgemeine Feuerfeste der Venutier« zu erkennen glaubte, die dort »viel leichter durchgeführt werden können, weil auf der Venus der Baumwuchs sehr viel üppiger sein muss als in den unberührten Wäldern Brasiliens.«[50]

Die Außerirdischen waren demnach zum Greifen nahe. Und das Verlangen, sie zu greifen und zu ergreifen, wurde im 19. Jahrhundert von Dekade zu Dekade immer größer …

---

49) Crowe, Michael J.: The Extraterrestrial Life Debate – Antiquity to 1915, a.a.O., S. 177 ff.
50) Ders., The Extraterrestrial Life Debate, 1750–1900, a.a.O., S. 204.

3 Invasion der Marsmenschen

Kuriosa aus der Prä-SETI-Ära

Immer starker wächst in mir das Gefühl, dass ich als Erster die Grüße eines Planeten an einen anderen gehört habe.

Nikola Tesla, 1901

Die Lunar- und Mars-Mania, die Debatte um die Außerirdischen auf dem Erdtrabanten und dem Roten Planeten, die auch teilweise die Venus erfasste, erreichte im 19. Jahrhundert ihren unbestrittenen Höhepunkt. Es schien, als hätten sich viele Menschen dieser Epoche mit einem Alien-Virus infiziert und im Fieberwahn die erste Invasion der Außerirdischen *real* er- und durchlebt. Schenken wir dem US-Wissenschaftshistoriker Michael J. Crowe Glauben, dann sind zu dem Sujet *Leben im All* in dem Zeitraum von der griechischen Antike bis zum Jahr 1916 sage und schreibe mehr als 140 Schriften respektive Bücher verfasst worden,[51] wobei die meisten Abhandlungen zu diesem Thema in der ersten Hälfte des 19. Jahrhunderts erschienen sind. Sie handeln vornehmlich von den Seleniten, den Mondbewohnern, wohingegen in den drei letzten Dekaden des vorletzten Jahrhunderts die Marsmenschen peu à peu Oberwasser gewinnen. Allein in dieser Ära okkupierten Tausende von Buchbeiträgen, Artikeln, Essays und Buchbesprechungen die Regale der ohnehin schon gut bestückten Bibliothek des Alien-Genres. Dank ihrer »Medienpräsenz« waren die Außerirdischen schnell in aller Munde.[52]

---

51) Crowe, Michael J.: The Extraterrestrial Life Debate, 1750–1900, Dover Publications, Mineola, New York 1999, S. 547.

52) »Von Kapstadt bis Kopenhagen, von Dorpat bis Dundee, von Sankt Petersburg bis Salt Lake City redeten Erdlinge über Außerirdische. Ihre Thesen erschienen in Büchern und Streitschriften, in Groschenblättern und gediegenen Zeitschriften, in Predigten und Bibelkommentaren, in Gedichten und Dramen […] Oxford-Professoren und Observatoriumsdirektoren, Schiffskapitäne und Staatsoberhäupter, radikale Reformer und Ultrakonservative, Wissenschaftler und Weise, Orthodoxe und Heterodoxe – jeder hatte etwas zu sagen.« Ebd., S. 263.

Erste Gehversuche

Daher vermag es kaum zu verwundern, dass sich just in dieser Ära Wissenschaftler erstmals mit der Frage auseinandersetzten, wie ein direkter Kontakt mit einer außerirdischen Zivilisation zu realisieren sei.

Der Geburtshelfer der CETI-Idee (Communication with Extraterrestrial Intelligence = Kommunikation mit außerirdischer Intelligenz) war, wie die wissenschaftshistorischen Quellen vermuten lassen, der schon zu Lebzeiten berühmte deutsche Mathematiker Carl Friedrich Gauß (1777–1855). Bereits 1818 belebte er die außerirdische Debatte, als er das Heliotrop, einen von ihm erfundenen Sonnenspiegel, ins Spiel brachte. Die drehbare Apparatur konnte das Sonnenlicht mittels geeigneter Spiegelanordnung in jede gewünschte Richtung umlenken, die mit dem Fernrohr angepeilt worden war. Da das Heliotrop (dt.: »Sonnenwender«), welches präzise Vermessungen über große Entfernungen ermöglichte, seine Leistungsfähigkeit auf dem Gebiet der Geodäsie zuvor mehrmals unter Beweis gestellt hatte, plante Gauß, mit einer weiterentwickelten Version seines Geräts die Suche nach Außerirdischen voranzutreiben. Eine Phalanx von fein geschliffenen Spiegeln sollte das reflektierte Sonnenlicht zum Mond und den erdnahen Planeten des Sonnensystems lenken, auf denen Gauß – wie (fast) alle Wissenschaftler seiner Ära – Leben vermutete. »Mit einem Zusammenschluss von 100 einzelnen Spiegeln, jeder einzelne mit einer Fläche von zwei Quadratmetern, ließe sich gutes heliotropes Licht zum Mond schicken«, erklärte Gauß im Frühjahr 1822 dem deutschen Astronomen Hermann Olbers.[53] Gauß soll hierzu später noch ergänzend angemerkt haben, dass eine Kontaktaufnahme mit Mond- oder Marsmenschen für ihn von größerer Bedeutung sei als die Entdeckung Amerikas.

Ein aus ökologischer Perspektive allerdings wenig vorbildlicher Gauß'scher Plan sah das Abholzen und die Rodung ausgewählter Zonen in der sibirischen Tundra vor. Der Sinn dieser Aktion hätte darin bestanden, ein gigantisches Gebilde zu schaffen, das Mond- oder Marsbewohner problemlos noch aus großer Distanz sehen konnten. Auf dem entwaldeten Terrain sollte hernach ein gigantisches Weizenfeld in Form eines rechtwinkligen Dreiecks entstehen, ferner an jeder Seite des Dreiecks große rechteckige Felder von Pinienwäldern. Alles in allem hätte das ganze Areal aus gewaltigen, rechtwinkligen Dreiecken und Quadraten bestanden, die mathematisch so angeordnet gewesen wären, dass das Vegetationsbild aus der Luft betrachtet den

53) Schreiben Carl Friedrich Heinrich W. M. Gauß' an Hermann Olbers, 25. März 1822, in: Schilling, C.: Wilhelm Olbers: Sein Leben und seine Werke, Bd. 2, Berlin 1894, S. 180.

Lehrsatz des Pythagoras versinnbildlicht hätte. Für vernunftbegabte, mathematisch denkende und astronomisch interessierte Mond- oder Marsbewohner wäre die Botschaft unmissverständlich gewesen. Doch Gauß' visionärer Vorschlag scheiterte an unüberwindlichen finanziellen Hürden.

Alles andere als eine umweltfreundliche Zielrichtung hatte auch der Vorschlag des österreichischen Astronomen Joseph Johann von Littrow (1781–1849). Genau 20 Jahre nach Gauß gab er zum Besten, dass man doch in der Sahara 40 Kilometer lange Gräben ausheben und diese zu geometrischen Figuren formen könnte – zu Kreisen oder Quadraten. Die Vertiefungen wären sodann mit Wasser zu füllen, das Wasser selbst mit Kerosin zu benetzen und zu nächtlicher Stunde anzuzünden. Neugierige Marsianer würden sich auf das entstehende Muster schon einen Reim machen.

Noch verwegener, ja fantastischer klingt das Modell des jungen französischen Physikers, Dichters und Erfinders Charles Cros (1842–1888), der 1869 in einer Broschüre anregte, eine über ganz Europa verteilte Armada von gigantischen Parabol-Spiegeln aufzustellen. Auf diesen sollte künstlich generiertes elektrisches Licht – ausgehend von mehreren Quellen – gelenkt, konzentriert und überdies Richtung Mars oder Venus gesandt werden. Die Spiegel sollten dabei dergestalt angeordnet sein, dass sie für einen außerirdischen Beobachter ein erkennbares und vor allem sinnvolles Muster ergäben. Würde er die Botschaft verstehen und diese womöglich sogar beantworten, wäre dies, wie Charles Cros damals betonte, ein großer »Moment der Freude und des Stolzes«. Die ewig währende Isolation der Sphären sei dann endlich vorbei.[54]

Der finnische Offizier und Mathematiker Edvard Engelbert Neovius (1823–1888) unterbreitete in einer von ihm 1875 veröffentlichten, aber schnell wieder in Vergessenheit geratenen Schrift konkrete Vorschläge für eine Kontaktaufnahme mit den Marsianern. Sein Konzept setzte das breitflächige Aufstellen unzähliger Lampen in den südamerikanischen Anden voraus. Mithilfe der Anlage sollten dann Botschaften zum Mars folgen, in denen Informationen über Arithmetik, Logik, Physik verschlüsselt wären.[55]

Doch Neovius' Idee fand ebenso wenig geeignete Investoren wie der weitaus bodenständigere Plan des englischen Meteorologen Francis Galton (1822–

54) Cros, Charles: Études sur les moyens de communication avec les planets, Paris 1869, in: Bulletin de la Societé Astronomique de France (1897), S. 368–378. Vgl. Crowe, Michael, The Extraterrestrial Life Debate, 1750–1900, a.a.O., S. 394, u. Lemarchand, Guillermo A.: Interplanetary and interstellar optical communication between intelligent beings: a historical approach, in: SPIE, Proceedings (24.06.1996), Bd. 2704, Nr. 127, Hrsg.: Stuart A. Kingsley, Guillermo A. Lemarchand, S. 128 [doi: 10.1117/12.243446].

55) Lehtia, Raimo. Edvard Engelbert Neovius, an early proponent of interplanetary communication, in: Acta Astronautica (Mai/Juni 1998), Bd. 42, Nr. 10–12, S. 727–738 [doi: 10.1016/S0094-5765(98)00033-2].

1911), der am 6. August 1892 in der englischen *Times* den Rat gab, mit einer Kombination von Spiegeln so viel Sonnenlicht wie möglich zu sammeln und die dabei entstehenden Lichtreflexionen nicht wahllos zum Mars zu senden, sondern einen auf Lichtsignalen basierenden morseähnlichen Code anzuwenden, den auch Marsbewohner verstehen und beantworten könnten.[56]

Ungefähr aus dieser Zeit stammt auch der Entwurf eines gewissen A. Mercier, der die von einigen Astronomen zu dieser Zeit angeblich beobachteten Lichterscheinungen, die »historischen Blitze vom Mars«,[57] als Antwortsignale auf die lichtreiche Weltausstellung in Paris 1889 interpretierte. Mercier, immerhin Mitglied der Astronomischen Gesellschaft Frankreichs, legte daher seinen Kollegen in seiner 1899 publizierten Schrift »Communication avec Mars« (Orléans) nahe, einige Spiegelreflektoren direkt am Eiffelturm zu montieren und diese auf den Mars auszurichten. Das eintreffende Sonnenlicht sollte den Bewohnern des Roten Planeten – von deren Existenz ging er felsenfest aus – signalisieren, dass auf dem blauen Nachbarplaneten kommunikationswillige Intelligenzen die marsiane Replik registriert hätten und an einem interplanetaren Dialog interessiert seien. Eine andere von Mercier ausgedachte Variante sah die Installation eines großen Spiegels auf der sonnenbeschienenen Seite eines Berges vor. Dem auf der Bergspitze fixierten Reflektor wäre die Aufgabe zugefallen, bei Sonnenuntergang das gesammelte Licht zu einem weiteren Spiegel auf der dunklen bzw. gegenüberliegenden Seite des Berges zu projizieren. Dieser wiederum hätte sodann das Lichtpaket flugs Richtung Mars senden sollen. Infolge des dunklen Hintergrunds sollten auf diese Weise die eingefangenen Sonnenstrahlen optisch verstärkt und für die Marsianer noch besser sichtbar werden.[58]

An verrückten, teils bizarren, teils esoterisch angehauchten Ideen, die zudem technisch und finanziell kaum realisierbar waren, hat es im 19. und im beginnenden 20. Jahrhundert fürwahr nicht gefehlt. Eine davon sah – analog dem Ansatz Neovius' – den Aufbau eines riesigen, aus Glühbirnen bestehenden Lichtteppichs vor, der – versehen mit einem auffälligen geometrischen Muster – bei Bedarf ein- und ausgeschaltet werden sollte. Das periodische Blinkmuster sollte das Ferngespräch zu den Marsianern eröffnen.[59] Ein anderer Fantast fabulierte von einer riesigen, leistungsstarken Scheinwerferanlage, die auf den Nachbarplaneten gerichtet werden sollte.[60]

---

56) Crowe, The Extraterrestrial Life Debate, 1750–1900, a.a.O., S. 395. Lemarchand, Guillermo A.: Interplanetary and interstellar optical communication between intelligent beings, a.a.O., S. 128 [doi: 10.1117/12.243446].

57) Signaling to Mars [anonymer Autor], in: Scientific American, Bd. 100 (1909), S. 346.

58) Crowe, Michael: The Extraterrestrial Life Debate, 1750–1900, a.a.O., S. 397.

Auch der US-Astronom William Henry Pickering (1858–1938), der Bruder des berühmten Harvard-Astronomen Edward Charles Pickering (1846–1919), schaltete sich 1909 in die Diskussion ein und überraschte seine Kollegen mit dem Plan, zum Zwecke der direkten Kontaktaufnahme mit Lebewesen auf dem Roten Planeten eine im Durchmesser 1600 Meter große Anlage von Spiegeln zu errichten. Aufgrund der Größe der Reflektoren-Flottille wäre es, so Pickerings Wunschdenken, ein Leichtes, das Licht der in den Spiegeln abgebildeten kompletten Sonnenscheibe in rhythmischen Intervallen zum Mars zu schicken. Damaligen Schätzungen zufolge hätte das ehrgeizige Projekt satte 10 Millionen Dollar verschlungen.[61] Dass es zu keinem Zeitpunkt ernsthaft zur Disposition stand, dürfte selbst Pickering nicht überrascht haben.

Ein anderer leicht naiv anmutender Plan, ausgeheckt von Herrn Prof. R. W. Wood von der John-Hopkins-Universität in Baltimore (USA), zielte darauf ab, in der Salzwüste von Utah (USA) einen immens großen, schwarz gefärbten Stoffballen zu platzieren. Zwei Walzen sollten dafür sorgen, dass der breite Stoffstreifen bei Bedarf schnell zum Vorschein und wieder zum Verschwinden gebracht werden könnte. Das ganze hätte natürlich periodisch und mit System inszeniert werden sollen, auch wenn keiner einen genauen Plan davon hatte, nach welchem System das Ganze funktionieren sollte.

Von allen Vorschlägen wäre dieses Projekt vielleicht am leichtesten zu realisieren gewesen – finanziell und technisch. Aber auch der Wüstenplan verlief im Sande, wie im Übrigen alle wissenschaftlich allenfalls halbwegs fundierten und mehrheitlich unseriös-naiven Vorschläge.

Das 19. Jahrhundert steht für jene Epoche, in der über außerirdische Intelligenzen viel geschrieben, diskutiert und spekuliert wurde. Es war die Ära der Ideen und vollmundig angekündigten großen Pläne, die keine echte Chance auf Verwirklichung hatten. Es war das Jahrhundert der CETI-Konzepte. Erst im ausgehenden 19. und zu Beginn des 20. Jahrhunderts begann die wahre Vorgeschichte der SETI-Idee.

59) »Um diesen Fleck zu beleuchten, wären nicht weniger als hundert Millionen PS erforderlich – das aber ist ein Mehrfaches der gegenwärtig auf der ganzen Erde im Dienst der Menschen befindlichen Triebkraft.« So Nikola Tesla in seinem Beitrag: Talking with the Planets, in: Collier's Weekly, 24 (9. Februar 1901). Abgedruckt in: Marsmenschen. Wie die Außerirdischen gesucht und erfunden wurden, Hrsg.: Justus Fetscher/Robert Stockhammer, Reclam Verlag Leipzig 1997, S. 163.

60) Crowe, Michael: The Extraterrestrial Life Debate, 1750–1900, a.a.O., S. 399.

61) Ebd.; Lemarchand, Guillermo A.: Interplanetary and interstellar optical communication, a.a.O., S. 129 [doi: 10.1117/12.243446].

Der Elektro-Radio-Trick

Inspiriert von dem italienischen Astronomen und Direktor der Sternwarte Mailand, Giovanni Virginio Schiaparelli (1835–1910), der 1877 auf dem Mars während einer intensiven Beobachtungskampagne rillenartige Strukturen zu erkennen glaubte, die er als »Canali« bezeichnete (womit Schiaparelli jedoch nur natürlich gewachsene und nicht künstlich angelegte Flussbetten auf dem Mars meinte), und ermutigt von dem US-Astronomen Percival Lowell (1855–1916), der 1894 die schiaparellischen Rillen explizit als von Marsbewohnern künstlich angelegte Kanäle, 437 an der Zahl, interpretierte, wagten vornehmlich in den USA und Europa arbeitende Ingenieure und Forscher den Sprung auf eine nächsthöhere Ebene: auf die elektromagnetische.

Der drahtlose Rundfunk feierte sein Geburtsjahr Anno Domini 1896, zehn Jahre nach der Entdeckung der elektromagnetischen Wellen durch den deutschen Physiker Heinrich Hertz (1857–1894). In Gegenwart von weiteren Wissenschaftlern gelang dem russischen Physiker Alexander Stepanowitsch Popow (1859–1906) erstmals die schnurlose Übertragung von Signalen: auf eine Entfernung von 250 Meter. Es war eine Premiere ohne Generalprobe, die nur Insider richtig wahrnahmen – wie etwa der weitsichtige Guglielmo Marconi (1874–1937). Dieser sorgte im selben Jahr (1896) kurze Zeit später mit einer von ihm erfundenen geerdeten Dipol-Sendeantenne, eine modifizierte Version der Apparatur Popows, für Furore, weil sich seine Radiosendung gleich drei Kilometer durch den *Äther* bewegte. Nachdem Marconi seine Apparatur im Juni 1896 patentieren ließ (noch vor Popow), 1899 die erste drahtlose Botschaft über den Ärmelkanal schickte und am 12. Dezember 1901 die erste transatlantische Funkübertragung von London nach Neufundland durchführte, begann der bahnbrechende Siegeszug des Radios, der die Informationslandschaft des beginnenden 20. Jahrhunderts drastisch verändern sollte. Maßgeblichen Einfluss hierauf hatte der kroatische Elektroingenieur Nikola Tesla (1856–1943) genommen. Er schuf die technischen Grundlagen für den Rundfunk. Hätte nicht im März 1895 ein verheerendes Feuer in seinem Labor gewütet, wären hierbei nicht das gesamte »Spezial-Equipment« und »alle im Lauf der Jahre angesammelten Unterlagen und Baupläne« den Flammen zum Opfer gefallen,[62] würden wir ihn heute in den Annalen der Technikgeschichte fraglos als Erfinder des Radios ehren.

Wie gering oder groß Teslas Beitrag für das Radio auch immer gewesen sein mag – am Aufkommen der SETI-Idee hatte er indes sehr großen Anteil.

---

62) So der Tesla-Experte Michael Krause: Wie Nikola Tesla das 20. Jahrhundert erfand, Wiley-VCH, Weinheim 2010, S.192 f. Nach dem Brand stand Tesla, der keine Feuerversicherung etc. abgeschlossen hatte, beruflich vor einem Scherbenhaufen.

Schließlich war er bereits an einem interplanetaren Dialog mit den mythischen Marsianern auf elektromagnetischer Basis interessiert, als das Radio noch in den Kinderschuhen steckte und der legendäre »Prix Guzman« allenfalls reine Zukunftsmusik gewesen war.

Diese erklang allerdings einige Jahre später, als Madame Clara Goguet Guzman in Gedenken an ihren verstorbenen Sohn Pierre die ungewöhnlichste Ausschreibung der Wissenschaftsgeschichte initiierte. In ihrem Auftrag setzte die Französische Akademie der Wissenschaften am 17. Dezember 1900 einen mit 100.000 Francs (eine unglaubliche Summe für die damalige Zeit) dotierten Preis für jene Person oder Nation aus, die binnen zehn Jahren den Nachweis erbringen konnte, erstmals mit einer außerirdischen Zivilisation Kontakt aufgenommen zu haben. Und damit waren keineswegs Mondbewohner oder Repräsentanten des Roten Planeten gemeint. Von deren Existenz ging Frau Guzman und mit ihr das Gros der Astronomen um die Jahrhundertwende ohnehin felsenfest aus.[63]

Vielleicht erklärt diese finanzielle Motivationsspritze, warum kurz nach der Ausschreibung über das Medium der Medien auffallend viele Forscher und Tüftler mit der Behauptung aufwarteten, eine außerirdische Botschaft empfangen zu haben. So meldete sich etwa 1896 kein Geringerer als der (spätere) russische Raketenpionier Konstantin E. Ciolkovskij (1857–1935) zu Wort (der damals wohlgemerkt noch recht unbekannt war) und erzählte von einer geometrischen Figur, die er via Teleskop auf dem Mars gesehen haben wollte. Derlei Berichte mehrten sich zusehends. Flankiert wurden sie von Ideen und Vorschlägen, die samt und sonders darauf abzielten, einen möglichst schnellen Kontakt mit den Außerirdischen herzustellen. Erstmals bekam die irdisch-pekuniäre Zeit-ist-Geld-Philosophie eine rein außerirdische Note.

Ähnlich erging dies dem US-Wissenschaftsmagazin *Scientific American*, das ab Mai 1909 beinahe monatlich auf fast schon inflationäre Weise von den neuesten Ideen rund um den Roten Planeten und deren vermeintliche Bewohner berichtete – unter besonderer Berücksichtigung aller irdischen Anstrengungen, mit den fernen Kulturen zu kommunizieren.

Einer, der auch im *Scientific American* immer wieder mal Erwähnung fand, war Nikola Tesla, der 1899 noch voller Optimismus angeblich gezielt eine Radionachricht konzipiert und Richtung Mars abgeschickt haben soll.[64]

---

63) Puttkamer, Jesco v.: Jahrtausendprojekt Mars. Standort All – Chance und Schicksal der Menschheit, Langen Müller, München 1997, S. 79.

64) So der SETI-Pionier Frank Drake. Siehe Drake, Frank/Sobel, Dava: Signale von anderen Welten. Mit dem NASA-SETI-Projekt auf der Suche nach fremden Intelligenzen, Droemersche Verlagsgesellschaft/Knaur, München 1994, S. 290.

Immerhin konnte der geschickte Erfinder während seiner Experimente auf etwas zurückgreifen, was kein »SETI«-Visionär vor ihm hatte: auf Geld und das nötige Equipment. In Knob Hill, in der Nähe von Colorado Springs (Colorado), errichtete er einen quadratrisch angelegten, offenen Holzturm mit einer Seitenlänge von 30 und einer Höhe von 15 Metern. Aus der Mitte des Turms ragte ein aus Eisenrohren bestückter Sende- und Empfangsmast empor, der bei Bedarf bis zu 50 Meter ausgefahren werden konnte. Auf seiner Spitze wiederum thronte eine mit Kupferfolie überzogene ein Meter große Holzkugel. Innerhalb des Gebäudes residierte die größte und stärkste Tesla-Spule, die jemals gebaut wurde. Mit einem Durchmesser von mehr als 15 Metern und einer Höhe von 2,70 Meter gewann der kolossale Transformator beinahe selbst außerirdische Dimensionen.[65]

Als Tesla mit diesem Equipment zur Tat schritt, reifte in ihm binnen kurzer Zeit die Gewissheit, erstmals Zeuge einer außerirdischen Antwortbotschaft geworden zu sein. Ein seltsam periodisch pfeifendes Rauschen weckte sein Interesse und seine Neugierde. Nachdem er verschiedene infrage kommende Störquellen wie etwa die Sonne, den Mond, die Venus oder Nordlichter sowie Magnetismus als Ursache ausschließen konnte, war er sich »ganz sicher«, dass die beobachteten Störungen einer intelligenten Kontrolle unterliegen mussten:

> *»Obwohl ich ihre Bedeutung nicht entziffern konnte, war es mir unmöglich, sie als ganz und gar zufällig abzutun. Immer stärker wächst in mir das Gefühl, dass ich als Erster die Grüße eines Planeten an einen anderen gehört habe.«*[66]

In Wahrheit wurde Tesla natürlich nicht Ohrenzeuge eines künstlich komponierten extraterrestrischen Geräuschkonzerts. Was er hörte, waren wohl eher kosmisch natürliche Quellen oder atmosphärische Störungen. Dennoch schwärmte er von den neuen Möglichkeiten und wagte die Prognose, die interplanetare Kommunikation mithilfe von Funksignalen noch im 20. Jahrhundert salonfähig zu machen. Alles sei nur eine Frage der Technik und der Methode, betont Tesla:

65) Krause, Michael: Wie Nikola Tesla das 20. Jahrhundert erfand, a.a.O., S.229 f. 1901 steigerte sich Tesla und konstruierte bei Shoreham auf Long Island (USA) den 57 Meter hohen Wardenclyffe Tower, einen experimentellen, ganz aus Holz gebauten Funkturm, in dessen Mitte sich ein elektromagnetischer Oszillator von 93,5 Meter Länge nach oben streckte. Fertiggestellt wurde der Turm allerdings nicht. Mehr hierzu bei Michael Krause, Nikola Tesla, a.a.O., S. 257–269.

66) Tesla, Nikola: Talking with the Planets, a.a.O., S. 167.

»Mit einem Energieaufwand, der nicht 2000 Pferdestärken überschreitet, lassen sich Signale zu einem Planeten wie Mars genauso exakt und sicher übermitteln wie eine Nachricht per Draht von New York nach Philadelphia.« [67]

Pferdestärken hin, Pferdestärken her – seinen Kritikern jedenfalls kam es eher so vor, als seien mit Tesla selbst die Pferde durchgegangen. Seinen Optimismus teilten nur wenige. Eine US-Zeitung bezeichnete ihn als »den Ignatius Donnelly der Physik«, was sicherlich nicht als Kompliment gedacht war, weil der gleichnamige US-Kongressabgeordnete, der sich auf die Suche nach dem sagenumwobenen Atlantis aufgemacht hatte, ebenso auf Abwegen wandelte wie Tesla. Trotz aller Kritik hielt Tesla seiner Version die Treue und wiederholte 1919 seinen alten Standpunkt. Nach wie vor glaubte er, Zeuge eines außerirdischen Kontaktversuchs geworden zu sein. Teslas unerschütterlicher Glaube war dermaßen ausgeprägt, dass er noch 1937 bei einer Tischrede anlässlich seines 81. Geburtstags der Hoffnung Ausdruck verlieh, den Guzman-Preis allein zu gewinnen, weil er doch bereits 1901 Funksignale vom Mars aufgefangen habe.[68] Während Tesla 1937 beim Diner in Erinnerungen schwelgte, blickte der Harvard-Astronom Donald Menzel (1901–1976) im selben Jahr indes über den Tellerrand und sinnierte bereits über die theoretischen Mittel und Wege, sich den Marsbewohnern in einem höheren Frequenzbereich zu nähern, mit ihnen via Kurzwellen zu kommunizieren.[69]

16 Jahre zuvor war der vermeintliche Erfinder des Radios, Guglielmo Marconi, in den Genuss jener pfeifenden und zwitschernden Laute gekommen, die Jahre zuvor Teslas Aufmerksamkeit erregt hatten. Seit Januar 1919 berichtete die *New York Times* zunehmend darüber, dass der Physik-Nobelpreisträger (1909) schon vor Beginn und nach Beendigung des Ersten Weltkriegs des Öfteren seltsame und starke Signale im *Äther* gefunden habe, deren Herkunftsort völlig unklar sei.[70] Mal bestätigte Marconi solche Darstellungen, mal relativierte er dieselbigen, selten dementierte er sie. Stets darum bemüht, einen direkten Draht zu den Medien zu halten und auch in der

67) Ebd., S. 163.

68) »Sending of Messages to Planets«, in: The New York Times (11.07.1937), S. 29. Wie viele seiner Mitstreiter und Mitbewerber um den Guzman-Preis hatte Tesla offensichtlich vergessen, dass die Auszeichnung den Mars völlig ignorierte. Da mit Lebewesen auf dem Roten Planeten damals viele rechneten, wäre eine Kontaktaufnahme mit seinen Bewohnern nicht honoriert worden. Bekanntlich wurde der Preis bis heute noch keinem Alien-Jäger überreicht.

69) Dick, Steven J.: Life on other Worlds. The 20th-Century Extraterrestrial Life Debate, Cambridge University Press, Cambridge 1998, S. 201.

70) »Marconi still at Sea on mysterious Sounds«, in: The New York Times (27.01.1920), S. 7.

Öffentlichkeit in aller Munde zu bleiben, zog der gewiefte Geschäftsmann gewiss nicht ohne Kalkül alle Register der Kunst, um etwa die Kreuzfahrten mit seinem Forschungsschiff zu mystifizieren, sie mit der Aura des Geheimnisvollen zu ummanteln.

So sprach er noch Anfang 1920 ganz unverhohlen davon, dass er immer wieder unbekannte starke Signale registriere, die gleichzeitig in London und New York zu hören seien, was darauf hindeute, dass sie aus großer Entfernung abgesandt wurden. Er habe gleichwohl nicht die leiseste Ahnung, so Marconi, woher diese Störsignale kommen.[71]

> *»Bislang kann keiner definitiv sagen, ob diese Signale irdischen Ursprungs sind oder von anderen Welten stammen.«*[72]

20 Monate später bestätigte die *New York Times* erneut, dass Marconi entgegen der gängigen wissenschaftlichen Meinung nach wie vor davon überzeugt sei, schon vor zwei Jahren kabellose Nachrichten von den Bewohnern des Mars empfangen zu haben. Während ein italienischer Astronom aus Florenz repräsentativ für die Mehrheit seiner Kollegen das marsiane Funkfeuer ausschließlich auf atmosphärische Störungen zurückführte und nebenbei die Diskussion über Marconis vermeintliche Botschaften vom Roten Planeten als »absolut skandalös« bezeichnete,[73] konterte das renommierte und seriöse Blatt aus Manhattan an anderer Stelle mit einer reißerischen Headline: »Marconi ist sicher: Mars sendet Botschaft«.[74] In dem Artikel heißt es weiter, Marconi sei deshalb so optimistisch, Radio-Botschaften vom Mars empfangen zu haben, weil die »Wellenlänge und ihre Regelmäßigkeit und der Buchstabe V des internationalen Codes«, der sich ständig wiederhole, ganz wie »Stationsrufe oder Testsignale« klängen, die irdische Radiosender ausstrahlten.[75]

Auf die von diversen Zeitungen lancierte Meldung, Marconi habe mit seinem Radioapparat zufällig sehr seltsame Töne und vielleicht Anzeichen außerirdischen Ursprungs entdeckt, reagierte auch Albert Einstein. Er sah sich zu der lapidaren Feststellung veranlasst, dass auf dem Mars zwar fraglos Leben existiert, aber Marconis seltsame Töne höchstwahrscheinlich nur atmosphärische Störungen oder andere Radio-Experimente bedingt hatten. Intelligente Brüder auf dem Mars waren seinem Dafürhalten nach für die registrierte Geräuschkulisse keineswegs verantwortlich.[76]

---

71) Ebd.
72) »Marconi testing his Mars Signals«, in: The New York Times (29.01.1920), S. 1.
73) »Opposing Views on Mars Signals«, in: The New York Times (31.01.1920), S. 24.
74) »Marconi sure Mars Flashes Messages«, in: The New York Times (02.09.1921), S. 1.
75) The New York Times (27.01.1920), S. 7.
76) »Offers a $20,000 Prize for sign to a Planet«, in: The New York Times (02.02.1920), S. 24.

Gezielte Suche

Im Gegensatz zu Tesla ergriff der Nobelpreisträger für Physik (1909) kurzerhand die Initiative und machte mehrfach die Probe aufs Exempel: Er steuerte einige Male sein 67 Meter langes und 700 Tonnen schweres Forschungsschiff *Electra* in maritime Gefilde, um der im Wellenmeer des kosmischen Ozeans treibenden Flaschenpost mitsamt ihrem kryptischen Inhalt habhaft zu werden. Während einer Altantiküberquerung, die ihn von Southampton nach New York führte, schaltete Marconi auf halber Strecke seinen Radioempfänger an und suchte auf der Zwei-Kilohertz-Frequenz des Langwellenbereichs gezielt nach marsianen Botschaften. Auf der Rückreise vermeldete Marconi, er habe zwar keine schlüssige Erklärung für die Herkunft der mysteriösen Töne, sehe aber auch keine Veranlassung, das Phänomen mit Marsianern in Verbindung zu bringen. »Ich habe keine sensationellen Ankündigungen zu machen«, entschärfte er kurz vor seiner Ankunft in New York per Funk jeglichen Anflug von Sensationsmache.[77]

Sichtlich beeindruckt von Marconis Experiment zeigte sich auch der amerikanische Astronom David P. Todd (1855–1939). Er sollte zum zweiten Homo sapiens der Weltgeschichte avancieren, der ein Projekt initiierte und koordinierte, dessen Hauptdarsteller gezielt nach Radiosignalen einer außerirdischen Zivilisation Ausschau hielten.

Sein Interesse an einer Kommunikation auf Radiowellenbasis mit Marsbewohnern hatte der damalige Direktor der Sternwarte des Amherst College in Massachusetts (USA) schon vor Dekaden zum Ausdruck gebracht. Bereits 1907 leitete Todd die Lowell-Expedition nach Chile, die eindrucksvolle Bilder von den Marskanälen sammeln sollte. Nur zwei Jahr später entwickelte er den Plan, Ballons mit leichten, aber sehr empfindlichen Radioempfängern in großer Höhe zu platzieren, weil dort schwächere Alien-Signale leichter zu registrieren seien. Aber selbst als am 23. August 1924 die Planeten Erde und Mars sich bis auf 55 Millionen Kilometer annäherten, startete kein Ballon zu marsianen Kommunikationszwecken. Todds Worte fanden nicht die Ohren eines solventen Sponsors.

Im Wissen, dass die historische Konstellation von Mars und Erde, die seit 1804 endlich wieder einmal zueinander in Konjunktion standen, die einmalige Chance eröffnete, mit den Brüdern im All direkt auf Tuchfühlung zu gehen, ließ Prof. Todd nicht locker. Seine Anfrage an die US-Regierung, ob es eventuell möglich sei, während der größten Annäherung des Mars den amtlichen und militärischen Radioverkehr zwei Tage lang einzustellen, stieß bei

77) »No Mars Message Yet, Marconi Radios«, in: The New York Times (16.06.1922), S. 15.

den Verantwortlichen überraschenderweise auf offene Ohren.[78] Man verständigte sich darauf, den normalen Radiobetrieb vom 21. bis 23. August zwar weiterlaufen zu lassen, schaltete dafür aber die leistungsstärksten Transmitter für jeweils fünf Minuten pro Stunde aus. Ob die Behörden, insbesondere das Militär, sich minuziös an die Absprache gehalten haben, ist nicht überliefert. Belegt ist jedenfalls, dass sie dem Todd'schen Experiment mehr Interesse entgegenbrachten als die amerikanischen Rundfunkanstalten, von denen nur eine (in Washington, D.C. ansässige) Station ihren Betrieb für 48 Stunden komplett einstellte.

Trotz aller Widrigkeiten nutzte Todd die kurzen Ruheperioden konsequent und richtete die Antennen auf den Mars, so wie etliche Funkspezialisten des Militärs, die ihre Lauscher ebenfalls offenhielten. Unterstützt von einem der besten US-Dechiffrier-Experten und Kryptologen der Armee, William F. Friedman[79] (1891–1969) – er knackte einige Jahre vor Pearl Harbour den Geheimcode der Japaner –, durchforstete Todd den *Äther* auf einer Wellenlänge zwischen fünf und sechs Kilometern. Bei der eigentümlichen Observation überließen Todd und seine Helfer nichts dem Zufall. Sogar der zu dieser Zeit allseits bekannte US-Erfinder Charles Francis Jenkins (1867–1934) schloss sich der Suchaktion an. Jenkins hatte es ein Jahr zuvor zu einer gewissen Popularität gebracht, als er am 14. Juli 1923 erstmals ein Bild per Radiosignal von Washington, D.C. nach Philadelphia übertrug. Auf dem gefunkten Foto war das Konterfei des amtierenden US-Präsidenten Warren G. Harding (1865–1923) zu bewundern. Jedenfalls bezog Jenkins die von ihm als »Radio Photo Message Continuous Transmission Machine«[80] bezeichnete Apparatur in die Analyse mit ein. Sie sollte die eingehenden Funksignale *visualisieren*. Es hätte ja sein können, dass die Marsianer neben kontinuierlichen Radiosignalen seit geraumer Zeit auch Bilder als Willkommensgruß gen Erde sendeten …

29 Stunden lang zeichnete Jenkins alle eingehenden Signale auf, die sein Gerät wiederum auf einem Fotofilm von 9,2 Metern Länge festhielt. Nach dem Studium der Daten glaubten einige Mitarbeiter Todds, seltsame Intervalle und auf einem bestimmten Abschnitt des Films Punkte und Striche zu erkennen, die sich zu einem kaum sichtbaren gezeichneten Gesicht verdichte-

78) »Asks Air Silence when Mars is near«, in: The New York Times (21.08.1924), S. 11.

79) »Code Expert Ready for Message«, in: The New York Times (23.08.1924), S. 1. Shostak, Seth: Finding the Message in a SETI Signal, 27.12.2000 [*http://www.seti.org/Page.aspx?pid=823*].

80) »Seeks Sign From Mars in 30-Foot Radio Film«, in: The New York Times (28.08.1924), S. 6.

ten. Doch dem ersten Mars-Gesicht[81] der Menschheitsgeschichte bot Jenkins konsequent die Stirn und analysierte den Sachverhalt nüchtern:

> *»Ich glaube nicht, dass die Ergebnisse irgendetwas mit Mars zu tun haben. [...] Der Film zeigt eine Wiederholung von Intervallen, die eine halbe Stunde andauern. Was wie ein menschliches Gesicht aussieht, ist wohl eher eine zufällige Erscheinung, die wir uns nicht erklären können.«*[82]

Da auch diese Abhorchaktion – wie die vorgegangenen – in dem typischen undefinierbaren Piepsen und Zwitschern unterging, musste der Entziffe-rungsvirtuose Friedman seine kunstvolle Fertigkeit nicht unter Beweis stellen. Kein geheimnisvolles Signal übertönte das Radiorauschen, kein geheimnis-bewanderter Kryptologe war vonnöten. Nur der weltbekannte Astronom Arthur Stanley Eddington (1882–1944) von der Cambridge University in England tobte wie ein Wilder und charakterisierte den Versuch, eine Kommu-nikation über Radiowellen mit dem Mars zu etablieren, als »absoluten Unsinn«.[83]

Sosehr Tesla, Marconi oder Todd den Himmel beflissen nach außerirdi-schem Funkfeuer abtasteten, sowenig haben sie nachweislich jemals aktiv ein Signal von der Erde zu Mars oder Mond gesandt. Obwohl einige Ingenieure und Wissenschaftler des 19. Jahrhunderts über die Möglichkeiten einer Kon-taktaufnahme mit den Marsbewohnern bereits diskutierten und philoso-phierten, tauchte zu diesem Sujet erst Anfang 1920 der erste ernstzuneh-mende Vorschlag auf. In einem Beitrag der damals schon angesehenen Wissenschaftspublikation *Scientific American* stellten H. W. Nieman und C. Wells Nieman in dem Aufsatz »What shall we say to Mars?« einen Code zur interplanetaren Übermittlung von Bildern vor. Dem Morse-Alphabet ange-lehnt, sollten die Bilder durch die Abfolge von kurzen und langen Funk- oder

81) Das zweite Mars-Gesicht der Menschheitsgeschichte fotografierte der Mars-Orbiter »Viking 1« am 25. Juli 1976. Auf den NASA-Bildern offenbarte sich eine Struktur, die von oben betrachtet wie ein menschliches Gesicht aussah und zahlreiche Spekulationen aus-löste. Nachdem die NASA-Sonde »Mars Global Surveyor« bereits im April 1998 und April 2001 das »Face on Mars« als zufällige Gesteinsstruktur entlarvte, nahm am 22. Juli 2006 die hochauflösende Stereokamera HRSC der ESA-Sonde »Mars Express« während ihres 3253. Orbits einen Teil der Cydonia-Region ins Visier – in 3-D und mit einer bis dahin noch nicht da gewesenen Genauigkeit von 13,7 Meter pro Bildpunkt. Und es kam, wie es kommen musste: Das Mars-Gesicht entpuppte sich tatsächlich als eine rein astro-geologische Gebirgsformation. Siehe Zaun, Harald: Marsianer Gesichtsverlust, 23.09.2006 [*http://www.heise.de/tp/r4/artikel/23/23604/1.html*].

82) »Seeks Sign From Mars in 30 Foot Radio Film«, in: The New York Times (28.08.1924), S. 6.

83) »Calls Attempts Nonsense«, in: The New York Times (23.08.1924), S. 9.

Lichtsignalen figürliche, sprich menschenähnliche Konturen gewinnen. Als Informationsträger sollten hierbei entweder Lichtimpulse oder drahtlose Morsezeichen herhalten. Ein System von Heliografen, Scheinwerfern und Funkstationen sollte die *Hardware* stellen. Wenn die Marsianer »über einen so scharfen Gesichtssinn und so perfekte Instrumente wie wir verfügen«,[84] wäre ein Kontakt nur eine Frage der Zeit. Voraussetzung hierfür sei aber eine systematisch kodierte Nachricht, betonen die Autoren:

> »*Wir könnten zwei Blitze senden, dann vier und wenn sie mit acht Blitzen antworten, wüssten wir, dass sie multiplizieren. Dieser Vorgang könnte in einer ähnlichen Richtung fortgesetzt werden [...].*«[85]

Sollten irgendwann große, kodierte »Signalmengen vom Mars vorliegen, wären die irdischen Dechiffrier-Experten allerdings nach Ansicht der beiden Autoren aufs Äußerste gefordert, weil eine Übersetzung der außerirdischen Nachricht »unendlich viel mühsamer sei als die Übersetzung ägyptischer Hieroglyphen.[86]

Es sollten jedoch noch 54 Erdjahre durch den Weltenraum ziehen, bis Frank D. Drake eine auf einem ähnlichen Prinzip basierende interstellare Botschaft konzipierte und mithilfe des damals wie heute weltgrößten teilbeweglichen Radioteleskops auch wirklich versandte.

Dass Drake seinerzeit das erste irdische Datenpaket überhaupt auf die Reise schicken konnte, verdankt er kurioserweise einem Zeitgenossen von Tesla, Marconi und Todd: Karl Guthe Jansky (1905–1950). Was alle Radiopioniere und Rundfunkprofis all die Jahre zuvor glattweg überhört hatten, entging den wachen Ohren Janskys nicht. Als ihn 1931 das Bell-Telefon-Laboratorium in Holmdel, New Jersey, beauftragte, atmosphärische Störungen und andere Störquellen auf verschiedenen Radiofrequenzen zu untersuchen, vernahm der junge Radioingenieur auf einer Wellenlänge von 14,6 Metern über seinen Kopfhörer ein weitaus stärkeres und intensiveres Geräusch: ein regelmäßiges Zischen, das mitnichten von einer irdischen Radiostation stammen konnte. Nachdem sich im Verlaufe weiterer Observationen herauskristallisierte, dass auch die heimische Sonne nicht als Ursache hierfür infrage kam, durchmusterte Jansky mit seinem antennenähnlichen Gebilde, »das einem der frühen Fluggeräte der Gebrüder Wright nicht unähnlich sah«,[87]

---

84) Wells, H. W., u. Wells-Nieman, C.: Was sollen wir dem Mars mitteilen? Ein System, mit dem die Kommunikation eröffnet werden kann, obwohl gemeinsame sprachliche Voraussetzungen fehlen, abgedruckt in: Marsmenschen. Wie die Außerirdischen gesucht und erfunden wurden, a.a.O., S. 173.

85) Ebd., S. 174.

86) Ebd., S. 174 f.

den Himmel systematisch nach der Quelle des störenden Hintergrundrauschens, bis es ihm wie Schuppen von den Augen fiel: Das mysteriöse Knistern, dessen Intensität sich im Laufe des Tages änderte, musste von entfernten Sternen stammen, ja womöglich aus der Zentrumsnähe der Milchstraße.

Jansky war mit einem Male in die Welt der Sphärenmusik eingetaucht und öffnete dabei zugleich ein neues Fenster zu einer bis dato unbekannten Welt. Es sollten aber einige Jahre vergehen, bis Janskys Entdeckung eine angemessene Würdigung zuteil wurde, was primär dem Umstand geschuldet war, dass er seine wissenschaftlichen Ergebnisse nicht in einem astronomischen, sondern in einem technischen Journal veröffentlicht hatte. Überdies stellte Jansky sein Papier am 27. April 1933 in Washington, D. C. bloß einigen auserlesenen Gästen vor. Nur wenige Fachkollegen erfuhren von seinem Werk. Bei alledem zog sein Arbeitgeber ihn kurze Zeit später sogar von allen weiteren Arbeiten auf diesem Feld ab. Man hatte damals Wichtigeres zu tun, als sich mit einer brotlosen Kunst herumzuschlagen, mit der kurzfristig kein Geld zu verdienen war. »Es gehört wohl zu den Ironien in der Entwicklung der Wissenschaft unseres Jahrhunderts, dass von Janskys Entdeckung fast keine Notiz genommen wurde«, kommentierte einer der renommiertesten Astronomen aller Zeiten, Sir Bernhard Lovell, die Posse um Jansky.[88]

Erst der junge amerikanische Radioingenieur Grote Reber (1911–2002) aus Wheaton/Illinois setzte Janskys Arbeit konsequent fort. Er baute 1937 im Garten seiner Eltern das erste »echte« schalenförmige Radioteleskop und führte mit diesem eigene Observationen durch. Der Amateurforscher und Idealist arbeitete als Solist. Alle Kosten, vor allem jene, die im Zuge des Baus der zehn Meter großen selbst konstruierten Schüssel anfielen, übernahm Reber in Eigenregie.[89]

Dank seines großen Engagements und Janskys Pionierleistung konnte sich nach dem Zweiten Weltkrieg ein neuer, heute nicht mehr wegzudenkender Zweig in der Astronomie etablieren, einer, auf dem SETI Jahre später sein Fundament bauen sollte: die Radioastronomie.

---

87) So Frank Drake und Dava Sobel, Signale von anderen Welten, a.a.O., S. 47.

88) Lovell, Sir Bernhard: Signale aus dem Weltall. Eine Einführung in die Radioastronomie vom Leiter der berühmten Sternwarte Jodrell Bank, Wilhelm Goldmann Verlag, München 1970, S. 23.

89) Lemarchand, a.a.O., S. 129. [doi: 10.1117/12.243446]; Hoerner, Sebastian v.: Sind wir allein? SETI und das Leben im All, Verlag C.H. Beck, München 2003, S. 147. Drake, Sobel, a.a.O., S. 47 f.; Lovell, Sir Bernhard, Signale aus dem Weltall, a.a.O., S. 23 f.

4 Das Cornell-Komplott und die Folgen

Vier ausgewählte Highlights der SETI-Geschichte

Wir waren sehr amateurhaft auf dem Gebiet der Radioastronomie.

Philip Morrison, 1981

Drakes Ouvertüre und der *Nature*-Clou

War es ein wissenschaftshistorisch-geografischer Zufall, dass ausgerechnet die fünf entscheidenden Köpfe und Vorreiter der modernen SETI-Idee fast zeitgleich allesamt an der Cornell-Universität in Ithaca (US-Bundesstaat New York) studierten oder dozierten? Was war an dem Umfeld, dem Ambiente, dem Lehrplan, den Dozenten der Hochschule in Cornell so einzigartig, dass Frank Drake, Carl Sagan, Philipp Morrison, Giuseppe Cocconi und die erste große SETI-Pionierin Jill Tarter, die 1965 dort ihren Bachelor ablegte, später die SETI-Hauptakteure schlechthin wurden, obwohl sich alle fünf während ihrer Studienzeit in Cornell nicht über den Weg gelaufen sind oder gar einen persönlichen Umgang gepflegt, geschweige denn alle dasselbe studiert hatten? Allein an der neuen wissenschaftlichen Disziplin Radioastronomie, die in Cornell im Lehrplan auftauchte, kann es nicht gelegen haben, da an der dortigen Universität immerhin drei der aufgeführten Protagonisten ihr Examen im Fach Physik abgelegt hatten.

Wer oder was das Aufkommen des jungen SETI-Gedankens und seine erstmalige technische Umsetzung auch immer begünstigt haben mag – den ersten kleinen Schritt in eine neue Welt machte im Jahr 1956 der 26-jährige Doktorand der Harvard-Universität in Massachusetts, Frank Drake, eher zufällig. Mit dem (damals) neuwertigen 18-Meter-Radioteleskop der universitätseigenen Sternwarte »George R. Agassiz-Station«, die einmal als »Oak-Ridge-Observatorium« in der Radioastronomie große Bekanntheit erlangen sollte, sammelte der junge Doktorand und Cornell-Bachelor-Absolvent Datenmaterial für seine Dissertation. Als er den 210 Lichtjahre entfernten Plejaden-Sternhaufen anpeilte und eine routinemäßige Beobachtungssequenz einleiten wollte, registrierte er ein »verblüffend regelmäßiges« Signal, das ausgerechnet auf der Wasserstofflinie des elektromagnetischen Spektrums lag, also genau in dem Bereich, in dem das am reichlichsten vorhandene Element im Universum emittiert. Im Wissen, dass weltweit keine Funklizenzen für Frequenzen auf der Wasserstofflinie aufgrund ihrer radioastronomischen Bedeutung verteilt wurden und folglich irdische Sender als Quelle nicht infrage kommen konnten und das Signal zu regelmäßig pulsierte, um natürlichen Ursprungs zu sein, konnte Drake anfangs vor Aufregung kaum atmen. Denn alles sah danach aus, als trüge es eine intelligente »Handschrift«.[90] Doch als Drake sein Teleskop in eine andere Richtung drehte, vernahm er das Signal weiterhin klar und deutlich, womit evident war, dass es von einer irdischen Störquelle stammte.

Im April 1958 folgte Frank Drake erneut dem Ruf der Radioastronomie und machte sich auf den Weg nach Green Bank, wo inmitten der Berge von West Virginia (USA) ein verschlafenes Nest vor sich hin döste, das sich, eingebettet in einen Talkessel, über eine Länge von 10 Quadratkilometern erstreckte. Hier war Drakes neue Arbeitsstelle. In dieser abgelegenen und zugleich radioarmen Region hatte das 1956 gegründete »National Radio Astronomy Observatory« (NRAO), eine staatliche amerikanische Forschungsorganisation für Radioastronomie, seine Zelte aufgeschlagen. Umsäumt von wildwüchsigen Bäumen, sattem Grün und in der Nachbarschaft von zwei Dörfern sowie einigen verlassenen Farmen, abgeschirmt von 1500 Meter hohen Bergreihen, starrte bei Drakes Ankunft noch kein schüsselartiges Gebilde in den Himmel. Nichts deutete auf den Aufbruch in eine neue Ära, der einige Monate später folgen sollte. Nur auf dem Zeichenbrett wussten ein großes Teleskop von 42,5 Metern Durchmesser (das später auch gebaut wurde) und eine Riesenschüssel von knapp 183 Metern als Planskizzen zu gefallen.[91] Den Spagat vom Entwurf zum waschechten Radioteleskop schaffte Letzteres jedoch nicht; technische und finanzielle Hürden verhinderten seine Realisierung.

Dass in Green Bank die junge Radioastronomie dennoch Fuß fassen konnte, war auch Drakes Verdienst, der mit seinen Kollegen ein halbwegs adäquates Ersatzteleskop von 26 Metern Durchmesser konzipierte, das binnen eines Jahres zu einem akzeptablen Preis aufgebaut und eines der weltweit größten seiner Zeit wurde. Als die Antennenschüssel Anfang 1959 die ersten Testläufe absolvierte, glaubte Drake in den eingehenden Signalen abermals

---

90) Drake, Frank/Sobel, Dava: Signale von anderen Welten. Mit dem NASA-SETI-Projekt auf der Suche nach fremden Intelligenzen, Droemersche Verlagsgesellschaft/Knaur, München 1994, S. 52.

91) Ebd., S. 58.

»außerirdische Muster«[92] zu erkennen. Nachdem er seine Vorgesetzten davon überzeugt hatte, ihm parallel zu den regulären Observationen Beobachtungszeit für eine Abhorchaktion nach außerirdischen Funksignalen zu gewähren, begann er mit den umfangreichen Vorbereitungsarbeiten. Der Startschuss für den ersten modernen systematischen Lauschangriff der Menschheitsgeschichte auf außerirdische Intelligenzen war gefallen. Und es gab kein Zurück mehr – zumindest für Frank Drake nicht.

Zunächst einmal legte Drake sich auf die 21-Zentimeter-Wellenlänge des elektromagnetischen Spektrums als bevorzugte Frequenz für die Aliensuche fest, auf der der universelle Wasserstoff strahlt. Danach beschlossen er und sein Chef, Otto Struve, seine Mission vor Presse und Öffentlichkeit sowie anderen Wissenschaftlern strikt geheimzuhalten. In Erinnerung an L. Frank Baums Kindergeschichte *Ozma von Oz* versah er sein Projekt mit dem Namen der sagenhaften Prinzessin *Ozma*.

> *»Wie Baum träumte auch ich von einem Land, das weit entfernt von uns lag und in dem fremdartige, exotische Wesen lebten.«*[93]

Nach einem halben Jahr intensiver Vorbereitungszeit platzte am 19. September 1959 die Bombe. In einem kurzen, insgesamt knapp zweiseitigen und mit zahlreichen Formeln garnierten Beitrag überraschten die beiden renommierten Physiker Giuseppe Cocconi und Philip Morrison die Fachwelt mit einer höchst ungewöhnlichen, teils spekulativen Idee, die so ganz und gar nicht ins *Nature*-Profil und die zeitgenössische Welt der Wissenschaft passen wollte, wenngleich das englische Fachmagazin nicht selten kuriosen Thesen ein Forum gab, sofern deren Autoren die gewünschte Zeilenlänge nicht überschritten.

Was die treuen Abonnenten des angesehenen Wissenschaftsmagazins jedenfalls zu sehen und zu lesen bekamen, sprengte den bisher gewohnten Rahmen des Konventionellen. Der eine wird beim Durchblättern seinen Augen nicht getraut haben, als er bei den Seiten 844, 845 und 846 kurz innehielt und diese in Augenschein nahm, der andere hingegen völlig entsetzt mit dem Kopf geschüttelt und seinem Unwillen mit entsprechenden Gesten oder monologartigen Kommentaren Ausdruck verliehen haben. Einige werden den Artikel ignoriert, nur wenige ihn mit Wohlwollen oder Interesse gelesen haben. Dafür war der Artikel ein wenig zu weit seiner Zeit voraus.

Denn was die beiden Autoren in jenem Fachbeitrag erstmals in den wissenschaftlichen Fokus rückten, war in der Tat ein Novum, ja geradezu eine

---

92) Ebd., S. 59.
93) Ebd., S. 65.

kleine Revolution, an der nicht jeder teilhaben wollte: Sucht nach künstlichen außerirdischen Radiosignalen nicht im Mikrowellenbereich (Frequenzbereich von etwa 300 Megahertz bis etwa 300 Gigahertz), sondern im langwelligen Bereich der Wasserstofflinie (1,42 Gigahertz), da auf dieser Frequenz der neutrale, interstellare Wasserstoff strahlt! Außerirdische sollten die Bedeutung der 21-Zentimeter-Linie kennen, weil Wasserstoff das im Universum häufigste Element ist und die universell magische Frequenz ein fast störungsfreies Lauschen ins All ermöglicht. Und haben außerirdische Radioastronomen dieselben Antennen und Empfänger wie wir, ist trotz der kolossalen Entfernungen im Universum ein Austausch interstellarer Botschaften theoretisch möglich!

Zauberlinie 21,106 Zentimeter: 1,420405751786 GHz – das entspricht einer Wellenlänge von 21,106 Zentimeter. Auf dieser Frequenz strahlt das neutrale Wasserstoffatom, das häufigste Atom im Universum. Besagte Strahlung geht auf die »Wechselwirkung des Spins des einzigen Elektrons, welches um den aus einem einzigen Proton gebildeten Kern umläuft, mit dem Spin dieses Protons zurück.«[94] Die 21-Zentimeter-Strahlung gilt als magisch, weil ihr Wert universell ist. Kommunikationswillige Aliens würden den Wert dieses Wertes erkennen und die magische Frequenz im Mikrowellenbereich frequentieren, auf der das universelle neutrale Wasserstoffatom emittiert. Wissenschaftshistorisch gesehen war die 21-Zentimeter-Linie die erste starke Spektrallinie der Radioastronomie.

So lautete der Kern ihrer Botschaft, die kurz darauf viele Zeitungen entsprechend ihren Zielgruppen maßgeschneidert präsentierten. Ein Umstand, den Frank Drakes Chef, Otto Struve, nur mit großem Unwillen zur Kenntnis nahm, ernteten doch seiner Ansicht nach die beiden Physiker die Lorbeeren der Aufmerksamkeit völlig zu Unrecht, weil die Idee bereits ein Jahr zuvor in Green Bank geboren worden war.[95]

Obwohl Morrison und Cocconi auf dem Gebiet der Radioastronomie absolute »Amateure« waren,[96] wertete ihr gemeinsam verfasster Artikel die SETI-Idee (das Akronym SETI war zu diesem Zeitpunkt noch nicht bekannt) ideologisch auf. Das erste Mal in der Geschichte erklärten etablierte Forscher, beruhend auf wissenschaftlichen Extrapolationen, offen und direkt, dass die verfügbaren Instrumente und Teleskope durchaus Radiosignale von entlege-

94) Mehr dazu siehe Jean Heidmann: Bioastronomie. Über irdisches Leben und außerirdische Intelligenz, Springer-Verlag, Berlin/Heidelberg 1994, Bioastronomie, a.a.O., S. 180.

95) Drake/Sobel, Signale von anderen Welten, a.a.O., S. 72 f.

96) Interview David W. Swift mit Philip Morrison, Juni 1981, Cambridge, Massachusetts, in: SETI Pioneers. Scientist talk about their search for Extraterrestrial Intelligence, a.a.O., S. 23 f.

nen Planeten aufschnappen könnten, konzedierten aber sogleich, dass eine Suche nach fremden Funksignalen extrem mühsam und aufwendig sei. Die Wahrscheinlichkeit eines Erfolgs sei höchst schwer abzuschätzen, aber wenn keiner mit der Suche jemals anfinge, wären die Chancen auf Erfolg mit Sicherheit gleich null.[97]

Aufgeblüht war die mutige Idee bereits im Frühling 1959, als Cocconi eher spaßeshalber die hypothetische Frage aufwarf, ob andere Zivilisationen eventuell Gammastrahlen als Kommunikationsmittel einsetzen könnten, und Morrison darauf entgegnete, dass dies durchaus möglich sei. Andererseits sei es effektiver, das ganze elektromagnetische Spektrum nach geeigneten Frequenzen abzusuchen.[98] Als sich die beiden Forscher im August 1959 in Genf beim neugegründeten CERN trafen, wo Cocconi sein Forschungsjahr verbrachte, formulierten sie ihre These aus, schrieben das Gedachte nieder, schickten das Manuskript nach London zur *Nature*-Redaktion und die Druckfahne an den angesehenen Radioastronomen Bernard Lovell, der zwar für ihren Ansatz mitnichten Begeisterung aufbrachte, immerhin aber keine fundamentalen Fehler in den Berechnungen ausmachen konnte.[99] Nach der Veröffentlichung in *Nature* gerieten die beiden Forscher praktisch über Nacht in den Brennpunkt und die Fänge der Medien.

> *»Es gab eine riesige Berichterstattung in den Zeitungen und populärwissenschaftlichen Medien, die wir so nicht erwartet hatten.«*[100]

Dieser Eindruck verstärkte sich noch, als Morrison aus beruflichen Gründen eine kleinere Weltreise antreten musste, die ihn nach Moskau, London, Rom und in anderen Großstädte führte, wo er von neugierigen Reportern regelrecht belagert und bedrängt wurde.

> *»Als ich um die Welt reiste, jagten mich die Medien. In jeder Stadt, die ich besuchte, gab es unzählige Interview-Anfragen von Journalisten. Das hielt sechs Monate an.«* [101]

Auch wenn Frank Drake Monate früher Morrisons und Cocconis Idee antizipiert hatte und längst im Begriff war, ein Radioteleskop für die Fahndung

97) Cocconi, Giuseppe/Morrison, Philip: Searching for Interstellar Communications, in: Nature (19.09.1959), Bd. 184, Nr. 4690, S. 846.
98) Interview David W. Swift mit Philip Morrison, Juni 1981, in: SETI Pioneers. Scientist talk about their search for Extraterrestrial Intelligence, Cambridge, Massachusetts, a.a.O., S. 23.
99) Interview David W. Swift mit Giuseppe Cocconi, 1983, in: SETI Pioneers, a.a.O., S. 51 f.
100) Interview David W. Swift mit Philip Morrison, Juni 1981, Cambridge, Massachusetts, a.a.O., S. 24.
101) Ebd., S. 24 u. 36.

nach einer interplanetaren Flaschenpost auf die Beine zu stellen und umzurüsten, so hatte er doch seine Überlegungen und Thesen zu keinem Zeitpunkt schriftlich dokumentiert und veröffentlicht. So fiel der Ruhm den beiden Physikern zu – zu Recht. Schließlich formulierten sie in ihrem Artikel nicht nur einige wichtige theoretische SETI-Grundlagen, sondern popularisierten auch erstmals den Gedanken, nach außerirdischen Radiowellen intelligenten Ursprungs zu horchen. Mit ihrem Vorstoß entfachten Morrison und Cocconi eine lebhafte Diskussion über das Für und Wider und gaben den Anstoß, auf breiter Front zu suchen. Nicht zuletzt beflügelten beide Drakes Elan, der sich fortan darin bestärkt fühlte, auf dem richtigen Weg zu sein. Der Tag X, der Tag des ersten auf Radioastronomie basierenden Kontaktversuchs, war daher in erreichbare Nähe gerückt.

Am 8. April 1960, um drei Uhr morgens, war es so weit. Drake und die beiden ihm assistierenden Studentinnen Ellen Gundermann und Margaret Hurley wagten den Sprung in eine neue Ära. Umhüllt von Nebelschwaden begannen sie bei eisiger Kälte mit den letzten Vorbereitungsarbeiten an der 26-Meter-Schüssel, bevor sie dann gegen 5.00 Uhr halb erfroren den Kontrollraum aufsuchten, den dortigen *Ozma*-Empfänger aktivierten und den ersten offiziellen Suchlauf auf dem schmalen Frequenzspektrum von 1420 bis 1420,4 Megahertz starteten.[102] Die Stunde der extraterrestrischen Wahrheit hatte geschlagen.

> *»Wir wussten, dass dies ein historischer Augenblick war, und dennoch kicherten wir, weil wir dachten, dass wir uns mit diesem Gedanken am Ende vielleicht selbst etwas vorgaukelten.«*[103]

Um den geschichtsträchtigen Moment dokumentarisch festzuhalten, platzierte Drake in dem Arbeitsraum ein Aufzeichnungsgerät mit einer einfachen Schreibfeder, die jeden eingehenden kosmischen Ton auf einem laufenden Papierstreifen verewigen sollte. Für die Erfassung der akustischen Signale war ein Tonbandgerät zuständig. Für Drakes Zwecke war das Equipment ausreichend, zumal der Lauschangriff nur über einen einzigen Kanal abgewickelt wurde. Als Drake sein erstes ausgewähltes Ziel, den erdnahen Stern Tau Ceti, anpeilte, den 19. Stern im Bild Cetus (Walfisch), und sich nach einigen Stunden des Wartens nichts Gravierendes ereignete, richtete er das Teleskop auf das zweite Zielobjekt: den Stern Epsilon Eridani, den fünfthellsten in der

---

102) Archive of SETI Searches (Appendix L), in: SETI 2020. A Roadmap for the Search for Extraterrestrial Intelligence. Produced for the SETI-Institute by the SETI Science&Technology Working Group, Hrsg.: Ronald D. Ekers, D. Kent Cullers, John Billingham und Louis K. Scheffer, SETI Press, Mountain View 2002, S. 381.

103) Drake/Sobel, a.a.O., S. 78.

Konstellation Eridanus. Beide Sonnen, zirka 10 Lichtjahre von der Erde entfernt, sind trotz ihrer geringen Leuchtkraft am Firmament mit bloßem Auge zu sehen.

Nach gerade einmal fünf Minuten folgte ein explosionsartiges Gedröhne, das die Lautsprecher in Vibration versetzte und den grafischen Schreiber des Aufzeichnungsgeräts zum Tanzen brachte. Ein starkes, lautes Signal verschaffte sich Gehör, dessen Charakteristikum darin bestand, binnen einer Sekunde acht Mal zu pulsieren.

> *»Keiner von uns hatte jemals etwas Vergleichbares erlebt. Wir starrten einander mit weit aufgerissenen Augen an. Ich hatte das Gefühl, meine Begegnung mit den Plejaden noch einmal zu erleben.«*[104]

Nachdem Drake die Schüssel vom Stern wegrichtete und das Signal prompt verstummte, erhärtete sich für einige Sekunden der Verdacht, dass die Quelle tatsächlich im System von Epsilon Eridani zu finden war. Doch unmittelbar nach dem Zurückschwenken des Teleskops auf das ursprüngliche Zielobjekt war von dem ohrenbetäubenden Krach zur Überraschung des Trios nichts mehr zu hören. Erst nach zwei Wochen und zahlreichen Versuchen kehrte das geheimnisvolle Signal zurück und pulsierte erneut im 8-Sekunden-Rhythmus. Dieses Mal jedoch registrierte ein außerhalb des Kontrollraums montierter Schalltrichter, der mit dem Tonband verbunden war, den alles übertönenden Lärm – sehr zum Leidwesen von Drake und seinen Mitarbeitern.

> *»Damit stand fest, dass es sich keineswegs um eine außerirdische Nachricht handelte. […] Zweifellos kamen sie [die Signale] von einem vorbei fliegenden Flugzeug.«*[105]

Das Projekt *Ozma*, die erste systematisch durchgeführte radioastronomische Durchmusterung des Himmels nach außerirdischen künstlichen Signalen, endete nach 150 Stunden[106] reiner Observationszeit im Juli 1960.[107] Drake, der nur 25 Prozent seiner Arbeitszeit für das *Ozma*-Unternehmen abzweigen konnte, da er am NRAO noch einige andere radioastronomische Aufgaben

---

104) Interview David W. Swift mit Frank Drake, Juni 1981, Ithaca/New York, in: SETI Pioneers, a.a.O., S. 64.

105) Ebd., S. 83.

106) Die Quellen geben hierzu unterschiedliche Angaben. In seinem ersten Aufsatz über das *Ozma*-Projekt, der weniger technisch als vielmehr leicht philosophisch angehaucht war, taucht der Wert 150 auf. Siehe Drake, Frank: Project Ozma, in: Physics Today (1961), Bd. 14, S. 41. In seinen Memoiren wieder ist von 200 Stunden die Rede. Vgl. Drake/Sobel, a.a.O., S. 83.

107) Archive of SETI Searches (Appendix L), in: SETI 2020. A Roadmap for the Search for Extraterrestrial Intelligence, a.a.O., S. 381.

bewältigen musste, hatte nach seiner Abhorchaktion einen Wust von Aufzeichnungsbelegen produziert, die aneinandergereiht eine Länge von 100 Kilometern ergaben; nicht minder beeindruckend war auch der Umfang der Tonbänder. Natürlich ließ eine Reaktion der Presse nicht allzu lange auf sich warten. Sein Projekt sprach sich flugs herum und provozierte viel Aufsehen, »auch eine Menge Kopfschütteln« und nachdenkliche Mienen »von verwundert über ablehnend bis entrüstet«.[108] Auch wenn der 2000-Dollar-Mission kein Erfolg vergönnt gewesen war, so trug sie doch ungemein zur Popularisierung des SETI-Gedankens bei.

Nachdem das erste Suchprogramm der SETI-Geschichte, das zugleich den ersten Fehlalarm der SETI-Geschichte produzierte, offiziell beendet war, kristallisierte sich ein wichtiger Erfahrungswert heraus: Bei der *elektromagnetischen* Suche nach Aliens ist weniger Abenteuerlust als vielmehr Geduld und ein hohes Maß an Leidensfähigkeit gefragt. Nur wer beides mitbringt, ist gegen die Frustrationen und teils langweilige Routinearbeiten gewappnet, die mit dem Job einhergehen. Es überrascht daher nicht, dass Drake aus der von ihm initiierten ersten Beobachtungsreihe Konsequenzen zog, die heute möglicherweise wieder in Vergessenheit geraten sind und daher in Erinnerung gerufen werden sollten:

> *»Als eines der wichtigsten Ergebnisse des Ozma-Projekts betrachtete ich den Umstand, dass die anfängliche Sucheuphorie sehr schnell nachlässt. […] Bei der Gelegenheit wurde mir klar, dass jede ernsthafte Suche nach außerirdischer Intelligenz unbedingt mit anderen, parallel laufenden Aufgaben verbunden werden muss. Aufgaben, die messbare Resultate erbringen und den Wissenschaftler davor bewahren, allzu enttäuscht zu sein […].«*[109]

Der Arecibo-Party-Gag

Als das *Ozma*-Projekt nur noch eine Reminiszenz an vergangene SETI-Tage war und ihm 14 weitere, größtenteils sowjetische Suchprogramme gefolgt waren, ohne dass die Teams dabei einen Erfolg für sich verbuchen konnten, näherte sich das SETI-Spektakel seinem nächsten Höhepunkt, an dem der unverwüstliche Frank Drake erneut entscheidenden Anteil hatte.

Alles fing mit dem wohl durch Materialermüdung bedingten Zusammenbruch des weltgrößten teilbeweglichen, im Durchmesser 305 Meter großen

108) Sebastian v. Hoerner: Sind wir allein? SETI und das Leben im All, Verlag C.H. Beck München 2003, S. 151.
109) Drake/Sobel, a.a.O., S. 89.

Arecibo-Radioteleskops in Puerto Rico (USA) an, der sich im Jahr 1971 ereignete und umfangreiche Reparaturarbeiten nach sich zog, die drei Jahre währten. Zur Freude der Wissenschaftler präsentierte sich die Riesenschüssel nach dem Wiederaufbau mit einer weitaus besseren Konfiguration als vor dem Crash, wodurch ihre Messempfindlichkeit ungeahnte Höhen erreichte. Hatte das Teleskop vor den Umbauten noch eine Reichweite von 6000 Lichtjahren, um mit einem theoretisch gleichartigen extraterrestrischen Pendant in Kontakt zu treten, so erhöhte sich diese nach der Umrüstung gleich um den Faktor zehn.[110] Im Bereich des Radiospektrums erschloss sich mit einem Male (fast) die ganze Milchstraße als weitläufige Kommunikationslandschaft.

Allein diese Möglichkeit inspirierte Frank Drake und einige Mitarbeiter des Arecibo-Teleskops, die Wiedereinweihung des Observatoriums im Rahmen einer würdigen Feier zu zelebrieren. In seiner Funktion als Direktor des staatlichen Astronomie- und Ionensphären-Zentrums (NAIC) war Drake der Herr der Arecibo-Antenne und zugleich der Zeremonienmeister aller Festivitäten, was im Klartext bedeutete, dass er auch für den Ablauf des angedachten Festakts verantwortlich war. Doch wie sollte die Inbetriebnahme des modifizierten Arecibo-Teleskops angemessen gewürdigt werden? Sollte nicht irgendetwas Originelles den festlichen Akt bereichern? – Eine Lösung des Luxusproblems fand sich schnell. Hierbei tat sich nicht – wie in einschlägigen Büchern oft behauptet – Frank Drake als Ideengeber hervor, sondern kurioserweise seine Sekretärin Jane Allen. Sie unterbreitete als Erste den Vorschlag, die Feierlichkeiten mit einer Radiobotschaft an Außerirdische abzurunden[111] und der Veranstaltung dadurch eine mysteriöse Aura zu verleihen. Damit das irdische Kosmogramm wirklich von Intelligenz zeugte, machte sich Drake unversehens an die Arbeit. Entgegen vielen Darstellungen in der Literatur verfasste er aber das legendäre Arecibo-Piktogramm nicht alleine, sondern unter tätiger Mithilfe dreier weiterer Wissenschaftler.[112] Das unter einem gewissen Zeitdruck komponierte Piktogramm setzte sich aus insgesamt 1679 Zeichen zusammen, die sich selbst wiederum auf 73 Reihen zu je 23 Zeichen verteilten. Wie Mosaiksteine fügten sich die einzelnen Elemente zu einem kleinen Bildzeichen, das eine bestimmte Information übermitteln sollte. So platzierte

---

110) So Reinhard Breuer: Kontakt mit den Sternen. Leben auf fremden Planeten?, Ullstein Verlag, Frankfurt a. M. 1978, S. 172.

111) Drake/Sobel, a.a.O., S. 302.

112) Bei diesen handelt es sich um Richard Isaacman, Linda May und James C. G. Walker. Siehe: The Arecibo message of November, 1974 (The Staff at the National Astronomy and Ionosphere Center), in: Icarus (1975), Bd. 26, S. 466 [doi: 10.1016/0019-1035(75)90116-5]. Außerdem nahmen noch zahlreiche Wissenschaftler mit Verbesserungsvorschlägen auf die Gestaltung der Nachricht konstruktiven Einfluss.

Drake am oberen Anfang der Grafik die Zahlen eins bis zehn im Dualsystem, direkt darunter eine Zahlenfolge, die die wichtigsten chemischen Elemente für die Ausbildung biologischen Lebens versinnbildlichen sollte (Wasserstoff, Kohlenstoff, Stickstoff, Sauerstoff und Phosphor). Neben anderen Informationshäppchen wie etwa der Bevölkerungsanzahl der Erde im Jahr 1974 (vier Milliarden) und den neun Planeten (heute sind es bekanntlich nur noch acht) servierte das Piktogramm den Aliens auch eine Grafik der Doppelhelix und der DNA-Moleküle. Über allem aber triumphierte das bekannteste und berühmteste Motiv: die gorillaähnliche geschlechtslose Menschengestalt, die zumindest dem irdischen Betrachter direkt ins Auge springt, weil sie von allen Elementen am leichtesten zuzuordnen ist. Ob außerirdische technisch versierte Lebewesen dies ähnlich sehen, sei einmal dahingestellt. Auch die letzte, am unteren Rand des Bildtelegramms platzierte Struktur ist mit ein wenig Fantasie gut zu erkennen: Sie symbolisiert ein Radioteleskop, genauer gesagt die Arecibo-Schüssel, den Absender des Funksignals.

Um sicherzugehen, dass das Diagramm nicht böhmische Dörfer abbildet und ET eine echte Chance hat, den Wort- und Bildpunkt-Strichlaut zu verstehen, baute Drake bei der Ausformulierung seines interstellaren Telegramms auf die Sprache der Mathematik und ein 14 Jahre zuvor entwickeltes exolinguistisches Konzept namens LINCOS.

Interstellare Kommunikation via LINgua COSmica (LINCOS): Das beste und zugleich einzig sinnvolle Medium, um eine beiderseitige Kommunikation mit hoch technisierten Alien-Zivilisationen zu etablieren, ist nach Ansicht der meisten Naturwissenschaftler die universelle Sprache der Mathematik. Von derselben Prämisse ging der niederländische Mathematiker Hans Freudenthal (1905–1990) aus. 1960 stellte er die von ihm entwickelte logisch aufgebaute Kunstsprache LINCOS (lateinisch: LINgua COSmica) vor, die im Idealfall jede intelligente Lebensform – ob irdisch oder außerirdisch – verstehen soll. LINCOS' Struktur beruht auf mathematischen Aussagen und logischen Symbolen, sich selbst erklärende einfache Beispiele, auf die komplexere Codes folgen. »Zu Beginn [jeder Botschaft] sollten wir Fakten kommunizieren, von denen wir annehmen können, dass sie der Empfänger versteht«, erklärte Freudenthal. Quasi als Einleitung jeder übermittelten Botschaft erhält der Empfänger eine Art Wörterbuch in Form simpler Muster, die für Zahlen und einfache Rechenvorgänge stehen, zum Beispiel:

X O X	**1 = 1**	**XX O XX**	**2 = 2**
X OO XX	**1 < 2**	**XX OO XXX**	**2 < 3**

Neben komplexeren mathematischen Formeln folgen Zeitangaben und Beispiele für richtige und falsche Aussagen. Obwohl Freudenthal offenließ, wie der Inhalt einer interstellaren Botschaft gestaltet sein sollte, war er sich doch wenigstens über die Art und Weise der Sendeart im Klaren: »Den Sound von LINCOS bilden Radiosignale von unterschiedlicher Länge und Wellenlänge.«[113] Tatsächlich nutzte Frank Drake bei der Formulierung der Arecibo-Sendung von 1974 einige Elemente von LINCOS. Im Jahr 2000 stellte der holländisch-schwedische Astronom und Mathematiker Alexander Ollongren von der Universität in Leiden (Niederlande) eine weiterentwickelte Version von LINCOS vor. Längst haben sich Forscher eigens der Frage angenommen, wie ein Dialog mit einer außerirdischen Kultur in Gang gesetzt und konstruktiv fortgeführt werden könnte. Im Zuge dieser Entwicklung hat innerhalb der Exo- bzw. Bioastronomie inzwischen ein neuer, eigener Forschungszweig Fuß gefasst, der sich Astro-, Exo- und Xenolinguistik nennt.

Als Drake seinen ersten Entwurf an Carl Sagan sandte, der zu diesem Zeitpunkt in Cornell als Direktor des Universitätslaboratoriums für planetarische Studien weilte, fand sein Werk seinen Meister:

> *»Die meisten Dinge fand er sehr schnell heraus, was mich unendlich freute. […] Mir war allerdings klar, dass Carls rasches Verständnis noch lange keine Garantie dafür sein konnte, dass ein Außerirdischer bei der Entschlüsselung denselben Erfolg haben würde.«*[114]

Der Zeitzeuge Sebastian von Hoerner (1919–2003) bestätigt, dass noch weitere »sehr gescheite Wissenschaftler« das Bildtelegramm zu Gesicht bekommen und hier und da indirekt auch einige Verbesserungsvorschläge angebracht haben, weil keiner von ihnen anfangs alles richtig dechiffrieren konnte – auch er selbst nicht.[115]

Als am 16. November 1974 die Party stieg und die mit Sonderbussen angekarrten 250 Anwesenden die renovierte und modernisierte Reflektorschüssel mit Sekt und Champagner willkommen hießen, kamen gleichwohl nicht alle angereisten Gäste auf ihre Kosten. Schließlich folgte das Highlight der Feier praktisch mit Beginn der Gala. Wer zu spät kam, wusste allerdings nicht, dass er zu spät kam und Gefahr lief, den Höhepunkt der Festivität zu verpassen. Drake behandelte nämlich im Vorfeld sein Vorhaben *top secret* und terminierte den Zeitpunkt der Sendung auf 13.00 Uhr mittags (Ortszeit). Dies aus gutem Grund: Schließlich befand sich zu diesem Zeitpunkt der 25.000 Lichtjahre entfernte und aus 300.000 Sternen bestehende Kugelstern-

113) Freudenthal, Hans: Towards a Cosmic Language, in: Cosmic Search (Januar/Februar/März 1980), Bd. 2, Nr. 1, S. 35.

114) Drake/Sobel, a.a.O., S. 305.

115) »Ich hab es auch mal probiert, doch bald wieder aufgeben müssen.« So Sebastian v. Hoerner, Sind wir allein?, a.a.O., S. 140.

haufen M13 (Sternbild Herkules), den Drake als Zielregion gewählt hatte, genau über Arecibo.

Um die Vorführung mit einer Prise Theatralik zu würzen, versahen Drake und einige Mitarbeiter die 169 Sekunden lange Übertragung[116] mit einigen dramaturgischen Effekten. So signalisierte, nachdem die Reden und Lobpreisungen auf Arecibo und die SETI-Idee beendet waren, eine laute Sirene den Anfang der Transmission. Für alle sicht- und hörbar schwenkte der immense Hängearm der Arecibo-Schüssel in seine Observationsposition ein. Während die Mittagssonne sich ihrem höchsten Stand am Taghimmel näherte und so manch ausgedörrte Kehle angesichts der für Puerto Rico nicht gerade untypisch tropischen Hitze dem Alkohol anheimfiel, verrichtete die 305-Meter-Antenne nüchtern und trocken ihr Werk. Da das bei der Sendung entstehende Übertragungsgeräusch simultan über die Lautsprecher übertragen wurde, entfaltete sich eine eigentümliche Atmosphäre.

> *»Dann erfüllten die zweistimmigen Töne der Botschaft die Luft wie das Klimpern einer seltsamen Musicalmelodie auf einem gigantischen Synthesizer. Dieses Lied, das so einzigartig und voller Sehnsucht war, bewegte uns tief.«*[117]

War es dem Alkohol geschuldet oder der Einzigartigkeit der Darbietung – einige Damen sollen bei dem Theater eine Gänsehaut, hartgesottene Wissenschaftler sogar feuchte Augen bekommen haben.

Mit einer Sendeleistung von einer halben Million Watt, die sich »in einem Strahl mit einer effektiven Leistung von zirka 20 Trillionen Watt konzentrierte«,[118] verabschiedete sich das Bildtelegramm vom Arecibo-Reflektor. Auf einer Grundfrequenz von 2,388 Gigahertz (GHz) respektive einer Wellenlänge von 12,6 Zentimetern entfernte sich das kompakte Radiosignal mit Lichtgeschwindigkeit.

> *»Auf ihrer spezifischen Wellenlänge würde die Nachricht heller strahlen als die Sonne. Dies, so glaubte ich, müsste ausreichen, um Aufmerksamkeit zu erregen.«*[119]

Dank dem neuen Reflektor, der nebenher bemerkt nach seiner Überholung das erste Mal in Betrieb ging, konnte der energiereiche Strahl derart stark und

116) The Arecibo message of November, 1974, a.a.O., S. 466 [*doi: 10.1016/0019-1035(75)90116-5*]. Auf dieser Seite listen die Autoren auch die Mitglieder auf, die an der Arecibo-Nachricht mitgewirkt hatten.

117) Drake/Sobel, a.a.O., S. 307.

118) Ebd, S. 306.

119) Ebd.

kompakt gebündelt werden, dass sein Durchmesser auf nur zwei Bogenminuten schrumpfte. Hätte jemand den Puls beispielsweise zum Mond gelenkt, hätte dieser nur die Fläche einer der größeren Krater beleuchtet.[120] Und würde die Flaschenpost dereinst den kugelförmigen Sternhaufen M13 und eine dort lebende Zivilisation erreichen, wäre die Radiostrahlung des Signals 10 Millionen Mal stärker als jene, die sie von unserer Sonne empfangen würden.[121]

Über die Sendegeschwindigkeit von 10 Bits pro Sekunde, mit der das Piktogramm enteilte, werden vielleicht zukünftige, mit einem Emotionschip bestückte Computer herzhaft lachen. Aber für das Übertragungstempo gab es einen wissenschaftlich-seriösen und einen dramaturgisch-unseriösen Grund. Einerseits wollten Drake und seine Kollegen auf diese Weise Übertragungsfehler weitestgehend minimieren, andererseits aber auch verhindern, dass eine zu schnelle Botschaft die Partygäste überfordern und eine zu langsame dieselben langweilen könnte.

Doch während das gekonnt in Szene gesetzte Festspiel, das die geladenen Komparsen in Arecibo so verzückte, mit einigem Brimborium über die Bühne ging, zeigte sich der britisch-königliche Hofastronom Sir Martin Ryle einige Tausend Meilen entfernt alles andere als begeistert. Nachdem die Nachricht über das Piktogramm von Arecibo über die Ticker gegangen und von vielen Zeitungen sensationslüstern kolportiert worden war, polterte der Engländer gegen die in seinen Augen höchst unsinnige und gefährliche Aktion. Ryle, dem in Astronomenkreisen der Ruf vorauseilte, ausgesprochen exzentrisch zu sein, verlieh in einer Petition an den Präsidenten der Internationalen Astronomischen Union (IAU) seiner Sorge Ausdruck, dass das versandte starke Signal durchaus böswillige und aggressive außerirdische Zivilisationen anlocken könnte. Immerhin habe es die Position der Erde verraten und könne daher schlimmstenfalls feindlich gesinnte Aliens zu einem kosmischen Eroberungsfeldzug mit dem Hauptziel *Erde* ermuntern. Obwohl Ryles Aufforderung an die IAU, weitere Sendungen dieser Art per Resolution strikt zu unterbinden, kein Gehör fand und der exaltierte Astronom von weiteren Vorstößen dieser Art absah, flammte dieselbe Diskussion zwei Dekaden später wieder auf (S. 255 ff.).

Allen Unkenrufen aus berufenem Munde zum Trotz – die Wahrscheinlichkeit, dass die Arecibo-Botschaft von 1974 jemals in außerirdische Hände fällt, sofern diese nicht ein anders Greif- und Tastsystem bevorzugen, ist

---

120) Shostak, Seth: Nachbarn im All. Auf der Suche nach Leben im Kosmos, F.A. Herbig, München 1999, S. 186.

121) It's the 25th anniversary of Earth's first (and only) attempt to phone E.T., in: Cornell News (Press release), 12.11.1999, S. 2 [*http://www.news.cornell.edu/chronicle/99/11.11.99/Arecibo_message.html*].

höchst gering. Allein aufgrund der sehr kurzen zeitlichen Dauer des Signals schwinden die Chancen auf Erfolg. Träfe nämlich die knapp dreiminütige Arecibo-Flaschenpost auf ETs, täten deren Radioastronomen gut daran, währenddessen keine Kaffeepause einzulegen. Ihnen wäre zu wünschen, dass sie die Antennen zum richtigen Zeitpunkt in die richtige Richtung drehen und die passende Frequenz abhorchen, weil Signale auf keinen warten, auch nicht auf ultraintelligente Aliens. Vielmehr gehen die Pulse unbeirrbar ihren Weg.

Von Nachteil ist auch, dass das Kosmogramm auf einen klassischen Kugelsternhaufen gerichtet ist, wo in der Regel vergleichsweise alte Sterne mit Planeten hausen, die größtenteils aus Gas bestehen. Wie Astronomen aus den Spektrallinien von Kugelsternhaufen ablesen konnten, sind in solchen Regionen schwerere Elemente eine absolute Rarität, weshalb dort Gesteinswelten eher seltener anzutreffen sein sollten.

Bei alledem ist noch nicht einmal mehr sicher, dass die Arecibo-Post überhaupt ihr Zielgebiet trifft. Denn beim Absenden des Signals haben die Verantwortlichen dummerweise vergessen, die Eigenrotation unserer Milchstraße zu berücksichtigen. Dort, wo das Signal in knapp 25.000 Jahren auf den Kugelsternhaufen M13 treffen soll, wird mit größter Wahrscheinlichkeit nur leerer Raum sein. Die kleinere Materieoase M13 könnte dann schon viele Lichtjahre vom »Ankunftsort« des Signals entfernt sein.

Angenommen, vernunftbegabte und technikbegeisterte Aliens würden trotz all dieser Widrigkeiten die akustischen Signale von 1974 registrieren, sähen sie sich der Herausforderung gegenüber, dem aus Nullen und Einsen bestehenden Binärcode eine bildhafte Information zu entlocken. Die Empfänger müssten nicht nur intelligent und fantasiereich sein, sondern vor allem auf die Idee kommen, die Abfolge von 1 und 0 in einem Gitternetz als Schwarzweißbild anzuordnen. Um die Größe der Matrix zu definieren, müssten sie zudem die Zahl 1679, also die totale Anzahl der Signal-Bits, in die einzigen beiden Primfaktoren 23 und 73 zerlegen. Beide Werte geben die Länge und Breite des Rechtecks vor, in dem die Informationen »abgebildet« sind. Und selbst wenn die Adressaten einst das Piktogramm studierten, bliebe schlussendlich völlig offen, ob sie das Bildrätsel im Sinne ihrer Urheber interpretierten. Denn was wäre, wenn sie auf dem Gebiet der Geometrie und Algebra von völlig anderen Prämissen ausgingen?

Resümierend bleibt festzuhalten, dass sich die Arecibo-Nachricht in wissenschaftlicher Hinsicht eher bescheiden ausnimmt. Zum einem ist mit Blick auf die zuvor genannten Punkte die Wahrscheinlichkeit sehr gering, dass wir mit dieser Nachricht jemals einen geistreichen Ertrag erwirtschaften, zum anderen präsentiert sich das Zeitfenster als schlichtweg zu groß, da wir frühestens in 50.000 Jahren mit einer Antwort rechnen dürfen.

Nein, die berühmte Arecibo-Botschaft geriet zu einem leicht überhastet formulierten Kosmogramm, das mitnichten ein ernst zu nehmender Versuch war, »mit Aliens eine feste Kommunikationsverbindung aufzunehmen«.[122] Bestenfalls war sie, wie der Wissenschaftsjournalist Ulf von Rauchhaupt konstatiert, ein PR-Gag.[123] Sie war vielleicht noch nicht einmal das. Denn letzten Endes verkam das Bildtelegramm von Arecibo zu einem schlichten Party-Gag, der gezielt zur Erheiterung und Unterhaltung seiner Gäste beitragen und allen Anwesenden in Arecibo die Funktionstüchtigkeit des modernisierten Riesenteleskops vor Augen führen sollte. Das Ganze hatte mit geschickter Werbung nichts zu tun, sondern war allenfalls, wie ein Beteiligter im Nachhinein bestätigte, ein höchst symbolischer Akt.[124]

Die Wow-Signal-Legende

Auch der Kultstatus, den das sogenannte Wow-Signal in bestimmten SETI-Kreisen genießt, scheint ebenso fraglich wie deplatziert. Denn als das »Big-Ear«-Radioteleskop der Ohio State University in Columbus (US-Bundesstaat Ohio) am 15. August 1977 um 23.16 Uhr Lokalzeit ein ungewöhnlich starkes Signal ortete, nahm eine Legende ihren Lauf, die sich inzwischen verselbstständigt hat.

War Drakes Arecibo-Botschaft de facto das erste und stärkste an einen außerirdischen Empfänger adressierte und entsandte Funksignal, das unseren Planeten je verlassen hat,[125] so repräsentiert das sogenannte Wow-Signal tatsächlich den bislang stärksten registrierten nicht identifizierbaren Impuls aus dem All.

Ob dieser jedoch, wie viele SETI-Anhänger glauben, ein Informationsfetzen einer außerirdischen Nachricht war, lässt sich weder beweisen noch eindeutig widerlegen. »Das Wow-Signal ist Teil der SETI-Geschichte. Ich glaube immer noch, dass es sich bei diesem durchaus um ein extraterrestrisches Signal gehandelt haben könnte«,[126] äußerte sich Frank Drake im Mai 2009 ganz bewusst im Konjunktiv über das ungewöhnlich starke Signal, das 1977 sage und schreibe 72 Sekunden lang pulsierte – 30 Mal stärker als alle Hintergrundgeräusche.[127]

---

122) So Seth Shostak, Nachbarn im All, a.a.O., S. 187.

123) Rauchhaupt, Ulf von: SETI: Wissenschaft zwischen Populärkultur und Ersatzreligion, in: Science & Fiction II. Leben auf anderen Sternen, Hrsg.: Thomas P. Weber, Fischer-Verlag, Frankfurt a. M. 2004, S. 214.

124) It's the 25th anniversary of Earth's first (and only) attempt to phone E.T., a.a.O., S. 1.

125) The Arecibo message of November, 1974, a.a.O., S. 462 [*doi: 10.1016/0019-1035(75)90116-5*].

72 Sekunden – das war eigentlich genau die Zeitspanne, in der sich das »Big-Ear«-Teleskop mit der Erdumdrehung durch den Empfangsbereich des Signals bewegte. Ein weiteres wichtiges Charakteristikum war, dass es sich von den 50 Kanälen, die der junge promovierte Radioastronom Jerry Ehman und seine Kollegen durchmusterten, nur auf einem einzigen zu erkennen gab. Ein derart extremes Schmalbandsignal kann nicht natürlichen Ursprungs sein, zumal die Bandbreite weniger als 10 Kilohertz betrug und die Frequenz des Signals bei 1420,405 Megahertz, also genau in dem Radiofenster lag, in dem »Erdlinge« aus Rücksicht auf radioastronomische Forschungen eigentlich nicht senden sollten. »Es war das eindrucksvollste Signal, das wir je gesehen hatten«, erinnert sich Ehman, der an jenem denkwürdigen Tag die Messergebnisse als Erster zu Gesicht bekam. »Ohne nachzudenken schrieb ich auf den Rand des Computerausdrucks ›Wow‹!«[128] Anstatt als akustisches Signal in Erscheinung zu treten, offenbarte sich der legendäre kosmische Impuls auf dem Computer-Ausdruck als Zeichencode. Für Außenstehende waren die vom Rechner übersetzten Signalkurven, die sich in der Zahlen- und Buchstabenfolge »6EQUJ5« manifestierten, nichtssagend, für professionelle SETI-Radioastronomen freilich umso vielsagender.

Übersetzt bedeutet nämlich das kryptische Zahlenwort, dass ein engbandiges, sehr starkes Signal für einen kurzen Zeitraum Einzug gehalten hatte. In dem System, das Ehman und seine Kollegen damals verwendeten, repräsentierte jede Zahl von eins bis neun die Signalstärke über dem Hintergrundrauschen. Während die Ziffer 1 für ein schwaches Signal stand, indizierte eine 9 ein starkes. Ab der Signalstärke 10 übernahmen Buchstaben die Regie. Gemäß ihrer Folge (A, B, C etc.) steigerte sich die Signalintensität. Alle zwölf Sekunden wurde eine Zahl oder ein Buchstabe gedruckt, wobei Zahlenwerte über 4 und Schriftzeichen auf dem Computerpapier selten eine Beziehung eingingen.[129] Kein Wunder also, dass im »Big-Ear«-Kontrollzentrum aufgrund der Kombination von hohen Ziffern und Buchstaben, wie im Falle des Wow-Signals, mit einem Male überall die Alarmglocken schrillten.

126) »Es ist bereits zu spät!« Interview Harald Zaun mit Frank Drake, Potsdam, 28. Mai 2009, in: Telepolis, 05.09.2009 [*http://www.heise.de/tp/r4/artikel/30/30989/1.html*]. Einige Jahre zuvor äußerte sich Drake ähnlich: »Bis heute bleibt das ›Wow‹ ein bemerkenswertes Signal. Es gilt als eines der vielversprechendsten, die wir je entdeckt haben, ein echter ›Kandidat‹ für den wirklichen Nachweis außerirdischer Intelligenz.« Drake/Sobel, a.a.O., S. 246.

127) Gray, Robert H./Marvel, Kevin B.: A VLA Search for the Ohio State »Wow«, in: The Astrophysical Journal (10.01.2001), Bd. 546, S. 1171.

128) Kawa, Barry: The Wow-Signal, in: Cleveland Plain Dealer, 18.09.1994 [*http://www.bigear.org/wow.htm*].

129) Interview David W. Swift mit John Kraus, Februar 1983, Delaware/Ohio, in: SETI Pioneers, a.a.O., S.243.

Die Aufregung war damals sehr groß. Vier Jahre lang hatten die Computer und Datenschreiber des Ohio-SETI-Programms nicht Ungewöhnliches registrieren können. Jetzt aber drängte sich plötzlich ein Signal auf, das sich offensichtlich sogar mit den Sternen bewegte. Das eigentliche Intelligenzmerkmal des Pulses bestand darin, dass er sich – ähnlich dem Läuten eines Telefons – selbst an- und ausschaltete. Während er sich im Teleskopstrahl befand, unterbrach er zwischenzeitlich den Sendefluss – wie bei einem Morsecode.[130]

Das »große Ohr«, mit dem der Fund seinerzeit gelang, war eine rechteckig geformte Anlage, die an einen Fußballplatz erinnerte und nach ihrer Demontage 1998 tatsächlich eine sportive Verwendung fand. Aufgrund eines finanziellen Engpasses wandelte die Universitätsverwaltung die Anlage in einen Golfplatz um. Wo jedoch in einem Fußballstadion normalerweise die Tore stehen, ragten 1977 auf der 110 Meter langen und 24 Meter breiten Aluminiumfläche jeweils am Ende des Feldes zwei gigantische Reflektoren empor, der eine flach, der andere parabolisch geformt. Im Verbund tasteten beide denselben Himmelsabschnitt nacheinander ab und erreichten gemeinsam die Empfindlichkeit einer 60-Meter-Schüssel. Die eingehenden Pulse, die das erste Strahlenbündel einfing, registrierte im Normalfall kurze Zeit später der zweite Reflektor. Durch einen Vergleich der Daten konnten die Radioastronomen das Störfeuer irdischer Sender nahezu ausschalten.

Aber ausgerechnet als das Wow-Signal eintraf, registrierte nur die erste Antenne den starken Puls, während drei Minuten später der zweite Reflektor nicht mehr den geringsten Piepser aufzuzeichnen vermochte. Anderen unabhängigen Teleskopen erging es genauso. Auch das weitaus empfindlichere Interferometer-Radioteleskop Very Large Array (VLA) in New Mexico (USA)[131] konnte kein Signal mehr auf derselben Position und Frequenz aufspüren. Obwohl das Ohio-Team den Herkunftsort des Wow-Signals – dieser lag nahe dem Milchstraßenzentrum im Sternbild Schütze – insgesamt mehr als 100 Mal ohne Erfolg observierte,[132] feiern viele SETI-Enthusiasten das *Ereignis* auch heute noch als den »First Contact« schlechthin.

Dabei erfüllte der Impuls die strengen SETI-Vorgaben zu keinem Zeitpunkt: Das Signal wiederholte sich nicht, pulsierte nicht durchgehend für längere Zeit, konnte von keiner zweiten Antenne registriert werden, wies kein erkennbares systematisches Informationsmuster auf und überraschte mit kei-

130) Drake/Sobel, a.a.O., S. 245.

131) Das VLA nahm Jahre später das Wow-Signal nochmals unter die Lupe – ohne Erfolg. Näheres zur Untersuchung siehe: Gray, Robert H./Marvel, Kevin B.: A VLA Search for the Ohio State »Wow«, a.a.O., S. 1171–1177.

132) Kawa, Barry, The Wow-Signal, a.a.O.

nem tiefgehenden Inhalt. Vor allem aber kam das Radiosignal für eine außerirdische Flaschenpost schlichtweg viel zu kurz daher. Welche kontaktfreudige intelligente ferne Kultur würde dermaßen sparsam und naiv sein, Funkbotschaften in Sekundenlänge über Tausende von Lichtjahren ins All zu senden?

Alle bisherigen Erklärungsversuche, das Signal mit einem natürlichen oder künstlichen Ursprung direkt in Verbindung zu bringen, endeten wenig zufriedenstellend. Mal wurden lokale Quellen und irdische Radiokommunikation als Urheber ausgeschlossen, weil die Wasserstofffrequenz zu jenem geschützten Bereich des Spektrums zählt, in dem keine kommerziellen oder militärischen Radiosender arbeiten dürfen. Ein anderes Mal konnten Planeten oder bekannte Asteroiden, Raumsonden im Sonnensystem oder Satelliten in Umlaufbahn desgleichen als Verursacher verworfen werden, da keines dieser Objekte zum Zeitpunkt des Kontakts die Bahn des Signals kreuzte. Auch TV-Signale, die in der Regel deutlich breiter respektive weniger schmalbandig daherkommen, fielen aus dem Kreis der üblichen Verdächtigen heraus. Einige SETI-Forscher gingen sogar so weit, das Ereignis auf Gravitationslinseneffekte (S. 77) oder interstellare Oszillation (ein Effekt ähnlich dem atmosphärischen Funkeln der Sterne) zurückzuführen. Solche Ideen jedoch verflogen genauso so schnell wieder wie sie gekommen waren.

Eingedenk dieser Überlegungen läuft das wahrscheinlichste Szenarium darauf hinaus, dass das Wow-Signal tatsächlich außerirdischer Natur gewesen ist, aber eben nur außerirdischer und keineswegs künstlich-außerirdischer. Fakt ist, dass es nicht den geringsten Beweis dafür gibt, dass hinter all dem ein intelligenter Absender aus dem All steckt. Das Signal kam unbestritten von außerhalb der irdischen Atmosphäre, eventuell sogar aus dem interstellaren Raum. Hinter ihm jedoch gleich eine intelligente Botschaft zu vermuten, ist angesichts der dünnen Indizienkette und schmalen Beweislage fahrlässig und vor allem unwissenschaftlich. Schließlich könnte es ebenso gut ein fragmentarisches elektromagnetisches Abfallprodukt eines uns bislang unbekannten astrophysikalischen Phänomens gewesen sein. Vielleicht verursachte die ganze Aufregung auch nur ein sowjetischer Spionage-Satellit oder eine verirrte irdische Forschungssonde. Die Koordinaten solcher orbitalen Vagabunden kann selbst der beste Prophet nicht vorhersehen.

Jedenfalls fußen die Behauptungen zahlreicher SETI-Fans, die mit dem Wow-Signal »eine der unheimlichsten Entdeckungen in der Geschichte der Wissenschaft«[133] assoziieren, auf keinem wissenschaftlich festen Fundament. So warnt denn auch der bekannte Alien-Jäger Seth Shostak vor überschwäng-

133) Wabbel, Tobias Daniel: Der Geist des Radios, in: S.E.T.I. Die Suche nach dem Außerirdischen, Hrsg.: Wabbel, Tobias D., Beustverlag, München 2002, S. 76.

lichem Enthusiasmus. Er hält das Wow-Signal für vernachlässigbar, weil es zu keinem Zeitpunkt wissenschaftlichen Ansprüchen genügte.

»*SETI-Wissenschaftler glauben ... nur an Signale von E.T., wenn sie mehrmals und immer wieder zu sehen sind. Das Wow-Signal zeigte sich leider nur einmal. Daher konnte es die Wissenschaftler nicht überzeugen.*«[134]

Jill Tarter, die Direktorin des SETI-Instituts und die weltweit bekannteste SETI-Wissenschaftlerin, geht noch einen Schritt weiter und kritisiert die Verklärung des Wow-Signals und die damit einhergehenden Konsequenzen für eine seriöse SETI-Forschung ganz offen.

»*Dieses Signal hat den Test, der vor Störsignalen schützen sollte, gar nicht erst bestanden, ist trotzdem zu einem Teil der SETI-Folklore geworden [...]. Meiner Meinung nach war das für die Glaubwürdigkeit der SETI-Bestrebungen nicht förderlich.*«[135]

Die vielleicht banalste Erklärung für das von Jerry Ehman aufgezeichnete weltberühmte Wow-Signal lieferte Jerry Ehman selbst. Seine Äußerung spiegelt zugleich das Dilemma wider, das seine »Entdeckung« in den letzten 30 Jahren heraufbeschworen hat. Während nämlich immer mehr SETI-Anhänger die »Botschaft« von 1977 mystifizieren, glorifizieren und bewusst in die Nähe eines ersten echten außerirdischen Kontaktversuchs rücken, kann sein Entdecker mit solchen Gedankengängen nicht viel anfangen. Wie seine Kollegen Seth Shostak und Jill Tarter sucht Ehman stattdessen nach wissenschaftlich haltbaren Thesen und Erklärungen. Auch wenn er in dieser Hinsicht noch nicht ganz fündig geworden zu sein scheint, hat er doch von der extraterrestrischen Hypothese im Sinne eines künstlichen Signals inzwischen spürbar Abstand genommen:

»*Irgendetwas sagt mir, dass es ein erdgebundenes Signal war, vielleicht eine Reflexion von einem Stück Weltraumschrott.*«[136]

---

134) Shostak, Nachbarn, a.a.O., S. 204.

135) We've been doing astrobiology since 1984! Remarks of Prof. Jill Tarter from the SETI-Institute (California/Mountain View) concerning the serious scientific SETI work and its problems, Interview Harald Zaun mit Jill Tarter, Heidelberg, April 2003, in: Telepolis, 09.06.2003 [*http://www.heise.de/tp/r4/artikel/14/14965/1.html*].

136) Kawa, Barry, a.a.O.

Mission *Phoenix* als Fallbeispiel

Wie viele Menschen seit Frank Drakes *Ozma*-Projekt im Rahmen privater, vereinsmäßiger oder professioneller SETI-Observationen weltweit einmal oder mehrfach ins All gehorcht haben, um Zeuge einer außerirdischen Kontaktaufnahme zu werden, lässt sich noch nicht einmal erraten. Selbst die Anzahl der offiziellen Suchprogramme changiert von Fachbuch zu Fachbuch, sodass eine historisch detaillierte Darstellung und Auflistung zwangsläufig fehlerhaft und wenig sinnvoll ist. Daher scheint es ratsam, sich auf ein repräsentatives Fallbeispiel zu beschränken, dieses aber nur in nuce aufzuführen. Streng genommen müsste nämlich jede Mission näher vorgestellt werden, da alle Projekte, die nach künstlichen Radio- und Lichtsignalen Ausschau halten, eine schicksalhafte Gemeinsamkeit teilen: Keines davon zielte jemals ins Schwarze und landete einen echten verifizierten Treffer – auch das *Phoenix*-Projekt nicht, der bis heute (noch) umfassendste und modernste (abgeschlossene) Horchangriff auf intelligente Hochkulturen.

Ihm vorangegangen war eine auf zehn Jahre angelegte große NASA-SETI-Suchaktion: das »NASA Microwave Observing Program« (MOP). Ausgerüstet mit dem bis dahin modernsten Equipment, startete die »High Resolution Microwave Survey« (HRMS = Vermessung durch hochauflösende Mikrowellen) anlässlich des 500. Jahrestags der »Wiederentdeckung« Amerikas am 12. Oktober 1992. Doch das von der amerikanischen Weltraumbehörde NASA seit 23 Jahren mit insgesamt 63 Millionen Dollar finanzierte Vorhaben fiel bereits ein Jahr später auf Nimmerwiedersehen ins Haushaltsloch des Kongresses. Verantwortlich hierfür war Richard Bryan, ein demokratischer Senator aus Nevada, der sich über die »große Marsmännchen-Jagd« derart echauffierte, dass als Folge seines Vetos die Gelder für das ambitionierte Vorhaben restlos gestrichen wurden.[137]

Elf Jahre zuvor konnte SETI einen ähnlichen Vorstoß noch im letzten Moment abblocken. Damals (1981) versuchte ebenfalls ein demokratischer US-Senator, Edward William Proxmire (S. 99 f.), einen kompletten Finanzierungsstopp für das NASA-SETI-Projekt zu erwirken, nahm jedoch nach einem eindringlichen Appell Carl Sagans von seinem ursprünglichen Vorhaben wieder Abstand.

Als 1993 das NASA-SETI-Projekt aber endgültig dem Rotstift zum Opfer gefallen war, waren bis dahin noch nicht einmal 0,1 Prozent der geplanten Beobachtungsreihen durchgeführt worden.[138] Doch private Investoren und Spen-

137) Wilford, John N.: Ear to the Universe Is Plugged by Budget Cutters, in: The New York Times (07.11.1993).

138) Shostak, Seth, Nachbarn, a.a.O., S. 199.

dengelder sorgten dafür, dass sich die kurz zuvor gestrichene Suchaktion wie ein *Phoenix* aus der Asche zu neuem Leben erheben konnte. Am 2. Februar 1995 begann das *Phoenix*-Projekt seinen ersten Testlauf. Bis zum März 2004 schwang der sagenumwobene Vogel seine Flügel und gereichte während dieses Zeitraums seinem mythischen Namen schnell zur Ehre. Es avancierte zum ehrgeizigsten und technisch modernsten SETI-Projekt des 20. Jahrhunderts.

100 Milliarden Kommunikationskanäle

Das elektromagnetische Fenster im Radiobereich zu den Außerirdischen ist breit und weit. Während sich unterhalb von einem Gigahertz (GHz) die sogenannte Synchrotronstrahlung störend bemerkbar macht (verursacht von Elektronen, die galaktische Magnetfelder durchqueren), erschweren oberhalb von 10 GHz die strahlenden Wasserstoff- und Sauerstoff-Atome in der Erdatmosphäre jede radioastronomische Observation nachhaltig. Genau dazwischen präsentiert sich der Bereich von 1 bis 10 GHz als optimales Radiofenster. Innerhalb dieses Fensters tummeln sich mehr als 100 Milliarden Kommunikationskanäle (von 0,1 Hz Bandbreite), auf denen extraterrestrische Intelligenzen senden könnten.[139] Eine effektive Suche würde implizieren, dass die Alien-Jäger 24 Stunden am Tag, sieben Tage die Woche mehrere Jahre lang alle 100 Milliarden Kanäle simultan *belauschen*. Bis dato ist dies noch nicht geschehen; aber die Zeit arbeitet für SETI, weil die Hard- und Softwareleistung immer besser wird – und die privaten Spendengelder irgendwann noch stärker fließen werden.

Die Strategie und die Philosophie, welche die *Phoenix*-Wissenschaftler in den Jahren ihres Schaffens befolgten, waren wohldurchdacht und zielorientiert: Richte deine Instrumente auf möglichst erdnahe Sterne, die sich in einem Radius von 200 Lichtjahren befinden! Visiere dabei keine Doppelsternsysteme, keine Riesensterne oder Braunen Zwerge an, sondern ausschließlich sonnenähnliche Sterne vom Spektraltyp F, G oder K, die überdies ähnlich groß wie unser Muttergestirn und mindestens drei Milliarden Jahre alt sind! Denn nur auf solchen Welten hatte eine biologische Evolution genug Zeit, intelligentes Leben auszubilden. Und nutze neben dem größeren Primär-Teleskop immer eine zweite kleinere Schüssel, mit der sich Fehlalarme oder echte Treffer leichter detektieren lassen! Zu guter Letzt fokussiere dich ausschließlich auf engbandige Signale mit einer Bandbreite von 1,0 Hertz, weil solche eine größere Reichweite und ein geringes Signalrauschen haben! Suche vor allem aber auch auf breiter Front, auf so vielen Kanälen gleichzeitig wie möglich!

Aber nicht nur diese Punkte schrieben sich die *Phoenix*-Detektive auf ihre Fahnen. Sie erstellten auch vor dem ersten Suchlauf eine Liste von 1000 Ziel-

---

139) Heidmann, Jean: Bioastronomie. Über irdisches Leben und außerirdische Intelligenz, Springer, Berlin/Heidelberg 1994, S. 149.

sternen, die Objekt für Objekt abgehorcht werden sollten.[140] Zwar belauschten die Forscher mit Beendigung der Beobachtungsreihen »nur« um die 800 davon, dennoch erfolgte dies mit einer bis dahin nicht bekannten Akkuratesse, wie Peter Bachus vom SETI-Institut in Mountain View bestätigt:

> *»Über die Jahre haben wir mehr als 800 erdnahe Sterne auf Milliarden von Frequenzkanälen mit hochsensibler Technik observiert. Keine andere Suche deckte derart viele Frequenzen ab oder erreichte dieselbe Empfindlichkeit.«*[141]

Maßgeblichen Anteil hieran hatte das »Targeted Search System« (TSS), das Herzstück des mobilen *Phoenix*-Projekts. Das Kernstück des TSS wiederum war der »Multichannel Spectrum Analyzer« (MCSA). Dieser »Computer« mit seiner für damalige Verhältnisse schon sehr progressiven und hoch speziellen Software erfasste binnen fünf bis zehn Minuten gleichzeitig 28 Millionen Frequenzkanäle – dies vornehmlich im Mikrowellenfenster von 1200 bis 3000 Megahertz,[142] aufgesplittet in zirka 3,6 Milliarden Kanäle. Einen Großteil davon nahm Phoenix ins Visier: Bei jedem angepeilten Stern arbeitete das TSS binnen eines Tages zwei Milliarden Kanäle ab.[143]

Um beweglich zu bleiben und auch den Südhimmel sezieren zu können, verfrachteten die *Phoenix*-Wissenschaftler den TSS-Multikanalanalysator in die »Mobile Research Facility« (MRF). Dieser zehn Meter lange mobile Container konnte bei Bedarf zu jedem Kontinent geschifft und per Lkw zu jedem wichtigen Radioobservatorium befördert werden. Mobilität wurde beim Unternehmen *Phoenix* stets groß geschrieben. Denn auf der Suche nach leistungsfähigen Radioteleskopen, die für einen Lauschangriff möglichst günstig angemietet werden konnten, mussten Projektleiterin Jill Tarter und ihr Team eine hohe Reisebereitschaft an den Tag legen. Teleskopzeit ist bekanntlich kostbar und teuer. Und wenn der Preis stimmt und die Radioschüssel gut arbeitet, nehmen Forscher gerne auch mal größere Reisestrapazen in Kauf.

Doch während infolge der Wirtschafts- und Finanzkrise von 1984 die finanziellen Mittel immer knapper wurden, die Spendenbereitschaft zurückging[144] und das Portemonnaie dünner wurde, gewann ein anderer ständiger

---

140) Tarter, Jill C.: Results from Project Phoenix. Looking up from Down Under, in: Astronomical and Biochemical Origins and the Search for Life in Universe (Conference Paper), Proceedings at IAU Colloquium 161, 1997, Hrsg.: C. B. Cosmovici/S. Bowyer/D. Werthimer, ditrice Compositari, Bologna/Italien, S. 633.

141) Whitehouse, David: Radio search for ET draws a blank, in: BBC News (25.03.2004) [*http://news.bbc.co.uk/2/hi/science/nature/3567729.stm*].

142) Shostak, Seth: Confessions of an Alien Hunter. A Scientist's Search for Extraterrestrial Intelligence, National Geographic, Washington, D.C. 2009, S. 179.

143) Shostak, Seth, Nachbarn im All, a.a.O., S. 202.

Wegbegleiter von SETI immer mehr an Gewicht: der Pleitegeier. Er hat den SETI-Detektiven bislang stets die Treue gehalten. Vor allem in dem von Frank Drake und Bernard Oliver am 20. November 1984 gegründeten SETI Institute in der Nähe des nordkalifornischen Silicon Valley, das sich als privates gemeinnütziges Unternehmen vorwiegend mit Spendengeldern finanziert, gehört der unwillkommene Gast praktisch zum lebenden Inventar. Seine Anwesenheit nötigte die Radioastronomen immer wieder, das Weite zu suchen.

Was dies anbelangte, war das *Phoenix*-Projekt in der Tat beispielhaft. Bei der neunjährigen Horchaktion, die nicht durchgehend, sondern nur etappenmäßig durchgeführt werden konnte, flüchtete Tarter mitsamt Team zuerst auf den australischen Kontinent (Parkes-Teleskop), dann mehrfach nach Nord- und Mittelamerika (Green Bank und Arecibo). Die mobile TSS-High-Tech-Anlage im Gepäck und den MRF-Container im Schlepptau, lauschten Tarter und Anhang fernab von Kalifornien immer nur einige Monate oder sogar nur Wochen ins All. Einerseits lag dies daran, dass die Radioantennen schlichtweg ausgebucht waren. Andererseits resultierte es daher, dass der Blick in den Geldbeutel selten Gutes verhieß und zuweilen keine Verlängerung erlaubte. Allein die Nutzung des Lovell-Teleskops in Jodrell Bank (England), das zeitweilig als zweite Antenne zur Klärung verdächtiger Signale herangezogen wurde, kostete pro Observationsnacht sage und schreibe 3500 Dollar.[145] Gemäß der Devise Tarters, dass für den Anspruch des *Phoenix*-Projekts ein Teleskop allein nicht ausreichte,[146] war eine duale Suchstrategie unverzichtbar. Denn nur mit zwei weit voneinander entfernten Radioteleskopen war ein systematisches, ganztägiges Abhorchen der sonnenähnlichen Gestirne in bis zu 200 Lichtjahren Entfernung sinnvoll.

Als Tarter und ihr Team beispielsweise am 2. März 2002 in Arecibo Station machten, schwebte mal wieder die Uhr wie ein Damoklesschwert über ihren Häuptern, weil die kostbare Beobachtungszeit der 305-Meter-Aluminiumschüssel auf drei Wochen limitiert war. Um die kosmische Flaschenpost dennoch in Greif- und Reichweite zu rücken, nutzten die Alien-Jäger auch einen irdischen Gesandten, der selbst mit einer interstellaren Flaschenpost bestückt war: die Pioneer-10-Sonde. Mithilfe der Riesenantenne in Puerto Rico fingen sie die Energie der damals mehr als 10 Milliarden Kilometer entfernten Raumsonde mühelos ein, obwohl diese nur noch mit einer Leistung von fünf Watt sendete. Täglich observierten sie Pioneer-10 als Testobjekt, um

---

144) Dies gilt für die heutige Krisensituation umso mehr. »Es ist bereits zu spät!« Interview Harald Zaun mit Frank Drake, Potsdam, 28. Mai 2009, in: Telepolis, 05.09.2009. [*http://www.heise.de/tp/r4/artikel/30/30989/1.html*].

145) Shostak, Seth: Confessions of an Alien Hunter, a.a.O., S. 215.

146) Tarter, Jill C.: Results from Project Phoenix. Looking up from Down Under, a.a.O., S. 642.

die Leistungsfähigkeit der eigenen Geräte zu überprüfen und zu optimieren. 19 Nächte lang schufteten die SETI-Forscher unter großem Zeitdruck jeweils 12 Stunden am Stück, wobei interessierte Internet-User den *Phoenix*-Jägern gemütlich von zuhause aus bei der Arbeit im Computerraum via Webcam über die Schulter schauen konnten.

Um alle suspekten Kandidaten aus den allseits störenden und überlagernden terrestrischen Signalen, deren Übeltäter meist Flugzeuge und Satelliten waren, herauszufiltern und die Messdaten direkt zu vergleichen, benutzte *Phoenix* parallel immer auch ein zweites Radioteleskop, das in der Regel kleiner und weniger sensibel war als das Primärteleskop, mit dem die Beobachtungen durchgeführt wurden.

Lokalisierte beispielsweise das Hauptteleskop einen verdächtigen Impuls, würden dessen Charakteristika direkt an die Kollegen der zweiten Schüssel weitergeleitet. Infolge der Rotation der Erde wäre zu erwarten, dass die Signalfrequenz des vermeintlichen außerirdischen Senders zwischen den beiden Antennen leicht voneinander abweicht. Die Astronomen sähen auf der Radioskala eine winzige Verschiebung, wodurch sie die planetare Spreu vom kosmischen Weizen leichter trennen könnten.

Schmalbandige Signale bevorzugt: Je schmalbandiger sich ein aufgefangenes Signal präsentiert, desto intensiver emittiert es und desto größer ist die Wahrscheinlichkeit, dass es einer außerirdisch-künstlichen Quelle entstammt. Und je schmalbandiger es daherkommt, desto besser hebt es sich vom Hintergrundrauschen des Kosmos ab, was wiederum seinem Aktionsradius zugute kommt. Da jeder materielle Gegenstand im Kosmos elektromagnetische Strahlung aussendet und dabei »rauscht«, sind kosmische Störgeräusche im Überfluss vorhanden. Einziger Nachteil: Je enger das Frequenzband, desto weniger Informationen können in dem Signal »deponiert« werden.[147] Zwar lassen sich mit zunehmender Bandbreite mehr Daten übertragen, doch gewinnt das Rauschen dabei immer mehr an Oberhand. Das Idealmodell wäre, wenn sich Sender und Empfänger auf einen möglichst engen Bereich der Frequenz (sehr kleine Bandbreite) vorab verständigten und beim Datenaustausch auf der gleichen Frequenz mit möglichst gleichem Band operierten. In der SETI-Realität bleibt dieses Szenarium aber pures Wunschdenken. Denkbar ist aber, dass ETI zuerst ausnahmslos schmalbandige Signale sendet und anschließend in die »Breite« geht. Eine derartige Taktik wäre ganz nach dem Gusto der *Horcher*.

147) Lesch, Harald/Müller, Jörn: Big Bang zweiter Akt – Auf den Spuren des Lebens im All, C. Bertelsmann Verlag, München 2003, S. 311 f.; Heidmann, Jean: Bioastronomie. Über irdisches Leben und außerirdische Intelligenz, Springer-Verlag, Berlin/Heidelberg 1994, S. 181.

Einen Einblick in den Alltag der *Phoenix*-Ermittler gab der bekannteste deutsche SETI-Experte, der im Jahr 2003 verstorbene Sebastian von Hoerner, in seinem im selben Jahr erschienenen Buch »Sind wir allein?«. Er verwies darauf, dass bei der Analyse 20 Megahertz der Strahlung zeitgleich in 28 Millionen Kanäle von je 1,0 Hertz zerlegt werden. Dies gelte für beide Polarisationen, wodurch in Wahrheit an jedem Teleskop 56 Millionen Kanäle belauscht werden.

> *»Zeitlich wird die Strahlung in Abschnitte geteilt von je 1,4 Sekunden Dauer. Während die Analyse eines Abschnitts läuft (für 56 Millionen Kanäle in nur 1,4 Sekunden!), wird gleichzeitig der nächste Abschnitt empfangen und gespeichert.«*[148]

Das *Phoenix*-Team schenkte damals nur Signalen mit weniger als 300 Megahertz Aufmerksamkeit. Kandidaten dieses Kalibers, die sich bei dieser Mission im Schnitt einige Male pro Woche meldeten,[149] galten grundsätzlich als verdächtig. Das Gros davon bestand aber erst gar nicht den *doppelten* Teleskoptest. Die wenigen, die ihn meisterten, scheiterten ausnahmslos am nächsten Prüfverfahren. Bei diesem drehten die Alienjäger das Teleskop weg vom Zielstern einige Grad zur Seite, hin zum leeren Himmel und wieder zurück in die ursprüngliche Position. Wurde nach mehrmaligen Durchläufen das suspekte Signal beim Wegschwenken der Schüssel genauso regelmäßig verschwinden wie es beim erneuten Anvisieren des Zielsterns auftaucht, wäre dies ein deutlicher Hinweis auf ein außerirdisches Funksignal.

Bislang aber konnte kein Impuls diesen beiden Überprüfungsverfahren trotzen,[150] wie seinerzeit Jill Tarter nüchtern bestätigte: »Wir haben viele Signale unserer eigenen Technologie detektiert, aber bislang keines von ET.« Bereits nach der ersten Observation in New South Wales (Australien), die vom 2. Februar 1995 bis zum 6. Juni 1995 währte, zeichnete sich dieser Trend ab. Während dieser Periode registrierten die emsigen Radioastronomen sage und schreibe 39 falsch positive Signale,[151] unter denen gleichwohl kein ETI-Signal und kein mysteriöses oder unerklärliches war.[152]

---

148) Hoerner, Sebastian v., Sind wir allein?, a.a.O., S. 182.
149) So der Phoenix-Mitarbeiter Seth Shostak, Nachbarn aus dem All, a.a.O., S. 203.
150) Ebd.
151) Tarter, Jill C.: Results from Project Phoenix, a.a.O., S. 640.
152) Ebd., S 642.

5 Das Ende des *Fermi-Paradoxons*

... und das Schweigen im *Äther*

Eine hochentwickelte Zivilisation, die in der Lage ist, die Galaxie zu bevölkern, hat mit Sicherheit auch die Möglichkeiten entwickelt, sich vor allen irdischen Einfallspinseln zu verstecken.

Joseph Silk, 2006

In die Welt der Wissenschaft ad hoc gesetzte Paradoxien können schön und geistreich sein. Sie wecken Aufmerksamkeit und Neugierde. Sie machen Spaß, sind in der Regel leicht aufzustellen und manchmal von tiefgreifender Ernsthaftigkeit. Nicht zuletzt zwingen sie uns, einen schnellen zufriedenstellenden Lösungsansatz zu finden.[153]

Das angedichtete Paradoxon

Bisweilen vermögen Paradoxien sogar die Routine des wissenschaftlichen Diskurses zu unterbrechen und denselben zu beleben, insbesondere dann, wenn dem Urheber ein guter Ruf als Wissenschaftler vorauseilt und sein beschriebenes Paradoxon ein Themenfeld streift, das allerorten salonfähig und populär ist. Gelangt fraglicher Forscher überdies in seinem Fachbereich zu höchsten akademischen Ehren und gewinnt dadurch seine wissenschaftliche Meinung sakrosankten Charakter, können seine philosophischen Ansichten, Theorien oder Kommentare noch so metaphysisch und abgehoben sein – seine Worte werden stets Gehör und in der Regel ein gutes Forum finden.

Einer, der diesem Profil einst beinahe vollends gerecht geworden wäre, war der renommierte italienische Kernphysiker und Physik-Nobelpreisträger von 1938, Enrico Fermi (1901–1954), der vor knapp 60 Jahren – dem Zeitgeist seiner Epoche voraus – eine aus damaliger Sicht *überirdische* Frage spontan aufwarf, die manche noch heute als Paradoxon feiern, obwohl sie in keinem mündet. Sie offenbart sich stattdessen als banal anmutendes Rätsel, das seither in SETI-Kreisen seltsamerweise Kultstatus genießt.

153) Sainbury, R. M.: Paradoxien. Erweiterte Ausgabe, Reclam, Stuttgart 2001, S. 11.

Enrico Fermi, um 1950 am geheimen US-Atom-Forschungslabor »Los Alamos National Laboratory« in New Mexico als außerordentlicher Direktor tätig, überraschte dereinst mit einer simplen Frage: Wo sind sie? Warum hat noch keine fremde Spezies an unserer planetaren Haustür angeklopft?

In diversen einschlägigen Büchern über Exobiologie und SETI suggerieren Autoren oft, der Atomphysiker habe seine Worte mit Bedacht ausgewählt, ausformuliert und später mündlich wie schriftlich gezielt lanciert.[154] Dabei sprechen die Quellen eine andere Sprache. Sie vermitteln ein gegenteiliges Bild, das Fermis Äußerungen eher als Folge eines spontanen Geistesblitzes darstellt, der weniger in einem akademischen als vielmehr in einem kulinarischen Umfeld aufleuchtete.

Tatsächlich wurde der Grundstein für das *Fermi-Paradoxon* im Sommer 1950 während eines Dinners in der Fuller Lodge, einer Kantine des »Los Alamos National Laboratoy« in New Mexico (USA), gelegt. Es geschah fernab der Zivilisation in dem damals nationalen Kernforschungszentrum, wo das Atomwaffenprogramm der USA seinen Anfang genommen hatte und im Rahmen des Manhattan-Projekts die erste Atombombe entwickelt wurde. An diesem geschichtsträchtigen Ort begegneten sich bei einem Mittagessen Enrico Fermi und drei weitere Wissenschaftler, die dort anlässlich eines Veteranentreffens von Atomwissenschaftlern des Manhattan-Projekts weilten – unter ihnen der ebenso bekannte wie fragwürdige ungarisch-amerikanische Physiker Edward Teller (1908–2003), der sich als Vater der Wasserstoffbombe, die zwei Jahre später erstmals gezündet wurde, in den dunklen Annalen der Wissenschaftsgeschichte verewigte.

Als sich das Forscher-Quartett den kulinarischen Genüssen hingab und dabei diverse Themen in Kürze abhandelte, kam die Runde auch auf die Möglichkeit interstellarer Reisen und auf das Phänomen der Fliegenden Untertassen zu sprechen, die seit 1947 durch die Medien geisterten und hin und wieder die Schlagzeilen beherrschten. Inmitten der leidenschaftlich, aber thematisch oberflächlich geführten Diskussion, die sich zeitweise auch alltäglichen Themen annäherte, überraschte Fermi die anwesenden Physiker plötzlich mit der Frage »But where is everybody?«.

»Es war die Art, wie er sie stellte, die uns zum Lachen brachte«, erinnerte sich Jahre später einer der Tischgenossen von Los Alamos.[155] Auch wenn Fermis spontaner Einwurf zur allgemeinen Erheiterung beitrug, registrierten seine amüsierten Kollegen dennoch sofort, dass er auf die offensichtliche

---

154) Vgl. z. B. Paul Davies: Sind wir allein im Universum? Über die Wahrscheinlichkeit außerirdischen Lebens, Scherz Verlag, Bern/München/Wien 1996, S. 85. Siehe auch Aczel, Amir D.: Warum es intelligentes Leben im All geben muss, Rowohlt, Reinbek 2001, S. 12.

Abwesenheit außerirdischer Intelligenz anspielte.[156] Schließlich war Fermis Gedankengang logisch und unmissverständlich: Sollten erdnahe oder ferne intelligente Zivilisationen ihre Nischen in diesem gewaltigen Universum gefunden haben, dann müssten unter ihnen viele weitaus ältere Kulturen sein, die womöglich Jahrmillionen vor dem Erscheinen der Menschheit eine interstellare Raumfahrt ausgebildet haben. Ähnlich den Kolonialmächten auf der Erde, die mit Beginn der Neuzeit jahrhundertelang die technisch unterlegenen Urvölker systematisch ausbeuteten, dies allein zur Befriedigung ihrer Gewinn- und Machtsucht, könnten solche hochstehenden Lebensformen ebenfalls einen Eroberungsfeldzug starten, dabei aber gleich den gesamten Planeten Erde als Rohstofflieferanten im Visier haben. Fermi vertiefte diesen Aspekt als Einziger und sinnierte gleichzeitig darüber, wie hoch wohl die Wahrscheinlichkeit von intelligentem Leben und der Existenz erdähnlicher Welten im Universum sein könnte. Welche Bedingungen seien erforderlich, damit sich hochentwickelte Zivilisationen im All ausbilden könnten? Selbst die Lebensdauer fortgeschrittener Kulturen ließ er nicht außer Acht und antizipierte damit unwissentlich einen weiteren wichtigen Faktor der Greenbank-Gleichung, die die Wahrscheinlichkeit von intelligentem Leben im Universum mit einer allgemein gültigen Formel (Drake-Formel) zu definieren versucht (S. 92 ff.). Auf der Basis seiner Kalkulationen folgerte Fermi, dass intelligente Lebensformen im All, sofern vorhanden, uns in der Vergangenheit längst besucht haben müssten, weil es gemäß der Wahrscheinlichkeitsrechnung genug Zivilisationen geben muss, die älter sind als die unsere. Etliche davon müssten uns um Jahrtausende oder Jahrmillionen voraus sein und folglich unsere Galaxis entweder längst kolonisiert oder zumindest der Erde seit geraumer Zeit mehrfach die Aufwartung gemacht haben. Ein weiterer Zeitzeuge, der dem Dinner ebenfalls beiwohnte, erinnert sich:

> *»[...] er folgerte weiter, dass der Grund, warum wir von Außerirdischen noch nicht besucht wurden, darin liegen könnte, dass eine interstellare Raumfahrt undurchführbar ist. Sollte eine solche doch möglich sein, würden technische Zivilisationen sich infolge des Aufwandes immer dagegen entscheiden. Oder sie leben nicht lang genug, damit es dazu kommen kann.«*[157]

---

155) Schreiben Emil Konopinski an Eric M. Jones, Bloomington (Indiana), 17.10.1984, aus: Jones, Eric M.: Where is everybody? An Account of Fermi's Question, in: Los Alamos Technical Report, LA-10311-MS, UC 34B, März 1985, S. 5 [*http://www.fas.org/sgp/othergov/doe/lanl/la-10311-ms.pdf*].

156) Schreiben Edward Teller an Eric M. Jones, Berkeley (California), 13.08.1984, aus: Jones, Eric M.: Where is everybody? An Account of Fermi's Question, a.a.O., S. 7.

Da nachweislich noch keine außerirdische Kultur die Erde beehrt oder okkupiert oder wenigstens zeitweise besucht hat und da wir von ihnen nichts sehen oder hören, gibt es sie auch nicht. Der Homo sapiens ist die einzige Lebensform in den Tiefen des Alls! Punkt – Schluss – aus! So weit Fermis Postulat.

Doch das Kind, das er Mitte des letzten Jahrhunderts in die Welt setzte, war gleichwohl nicht dem Schoß der Wissenschaft entsprungen. Es war das Produkt eines belanglosen Kantinengesprächs, eines von jenen, welche sich rund um den Globus tagtäglich en masse ereignen und die erfahrungsgemäß höchst selten aufgezeichnet, archiviert oder publiziert werden. Ohnehin pflegte Fermi eine Vorliebe für rhetorische Fragen und verstrickte seine Gesprächspartner oft und gerne mit unerwarteten Aperçus in Diskussionen, um nachher seinen eigenen Standpunkt deutlich kundzutun.[158]

Fermis Anwandlungen wären vielleicht schnell wieder in Vergessenheit geraten, hätte nicht der amerikanische Astrophysiker Carl Sagan (1934–1996) von der Cornell University in Ithaca, New York (USA), dessen Zitat zufällig aufgeschnappt und 1966 in seinem mit dem russischem Physiker Iosif Samuilovich Shklovskii (1916–1985) verfassten Buch »Intelligent Life in the Universe« erstmals einer größeren Leserschaft vorgestellt.

Da Sagan jedoch von den Überlegungen des Nobelpreisträgers nur vom Hörensagen wusste, verschätzte er sich in der Chronologie der Ereignisse gleich um sieben Jahre und datierte das *Kantinen-Zitat* fälschlicherweise auf das Jahr 1943.[159] Wann und wo genau Enrico Fermi seine Frage »Where are they?« und seine Gedanken über Aliens verbreitet hatte, konnte Sagan damals angesichts fehlender Quellen nur raten.

Denn entgegen vielen Darstellungen, die suggerieren, Fermi hätte seinen Einwand zum Gegenstand einer These oder Publikation gemacht, hat dieser seine viel zitierte Frage bekanntlich nicht publizistisch aufgearbeitet und weiter verfolgt. Tatsächlich schenkte er seiner scheinbar belanglosen Frage nach dem Fernbleiben unserer kosmischen Brüder und Schwestern in seinen letzten vier verbliebenen Lebensjahren keine weitere Beachtung mehr.[160] Er nahm in keinem Artikel, Fachaufsatz oder Buch hierzu nochmals (offiziell) Stellung.

In Verkennung der historischen Hintergründe und Fakten übernahmen somit selbst gestandene Physiker und Exobiologen das von Sagan falsch

---

157) Schreiben Herbert F. York an Eric M. Jones, San Diego, 11.09.1984, aus: Jones, Eric M.: Where is everybody?, a.a.O., S. 10.

158) SETI 2020. A Roadmap for the Search for Extraterrestrial Intelligence. Produced for the SETI-Institute by the SETI Science&Technology Working Group, Hrsg.: Ronald D. Ekers, D. Kent Cullers, John Billingham und Louis K. Scheffer, SETI Press, Mountain View 2002, S. 374.

159) Sagan, Carl/Shklovskii, Iosif Samuilovich: Intelligent Life in the Universe, Dell, New York 1966, S. 448.

datierte Zitat und extrapolierten ins Blaue, ohne zu ahnen, dass der Vater des »Paradoxons« das Selbige zu Lebzeiten weder mit seinem Namen versehen noch bewusst in die Nähe eines solchen rücken wollte. Und so fand sich das Zitat des Nobelpreisträgers ab den 1970er-Jahren, versehen mit einem Appendix von Interpretationen, in zahlreichen Büchern, Schriften, Aufsätzen, Dokumentationsfilmen und Diskussionen wieder, wo es in allen Varianten auftauchte und aus den verschiedensten Perspektiven durchleuchtet, erörtert und zuweilen auch aus dem Zusammenhang gerissen, aber stets als Paradoxon tituliert wurde.

So mag es nicht überraschen, dass Fermis rhetorische Frage im Verlaufe der Jahre missverstanden und zuweilen auch mystifiziert wurde. Sie eroberte die Welt des Science-Fiction-Kosmos, die der Exobiologie sowie die des SETI-Genres und nahm einige der zentralen Punkte der Greenbank-Gleichung vorweg, die Frank Drake in völliger Unkenntnis der Fermi'schen Überlegungen elf Jahre später frohen Mutes kreierte und aufstellte.[161]

Dabei ging dem Gedankenexperiment des italienischen Kernphysikers ein anderes, ähnlich geartetes, Jahrzehnte voraus. Sein geistiger Urheber war ebenfalls ein Großer seines Faches, dessen Name mit der Geschichte der russischen Raumfahrt untrennbar verknüpft ist: Konstantin E. Ciolkovskij. Er setzte sich bereits Anfang der 1920er-Jahre mit der Idee auseinander, ob hochbetagte außerirdische Kulturen existieren könnten, die uns in puncto Technik um Millionen von Jahren voraus sind. Wenn es sie gäbe, spekulierte Ciolkovskij, müssten sie ähnlich expansiv sein wie wir und zwischenzeitlich in Erdnähe oder sogar auf unserem Planeten Kolonien errichtet haben.[162]

Eingedenk der Historie, die sich bislang hinter dem vermeintlichen Paradoxon versteckte, und all der daraus resultierenden theoretischen Verknüpfungen und Überlegungen, die in zahlreichen Publikationen ein Sprachrohr gefunden haben, löst sich bei genauerem Hinsehen der darin vermutete paradoxe Kern schnell in Luft auf. Denn in Wahrheit ist an dem *Fermi-Paradoxon* nichts Paradoxes. Dem ihm zugrunde liegenden Problem stehen zahlreiche Lösungsalternativen gegenüber, die seinen trügerischen Namen entlarven.

---

160) Laut Aussage von Philipp Morrison soll Fermi ein Notizbuch besessen haben, in dem er seine Gedanken und Ideen, die ihm bei dem Kantinengespräch kamen, niedergeschrieben hat. Ausgewertet wurde das der Forschung nicht zugängliche Dokument bislang von keinem Wissenschaftler. SETI 2020. A Roadmap for the Search for Extraterrestrial Intelligence, a.a.O., S. 374.

161) »[...] Von dem Fermi-Paradox hatte Drake noch nie gehört. Wäre es ihm zu Ohren gekommen, dann hätte er sich, wie er mir unlängst erklärte, ohnehin nicht darum gekümmert [...].« So Amir D. Aczel, Warum es intelligentes Leben im All geben muss, a.a.O., S 13.

162) Michaud, Michael A. G.: Contact with Alien Civilizations. Our Hopes and Fears about Encountering Extraterrestrials, Springer, New York 2007. S. 164.

Was sein Urheber als rhetorische Frage während eines Dinners und nicht etwa bei einer wissenschaftlichen Tagung einbrachte, erheiterte die Zuhörer, stimmte sie aber keineswegs nachdenklich und hatte mitnichten eine wissenschaftlich-systematische Zielrichtung. Keiner – Fermi inklusive – schrieb seinem Monolog aus dem Jahr 1950 eine besondere Bedeutung zu. Ansonsten hätte der Italiener oder wenigstens einer der Anwesenden seine Überlegungen dem Papier anvertraut, was bekanntlich nicht geschehen ist. Das übernahmen andere. Eben jene, die den zentralen Satz seines Selbstgesprächs über Außerirdische später völlig verklärten und zu einem Paradoxon stilisierten.

Etwas Paradoxes haftet dem Gedankenexperiment Fermis dennoch an. Denn letzten Endes verdankt es seine Herkunft ausgerechnet einem Kernphysiker, der einerseits schon vor 60 Jahren über die Langlebigkeit von Zivilisationen im All fabulierte, andererseits aber als einer der geistigen Väter der Atombombe nicht unerheblich an der Voraussetzung dafür mitwirkte, dass die kriegslüsterne Spezies *Mensch* eines Tages selbst als kurzlebige Kultur enden könnte.

Wie auch immer das historische Urteil über den Atomwissenschaftler Fermi ausfallen mag – das angebliche Paradoxon des *Exobiologen* Fermi ist auf dem Schuttabladeplatz der Geschichte besser aufgehoben. Es hat ausgedient. Von der Drake-Formel verschluckt, kann es nicht mehr länger als Paradoxon bezeichnet und entsprechend klassifiziert werden.

Fermis legendäre Frage ist vor allem deshalb vernachlässigbar, weil uns schon morgen außerirdische Intelligenzen höchstpersönlich den kosmischen Hof machen und die Erde mit einer Stippvisite beehren könnten – oder uns alsbald ein eindeutiges Licht- respektive Radiosignal als interplanetare Flaschenpost zusenden.

Die einsamen Rufer in der Wüste, die dennoch nicht davon ablassen können, die Wo-sind-sie-Frage aufzuwerfen, verkennen indes, dass die Zeit seit Langem reif ist, nicht mehr allein zu theoretisieren und zu philosophieren, sondern selbst aktiv in der kosmischen Wüste nach den Oasen des Lebens zu suchen. Wohlgemerkt nach jenen, um die sich intelligente, *wissensdurstige* Lebensformen scharen.

Weshalb bestimmte Zivilisationen schweigen

Seien wir offen und ehrlich und legen alle fiktiven Karten auf unseren imaginären Tisch. Geben wir uns dabei aber keinen hoffnungsvollen Illusionen oder überspitzten Fantastereien hin. Halten wir uns vielmehr vor Augen, dass im *Äther* das große Schweigen den Ton angibt; ein Schweigen, das zugleich eine deutliche Sprache spricht.

Fakt ist: Bis auf den heutigen Tag ist noch keine außerirdische Radionachricht, kein künstlicher Laserblitz oder sonst eine wie auch immer geartete Botschaft außerirdischer Provenienz bei uns eingetroffen, die nachweislich künstlichen Ursprungs ist. Kein Signal. Keine Spur von Aliens. Kein Hinweis auf ET und Konsorten. SETI-Gegner mag dies vielleicht erfreuen und SETI-Befürworter befremden – dennoch gerät diese Feststellung zur unumstößlichen Tatsache: Wir sind allein – so hat es gegenwärtig zumindest den Anschein. Nähern wir uns daher dem Rätsel, warum sich die Außerirdischen bislang in Schweigen hüllen, mit Bedacht – vorsichtig und sachlich. Und werfen wir nochmals direkt die Frage auf, weswegen Alien & Co. sich in Zurückhaltung üben und uns als galaktische oder intergalaktische Brüder und Schwestern nicht einfach ihre Hand reichen, sofern ihre Natur sie mit einer solchen ausgestattet hat.

Nun, es ist ganz simpel: Wir wissen es nicht! Keiner weiß es! Vielleicht wissen es noch nicht einmal die Außerirdischen selbst, möglicherweise auch nicht jene, die ebenfalls seit geraumer Zeit *händeringend* nach einer exoplanetaren Nachricht suchen. Streng genommen spricht fast alles dagegen, dass wir irgendwelche Hochkulturen im All via Funksignal oder Laserblitz lokalisieren. Wer die Stecknadel im kosmischen Sternhaufen finden will, muss nicht nur enormes Glück haben, sondern viel mehr Arbeit investieren als jener, der sie nur im irdischen Heuhaufen sucht.

Einmal vorausgesetzt, eine Alien-Zivilisation lebte im Wega-System und hätte ihren Heimatstern mit demselben Namen versehen (was zugegebenermaßen extrem unwahrscheinlich ist), könnte sie sich zu Recht darüber wundern oder auch ärgern, dass sich noch keine *außerweganische* Intelligenz zu erkennen gegeben hat.

Erst wenn ein Repräsentant einer fernen Zivilisation leibhaftig vor ihnen oder vor uns stünde, uns oder ihnen dabei womöglich fischartige Flossen zum Gruße reichte und gleichzeitig im besten Esperanto oder Weganisch parlierte, dürften die letzten Zweifel beseitigt sein. Dann wüssten sie oder wir, dass unser Single-Intermezzo im Kosmos nur noch eine Episode der Vergangenheit ist. Aber solange ein solches Szenarium oder ein anderes mit außerirdischen Darstellern nicht mindestens ein einziges Mal auf der kosmischen Bühne inszeniert wurde, müssen wir uns weiterhin auf die Kunst des Spekulierens besinnen, sie pflegen und verfeinern, so wie Stephen Webb es in seinem Buch »Where is Everybody?« vorgemacht hat. Darin thematisiert der US-Physiker Fermis legendäre Frage und offeriert dem geneigten Leser gleich fünfzig Lösungsmöglichkeiten, von denen jede einzelne erklären kann, warum uns viele fremde Kulturen offensichtlich meiden wie wir einst die Pest.[163] Fünfzig Hypothesen, von denen jede falsch oder richtig sein könnte. Fünfzig Erklärungsansätze, denen fraglos unzählige unbekannte gegenüberstehen, die bisher in keinem Gedankenexperiment aufgetaucht sind.

Schieben wir all den Theorieballast, die festgelegten Definitionen (z. B. Zoo- oder Embargohypothese) und den damit einhergehenden Zitatenberg, den andere Autoren zu diesem Thema angehäuft haben, einmal kurz beiseite und lassen unserer Fantasie freien Lauf, wird schnell ersichtlich, dass eine klare Antwort auf Fermis Frage jederzeit möglich, gleichwohl aber stets subjektiv geprägt ist. Wer um Kreativität und Verwegenheit nicht verlegen ist, kann das Fernbleiben der Aliens mit der noch so absurdesten Theorie erklären oder verklären. Da keiner weiß, warum sie sich nicht melden, hat fast jede Interpretation ihre Daseinsberechtigung. Alles ist möglich, alles erlaubt, weil alles bloße Spekulation ist.

Nur eines ist gewiss: dass es sie geben muss! Sie sind irgendwo da draußen. Sie leben in und außerhalb unserer Galaxis, weil unser Universum schlichtweg zu kreativ und groß ist, um nur einer intelligenten Lebensform ein passendes Biotop zu geben. Millionen bis Milliarden Zivilisationen mögen es sein, die in diesem Universum zeitlich und räumlich nebeneinander, aber nicht miteinander leben. Gewiss, der Zeitpfeil fliegt für alle gleich schnell, da die Gesetze der Physik allerorts gelten. Dennoch ticken die Uhren von Zivilisation zu Zivilisation anders. Durch Zeit und Raum getrennt, lebt jede Gesellschaft in ihrem eigenen Kosmos, in ihrer eigenen Raum- und Zeitblase.

Bei alledem müssen wir grundsätzlich von einer Prämisse ausgehen, die oft übersehen wird: Viele Autoren listen nur eine Handvoll Gründe auf, um das reservierte Verhalten der Außerirdischen pauschal zu erklären. Zuweilen kommt es auch zu missverständlichen Generalisierungen, wie etwa bei der Frage, was wohl wäre, wenn alle nur senden, aber keiner zuhört, oder alle nur zuhören, aber keiner sendet? Solche oder ähnlich geartete Fragen sind aus *dem* Grund vernachlässigbar, weil es extrem unwahrscheinlich ist, dass mit einem Male alle existierenden Zivilisationen in der Galaxis unabhängig voneinander demselben Motiv folgen und sich bewusst abkapseln. Einige mögen diesen Grundsatz beherzigen. Die Logik sagt uns aber, dass nicht alle Technologien aus demselben Grund schweigen oder fleißig senden. Nicht jede Art beschränkt sich darauf, bloß zuzuhören oder unentwegt ins All zu funken. Wo Vielfalt ist, herrscht Pluralismus, entstehen viele Meinungen und ergo unterschiedliche Verhaltensweisen. Dieses ungeschriebene irdische Gesetz sollte auch die Soziologie vieler außerirdischer Kulturen prägen.

---

163) Webb, Stephen: If the Universe is teeming with Aliens ... Where is Everybody? Fifty Solutions to the Fermi Paradox and the Problem of Extraterrestrial Life, Copernicus, New York 2002.

In Wahrheit hat jede einzelne der Millionen bis Milliarden intelligenten Lebensformen und Hochkulturen, die im Universum leben, gelebt haben oder noch leben werden, ihren ganz speziellen Grund, von sich nichts hören zu lassen. Ja, es werden wohl immer mehrere Gründe zusammenkommen, die in der Summe den Ausschlag geben und die Entscheidungsfindung beeinflussen. Das Schweigen im *Äther* ist die Folge unzähliger Gründe, die wir in ihrer Gesamtheit nicht erfassen können.

Ausgehend hiervon scheint es nur allzu legitim, sich in eigenen Gedanken zu verlieren, um die Abwesenheit der Aliens zu erklären. Und genau das gehen wir jetzt einfach mal an, wobei wir ganz bewusst die zentralen Punkte und Faktoren der Drake-Formel, die im nächsten Kapitel der Erwähnung bedürfen, außer Acht lassen.

Einer von vielen Gründen für die Abwesenheit extraterrestrischer Intelligenz könnte darin liegen, dass einige unserer in der Milchstraße oder in den anderen 200 bis 500 Milliarden Galaxien beheimateten kosmischen Mitstreiter mit anderen Zivilisationen ganz bewusst keinen Kontakt aufnehmen, um den Zorn der Götter nicht heraufzubeschwören. Das klingt im ersten Moment nach finsterem Mittelalter, könnte aber Millionen Lichtjahre entfernt auf anderen Welten ein religiöses Dogma sein, dem strikt Folge geleistet wird. Gefangen in Katechismen und Glaubenszwängen, würden solche Wesen womöglich ihre heimatliche Sphäre weder körperlich noch gedanklich verlassen, auch wenn ein »First Contact« im Bereich des Möglichen wäre. Vielleicht existieren auf einigen Planeten sogar radikal theokratische Systeme, die Begegnungen mit fremden Kulturen aus religiösen und sozialen Gründen strikt verbieten, weil als Folge eines Kontakts die eigene Staatsreligion auf eine zu ernste Probe gestellt werden könnte. Schließlich könnte ein Dialog mit einer fernen Kultur das theologische Weltbild stark erschüttern, vor allem dann, wenn die Fremdlinge Atheisten purster Ausprägung wären oder mit völlig anderen Gottheiten aufwarteten.

Welche Konsequenzen hätte es wohl für das Christentum, kommunizierten wir als Erdenbürger in naher Zukunft mit einer fortgeschrittenen Kultur und würden so ganz nebenbei via Radiowellen erfahren, dass auf deren Welt noch kein Heiland, kein Befreier, kein Sohn Gottes die frohe Botschaft verkündet hat. Würde dies nicht der Allmächtigkeit und Allgegenwärtigkeit Gottes widersprechen, der doch all seine Schäflein im Universum mit der gleichen Liebe umarmen und väterlich behüten sollte? Hätte er nicht dafür Sorge tragen müssen, dass sein Sohn alle bewohnten, mit Bewusstsein und Intelligenz gesegneten Welten seines grenzenlosen Universums aufsucht? Hätte er nicht wenigstens die hoffnungsvolle Kunde von der Auferstehung seines Sohnes an alle Zivilisationen übermitteln müssen? Wäre es daher nicht wahrscheinlich, dass eine außerirdische gottesfürchtige Gesellschaft, wozu auch die Unsrige zählt (immerhin gehört die Mehrheit der 6,9 Milliarden Erdbewohner einer Religion an), aus Angst vor religiösem Gesichtsverlust das Zusammentreffen mit anderen hochstehenden Kulturen gezielt meidet?

Denkbar wäre auch, dass extraterrestrische Lebensformen, die über Bewusstsein und Selbstbewusstsein verfügen, schlichtweg kein Interesse an Wissenschaft und Technik haben und anstelle von Astronomie, Exobiologie oder Raumfahrt ihr vollkommenes Glück in der Literatur, Musik und Kunst suchen und dort aus- und erleben. Ja, warum sollten sich nicht zahlreiche Gesellschaften fernab der Erde voll und ganz der Dichtkunst, Musik, den bildenden oder darstellenden Künsten verschrieben haben? Was oberhalb ihrer Sphäre geschähe, würde bestenfalls in Gedichten oder Kantaten und Gemälden Ausdruck finden. Die Sterne wären nicht mehr als schmückendes Beiwerk ihrer Muse, fabelhafte Lebewesen auf fernen Welten nur Romanfiguren ihrer Fantasie. Vorstellbar ist mithin, dass kunstbesessene Aliens für einen interplanetaren Austausch, der einen wissenschaftlich-technischen Kraftakt voraussetzte, im wahrsten Sinne des Wortes keine Antennen haben.

Demgegenüber könnten andere Zivilisationen an kulturellem Niveau eingebüßt haben oder mit Kultur schlechthin nichts zu tun haben wollen. Anstatt sich den schönen Künsten und sinnlichen Genüssen zuzuwenden, könnten sie glücklich vor sich hinvegetieren und im vollen Bewusstsein der Dekadenz frönen, aber ihrem Lebensstil ausschließlich Positives abgewinnen. Ihr Leben stünde unter dem Stern, den exzessiven Medien- und Spielkonsum mit allen Mitteln zu befriedigen. Auch ein übermäßiger kulinarischer oder sexueller Trieb könnte so mancher Alien-Kultur die Lust auf Wissenschaft und die Neugierde auf andere Lebensformen genommen haben. Schlimmstenfalls betäuben sie ihre Sinne mit Alkohol und Drogen, diskutieren den ganzen Tag über Politik oder richten ihre aggressive Energie gegen sich selbst und bekriegen sich ohne Unterlass. Oder sie leben nur noch auf virtuelle Weise im PC-Spiel oder Computerexperiment respektive im Second-Life-Kosmos weiter, quasi als Avatar in einer 5-D-Welt. Erste Anzeichen eines solchen Verfalls sind auf unserer guten alten Erde längst zu beobachten.

Vieles ist denkbar, vieles möglich. Selbst das Vorhandensein einer superintellektuellen, rein geisteswissenschaftlich orientierten Gesellschaft, die – dem irdischen Vorbild Sokrates (469–399 v. Chr.) folgend – gewissermaßen tagein, tagaus unentwegt philosophiert und problematisiert, mag man nicht ausschließen. Ob eine solch distinguierte Spezies überhaupt Zeit und Muße für ferne Exoplaneten und deren Bewohner hätte? In der Theorie vielleicht schon – aber auf rein praktischer Ebene?

Andererseits könnten auf maritimen Welten fischartige Lebewesen hausen, die im Verlaufe ihrer Evolution zwar Intelligenz ausgebildet haben, sich aber ausschließlich im nassen Milieu heimisch fühlen und naturgemäß keine Sensibilität für die Sterne mitsamt deren Bewohnern mitbringen. Die Welt, in der sie lebten und die sie als einzigen Forschungsgegenstand erachteten, wäre ein marines Universum. Genauso gut könnten auf anderen Planeten geistreiche Geschöpfe in Höhlen oder zwischen den Sedimentschichten weit unterhalb der Planetenoberfläche schlummern, weil die Welt oberhalb völlig unbewohnbar ist. Ihren Blick nach unten und nach vorn gerichtet, würden sie der über ihrem Haupt gelegenen lebensfeindlichen Sphäre wenig Beachtung schenken.

Und was wäre, wenn manche von ihnen eine unerklärbare Vorliebe für den Mikrokosmos hätten, folglich mit allen Sinnen und technischen Instrumenten die Welt des Sub-Universums analysierten? Der Makrokosmos wäre nur Mittel zum Zweck, um hinter die Fassade des Mikrokosmos zu blicken, das Universum hingegen in seiner komplexen Gesamtheit als Forschungsgegenstand nicht der Rede wert.

Möglicherweise hat die bisherige erfolglose Suche nach künstlichen Signalen aber einen viel profaneren und zugleich fantastischen Grund. Vielleicht sind sie schon hier – unter uns, in Gestalt von Maschinen, die wir nicht sehen, hören oder fühlen können. Der englische Astrophysiker Martin Rees aus Cambridge, eine weltweit führende Autorität auf seinem Gebiet, schließt nicht aus, dass extraterrestrische Technologien fremde Planeten mit Nanorobots überflutet haben, die aus einem »Schwarm mikroskopisch kleiner Sonden« bestehen. Wären solche Maschinen auf der Erde, hätten wir von ihrer Anwesenheit keine Kenntnis. Die Invasoren blieben unbemerkt.[164]

Wahrscheinlich haben hochstehende außerirdische Lebensformen den Informationsmüll unserer Zivilisation längst aufgefangen, der seit 1896 in Form von Radiowellen unüberhörbar peu à peu ins All wandert. Schlimmstenfalls sind sie dabei auf den TV-Abfall der deutschen Privatsender RTL, Sat1, ProSieben u.v.a. gestoßen, die in der Vergangenheit den meisten geistig-elektromagnetischen deutschen Unrat fabriziert haben. Da diese *Daten* und die vieler ausländischer Stationen bekanntlich nicht gerade ein allzu rosiges Psychogramm der Menschheit liefern, könnten unsere in Erdnähe lebenden Brüder und Schwestern beim Studieren dieser Signale durchaus einen intellektuellen Kulturschock erlitten haben. Sie hätten allen guten Grund, an unserem Verstand zu zweifeln. Die Visitenkarte, die wir nämlich bislang abgege-

164) Rees, Martin: Unsere letzte Stunde. Warum die moderne Naturwissenschaft das Überleben der Menschheit bedroht, C. Bertelsmann, München 2003, S. 177.

ben haben, ist alles andere als einladend. Sie ist im Gegenteil sogar höchst ausladend, weil sie von einer kriegerischen Spezies stammt, zu der friedlich gesinnte Kulturen in der Regel auf Abstand gehen. »Würden sie uns allein an den Kriegs- und Terrorberichten der TV-Nachrichten messen«, so der deutsche SETI-Experte Sebastian von Hoerner, »dürften wir uns über ihr Schweigen wohl kaum wundern.«

Vielleicht vernebelt unsere anthropozentrische Hybris aber auch nur den Blick auf Lebensformen, die sich eines nichtbiologischen Daseins erfreuen und ein Leben jenseits der DNA und des reaktionsfreudigen Elements Kohlenstoff führen. Schließlich sehen und erkennen »Kohlenstoff-Chauvinisten« nur das, was sie erwarten. Eventuell haben die Außerirdischen im Gegensatz zu uns eine komplett andere Biochemie oder existieren als reine Geistwesen, als amorphe Lebensformen, die aus purer Energie bestehen und logischerweise keine Teleskope besitzen, weil sie zwangsläufig schlechte Handwerker und Ingenieure sind. Gegebenenfalls beherrschen sie aber die Technik der Gedankenübertragung und könnten immerhin mit Telepathie-begabten Aliens Kontakt aufnehmen. Wer weiß, vielleicht sind schon zahlreiche fremde Gedankenströme auf uns niedergeprasselt, ohne dass unser Denkapparat eine reelle Chance gehabt hätte, diese als solche wahrzunehmen und in irdische Gedanken zu übersetzen.

Elektromagnetische Hürden und außerirdische Raumfahrer

Aber selbst technologisch bewanderte Arten, die auf Radio- und Lichtwellen als interstellare Informationsträger schwören und über das notwendige Instrumentarium verfügen, müssten nicht automatisch die Frequenzbereiche frequentieren, die irdische SETI-Forscher aus diversen Gründen bevorzugen. Nicht auszuschließen ist, dass fremde Technologien die von uns bevorzugte 21-Zentimeter Wasserstofflinie, auf der das Element Nr. 1 im Universum emittiert, der Wasserstoff, völlig ignorieren und stattdessen in Wellenbereichen jenseits unserer Vorstellungskraft operieren.

Bei der Jagd nach der intelligenten Grußbotschaft von einer entlegenen Welt kommt auch stets der räumlichen und zeitlichen Ebene große Bedeutung zu. Schließlich könnten Licht- und Funksignale aus den Tiefen des Alls unseren Planeten schon vor Millionen Jahren passiert haben – oder erst in ferner Zukunft erreichen. Desgleichen könnte die im Wellenmeer dahintreibende extrasolare Flaschenpost jetzt, just in diesem Moment, ans Erdufer driften, ohne dass wir dies bemerken respektive jemals bemerken werden. Sollten jedoch die Adressanten nur eine einzige Flaschenpost in die Strömung des astralen Ozeans geworfen haben und nicht permanent »nachwerfen«, wäre das Kontakt-Zeitfenster in der Tat ausgesprochen eng. Da Licht- und Funksignale nicht warten, sondern stetig weiterziehen und sich mit zunehmender Distanz über einen immer größeren Radius im Raum verteilen und zeitgleich an Energie verlieren, sind die Chancen ungleich größer, sich zu verpassen als zueinander zu finden. Denn was einst die Antenne oder den Laser des Absenders als gebündelter, intensiver Strahl verließ, erreicht den unbekannten Adressaten als äußerst schwacher Impuls. Es ist wie beim Lichtstrahl einer Tampenlampe: Je tiefer sich dieser in den Raum verliert, umso größer wird die Lichtstreuung, was auch für kurze Nanosekunden-Laserpulse gilt. Alles steht und fällt mit dem richtigen Timing. Wer nicht am richtigen Küstenabschnitt zum rechten Zeitpunkt wartet, um das unbekannte Strandgut aufzufischen, zieht leere Netze ein. Und wer zum falschen Zeitpunkt seine Botschaft auf die Reise schickt, wird keinen Abnehmer finden. So manch Schiffbrüchiger, der einst an einer einsamen pazifischen Insel strandete und dort zwangsläufig seinen Lebensabend verbringen musste, könnte ein Liedchen davon singen, wie gering die Wahrscheinlichkeit ist, eine Flaschenpost erfolgreich dem richtigen Empfänger zuzuführen.

Ausschließen lässt sich ebenso wenig, dass in der Galaxis Millionen von Zivilisationen leben, die kaum weiter entwickelt sind als unsere Kultur. Vielleicht haben viele von ihnen »gerade« die ersten Teleskope aufgebaut und nutzen ihre neuen Antennen genauso selten als Sendestation wie wir.

Das Hauptproblem dürfte die kurze Lebensspanne intelligenter Zivilisationen sein. Sollte sich die Urknall-Theorie als das richtige Modell erweisen – sie ist trotz aller eindrucksvollen Indizien tatsächlich immer noch anfechtbar –, beträgt das Alter dieses Universums gemäß den aktuellen Messungen 13,7 Milliarden Jahre. In Anbetracht einer solch enormen Zeitspanne muss davon ausgegangen werden, dass hochstehende Kulturen mit großer Wahrscheinlichkeit aneinander vorbeiexistieren. Denn gemessen am Alter des Weltalls sind selbst lang lebende Kulturen bestenfalls kosmische Eintagsfliegen.

So könnte etwa eine intelligente Lebensform in relativer Erdnähe – etwa in 50 Lichtjahren Entfernung – ihren evolutionären Zenit bereits vor einer Milliarde Jahre überschritten haben und mittlerweise wieder von der kosmischen Bühne abgetreten sein, während für eine andere Zivilisation der Vorhang zum ersten Akt des Lebens erst in einer Milliarde Jahre aufgeht. Anders herum: Während der Absender einer interstellaren Nachricht gerade den Sprung ins All geschafft hat, könnte die Botschaft den unbekannten innergalaktischen Empfänger um Millionen Jahre zu früh erreichen, da seine Welt zu diesem Zeitpunkt gerade erst das Licht seines Muttersterns erblickt hat. Oder die Grüße kommen schlichtweg zu spät, weil die dort lebenden Geschöpfe schon vor Tausenden von Jahren dem Ruf des Krieges gefolgt sind und ihre eigene Art vernichtet haben. Die paradoxe Situation, dass eine längst untergegangene Zivilisation eine Nachricht von einer Kultur erhält, die desgleichen das Zeitliche gesegnet hat, wäre die Steigerung des Ganzen. Klar, dass auf diese Weise – um es einmal im Politikerjargon auszudrücken – keine bilateralen Beziehungen zustande kommen.

Da sich zwischen dem Absenden und Auffangen einer intergalaktischen Nachricht ungeheure Distanzen und deshalb auch ungeheure Zeiträume erstrecken, ist die Wahrscheinlichkeit überdies extrem hoch, dass das Gros der Hochkulturen im Universum seine gut geschnürten Radio- und Laserpakete unbemerkt aneinander vorbei funkt und pulst. Es müsste schon viel Glück im Spiel sein, wenn wenigstens einer von beiden ins Schwarze treffen sollte.

Ob vernunftbegabte Technologien infolge der homogenen und isotropen Struktur des Kosmos und der Endlichkeit der Lichtgeschwindigkeit durch Zeit und Raum für alle Zeit entzweit sind, ist reine Spekulation. Dass die begrenzte Geschwindigkeit, mit der sich elektromagnetische Emissionen durchs All bewegen, einen konstruktiven interplanetaren Datenaustausch und jeglichen *synchronen* Dialog erschwert, ist jedoch unumstritten. Wer sendet und auf ein Zwiegesprach hofft, bräuchte selbst im Idealfall eines schnellen Kontakts einen langen Atem und extrem viel Geduld. Käme es einmal in absehbarer Zeit zu einer ersten *elektromagnetischen* Begegnung mit Außerirdischen – beispielsweise mit Weganern, deren Sonne zirka 25 Lichtjahre von uns entfernt die samtene Schwärze des Alls aufhellt, bräuchte es insgesamt 50 Erdenjahre, um eine kurze Konversation in Gang zu setzen. Zu Nervosität und Hektik neigende Aliens würden sich auf eine solch langsame Art und Weise der Verständigung wahrscheinlich erst gar nicht einlassen.

Ein weiterer Nachteil einer Kommunikation auf elektromagnetischer Basis ergibt sich aus der Tatsache, dass eine Zivilisation, die weit ins All hineinsenden will, starke Sender einsetzen und zugleich die gebündelte Botschaft mehrfach wiederholen und möglichst breit streuen muss. Denn um überhaupt einen Hauch einer Chance zu wahren, gehört oder erhört zu werden, müssten Außerirdische den Bau extrem großer Radioschüsseln forcieren und ein Radiosignal für längere Zeit oder besser kontinuierlich senden. Dies bedeutet für den denkbaren Empfänger wiederum, möglichst sensible Teleskope bereitzuhalten, lässt sich doch selbst das stärkste Signal nur aufzeichnen, wenn angemessene Verstärker und Apparaturen installiert wurden.

Darüber hinaus sollten wir einkalkulieren, dass viele Technologien auf weiteren Planeten das Stadium der Laser- und Radioastronomie längst hinter sich gelassen haben könnten und daher bei der Suche nach einem interplanetaren Gesprächspartner auf ganz andere Techniken und Methoden setzen. Sie könnten eine völlig andere, weitaus effizientere Technologie nutzen, die wir noch nicht kennen oder nicht als solche erkennen. Es ist gewiss kein Zufall, dass sich gegenwärtig in SETI-Kreisen die Stimmen mehren, verstärkt ein Auge auf alternative Verfahren zu werfen.

Eine Überlegung zielt darauf ab, dass die Außerirdischen anstelle von Radio- und Lichtwellen ausschließlich hoch energetische Neutrinostrahlen zur Übermittlung von Botschaften anwenden könnten. Tatsächlich durchdringen Neutrinos im Gegensatz zu Radio- oder Lichtsignalen, die auf ihrer Odyssee durchs Universum ständig Gefahr laufen, von Materie abgeblockt zu werden, mit Leichtigkeit jedwede Form von Materie – ohne an Masse zu verlieren. Ein idealer Träger für komplexe Informationen.

Gewiefte Aliens würden aber nur hochenergetische Neutrinos als Strahl senden, weil natürliche kosmische Neutrino-Quellen in dieser Intensität nicht emittieren. Eine technisch weit fortgeschrittene fremde Kultur könnte sich diesen Umstand zunutze gemacht und eine auf Neutrinos gestützte exoplanetare Datenleitung errichtet haben. Die von ihr versandten kryptischen Neutrino-Botschaften könnten dann gleichwohl nur Lebensformen schlüssig entkodieren, die ungefähr das intellektuelle technische Niveau des Absenders haben. Es wäre ein sehr aufwendiges und teures Verfahren, das beiden Seiten vieles abverlangen würde. Interessanterweise wird den irdischen Neutrino-Forschern bald eine leistungsfähige Anlage zur Verfügung stehen, die Neutrinostrahlen theoretisch nachweisen könnte (S. 207). Allerdings hat weltweit noch kein Teilchenphysiker systematisch nach künstlichen Neutrinos gefahndet – aus zeitlichen, finanziellen und Reputationsgründen.

Dass wir von den Fremdlingen bis dato noch nichts gehört und gesehen haben, könnte auch daher rühren, dass diese nur zu bestimmten, besonderen kosmischen Anlässen ins All funken und *lasern*. Kontaktwillige Außerirdische würden nicht wahl- und ziellos ins All senden, sondern nach einer gemeinsamen Uhr suchen, die, um eine möglichst direkte Kommunikation zu etablieren, alle galaktischen Zivilisationen als Zeitmarker nutzen könnten. Das Mittel der ersten Wahl, Ort und Zeit zwischen dem Sender und dem Empfänger zu synchronisieren, könnten Supernovae sein, die alle Erdenjahre wieder das Weltall mit Licht durchfluten. Denkbar wäre auch, dass ET den Gravitationslinsen-Effekt zum Versenden von Radio- und Lichtsignalen derart geschickt instrumentalisiert, dass nur die kosmische Elite die darin eingewickelte Botschaft entrollen kann.

Beim **Gravitationslinsen-Effekt** handelt es sich in der beobachtenden Astronomie um ein mittlerweile kaum mehr wegzudenkendes Verfahren, das auf einem natürlichen Prinzip beruht. Liegen zwei Galaxien in Sichtlinie hintereinander, sodass die erste die dahinterliegende verdeckt, wirkt die erste als Gravitationslinse. Ihre Schwerkraft verzerrt das Licht der verdeckten Galaxie – und platziert dadurch ihr Abbild dergestalt, dass es danebenliegend erscheint. Der Beobachter sieht das Gebilde mehrfach, weil die Lichtstrahlen unterschiedliche Wege nehmen. Befinden sich das Objekt, die Gravitationslinse und der Beobachter sogar exakt auf einer Linie, werden die Lichtstrahlen des hinteren Objekts in einem perfekten Ring, einem Einstein-Ring, um die Galaxis abgelenkt. Dieser von Einstein vorhergesagte, aber selten auftretende Microlensing-Effekt kommt auch bei einzelnen Sternen zum Tragen. Bewegt sich ein Stern, der sich in der Sichtlinie zwischen der Erde und einem weit entfernten Hintergrundstern befindet, an diesem vorbei, so wird das Licht des Hintergrundsterns in charakteristischer Weise durch den Gravitationslinsen-Effekt verstärkt. Dank solcher Phantombilder können die Sterngucker nicht nur hinter die kosmischen Fassaden von Sternen, Galaxien und Galaxie-Clustern blicken, sondern auch extrasolare Planeten lokalisieren. Denn Exoplaneten, die nahe um den »linsenden« Stern kreisen, verändern die Lichtkurve der Lichtverstärkung so, dass sie als Planet erkennbar sind. Auch wenn sich via Microlensing sogar planetare Begleiter bis hinunter zur Erdmasse ausmachen lassen und sich diese Methode sogar dafür eignet, weit entfernte Sterne auf substellare Begleiter hin zu untersuchen, eventuell sogar auf extragalaktischer Ebene, birgt sie dennoch ein Manko: Wichtige mit diesem Verfahren erzielte Messungen und Entdeckungen lassen sich kaum bestätigen, da es sich ja bei diesem Phänomen in der Regel um ein höchst singuläres handelt.

Überdies erhöhen die Gesetze der kosmischen Evolution die Wahrscheinlichkeit, dass auch hochstehende Kulturen, die ihre Raumfahrt und Technologie vernachlässigt und nicht konsequent zu Zwecken der kosmischen Kolonisation oder Suche nach Lebensformen im All genutzt haben, irgendwann einmal das Zeitliche segnen müssen. Sterne sterben und mit ihnen all jene Kulturen, die ihre planetare Scholle nicht verlassen konnten oder wollten. Intelligenzen, deren Heimatsonne dem stellaren Tod geweiht ist, müssten eigentlich zwangsläufig den Sprung in ein anderes Sonnensystem anstreben oder wenigstens eine Art kosmische Arche Noah ins All entsenden. Mit Sicherheit haben sich einige fortgeschrittene Technologien voll und ganz der Raumfahrt verschrieben und inzwischen konsequenterweise das eigene und die benachbarten Sonnensysteme besiedelt. Womöglich haben sie sogar einen

Teilbereich ihrer Galaxie kolonisiert oder sich auf der anderen Seite des Spiralarms unserer Milchstraße niedergelassen.

Demgegenüber könnten in der Milchstraße zahlreiche Gesellschaften heimisch sein, die sich zu einem innergalaktischen, vielleicht sogar intergalaktischen Netzwerk zusammengeschaltet haben. Jede einzelne Hochkultur könnte in Absprache mit gleichgestellten Zivilisationen einer bestimmten Philosophie folgen und anstelle von Funk- oder Lichtwellen etwa die persönliche Begegnung, genauer gesagt den direkten Kontakt bevorzugen. Sie würden gleichwohl nur jenen Kulturen die Hand reichen und ihre Aufwartung machen, die ein bestimmtes technisches und geistiges Niveau erreicht haben. Ähnlich der obersten Direktive im »Star-Trek«-Kosmos, der zufolge die Vereinigte Föderation der Planeten nur mit Kulturen einen direkten Umgang pflegt, welche die überlichtschnelle Raumfahrt beherrschen (WARP-Antrieb), könnten die Außerirdischen im realen Kosmos einem *Codex galactica* folgen. In ihren galaktischen Club nähmen sie nur die Besten der Besten auf. Nur wer im kosmischen PISA-Test die vorderen Plätze belegt, ist im erlesenen Kreis der galaktischen Elite willkommen. Für Lebewesen auf jungen Welten hingegen, die noch am Anfang ihrer Evolution stehen, gilt das Nichteinmischungsprinzip. Sie bleiben außen vor, damit ihre kulturelle und geistige Entwicklung unabhängig von externen Einflüssen in aller Ruhe vonstatten gehen kann.

Sollten die Aliens uns zu diesen zählen, bräuchten wir uns über ihr Schweigen natürlich nicht zu wundern. Wir wären in ihren Augen, sofern vorhanden, vermutlich nicht mehr als ein weiteres Mitglied ihres »galaktischen Zoos«. Wie andere unterwickelte Arten auf vielen Planeten würden sie uns ständig observieren und studieren, teils aus wissenschaftlichen Gründen, teils zur reinen Unterhaltung oder Belustigung.

Vielleicht erfreuen sie sich aber auch nur an unserer Welt und erachten sie im Gegensatz zu ihren Bewohnern als prachtvolles und farbenfrohes Juwel, als ein Naturschutzgebiet, das unbedingt bewahrt und geschützt werden muss, zur Not auch vor uns.

6 Oh my God, it's full of stars!

Die hohe Wahrscheinlichkeit außerirdischer Intelligenz

Insgesamt jedoch dürfte, falls galaktische Zivilisationen nicht überwiegend durch Selbstzerstörung enden, der Himmel von leisen Botschaften von den Sternen widerhallen.

Carl Sagan, 1980

Der Alien-Faktor

»Von Aristoteles bis Kant haben sich die klügsten Männer den Kopf zerbrochen, ob in unserem Universum andere Erden und andere Lebensformen existieren. Und jetzt stehen wir kurz davor, endlich dieses Jahrtausende alte Geheimnis zu lüften«,[165] schwärmte vor mehr als zehn Jahren der weltweit bekannte Planetenforscher Geoffrey W. Marcy.

Während die irdischen Astronomen, Planetenjäger und Exobiologen in der Tat ihre Fühler in Gestalt von Radioteleskopen, Weltraumobservatorien und Raumsonden ausgestreckt haben, um außerirdisches Leben nachzuweisen, tummeln sich in den fiktiven Universen der Science-Fiction-Autoren bereits auf bewohnten fremden Welten unterschiedliche Lebensformen en masse. Gäbe es ein Wachsfigurenkabinett, in dem alle bisherigen in Literatur, Film und Hörspiel sowie Computersimulation an- und ausgedachten extraterrestrischen Figuren als kunstvolle Plastiken ausgestellt wären, platzte selbst das großräumige Metropolitan Museum in New York zwangsläufig aus allen Nähten. Allein im Star-Trek-Kosmos geisterten bislang mehrere Hundert verschiedene Lebensformen umher, von den unzähligen fremdartigen Geschöpfen in den farbenfrohen Star-Wars-Epen oder abenteuerlichen Perry-Rhodan-Episoden ganz zu schweigen. Wie viele davon seit Beginn der Science-Fiction-Ära in den virtuellen Romanwelten insgesamt schon zum Leben erweckt wurden, können sogar versierte SF-Experten nur schwer

165) »Oasen des Lebens im All«, von Bethge, Philip/Bredow, Rafaela von/Stampf, Olaf, in: Der Spiegel, Bd. 22 (31.05.1999).

abschätzen, zumal der schillernde Alien-Zoo wöchentlich neue Gestalten, Ungestalten und Geistwesen willkommen heißt. Ein bunt gemischtes Konglomerat von Außerirdischen, die ihren gemeinsamen Nenner allenfalls darin finden, reine Fantasiegebilde jenseits aller *Science* zu sein. Schließlich haben wir bis heute nicht den geringsten wissenschaftlich fundierten Anhaltspunkt, wo sie sind, wie sie aussehen und ob es sie überhaupt gibt, auch wenn vieles dafür spricht, dass es sie geben muss. Selbst mit einer einzigen außerirdischen Mikrobe, geschweige denn einer wissenschaftlich verifizierbaren Spur außerirdischer Intelligenz, können die Exo-, Astro-, Xenobiologen und Bioastronomen unserer Tage – dies sei nochmals in Erinnerung gerufen – nicht aufwarten. Auch wenn die Planetenjäger, die seit 1995 bis zum 18. Mai 2010 genau 454 Exoplaneten katalogisiert haben,[166] im Computerexperiment bereits hochgerechnet haben, dass allein in der Milchstraße mehr als 30 Milliarden erdähnliche Planeten existieren könnten,[167] ist bis auf den heutigen Tag noch keine zweite Erde in Sichtweite und ein intelligentes Piepsen mit außerirdischem Absender scheinbar noch in weiter Ferne. Dennoch sind wir fest davon überzeugt, dass es sie, die *Anderen*, geben muss – irgendwo da draußen.

Aber noch haben sie sich nicht gemeldet – weder in offizieller Mission noch auf »publikumswirksame« Art und Weise. Und da noch kein eindeutiger, von der Wissenschaft allgemein akzeptierter Beweis für die Existenz außerirdischen Lebens vorliegt, ist das Fundament, auf dem Bioastronomen und Science-Fiction-Autoren ihre Fantasiegebäude mitsamt extraterrestrischen Mitbewohnern errichten, samt und sonders ein höchst imaginäres. Letzten Endes fußt es nämlich auf Wahrscheinlichkeiten oder persönlichem Glauben, da eine handfeste, greifbare und reale Vorlage schlichtweg fehlt. Selbst die legendäre Green-Bank-Gleichung (Drake-Formel) von 1961, die Aufschluss über die mögliche Anzahl intelligenter Zivilisationen im Universum geben soll, basiert nur auf Wahrscheinlichkeiten, weil die Werte ihrer Faktoren ad libitum austauschbar sind.

Exobiologen und Science-Fiction-Autoren, die in ihren Projekten und Geschichten Außerirdischen eine Hauptrolle zuteilen, haben also fürwahr

---

166) Dieser Zahlenwert wird in den nächsten Monaten und Jahren dramatisch steigen. Zum Stand der aktuellen Exoplanetenforschung und der Anzahl der bis dato bestätigten extrasolaren Planeten siehe Jean Schneiders Online-Enzyklopädie »Interaktiver Extrasolarer Planetenkatalog« [*http://exoplanet.eu/catalog.php*].

167) Besagtes Computermodell, das die Existenz von 30 Milliarden erdähnlichen Welten postuliert, entwickelten die australischen Astronomen Charles Lineweaver und Daniel Grether von der University of New South Wales bereits 2001. Siehe Lineweaver, Ch./Grether D.: The observational case for Jupiter being a typical massive planet, in: Astrobiology (2002), Bd. 2, Nr. 3, S. 325–334.

alle Freiheiten und brauchen ihre Fantasie nicht zu zügeln. Schließlich liegen in Bezug auf außerirdische Lebensformen keine wissenschaftlich verwertbaren konkreten Daten vor, die richtungweisend und somit auch einengend wären. Nein, der Alien-Faktor bleibt eine Unbekannte, eine Größe ohne Zahlenwert, den auch die besten wissenschaftlichen Prognosen, Computersimulationen oder Formeln nicht zu konkretisieren vermögen.

Wo keine Fakten vorliegen, ist indes die Erfindungsgabe der Forscher und Schriftsteller gefragt. Dass sie in dieser Hinsicht geradezu vor Ideen sprühen, dokumentiert das reichhaltige, oft sehr unterhaltsame mediale Angebot an ET und Konsorten. Doch trotz aller akademischen und schriftstellerischen Imaginationsgabe fällt auf, dass die auf unterschiedlichen Entwicklungsniveaus lebenden Aliens, die in vielen Dokumentationen oder SF-Filmen über die Leinwand flimmern, oft eine humanoide Erscheinungsform haben. In den Szenarien der TV-Serien, Trivialromane oder SF-Klassiker, in denen Außerirdische in Erscheinung treten, aber auch bei Astrobiologen gibt es eine spürbare Tendenz zu menschenähnlichen Geschöpfen. Ist dies Zufall, fehlende Fantasie, pure Intention oder drückt sich hier anthropozentrische Hybris aus? Sind wir Menschen sogar in der SF das Maß aller Dinge, letzten Endes sogar das Maß für intelligente Aliens? Und wo steht eigentlich geschrieben, außer in den überwiegend trivialen SF-Romanen, dass das Gros der außerirdischen Kulturen unseren Planeten in kriegerisch-feindlicherer Absicht besucht?

Starten Sie doch einmal den Selbstversuch und denken Sie an einige Ihnen in Erinnerung gebliebene Aliens, die Ihnen irgendwann in Film, Funk, Fernsehen oder im Roman begegnet sind! Sobald Sie diese vor Ihrem geistigen Auge visualisiert haben, dominieren feindlich gesinnte ETs das Bild. Friedsame und freundliche Außerirdische à la ET sind im SF-Universum rare Geschöpfe. Beispiele für angriffslustige Aliens gibt es gerade im TV- bzw. Kinobereich reichlich: »Independence Day«, »Alien«, »Mars Attacks« – und den Klassiker schlechthin: »Krieg der Welten«, dem ersten literarisch und zugleich filmisch umgesetzten interplanetaren Krieg zwischen unserer Spezies und einer außerirdischen Macht.[168]

Wohl nicht zu Unrecht schrieb Stanislaw Lem (1921–2006) einmal über den 1898 erschienenen Roman »War of the Worlds« (Krieg der Welten) von Herbert George Wells (1866–1946), dass dieser den Beginn der Genealogie des Science-Fiction-Genres markiere. Diese Geschichte bewege sich, so Lem, auch nach so vielen Jahrzehnten »noch immer wie ein nur einmal erreichter

168) Schenkel, Elmar: H. G. Wells. Der Prophet im Labyrinth. Eine essayistische Erkundung, dtv, München 2004. S. 116.

Gipfel über das Gewühl der Science-Fiction«.[169] Natürlich drängt sich auch hier die Frage auf, warum in den meisten SF-Fantasien unser blauer Planet von größtenteils bösen, meist blatternarbigen und triefäugigen Monstern heimgesucht wird, die uns »meist nur töten, erobern und vernichten« wollen. Es stellt sich ferner die Frage, warum »Andersartigkeit immer abstoßend« in Szene gesetzt wird?[170] Woher kommt dieses Faible für bizarre, kriegerische Kreaturen? Gewinnen hier menschliche Urängste bzw. atavistische Instinkte die Oberhand oder versuchen die Schöpfer solcher Zeilen schlichtweg nur einen Spannungsbogen aufzubauen – oder gar eine bestimmte Botschaft zu lancieren? Repräsentiert der Alien-Faktor automatisch das Böse?

Der großartige H. G. Wells jedenfalls tat dies. In seiner fiktiven Geschichte über den ersten interplanetaren Konflikt, in den die Erde mitverwickelt war,[171] gehen die Marsmenschen auf ihrem Eroberungsfeldzug genauso gnadenlos vor wie Wells' reale Vorbilder: die irdischen Großmächte im ausgehenden Zeitalter des Imperialismus. Doch im Gegensatz zu den *Erdlingen*, die noch vor 100 Jahren den afrikanischen Kontinent aus Geltungssucht und Machtgier kolonialisierten und ausplünderten, kämpfen bei Wells die Invasoren vom Roten Planeten freilich nicht zur Befriedigung banaler Eroberungslust, sondern ums nackte Überleben, da ihre Welt auszutrocknen drohte. Wäre ihre Heimat nicht dem Untergang geweiht gewesen, hätten sie mit dem Nachbarn vom blauen Planeten möglicherweise weiterhin in friedlicher Koexistenz gelebt. Nicht alle vermeintlich »bösen« Aliens in SF sind also wirklich böse. Die meisten Wissenschaftler, allen voran überzeugte SETI-Forscher, gehen sogar vom Gegenteil aus: Sie glauben an das Gute im Alien.

Das anthropisch-exobiologisch-kosmische Prinzip

Auch heute ist es immer noch wundersam, dass vieles in dieser Welt so ist oder zu sein scheint, wie wir es mit unseren Sinnen und künstlichem Instrumentarium erfahren – sieht man einmal von den Dingen ab, die wir damit noch nicht erfassen können respektive noch nicht erfasst und verstanden haben, wie zum Beispiel die nebulöse Dunkle Materie, das wahre Wesen der Schwarzen Löcher oder die wirkliche Anzahl von Superzivilisationen im Universum.

169) Lem, Stanislaw: Essays, Frankfurt a. M., Insel 1981.
170) So Harald Lesch u. Jörn Müller: Big Bang zweiter Akt – Auf den Spuren des Lebens im All, C. Bertelsmann Verlag, München 2003, S. 327.
171) Asimov, Isaac: Außerirdische Zivilisationen. Sind wir nicht allein im Weltall?, Bastei-Lübbe, Bergisch-Gladbach 1989, S. 79.

Dennoch sollten wir der kosmischen, geologischen und biologischen Evolution geradezu dankbar dafür sein, dass sie seit dem Big Bang, der dem aktuellen Forschungsstand zufolge vor 13,7 Milliarden Jahren Materie, Raum und Zeit generierte, alle Weichen in der habitablen Zone unserer Galaxis und unseres Sonnensystems derart exakt justiert hat, dass wir uns just über diesen Umstand hier und heute Gedanken machen können. Denn was wäre wohl geschehen, wenn nur ein einziger zur Ausformung dieses Universums und unseres Daseins unabdingbarer Parameter um Nuancen abgewichen wäre, wenn nur ein Dominostein in der kosmischen, geologischen und biologischen Evolutionskette anders oder überhaupt nicht gefallen wäre und die ereignisreiche Kettenreaktion, die vom Urknall zum Menschen führte, nicht in Gang gebracht hätte?

Ausgehend von der Prämisse, dass die Weichen für unsere heutige Existenz auf unserem Planeten schon vor 13,7 Milliarden Jahren in der anfänglichen Urknall-Phase sehr präzise gestellt worden sind, reflektiert und diskutiert das Anthropische Prinzip (AP) die physikalischen Gesetze, die Naturkonstanten und die kosmologischen Anfangsbedingungen. Dabei geht es um die Frage, ob die (von wem oder was auch immer) vorgenommenen kosmischen Feinabstimmungen derart exakt justiert waren, dass sich daraus zwangsläufig Leben, so wie wir es kennen, entwickeln musste, oder ob gar der Faktor Zufall – sich im Zuge der Evolution selbst multiplizierend – unser Dasein bedingt hat.

Dass sich binnen 13,7 Milliarden Jahren quasi aus dem Nichts Bewusstsein bilden konnte, setzte unzählige Anfangsbedingungen, Prozesse und Evolutionen voraus, von denen uns allenfalls kosmische Mosaiksteine bekannt sind.[172] So hängt die Entwicklung des Universums entscheidend von der Expansion und den Naturkonstanten ab, nämlich der Lichtgeschwindigkeit c oder dem Planck'schen Wirkungsquantum h und den Massen der Elementarteilchen sowie der Kräftehierarchie der Wechselwirkungen. Schon geringfügige Abweichungen von den aktuellen Werten der Massen, Ladungen und fundamentalen Konstanten (h, G, c) hätten die Entstehung des Universums gänzlich unmöglich gemacht und damit die Entwicklung der Menschheit verhindert. Aber auch die Anzahl der Raumdimensionen war elementar. So hätten Planeten in einem Raum mit mehr als drei Dimensionen ihre Heimatsterne nicht in stabilen Bahnen umrunden können. Und in einem Raum mit

172) »Es bleibt hier eine offene Frage, ob wir erkenntnistheoretisch überhaupt in der Lage wären, Eigenschaften eines Universums herauszufinden, das wesentlich von unserem abweicht, das aber trotzdem eine Lebensform von Beobachtern dieses Universums hervorbringen könnte.« So Reinhard Breuer in: Das anthropische Prinzip. Der Mensch im Fadenkreuz der Naturgesetze, Wien/München 1981, S. 32.

weniger als drei Dimensionen wären keine komplexen neuronalen Netzwerke entstanden: Die Biochemie hätte nicht den für die biologische Evolution notwendigen Entfaltungsspielraum gehabt. Hinzu kommt, dass beispielsweise Schallwellen sich in Räumen mit einer geraden Anzahl von Dimensionen (2, 4, 6 ...) anders ausbreiten als in Räumen mit ungeraden Dimensionen (wie etwa in unserem Weltraum). In ungerade dimensionierten Räumen breiten sie sich ohne Verzerrung aus, bei einer geraden Anzahl verschwimmen sie: Für den Genuss eines Bach-, John-Scofield-, TEQ- oder Epica-Konzerts etwa wäre dies höchst fatal.

Beim Studium des APs müssen Astrophysiker derweil mit drei Varianten vorlieb nehmen, die darüber hinaus sehr unterschiedlich sind. So lautet etwa die verkürzte Formel des »schwachen Anthropischen Prinzips« wie folgt: Weil es in diesem Universum Beobachter gibt, muss die Entwicklung des Universums die Existenz dieser Beobachter zulassen. Die beobachtbaren Werte der Naturkonstanten und die aus ihren Wirkungen erschließbaren kosmischen Anfangsbedingungen »unseres« Universums entsprechen gerade den Erfordernissen, welche für die Vorbedingungen biologischer Evolution intelligenten Lebens notwendig sind.

Deterministischer klingt dagegen das »starke Anthropische Prinzip«, das dem Universum einen eindeutigen Zielrichtungsmechanismus zuschreibt. Danach muss der Kosmos Eigenschaften haben, die es ermöglichen, dass sich im Laufe seiner Evolution Leben entwickeln kann. Das Universum musste zu einem bestimmten Zeitpunkt seiner Geschichte Bedingungen hervorbringen, welche die Entwicklung von Leben gestatten.

Die dritte Variante ist das »finale Anthropische Prinzip«. Es besagt, dass intelligente Informationsverarbeitung, auf die in dieser Variante das Leben reduziert wird, irgendwann im Universum in Erscheinung treten muss, und, nachdem es in Erscheinung getreten ist, niemals wieder aussterben kann. Dieses Postulat des ewigen Lebens ist an eine spezielle kosmologische Entwicklung geknüpft, die von John D. Barrow und Frank J. Tipler (1986) näher untersucht wurde. Sollte es also das Ziel der kosmischen Evolution gewesen sein, Leben hervorzubringen, dann ist Leben angesichts der zeitlichen Endlichkeit der jeweiligen planetaren Biosphären nur befristet überlebensfähig. Auch für unsere Spezies gilt: Will sie überleben, muss sie irgendwann einmal die Erde verlassen und zu fernen lebensfreundlichen Planeten in unserer Galaxis oder Nachbargalaxien reisen – aber auch das wäre angesichts der Zukunft des Kosmos insgesamt nur ein Hinausschieben des Untergangs. Leben in der derzeitigen Form kann die Zukunft nicht (ewig) überdauern. Biologisches Leben kann zunächst einmal nur existieren, solange eine relativ warme Umgebung gegeben ist – mit flüssigem Wasser und einer fortgesetzten Versorgung mit freier Energie zur Aufrechterhaltung einer konstanten Stoffwechselrate. In diesem Fall ist aber die Dauer von Leben begrenzt, da ein Stern wie die Sonne oder eine ganze Galaxie nur einen endlichen Vorrat an freier Energie besitzt. Im Zuge der Expansion und Abkühlung werden auch im gesamten Kosmos die Quellen freier Energie, auf die Leben für seinen Metabolismus angewiesen ist, schließlich erschöpft sein.

Anknüpfend an Desmond Bernal, der schon 1929 über neue Existenzformen des Lebens nachgedacht hatte, haben in neuerer Zeit Freeman Dyson, John D. Barrow und insbesondere Frank J. Tipler in seinem Buch »The Physics of Immortality« (1995)[173] über die endgültige Zukunft des Lebens im Kosmos sinniert. Nach Dyson und Tipler ist die Essenz des Lebens Information. Dafür spricht, dass ganz wesentlich der genetische Code und das neuronale Netzwerk – abstrakt gesehen – informationsspeichernde und -verarbeitende Systeme sind. Ausgangspunkt bei beiden Autoren ist die biokybernetische Definition, nach der Lebewesen informationsverarbeitende Systeme sind.

Im Gegensatz zu Dyson untersucht Tipler die Zukunft des Lebens in einem geschlossenen Kosmos, um der Problematik nicht mehr verfügbarer Energie zu entgehen. Außerdem knüpft er an die »finale« Variante des »starken Anthropischen Prinzips« an: Leben ist keine vorübergehende Erscheinung, sondern konstitutiv für den Kosmos, und muss daher ewig existieren können.[174] Das beinhaltet aber, um kosmosweit und insbesondere im Inferno eines wieder kollabierenden Universums überlebensfähig zu sein, die Ablösung des Lebens von jedweder materiellen Grundlage. Leben überlebt als Quantenzustand eines informationsverarbeitenden Systems bzw. als dessen Abbildung. Die Vollendung der Kosmogenese und Biogenese findet im »Omega-Punkt« statt, der Zukunftssingularität eines kollabierten, räumlich endlichen Kosmos ohne Ereignishorizont. Die von Tipler aufgestellte Hypothese einer »Physik der Unsterblichkeit« verlässt den Rahmen der rationalen Physik und ist ein Versuch, die von Teilhard de Chardin entworfene eschatologische Perspektive mithilfe der modernen Kosmologie zu interpretieren.[175]

---

173) Dt. Version: Tipler, Frank J.: Die Physik der Unsterblichkeit. Moderne Kosmologie, Gott und die Auferstehung von den Toten, München 1994.

174) Barrow, John u. Tipler, Frank: The Anthropic Cosmological Principle, Oxford University Press, 1986.

175) Diese Überlegungen von Tipler, insbesondere die physikalischen Annahmen sind von G. F. R. Ellis und D. H. Coule (1994) kritisiert worden. Siehe Benz, Arnold: Die Zukunft des Universums: Zufall, Chaos, Gott, Patmos Verlag, Düsseldorf, 1997, München 2001. Kanitscheider, Bernulf: Auf der Suche nach dem Sinn, Insel-Verlag, Frankfurt 1995.

Diese im letzten Jahrhundert publizierten Thesen kommen so abgehoben und zum Teil auch futuristisch und unverständlich daher, dass sich vor dem Hintergrund solcher Gedankenexperimente unweigerlich die Frage aufdrängt, ob der Homo sapiens wirklich die einzige intelligente Lebensform in den Tiefen des Kosmos darstellt, die im Zuge einer lange währenden Evolution heranreifte und eine kulturelle Identität gewann. Sehen unsere vernunftbegabten Brüder und Schwestern dies genauso?

Wenn wir uns einerseits die Tatsache vor Augen führen, dass in unserem isotropen und homogenen Universum alle vorhandenen Randbedingungen, alle Parameter, alle physikalischen Gesetze und daraus resultierenden stellaren, planetaren und geologischen sowie biologischen Körper unser Dasein bedingen und wenn wir andererseits infolge des kosmologischen Prinzips überall dieselben Bedingungen voraussetzen, dann muss es im Weltall von Leben verschiedenster Art nur so wimmeln. Sind *sie* nicht allesamt selbst dem Urknall entsprungen und von daher Kinder ein- und derselben »Ur-Eizelle« – sind wir alle nicht die Kinder des Universums, die Söhne und Töchter der Sterne?[176] Tragen wir nicht den Sternenstaub, der in unzähligen Supernovae-Explosionen in den Kosmos freigesetzt wurde, größtenteils in uns?

Sosehr die Antworten der Forscher im Einzelnen hierzu auch differieren – eine Tendenz ist dennoch erkennbar, geht doch heutzutage die Mehrzahl der Astronomen nicht zuletzt nach der Entdeckung extrasolarer Planeten davon aus, dass nach dem Big Bang neben uns auch extraterrestrische intelligente Lebensformen planetare Nischen im All gefunden haben müssen. Während viele Optimisten, wie beispielsweise der 1996 verstorbene Astrophysiker Carl Sagan, vermuten, dass sich allein in unserer Milchstraße mehrere Millionen hochbegabte Aliens entwickelt haben,[177] halten Martin Rees und andere Astrophysiker es indes für durchaus denkbar, dass »in dem für uns beobachtbaren Teil des Universums«[178] nirgendwo Leben entstanden ist.

Gesetzt den Fall, Leben wäre dennoch ein weit verbreitetes kosmisches Phänomen, dann müsste das »Anthropische Prinzip« generell neu überdacht werden. Vielleicht sollte es in Zukunft besser in anthropologisch-exobiologisch-kosmisches Prinzip umgetauft werden, wobei der Terminus technicus *exobiologisch* viel weiter gefasst werden müsste und auch nichtbiologische

176) Reeves, Hubert: Schmetterlinge und Galaxien. Kosmologische Streifzüge, Carl Hanser, Wien 1992, S. 167.

177) Sagan, Carl: Kosmos. Eine Reise durch das Weltall, Knaur, München 1989, S. 313. Sagans Angaben hierzu differieren allerdings, siehe: Sagan/Shklovskii, Intelligent Life in the Universe, Delta, New York 1966, S. 413.

178) Rees, Sir Martin: Vor dem Anfang. Eine Geschichte des Universums, Frankfurt a. M. 1998, S. 45.

Lebensformen zu berücksichtigen hätte. Die Prämisse wäre somit: Der Weg vom Urknall zur Ausbildung von Bewusstsein ist – ob er denn nun zufällig oder intentional erfolgt sein mag – kein kosmisch singuläres Phänomen, sondern eine deterministische Konstante im Kosmos. Wir sind ganz gewiss nicht die Einzigen, die über den Big Bang und dessen Ur-Sache, über Schwarze Löcher oder die Existenz anderer Zivilisationen fabulieren.

Pessimisten par excellence – Zwei Fallbeispiele

Gute Nachrichten sind schlechte Nachrichten, schlechte Nachrichten indes gute. In Anlehnung an dieses ungeschriebene journalistische Gesetz, das vor allem in der Regenbogen- und Boulevardpresse tagtäglich immer wieder aufs Neue Bestätigung findet, könnte diese Maxime auch wie folgt formuliert werden: Pessimisten, die ihre warnenden Stimmen erheben, werden von der Öffentlichkeit grundsätzlich eher wahrgenommen als Optimisten, deren Zuversicht fast schon wieder Kritik heraufbeschwört und Skepsis provoziert.

Auch innerhalb der Wissenschaft, die von Theorien-Mannigfaltigkeit lebt, kommt diese Gesetzmäßigkeit bisweilen zum Tragen, wenngleich natürlich nicht in dem Maße, wie wir es von den Gazetten oder Boulevard-Sendungen – ob Radio oder TV, Internet-Podcast oder Youtube – gewohnt sind. Ausdruck findet diese meist dann, wenn ein Forscher bewusst gegen den Mainstream schwimmt und sich auf dem inflationären Markt der Theorien mit einer gewollt schärfer formulierten Idee abzuheben versucht.

Einer, der mit Blick auf Aliens immer gerne schwarz sieht und sich daher oft in Schwarzmalerei übt, ist Andrew Watson von der University of East Anglia in Norwich (England). Von Hause aus eigentlich Physiker und Umweltforscher, beschäftigt sich Watson mit der astrobiologisch-philosophischen und SETI-relevanten Frage, wie viele vernunftbegabte außerirdische Zivilisationen im Universum wohl existieren mögen.

Während heute die eindeutige Mehrheit der Astronomen und Astrobiologen davon ausgeht, dass die menschliche Spezies nicht die einzige Lebensform mit Bewusstsein und Selbstbewusstsein im All sein kann, manövriert sich Watson bewusst ins Abseits und kontert mit einer gegenteiligen These. In einem Artikel der Fachzeitschrift »Astrobiology«[179] stellt Watson ein mathematisches Modell vor, mit dem die Wahrscheinlichkeit von intelligentem Leben im All bestimmt werden kann. Sein Fazit: Die Entwicklung von kom-

179) Watson, Andrew J.: Implications of an anthropic model for the evolution of complex life and intelligence, in: Astrobiology Journal (2008), Bd. 8, S. 175–185 [doi: 10.1089/ast.2006.0115.].

plexen, intelligenten Lebensformen ist ein extrem seltenes Ereignis – und die Erde in kosmischer Perspektive eine absolute Ausnahme. Schließlich beläuft sich die Wahrscheinlichkeit, dass sich auf einer erdähnlichen Welt binnen vier Milliarden Jahren intelligentes Leben entwickelt hat, auf maximal 0,01 Prozent. Ausgehend von der Prämisse, dass während der vier Milliarden Jahre langen Evolution, die sich von der ersten Mikrobe bis hin zur Ausbildung von Bewusstsein erstreckte, jeder Evolutionsschritt sehr klein und komplex war, erstellte Watson ein neues mathematisches Modell, das die Wahrscheinlichkeit des Entstehens von intelligentem Leben in seinen Augen treffsicher berechnet. Diesem zufolge hängt die Evolution auf jeder Welt entscheidend von der Lebensdauer ihres Heimatgestirns ab. Die solaren Modelle unserer Sonnenforscher deuten darauf hin, dass unser Zentralgestirn in einigen Hundert Millionen Jahren noch weiter an Leuchtkraft gewinnt, was einen radikalen Temperaturanstieg auf der Erde nach sich zieht. Als Folge davon könnte die Erde in einer Milliarde Jahren unbewohnbar sein. Gemessen an den vier Milliarden Jahren, in denen das Leben den Sprung von der ersten Mikrobe zum Homo sapiens bewältigte, befinde sich unser Planet daher, so Watson, schon in einem fortgeschrittenen Alter. Nun aber sehe es danach aus, als wenn der Mensch sich sehr spät in diesem lebensfreundlichen Zeitfenster entwickelt habe – und das mache seine Evolution zu einem sehr unwahrscheinlichen Ereignis, so Watson.

Angesichts der Komplexität aller Entwicklungen und Ereignisse, die notwendig waren, damit sich auf unserer Welt intelligentes Leben und Bewusstsein ausbilden konnten, und infolge des schmalen Zeitfensters, das für die Heranbildung intelligenter Lebensformen vorhanden war, sind Watsons Dafürhalten nach außerirdische intelligente Lebensformen im All höchst rar gesät, möglicherweise überhaupt nicht vorhanden.

> *»Die irdische Biosphäre hat den größten Teil ihrer Entwicklung bereits hinter sich. Und das hat Konsequenzen für unsere Beurteilung der Wahrscheinlichkeit dafür, dass komplexe Lebensformen und Intelligenz auf irgendeinem anderen Planeten entstehen.«*

Dass wir uns hier und heute Gedanken über unser Dasein machen können, ist auf die perfekte Abfolge von vier entscheidenden Stationen zurückzuführen. Damit sich Leben auf der Erde entwickeln konnte, musste zirka eine halbe Milliarde Jahre nach Entstehung der Erde zunächst einmal biologisches Leben in Gestalt von primitiven Einzellern Fuß fassen, um dann, eineinhalb Milliarden Jahre später, in Form von komplexeren Vielzellern eine ökologische Nische zu besetzen, bis sich aus diesen spezialisierte Zellen herausschälten, die noch komplexere Organismen und eine Milliarde Jahre später sogar intelligentes Leben heranbildeten. Ihre Vertreter optimierten über sehr viele Generationen hinweg die Kommunikation und etablierten eine vokabelreiche Sprache, was wiederum auf die Kultur, Wirtschaft und das Handwerk nachhaltigen Einfluss hatte. Genau diese evolutionären Schritte hat Watson in sein Modell mit einbezogen und alle kritischen Phasen näher unter die Lupe genommen.

Hierbei zeigte sich, dass die Obergrenze für die Wahrscheinlichkeit von Zivilisationen im All bei zehn Prozent liegt. Da allerdings jeder einzelne Schritt nur dann auf die Entstehung von Leben Einfluss nehmen konnte, wenn der jeweils vorangegangene diesen Prozess unterstützt hatte, sinkt der Wahrscheinlichkeitswert über einen Zeitraum von mehr als vier Milliarden Jahren insgesamt auf weniger als 0,01 Prozent. Für die Entwicklung intelligenten Lebens ergebe sich somit eine Chance von 1 zu 10.000.

> *»Schon komplexe Organismen sind von den primitiven Lebensformen durch einige sehr unwahrscheinliche Schritte getrennt und daher weitaus seltener zu finden. Intelligenz ist noch einen Schritt weiter und daher noch seltener.«* [180]

Watsons Theorie in allen Ehren – die Extrapolationen und Interpretationen des beflissenen Umweltforschers erinnern ein wenig an Peter Ward und Donald Brownlee, die in ihrem im Jahr 2000 erschienenen Buch »Rare Earth«[181] ebenfalls intelligenten Lebensformen deren *Daseinswahrscheinlichkeit* absprachen und seinerzeit eine heftige Debatte auslösten, die heute gleichwohl in dieser Intensität nicht mehr geführt wird. Wohl deshalb erntet Watsons Theorie bei Seth Shostak, der als führender Radioastronom des SETI-Instituts in Mountain View (Kalifornien) berufsbedingt mit solchen pessimistischen Ideen auf Kriegsfuß steht, regen Widerspruch:

> *»Wir kennen natürlich nur eine Form von intelligentem Leben. Das bedeutet, dass wir von diesem Einzelbeispiel ausgehend so lange die Wahrscheinlichkeit für die Entstehung von Leben auf anderen Planeten nicht abschätzen können, bis wir uns sicher sind, jeden evolutionären Schritt vollständig zu verstehen. Watson behauptet, dass intelligentes Leben äußerst selten ist. Es gibt keinen Weg, dies zu beweisen. Wäre der umgekehrte Fall wahr und die Galaxis die Heimat vieler intelligenter Lebensformen, ließe sich dies allerdings nachweisen. Wir sollten dieses Experiment angehen.«*[182]

---

180) Ebd.

181) Dt. Version: Ward, P. D./Brownlee, D.: Unsere einsame Erde: Warum komplexes Leben im Universum unwahrscheinlich ist, Springer-Verlag, Berlin 2001.

Bei alledem drängt sich auch die berechtigte Frage auf, ob Watsons anthropozentrischer Ansatz, der intelligentes Leben praktisch mit biologischem gleichsetzt, überhaupt noch zeitgemäß ist. Sollte in der Astrobiologie nicht endlich die Zeit dafür reif sein, den bis auf den heutigen Tag gepflegten Kohlenstoffchauvinismus zu überwinden und stattdessen den exobiologischen Horizont zu erweitern und den Blick für Lebensformen jenseits von DNA zu schärfen? Und wo steht zu guter Letzt geschrieben, dass biologisches Leben überall dieselben evolutionären Stationen durchlaufen muss wie auf unserem Planeten? Nicht Zahlen, sondern Fantasie und Kreativität sind gefragt, also jene Tugenden, die sich in keine mathematischen Formeln quetschen lassen. Wie so oft geht wohl auch diese Wahrscheinlichkeitsrechnung an der Realität vorbei.

Ebenfalls im Pessimismus sucht ein deutsch-amerikanisches Forscherteam sein Heil. Es hält die Suche nach fremden Radiosignalen schlichtweg für pure Zeitverschwendung, weil der Mensch nicht in der Lage sei, eine außerirdische Funknachricht aus dem thermischen Rauschen der Sterne herauszufiltern. Zurückgehend auf eine Studie über elektromagnetische Transmissionen, die der US-Physiker Claude Shannon bereits in den 1940er-Jahren erstellte, widmen sich der US-Physiker Mark Newman von der University of Michigan (USA), der Informatiker Christopher Moore von der University of New Mexico und der Biologe Michael Lachmann vom Max-Planck-Institut für Evolutionäre Anthropologie in Leipzig der Frage, inwieweit sich eine fremde Radiobotschaft von der normalen Wärmestrahlung unterscheidet. Shannon kam damals in seiner Untersuchung zu dem Ergebnis, dass eine mit optimaler Informationsdichte abgesendete Nachricht sich nicht von einer zufälligen Zeichenfolge abgrenzen lässt. Anders sei dies aber, wenn der Empfänger den Code respektive die Sprache des Absenders kenne. Eine Botschaft etwa, die aus der Zeichenfolge AAAAA bestünde, hätte nur einen sehr begrenzten Informationswert, weil das nächste zu erwartende Zeichen leicht vorhersehbar wäre. Demgegenüber wäre die Buchstabensequenz RPLUOFQX weitaus informationsreicher, da das folgende Schriftzeichen nur schwer zu erraten wäre.

Genau diesen Gedankengang haben die drei Forscher für ihre Theorie berücksichtigt. Dabei kamen Newman und seine Kollegen zu dem Ergebnis, dass selbst ein hochenergetischer, mit Information vollgepackter Radiostrahl von der normalen Wärmestrahlung eines Sterns nicht zu unterscheiden wäre. Daher seien alle Versuche, eine Botschaft exoplanetarer Herkunft zu erhalten, von vornherein zum Scheitern verurteilt. Dementsprechend negativ fällt das Fazit von Mark Newman über die Arbeit der SETI-Radioastronomen aus.

---

182) Ruley, John D.: Intelligence: A Rare Cosmic Commodity, in: Astrobiology Magazine (14.04.2008) (NASA) [*http://www.astrobio.net/exclusive/2682/intelligence-a-rare-cosmic-commodity*].

»Unsere Botschaft an die Leute, die an die SETI-Idee glauben, ist die, dass sie möglicherweise ihre Zeit verschwenden. Denn falls sie wirklich ein Signal von grünen kleinen Männchen auffangen sollten, würden sie dieses wahrscheinlich als Stern einordnen und ignorieren und zum nächsten Tagesordnungspunkt übergehen.«[183]

Auf den ersten Blick mag besagte Kritik an der SETI-Idee etwas entmutigend und abwertend erscheinen. In Wahrheit hat die dahintersteckende Hypothese aber keine wissenschaftliche Relevanz, lässt sie sich doch weder eindeutig beweisen noch widerlegen. Natürlich können die Berechnungen des Forschertrios genauso fehlerhaft sein wie deren logischer Denkansatz. Tatsächlich gehen nämlich Newman und seine Kollegen von einer falschen Prämisse aus und leisten sich einen eklatanten Denkfehler. Denn deren Modell berücksichtigt nicht, dass eine uns überlegene außerirdische Technologie diese Problematik längst erkannt haben sollte. Im Wissen um die normale stellare Wärmestrahlung hätten Benutzer einer fortgeschrittenen Technologie ihre Funkpakete fraglos effektiver geschnürt. Und zwar in der Form, dass alle darin enthaltenden Signale das thermische Rauschen der Sterne problemlos überstrahlen. Scheinbar vergessen haben Newman und seine Kollegen obendrein die in der SETI-Gemeinde immer mehr an Bedeutung erlangende Optical-SETI-Variante (S. 103 ff.). Da sich Informationen besonders gut in kurzwellige Laserimpulse packen lassen und weil stark gebündelte Laserstrahlen Dunkle Materie oder Nebel- und Gaswolken mit Leichtigkeit durchdringen, kann SETI – sollten sich Newmans Befürchtungen wirklich bewahrheiten – immer noch ganz auf das alternative Laser-Verfahren umsteigen. Von Zeitverschwendung kann hier also keine Rede sein.

Nur gut, dass die Halbwertszeit von pessimistischen Modellen in der Astronomie und Astrobiologie viel kürzer ist, als es den Schwarzmalern lieb sein dürfte. Bei alledem zeigt die wissenschaftshistorische Erfahrung, dass schwarzmalerische Wissenschaftler in der Vergangenheit zur Genüge die fantasiereiche Kreativität dieses Universums unterschätzt und fehlinterpretiert haben. Schließlich wartet unser Kosmos tagtäglich mit immer neuen Überraschungen und kleineren, bisweilen sogar größeren Sensationen auf, die ihm keiner zuvor zugetraut hätte: Dunkle Energie, Gammastrahlenblitze, supermassive Schwarze Löcher, Zeitschleifen, Extradimensionen, Super-Strings, Zeitreisen, Wurmlöcher, Multiversen – all diese scheinbar allesamt dem Science-Fiction-Kosmos entsprungenen Fantasiewörter, die vor wenigen Deka-

183) Lachmann, M./Newman, M. E. J./Moore, C.: The physical limits of communication or why any sufficiently advanced technology is indistinguishable from noise, in: American Journal of Physics (2004), Bd. 72, Nr. 10, S. 1290–1293.

den kaum ein Astronom ohne zu Erröten in den Mund genommen hätte, sind heute fast Mainstream, ja sogar salon- und zitierfähig geworden. Was einst undenkbar war, ist längst Gegenstand wissenschaftlicher Diskussionen und könnte morgen schon Realität sein. Warum sollte dieses ungeschriebene Gesetz für die Astrobiologie nicht gelten? Negierten nicht gestandene Astronomen noch vor zwei Dekaden die Existenz von Planeten außerhalb des Sonnensystems? Da draußen, so lautete deren strenges Dogma, erfüllen bestenfalls Asteroiden, Sterne und Galaxien den Raum mit materiellem Leben. Von lunaren, geschweige denn planetaren Sterntrabanten seien mitnichten irgendwelche Spuren erkennbar. Mussten diese Zweifler inzwischen nicht allesamt zurückrudern und kleinlaut zugeben, dass in unserer Milchstraße – und damit auch in den übrigen 200 bis 500 Milliarden Galaxien unseres Universums – Planeten allerorts den funkelnden Sternen längst den Rang abgelaufen haben?

Ja, wir wissen heute, dass erdähnliche und erdunähnliche Exoplaneten im Universum die Regel sind. Und wir müssen davon ausgehen, dass viele von ihnen Horte biologischen oder nichtbiologischen Lebens sind, dass auf den fernen Welten Intelligenzen existieren, einmal existiert haben oder noch existieren werden. Und sofern diese eine Sensibilität für das Universum mitsamt seinen Sternen und Galaxien sowie Bewohnern aufbringen, werden sie pessimistisch gestrickten mathematischen Astrobiologie-Modellen à la Watson oder Newman keinen Raum und keine Zeit schenken. Nein, sie werden stattdessen vielmehr nach ihren Brüdern und Schwestern in Raum und Zeit suchen, so wie dies die irdischen Horcher in weiser Voraussicht seit knapp 50 Jahren in die Tat umsetzen.

Wertlose Drake-Formel – unterschätzter P_B-Faktor

Ozma, das auf diesen märchenhaften Namen getaufte erste *echte* SETI-Projekt der Wissenschaftsgeschichte, war gerade einmal ein Jahr alt, als sein Initiator Frank Drake nach einjährigem »Dämmerzustand«[184] von dem Verwaltungsoffizier des Weltraumforschungsvorstands der »National Academy of Sciences«, J. Peter Pearman, angerufen wurde. In Würdigung des *Ozma*-Projekts versuchte der eloquente Engländer eine Konferenz am »National Radio Astronomy Observatory« (NRAO) in Green Bank zu organisieren, an der neben Drake noch weitere ausgewählte Spezialisten teilnehmen und das erste Mal gezielt über die Wahrscheinlichkeit von intelligenten außerirdischen

184) Drake, Frank/Sobel, Dava: Signale von anderen Welten. Mit dem NASA-SETI-Projekt auf der Suche nach fremden Intelligenzen, Droemersche Verlagsgesellschaft/Knaur, München 1994, S. 94.

Lebensformen philosophieren und diskutieren sollten. Drake, der für dieses Vorhaben sofort Feuer und Flamme war und auch seinen Chef, Otto Struve, hierfür begeistern konnte, begann postwendend mit der Planung der Sitzung und erstellte zusammen mit Pearman eine vorläufige Gästeliste. Während Pearman sich schwerpunktmäßig um die logistischen und organisatorischen Dinge rund um den kleinen Kongress kümmerte, richtete Drake sein Augenmerk auf die wissenschaftlichen Inhalte und denkbaren Themen.[185] Eine gut strukturierte Tagesordnung mit der detaillierten Reihenfolge der zu besprechenden Inhalte musste her; eine, die eine lebhafte, aber substanzielle Debatte garantierte. Nachdem Drake einige wichtige Diskussionspunkte notiert hatte, sah er sich der Frage gegenüber, in welcher Abfolge die Themen behandelt werden sollten. Da die Tagesordnungspunkte alle von gleicher Wichtigkeit waren und ferner in keinem direkten Verhältnis zueinander standen, zog Drake die einzelnen Faktoren einfach zu einer aus simplen Multiplikationen bestehenden Formel zusammen, mit der die Anzahl hoch entwickelter und kommunikationsbereiter Zivilisationen im All bestimmt werden sollte.

> *»Also gab ich jedem Tagesordnungspunkt ein Symbol mathematischer Art und konnte auf diese Weise die gesamte Agenda für die Konferenz in einer einzigen Zeile zusammenfassen.«*[186]

Als Drake das Programm für die Sitzung aufgeschrieben und die einzelnen Diskussionsthemen geordnet hatte, sah er auf eine konfus wirkende kryptische Buchstabenfolge, die in der astrobiologischen Forschung und SETI-Szene gegenwärtig sakrosankten Charakter hat, aber erst in den 1970er-Jahren allmählich Bekanntheit erlangte. Dabei war der Schriftzeichensalat optisch durchaus ansehnlich und von mathematischer Einfachheit sowie logischer Stringenz:

185) Dick, Steven J.: Life on other Worlds. The 20th-Century Extraterrestrial Life Debate, Cambridge University Press, Cambridge 1998, S. 209.

186) Drake, Frank/Sobel, Dava. Signale von anderen Welten, a.a.O., S. 104.

$$N = R\, f_p\, n_e\, f_l\, f_i\, f_c\, L$$

N	**Anzahl intelligenter Zivilisationen in der Galaxis, die im Moment auf Sendung bzw. kommunikationsbereit sind**
R	mittlere Geburtenrate von geeigneten langlebigen Sternen in der Galaxis pro Jahr
f_p	Bruchteil der Sterne, die Planeten bilden, besitzen und halten
n_e	Anzahl der bewohnbaren erdähnlichen Planeten, die ihren Stern im richtigen Abstand (habitable Zone) umlaufen
f_l	Bruchteil der Planeten, auf denen tatsächlich Leben entsteht
f_i	Bruchteil der Planeten, auf denen intelligente Lebensformen herangebildet werden
f_c	Bruchteil der intelligenten Zivilisationen, die die Technologie und Motivation haben, eine interplanetare Kommunikation zu etablieren
L	Lebensdauer einer technologischen Zivilisation; die Zeitdauer, in der E.T. auf Sendung ist

Als sich am 1. November 1961 die zehn geladenen Gäste in einem kleinen Konferenzzimmer in Green Bank einfanden, ahnte keiner der Anwesenden, dass ihr Treffen einmal von wissenschaftshistorischer Bedeutung sein würde. Tatsächlich erachtete es damals keiner für notwendig, ein Sitzungsprotokoll anzufertigen oder ein Erinnerungsfoto zu schießen. Man verzichtete auch darauf, die Medien über die ungewöhnliche Tagung zu unterrichten, obwohl die amerikanische Presse paradoxerweise über einen der Teilnehmer förmlich herfiel, ohne von dem wunderlichen Thema der Sitzung näher Notiz zu nehmen. Der Grund hierfür war die Bekanntgabe der Verleihung des Nobelpreises für Chemie (1961) an Melvin Calvin, der dem erlesenen Zirkel jener auserwählter Wissenschaftler angehörte, die zum ersten SETI-Treffen geladen waren.[187]

Nachdem Struve seine Begrüßungsrede gehalten und Drake als Ouvertüre die ersten Faktoren seiner Gleichung an die Tafel geschrieben hatte, entbrannte eine engagierte Debatte, die in einen »Diskussionsmarathon« mündete.[188] Bei jeder Gelegenheit, ob im Sitzungsraum, in der Cafeteria oder beim Spazierengehen, sezierten die Wissenschaftler, die aus völlig verschiedenen Fachbereichen und Denkrichtungen kamen, die Formel genauestens. Am stärksten ins Blickfeld rückte dabei ihr letzter Faktor, den Drake mit *L*

187) Näheres zu den Teilnehmern siehe Drake/Sobel, a.a.O., S. 95 ff.
188) Ebd., S. 111.

umschrieben hatte und den Carl Sagan Jahre später als »Hauptunsicherheitfaktor« bezeichnen sollte.[189]

Dass sich an der Frage nach der Langlebigkeit von intelligenten Zivilisationen die lebhafteste Diskussion entzündete, muss in Zusammenhang mit dem auch damals schon vielbeschworenen *Zeitgeist* gesehen werden. Als die Teilnehmer der Green-Bank-Konferenz über die Möglichkeit grübelten, ob nicht technisch hochstehende, mit Massenvernichtungswaffen bestückte außerirdische Kulturen automatisch Gefahr liefen, in einen finalen Krieg zu schlittern und sich dabei gegenseitig völlig zu vernichten, war es nämlich um den Frieden auf Mutter Erde selbst nicht gut bestellt. Die beiden Supermächte USA und Sowjetunion steuerten geradewegs auf einen militärischen Konflikt zu, der die Menschheit ein Jahr später tatsächlich bis an den Rand des Abgrunds führte. Hätten Diplomaten im Oktober 1962 der Kuba-Krise nicht rechtzeitig Einhalt geboten und die militärische Eskalation zwei Minuten vor Zwölf entschärft, wäre der Faktor *L* der Drake-Gleichung zu einem tragischen Fanal der Menschheitsgeschichte verkommen. Man mag es daher gerne als Ironie der Geschichte bezeichnen, dass Drake und seine Kollegen just zu einem Zeitpunkt über die Lebensdauer von Zivilisationen im All fabulierten, als die Ära des Kalten Kriegs noch nicht einmal ihren Höhepunkt erreicht hatte. So gesehen kam im Hinblick auf das Schicksal der Erde dem *L*-Faktor der Drake-Formel eine gesonderte Bedeutung zu. Genau genommen definiert *L* die zeitliche Lebensspanne einer technischen Zivilisation, die das Interesse und die Fähigkeit für eine interstellare Kommunikation mitbringt.[190] Dennoch fokussierte sich 1961 alles auf die Frage, wie lange wohl eine erdähnliche Zivilisation, die technologisch in der Lage ist, via elektromagnetischer Strahlung interplanetare Botschaften auszutauschen, trotz der Nutzung von Atomkraft die kritischste Phase ihres Seins überwinden kann.[191] Ist der Exitus einer fortgeschrittenen Technologie programmiert, sobald sie ein Stadium erreicht hat, das ihr den Bau von Atom- oder Wasserstoffbomben ermöglicht? Nachdem Drake und sein Team fleißig debattiert, gestritten und sich für jeden Faktor auf mindestens einen Wert geeinigt hatten, kristallisierte sich am Ende des Meetings sogar eine Zahl heraus. Sie war zwar alles andere als konkret, vermittelte dafür aber immerhin einen zeitgenössischen Eindruck davon, wie viele intelligente Zivilisationen nach Ansicht einiger ausgewählter irdischer Wissenschaftler der 1960er-Jahre in der Milchstraße beheimatet sein könnten. Unter Anwendung der Drake-Formel kam der exklusive Kreis

---

189) Sagan, Carl, Unser Kosmos, a.a.O., S. 313.
190) Sagan/Shklovskii: Intelligent Life in the Universe, a.a.O., S. 412.
191) Drake/Sobel, a.a.O., S. 119 f.

seinerzeit auf eine Zahl von mindestens 1000 bis maximal 100 Millionen höherstehende Zivilisationen in der Galaxis.[192] Fünf Jahre später konkretisierte Carl Sagan besagten Wert. Er folgerte, dass – wenn nur ein Prozent der Zivilisationen ihre technologische Jugendzeit übersteht und am kritischen historischen Scheideweg den richtigen Pfad einschlägt –, allein in unserer Milchstraße eine Million ($N \sim 10^6$) davon überleben müssten.[193]

Lassen wir die Gespräche am NRAO mitsamt Agenda-Formel Revue passieren, ist der in West-Virginia abgehaltene Kongress en miniature fraglos höher zu bewerten als die Drake-Gleichung selbst. Schließlich steht er für den ersten Versuch, außerirdische Intelligenz zu quantifizieren. Erstmals verabredeten sich Forscher aus den unterschiedlichsten Disziplinen, um über ferne Hochkulturen im Universum nachzudenken. Für Carl Sagan war die Green-Bank-Konferenz aber noch mehr:

> *»Es war wunderbar. All diese guten Wissenschaftler verdeutlichten, dass es keineswegs Unsinn war, sich über das Thema Gedanken zu machen. […] die Tatsache, dass sie kamen, belegte, dass sie das Ganze nicht für ausgemachten Humbug hielten. […] Es war wie eine 180-Grad-Wende von diesem dunklen und peinlichen Geheimnis.«*[194]

Tatsächlich lag nach dem Green-Bank-Meeting etwas völlig Neues in der Luft. Ein frischer Wind wehte durch etliche verstaubte Elfenbeintürme und ermutigte viele Wissenschaftler, sich selbst dem heiklen Sujet zu nähern. Viele taten dies. Nach dem Treffen in Green Bank überschwemmte eine wahre Flut von Artikeln über SETI die Wissenschaftslandschaft. Selbst im renommierten »Science«-Magazin häuften sich die Beiträge mit *außerirdischem* Bezug. Drakes »Baby« war nach seinen ersten Gehversuchen *(OZMA)* auf dem besten Weg, das Laufen zu erlernen.

Das Meeting markierte auch eine andere Zäsur: Es bildete den Startschuss für weitere SETI-Konferenzen, von denen sicherlich die spektakulärste die erste gemeinsame sowjetisch-amerikanische Tagung über Kommunikation mit extraterrestrischen Intelligenzen war, die im September 1971 in der Nähe von Byurakan (Armenien) abgehalten wurde.[195]

Das Einzige jedoch, was wirklich auf der Strecke blieb, war die Drake-Formel selbst. Sie entpuppte sich als reine Agenda-Gleichung, mit der nüchtern betrachtet die Anzahl bewohnter Welten mit hochstehenden Lebensformen mitnichten bestimmt, geschweige denn abgeschätzt werden konnte.

---

192) Ebd., S. 121.
193) Sagan/Shklovskii, a.a.O., S. 413.
194) Dick, Steven J.: Life on other Worlds, a.a.O., S. 211.

Gewiss, auch in der Vor-Green-Bank-Ära räsonierten bereits honorige Wissenschaftler vom Schlage eines Fred Hoyle, Harlow Shapley oder Ronald Bracewell über extraterrestrische Kulturen im All. Shapley, der frühere Direktor des Harvard-Observatoriums, nahm in seinem 1958 erschienenen Buch »Of Stars and Men« Bezug auf die Häufigkeit intelligenter Lebensformen im Universum, ohne dabei einen Zusammenhang zur interstellaren Kommunikation herzustellen. Obgleich Shapley die Anzahl der Planetensysteme in der Galaxis auf 10^6 bis 10^9 veranschlagte, vermutete er seltsamerweise auf keinem davon intelligente Lebensformen.[196] Der US-Radioastronom und Ingenieur Ronald Bracewell hingegen ließ in diversen Diskussionen und Vorträgen durchblicken, dass er die Existenz fortgeschrittener Zivilisationen in der Galaxis für möglich halte, wobei er aber seine Überlegungen nur als Grafiken und nicht etwa Formeln festhielt.[197]

Grafik hin – Formel her: Die Anwendung der Green-Bank-Gleichung führt auch heute – fast 50 Jahre später – immer noch zu völlig verschiedenen Ergebnissen. Optimisten garantierte sie stets schöne Zahlen, weil hoffnungsvolle Frohnaturen bekanntlich die Größe der einzelnen Faktoren viel freigiebiger berechnen als notorische Pessimisten, die naturgemäß ein eher negativeres Ergebnis erwarten und auch erhalten. Sehen wir einmal von dem Faktor *R* ab, also der mittleren Sternentstehungsrate in der Galaxis pro Jahr, für den der astronomisch gesicherte Wert *1* gilt (jährlich ein neuer Stern in der Milchstraße), so sind alle andere Faktoren der Formel nach Belieben austauschbar, weil von ihnen kein realer konstanter Wert bekannt ist. Wer *N* bestimmen will, müsste im Gedankenexperiment zunächst einmal alle Größen abschätzen, wohl wissend, dass die einzelnen Faktoren nicht zu klein sein dürfen. Welche Zahl als Multiplikator jedoch zu wählen ist, bleibt im Endeffekt dem Gutdünken jedes Einzelnen überlassen. Letzten Endes ist es nämlich immer auch eine perspektivische Frage, ob beispielsweise der Faktor *fi*, also die Anzahl der Planeten mit intelligenten Lebewesen, hoch oder gering veranschlagt werden soll. Wie bereits erwähnt – Optimisten werden hier zwangsläufig einen anderen Zahlenwert wählen als Pessimisten und somit auch

195) »Ich hatte die Ehre, bei dieser Konferenz der US-Delegierten vorzustehen. [...] Die Kongressteilnehmer kamen zu dem Entschluss, dass sowohl die Wahrscheinlichkeit der Existenz extraterrestrischer zur Kommunikation fähiger Zivilisationen als auch unsere gegenwärtigen technologischen Möglichkeiten, mit ihnen Kontakt aufzunehmen, ausreichend wären, um eine ernsthafte Suche zu rechtfertigen.« So Carl Sagan u. Jerome Agel: Nachbarn im Kosmos. Leben und Lebensmöglichkeiten im Universum, Kindler-Verlag, München 1975, S. 161.

196) Shapley, Harlow: Of Stars and Men. Human response to an expanding universe, Boston 1958, S. 53–75 u. S. 108–114.

197) Dick, Steven J.: Life on other Worlds, a.a.O., S. 210.

andere Ergebnisse provozieren. In einem Punkt enttäuscht die Drake-Formel allerdings nicht, führen doch ihre kosmischen, biologischen, historisch-politischen und technologischen Faktoren klar vor Augen, wie schwer es ist, auch auf theoretischer Ebene den Nachweis außerirdischer Intelligenz zu erbringen.[198]

Für einen Faktor gäbe es immerhin einen neuen Parameter. Denn streng genommen müssten die SETI-Akteure infolge des stetig wachsenden Katalogs der Exoplaneten die extrapolierte Anzahl kommunikationsfähiger Zivilisationen weiter nach oben korrigieren. Auch wenn die Planetenjäger noch keinen erdähnlichen Planeten in der *Ökosphäre* seines Zentralgestirns lokalisiert haben und demzufolge über den Faktor n_e der Drake-Formel vorerst nur spekulieren können, gehen alle felsenfest davon aus, dass Felsenplaneten – wie die Erde – in der Galaxis millionen- bis milliardenfach vertreten sind. Der geneigte SETI- und Drake-Formel-Fan darf für den n_e-Faktor ruhig aus dem Vollen schöpfen, vor allem dann, wenn das NASA-Weltraumteleskop *Kepler* alsbald erdähnliche Welten aufspürt.

Trotz alledem ist von der Sisyphosarbeit abzuraten, die Faktoren der Drake-Formel immer wieder detailliert aufs Neue durchzudiskutieren und zu verändern. Zahlreiche Autoren und Wissenschaftler haben dies in der Vergangenheit zu Genüge getan, ohne dabei auch nur einen wissenschaftlich fundierten *N*-Zahlenwert vorlegen zu können.

Nein, die als Agenda konzipierte Drake-Formel ist fürwahr eine Gleichung ohne Wert, ein »Kompositum von Unsicherheiten«,[199] eine Ansammlung von Unbekannten, die deshalb unbekannt bleiben, weil sie erstens nicht zu bestimmen sind und zweitens einfach zu viel Raum für Spekulationen und Interpretationen lassen. Umso erstaunlicher ist, dass der Drake'schen Formel nach wie vor eine so große Bedeutung zugeschrieben wird, dass mancher SETI-Anhänger sie idealisiert und von ihr Wundersames erwartet. Dabei zeigte sich ihr geistiger Vater über die nachhaltige Wirkung seiner Kreation am meisten erstaunt:

> *»Es überrascht mich immer wieder, dass diese Gleichung als eine der großen Ikonen der Wissenschaft betrachtet wird, da sie mir weder großartige intellektuelle Anstrengungen noch Einblicke abverlangt hatte.«*[200]

---

198) Heidmann, Jean: Bioastronomie. Über irdisches Leben und außerirdische Intelligenz, Springer-Verlag, Berlin/Heidelberg 1994, S. 134.

199) Drake/Sobel, S. 93.

200) Ebd., S. 104 f.

Aber was auch immer ihr bis heute angedichtet wird – es ist mit Blick auf die Drake-Formel an der Zeit, die Rechenschieber beiseite zu legen und auf ergänzende Hochrechnungen im Computerexperiment oder PC-Simulationen zu verzichten. Sich der Hoffnung hinzugeben, von ihr jemals eine zuverlässige, richtungweisende Antwort über die Häufigkeit des Vorhandenseins von Intelligenz im Universum zu erhalten, wäre einerseits naiv, andererseits höchst unwissenschaftlich. Denn keine Formel der Welt, kein irdisches Genie, kein Supercomputer, kein Alien und mit Sicherheit auch nicht die fortgeschrittenste Superzivilisation unserer Galaxis, die einen Großteil davon exploriert haben mag, kann die Anzahl der Hochkulturen in der Milchstraße mathematisch oder mithilfe von Raumfahrtmissionen auch nur annähernd ermitteln. Die Green-Bank-Formel steht zwar nicht für den Fortschritt in der Exobiologie, geriert sich aber so, als wäre sie zukunftsweisend und selbst dem Science-Fiction-Kosmos entsprungen. Sie wirkt rätselhaft und mysteriös und taugt keineswegs als mathematische Formel, weil man von solchen prinzipiell eine Lösung erwartet, womit das Drake'sche Buchstabengebilde eben nicht dienen kann. Für den bekannten Astrophysiker und SF-Autor David Brin ist dies ein Grund mehr, sie als Pseudoformel abzuwerten.[201]

Wer wissen will, wie viele hoch technisierte Zivilisationen einmal in der Vergangenheit im All gelebt haben, in der *gegenwärtigen Vergangenheit* leben oder in Zukunft noch leben werden, sollte die Realität besser verlassen und tunlichst den Spuren der eingangs erwähnten Science-Fiction-Autoren folgen.

Bei alledem fehlt fraglicher Gleichung ein entscheidender Parameter, einer, der in der Vergangenheit dem staatlich geförderten Suchprogramm tatsächlich den Todesstoß versetzte. Wir wollen ihn mit P_b umschreiben, wobei *P* für *Politician* (Politiker) und klein *b* für *Bigotry* (Engstirnigkeit/blinder Eifer) steht. Nicht ganz unzufällig repräsentieren beide Lettern auch die jeweils ersten Buchstaben der Nachnamen zweier US-Senatoren, die sich in der SETI-Szene einen berühmt-berüchtigten Namen erworben haben: Richard Bryan aus Nevada und William Proxmire aus Wisconsin. Beide demokratischen Politiker versuchten ehemals mit großer Verve, den Geldhahn für das staatlich geförderte SETI-Programm zuzudrehen. Während Proxmires Vorstoß 1982 noch im letzten Moment abgeblockt werden konnte, brachte Senator Bryan das NASA-SETI-Projekt elf Jahre später gänzlich zu Fall. Nach einer Vorbereitungszeit von 15 Jahren und investierten 60 Millionen Dollar strich der amerikanische Kongress 501 Jahre nach der Wiederent-

201) Brin, David: Die Gefahren des Erstkontaktes, in: Leben im All. Positionen aus Naturwissenschaft, Philosophie und Theologie, Hrsg.: Tobias Daniel Wabbel, Patmos-Verlag, Düsseldorf 2005, S. 87–113.

deckung Amerikas durch Christoph Columbus alle angedachten finanziellen Zuschüsse – irreversibel und kompromisslos. Das auf zehn Jahre angelegte Suchprogramm segnete bereits nach einjähriger Observationsphase wieder das Zeitliche. Damals glaubte man wie heute, die Steuergelder besser in Kampfflugzeuge und Nuklearwaffen investieren zu müssen.

Kurz vor der Abstimmung im Kongress frohlockte Richard Bryan noch voller Häme, dass die große Jagd nach Marsmenschen aus gutem Grund endlich zu einem Ende kommen werde:

> *»Bis heute wurden dafür Millionen ausgegeben, und wir haben immer noch nicht einen einzigen kleinen grünen Kerl eingefangen. Nicht ein einziger Marsmensch hat gesagt: Bringt mich zu Eurem Präsidenten […].«*[202]

Jahre zuvor, Anno Domini 1978, hatte Senator Proxmire, immerhin der mächtigste Mann im Bewilligungsausschuss des Senats, ähnlich niveauvoll gegen SETI gewettert und das Forschungsprojekt sogar bewusst ins Lächerliche gezogen. Er denunzierte Drakes Arbeit sogar öffentlich, ohne dessen Namen direkt zu erwähnen.[203] Anstatt mit blitzgescheiten Argumenten zu überzeugen, polemisierte Proxmire auf höchst billige Weise gegen das NASA-SETI-Suchprogramm. In Verkennung der physikalischen Tatsache, dass ein Lichtjahr eigentlich kein Zeitmaß ist, forderte der exaltierte Senator, das Projekt »für einige Millionen Lichtjahre« zurückzustellen. Tatsächlich reduzierte sich infolge seiner Intervention die staatliche Unterstützung für SETI eine Zeitlang spürbar, brachte laut Drake das NASA-SETI-Projekt sogar an den »Rand des Untergangs«.[204]

Wenn wir einmal die genaueren Hintergründe und Nebenschauplätze dieser beiden wenig erquicklichen politischen Possen außer Acht lassen und uns deren gemeinsamen Kern näher anschauen, wird schnell deutlich, dass dem Faktor P_B eine ebenso schicksalhafte Bedeutung zukommt wie dem L-Multiplikator. Wir haben uns auf Mutter Erde längst daran gewöhnt, dass in Politik, Wirtschaft und Industrie, aber auch im Bankenwesen, eben dort, wo die vermeintlichen Herrn der Macht schalten und walten, mathematisch gesprochen der Faktor *Kurzsichtigkeit* die größte Bekannte und der Faktor *Weitsicht* die größte Unbekannte ist. Wo eigentlich Weitblick gefragt ist – nur mit einem solchen lassen sich erfahrungsgemäß neue Horizonte erblicken –, steht das Denken und Handeln der Mächtigen vielmehr im Sternzeichen *Pecunia*.

---

202) Dick, Steven, Life …, a.a.O., S. 230.
203) Näheres zu den Hintergründen siehe Drake/Sobel, a.a.O., S. 319–325.
204) Ebd., S. 325.

Auf den von unserem Heimatstern aus gesehen dritten Planeten des Sonnensystems scheitert die Suche nach außerirdischer Intelligenz nicht an fehlendem technischen Know-how, sondern eher an vorhandenen finanziellen Engpässen. Was sich in Dagobert Ducks Augen so gerne widerspiegelt, trübt vor allem den Blick der irdischen Verantwortungsträger. Die Dollarscheine im Gesichtsfeld, bringen diese für Grundlagenforschung keine Geduld auf, weil eine solche in ihren Augen keine schnellen Ergebnisse und folglich keinen lukrativen Gewinn garantiert. Im Besonderen gilt dies für die SETI-Programme, mit denen im Grunde genommen auch Grundlagenforschung betrieben wird.

Sollten nun auf fernen Planeten ähnliche Zustände wie auf unserer materialistischen Welt herrschen und kurzsichtige, in Legislaturperioden denkende Verantwortungsträger à la Proxmire und Bryan ihre Suchprogramme nach »Aliens« absägen, dann lautet die Rechnung: $P_B=0$ woraus wiederum folgt, dass $N=0$ ist. Dadurch bedingt gäbe es also keine entdeckbaren Fremdlinge im Weltraum, da die Erfahrung uns lehrt, dass man nur einen einzigen Proxmire benötigt, um eine Kultur von der Kommunikation mit kosmischen Nachbarn abzuschneiden.[205]

Wir wissen nicht, auf wie vielen fernen Planeten ähnlich intellektuell beschränkte Lebewesen wie unsere beiden US-Senatoren *exobiologische* Suchprogramme zu Fall bringen. Zu wünschen wäre dies keiner Welt, keinem Alien-Geschlecht, von denen im Universum mit Sicherheit mehr existieren, als wir es uns in unseren kühnsten Träumen ausmalen können.

Nein, die Wahrscheinlichkeit, dass außerirdische Intelligenz kein seltenes kosmisches Phänomen ist, muss sehr hoch sein, weil unser Universum uns *tagtäglich* vor Augen führt, wie kreativ, ideenreich und fantastisch es ist. Das Universum ist ein Hort des Lebens, weil es lebt! Wer es nicht glaubt, betrachte nur die aussagekräftigen Astro-Fotos der zahlreichen Weltraumteleskope und versuche zugleich zu visualisieren, dass neben unserer Milchstraße noch 200 bis 500 Milliarden andere Galaxien als Materie-Oasen durchs Weltall driften. Er möge dabei auch bedenken, dass die von Carl Sagan mithilfe der Drake-Formel berechneten eine Million Zivilisationen und die von dem deutschen Astrophysiker Peter Ulmschneider extrapolierten zwei Millionen Kulturen, die allein in der Galaxis in den letzten fünf Milliarden Jahren aufgekommen sein könnten,[206] Zahlenwerte sind, die nur für die Milchstraße gelten. Schließlich beziehen sich alle Faktoren der Green-Bank-

205) So Drake/Sobel, a.a.O., S. 325 f.

206) Ulmschneider, Peter: Intelligent Life in the Universe: Principles and Requirements behind its Emergence, Springer, Berlin/Heidelberg 2006, S. 270.

Gleichung auf unsere Galaxis, auf unsere Welteninsel (obwohl die Drake-Formel natürlich auch auf andere Galaxien anwendbar ist; nur besitzen wir von diesen weitaus weniger Informationen als von der Milchstraße!).

Aber schließen wir doch zum Abschluss den Kreis und lassen wenigstens einen der eingangs erwähnten Science-Fiction-Autoren zu Wort kommen, der zu den bekanntesten seines Genres zählt und der eine klare Meinung zu intelligenten Lebensformen im All hat – Arthur C. Clarke (1917–2008):

> *»Vielleicht sind die Extraterrestrischen auch schon unterwegs, wer will das schon genau sagen? Wir haben ja unsere Anwesenheit auf der Erde ziemlich deutlich gemacht, durch unsere Radioprogramme, durch Radarstrahlen und unsere Atomexplosionen. Sie müssten längst von unserer Existenz wissen. [...] Die unwahrscheinlichste Hypothese von allen ist, dass wir der einzige bewohnte Planet in diesem gigantischen Universum sind. Das ist angesichts der immensen Räume im Kosmos zweifelsfrei nicht so.«*[207]

Wir mögen auf der Jagd nach unseren Brüdern und Schwestern im All noch so viele Formeln erfinden, anwenden, damit spekulieren, hochrechnen und extrapolieren – all dies führt letzten Endes in eine Sackgasse. Wollen wir uns ET nähern, müssen wir aktiv forschen, hinhören, hinsehen und vielleicht eines Tages sogar hinfliegen, so wie einst Astronaut Dave Bowman, jene Hauptfigur im Science-Fiction-Universum des großen Arthur C. Clarke, der in dem legendären Film »2001: Odyssee im Weltraum« mit dem Ausspruch »*Oh my God, it's full of stars!*« auf höchst elegante Art und Weise die Anwesenheit extraterrestrischer Intelligenz versinnbildlichte.

---

207) »Vielleicht sind die Extraterrestren schon unterwegs«. Interview mit Arthur C. Clarke, in: Süddeutsche Zeitung (08.07.2005).

7 OSETI

Spurensuche nach außerirdischen Laserblitzen

Wenn Intelligenzen auf anderen Planeten versuchen, mit der Erde Kontakt aufzunehmen, würde ich von diesen erwarten, dass sie Lichtwellen nutzen, weil diese leichter zu kontrollieren sind.

Albert Einstein, 1920

Was wäre, wenn die klassische SETI-Doktrin, in der die Suche nach Radiosignalen zum Paradigma erhoben wurde, ein eindimensionaler Irrweg wäre, der zu keinem Ziel führen kann, weil sich Aliens derweil anderer Strategien und Methoden bedienen? Wäre es nicht denkbar, dass sie anstelle von Radiosignalen gebündeltes Licht zum Träger ihrer interplanetaren Botschaften erkoren haben und auf die Wellenlängen im sichtbaren, im ultravioletten sowie im infraroten Bereich schwören? Vielleicht haben schon etliche kurze Laserblitze oder sogar längere Laserpulse um unsere Aufmerksamkeit gebuhlt, ohne dass wir dies bis dato gemerkt haben oder je merken werden.

Eine kleine Geschichte der OSETI-Idee

Historisch gesehen reichen die Wurzeln der Optical-SETI-Idee (OSETI) relativ weit zurück bis ins Jahr 1822. Damals schlug der deutsche Mathematiker Carl Friedrich Gauß (1777–1855) vor, mittels einer Armada von 100 fein geschliffenen Spiegeln, von denen jeder eine Fläche von zwei Quadratmetern haben sollte, das eingefangene und reflektierte Sonnenlicht zum Mond oder Mars weiterzuleiten. Den Seleniten und Marsianern sollte auf diese Weise verdeutlicht werden, dass auf ihrer Nachbarwelt intelligente Lebensformen existieren, die an guten, freundschaftlichen Beziehungen interessiert sind. Es war wohl, wie der argentinische SETI-Experte Guillermo A. Lemarchand vermutet, der erste ernst zu nehmende richtige Vorschlag in der Wissenschaftsgeschichte, Signale an ferne Welten via Licht auszusenden.[208]

Auch wenn sich ähnlich geartete Vorschläge im Verlauf des 19. Jahrhunderts zusehends häuften (S. 23 ff.) und Albert Einstein bereits 1920 für eine interplanetare Kommunikation auf Lichtwellenbasis plädierte,[209] verschaffte sich der moderne OSETI-Gedanke 40 Jahre später Gehör. Er fand erstmals ein Forum in dem Wissenschaftsmagazin *Nature*, in dem bereits ein Jahr zuvor Morrison und Cocconi ihr legendäres SETI-Plädoyer für eine systematische Observation von Radiowellen mit leistungsstarken Schüsseln zum Besten gegeben hatten.

Sichtlich inspiriert von diesem Beitrag und animiert durch die erste Inbetriebnahme eines Lasers (ein Rubinlaser von Theodore Maiman im Jahr 1960), wagte der Entdecker des Laser-Prinzips, Charles H. Townes, höchstpersönlich den Sprung auf die nächste SETI-Ebene. Townes, der 1964 für seine Entdeckung des Laser- beziehungsweise Maser-Prinzips mit dem Physik-Nobelpreis geadelt wurde, schlug vor, die Suche nicht auf Radiowellen zu beschränken, sondern auch auf das sichtbare Spektrum elektromagnetischer Strahlung, also Licht, bis hin zum Infraroten zu erweitern.[210] Gesucht werden sollte auf der 10.600-Nanometer-CO_2-Wellenlänge nach zeitlich längeren Laserblitzen, nach einem kontinuierlichen Lasersignal. Townes ging dabei von der Überlegung aus, dass eine fortgeschrittene Zivilisation, die eine ähnliche technische Entwicklung wie unsere Kultur durchlaufen hätte, irgendwann einmal Radioastronomie betreiben würde. Sie könnte desgleichen im Umgang mit Lasertechnik auf unserem Niveau oder sogar um Tausende Jahre erfahrener sein. Bereits heute sei der Laser die mit Abstand intensivste Lichtquelle auf der Erde. Die fremde Zivilisation könnte daher geneigt sein, optisches oder Infrarotlicht für den Austausch von interstellaren und interplanetaren Botschaften zu nutzen, so Townes:

> *»Es gibt eine echte Chance, dass wir solche Signale, die von einer annähernd auf unserem Niveau stehenden Gesellschaft stammen, mit unseren gegenwärtigen Teleskopen und Spektrografen entdecken.«*[211]

---

208) Lemarchand, Guillermo A.: Interplanetary and interstellar optical communication between intelligent beings: a historical approach, in: SPIE, Proceedings Bd. 2704, Nr. 127 (24.06.1996). Hrsg.: Stuart A. Kingsley, Guillermo A. Lemarchand, S. 128 [doi: 10.1117/12.243446].

209) »[...] Einstein would use light«, in: New York Times (02.02.1920), S. 24.

210) Schwartz, R. N./Townes, C. H.: Interstellar und Interplanetary Communication by Optical Masers, in: Nature (15.04.1961), Bd. 190, Nr. 4772, S 205–208. Townes verfasste den Beitrag zusammen mit seinem Kollegen Robert N. Schwartz. Im Gegensatz zu Townes, der nach 1961 zu einem glühenden Verfechter der OSETI-Idee avancierte, hielt Schwartz sich nach Erscheinen des Artikels fern von jeglichen SETI-Aktivitäten.

211) Ebd.

Als wäre dieser Vorschlag nicht schon abenteuerlich genug gewesen, konkretisierte Townes als federführender Autor in *Nature* auch einige Projekte, mit denen eine Flaschenpost auf Lichtbasis noch leichter ans Erdufer gezogen werden könnte. So sah ein Vorschlag von ihm vor, mit großen Spiegeln bestückte Höhenballons oder »Weltraum-Plattformen« in der Atmosphäre respektive im Orbit treiben zu lassen. Von dort sollten die Teleskope völlig ungestört operieren und Lasersignale effizienter aufschnappen.

Mit einer ähnlich gearteten Idee hatte 50 Jahre zuvor der US-Astronom David Todd (S. 32 ff.) die Fachwelt konfrontiert. Um Alien-Signale leichter zu registrieren, regte er an, Ballons mit den damals leistungsstärksten Radioempfängern zu bestücken und diese in große Höhe steigen zu lassen. So interessant beide Konzepte auch gewesen sein mögen, umgesetzt hat sie keiner – bis heute.

Obwohl sich Townes zeitlebens energisch für die OSETI-Idee stark machte, provozierte sein Eintreten für die optische Suche nach außerirdischen Lichtsignalen im Gegensatz zu dem von den Medien inszenierten Morrison-Cocconi-Hype auffallend wenig Resonanz. Was folgte, war mitnichten eine lebhafte wissenschaftliche Debatte oder nennenswerte mediale Aufarbeitung seines Vorstoßes. Vielmehr verschwand Townes' *Nature*-Beitrag in den Regalen der westlichen Instituts- und Universitätsbibliotheken. »Die SETI-Gemeinde benötigte 30 Jahre, um darauf aufmerksam zu werden«, erinnert sich Townes.[212] Dasselbe Schicksal ereilte einen anderen Vorschlag, den der US-Elektroingenieur und Laserexperte Monte Ross 1965 zum Besten gegeben hatte. Seine Idee war, den Himmel primär nach kurzen Laserpulsen abzuscannen, eine Vorgehensweise, die seiner Meinung nach von einer außerirdischen Kultur bevorzugt werden könnte, weil im optischen Licht keine magische Wellenlänge existiert.[213]

Tatsächlich erlebten die Ideen von Townes und Ross erst 29 beziehungsweise 24 Jahre nach der Veröffentlichung ihre überfällige Renaissance im Westen. Zuzuschreiben war dies dem englischen Ingenieur und Hobbyastronom Stuart Kingsley. Ohne jegliche ideelle Unterstützung und finanziell auf sich allein gestellt, rief er im Sommer 1990 (wie bereits erwähnt) das Columbus-Optical-*SETI*-Projekt, ins Leben. Ihm gebührt die Ehre, der erste OSETI-Pionier der westlichen Hemisphäre zu sein, der die Town'sche Idee konsequent in die Tat umsetzte.

---

212) Siehe Nadis, Steve: Using Lasers to Detect E.T., in: Astronomy (September 2002), S. 46.
213) Ross, Monte: Search Laser Receivers for Interstellar Communications, in: Proc. IEEE (1965), Nr. 53, S. 1780.

Das weltweit erste OSETI-Experiment hingegen vollzog sich nicht im westlichen Teil der Welt, sondern im Jahr 1973 in der damaligen kommunistischen Sowjetunion, dem Land des politischen Klassenfeinds. Zu einer Zeit, da der Kalte Krieg die internationale Politik dominierte und die Gefahr eines weltweiten Nuklearkonflikts noch wie ein Damoklesschwert über dem Haupt der Menschheit schwebte, richtete der Astronom Prof. Victor F. Shvartsman – voller Hoffnung auf eine bessere Zukunft – ein eigens konstruiertes Instrument auf ferne Welten, auf denen im Idealfall intelligentere und kulturell höher stehende Lebewesen der Gewalt längst abgeschworen haben sollten. An Sensibilität hat es dem von ihm entwickelten Multichannel Analyser of Nanosecond Intensity Alterations (MANIA) fürwahr nicht gefehlt, ermöglichte doch MANIA das exakte Studium von Lichtkurven astrophysikalischer Objekte und das präzise Vermessen der Ankunftszeiten der Photonen mit einer Genauigkeit von 10^{-8} Sekunden. Für die Suche nach außerirdischen Lasersignalen schien Shvartsman bestens gerüstet. Unterstützt von einem 60-Zentimeter-Teleskop des Special Astrophysical Observatory (SAO), an das MANIA gekoppelt war, und unter Einsatz eines speziellen Lichtdetektors visierte er vom Norden des Kaukasus aus 21 Objekte an. Doch die von ihm durchforsteten Sterne wurden weder für einen Bruchteil einer Sekunde von einem künstlichen Leuchtfeuer überstrahlt noch kamen aus deren Regionen längere Laserpulse.[214]

Im November 1974, als Frank Drake und einige Kollegen in Puerto Rico von dem 305-Meter-Radioteleskop das erste Mal in der Menschheitsgeschichte eine an eine außerirdische Kultur adressierte Nachricht ins All entsandten, wurde andernorts ebenfalls Astronomiegeschichte geschrieben: Erstmals trat ein Weltraumteleskop in den Dienst der SETI-Idee. Eingeleitet hatte diese Zäsur der bis dahin unbekannte amerikanische Ingenieur und Wissenschaftler Herbert F. Wishnia, der von dem Gedanken erfüllt war, außerirdische Zivilisationen könnten uns in Form stark gebündelter ultravioletter Lichtstrahlung Botschaften zusenden:

> *»Sterne, die eine ähnliche Temperatur wie unsere Sonne aufweisen, strahlen sehr wenig Energie im ultravioletten Lichtbereich ab, sodass die Empfängerteleskope nicht von der natürlichen Strahlung überblendet werden. […] Deshalb sind Laser, die ultraviolettes Licht bündeln, so gute Kandidaten für ein innergalaktisches Funkfeuer.«*[215]

---

214) Archive of SETI Searches (Appendix L), in: SETI 2020. A Roadmap for the Search for Extraterrestrial Intelligence. Produced for the SETI-Institute by the SETI Science&Technology Working Group, Hrsg.: Ronald D. Ekers, D. Kent Cullers, John Billingham und Louis K. Scheffer, SETI Press, Mountain View, S. 386.

Da Wishnia an der Entwicklung des NASA-Weltraumobservatoriums Copernicus (OAO-3) selbst beteiligt gewesen war, nutzte er die Gunst der Gelegenheit und tastete mit dem 82 Zentimeter großen UV-Teleskop die Drake'schen elf bis zwölf Lichtjahre entfernten erdnahen Sterne Epsilon Eridani, Tau Ceti und Epsilon Indi nach Laser-Botschaften im ultravioletten Bereich unterhalb 0,28 Mikrometern ab.[216]

Wenngleich er kein Alien-Lasersignal ausmachen konnte, markierte doch das zweite OSETI-Experiment den Aufbruch in eine neue Ära, an der auch der Erfinder des Lasers, Charles Townes, partizipieren wollte. Für einen kurzen Zeitraum übernahm er 1986 eigenhändig das Ruder, um dem kosmischen Lichtmeer zu entkommen und endlich an außerirdischen Gestaden zu stranden, wo intelligentes Leben heimisch geworden war. Assistiert von Albert Betz (Universität von Colorado), blickte er mit einem der beiden 1,65-Meter-Interferometer-Teleskope des legendären Mount-Wilson-Observatoriums (nördlich von Los Angeles, Kalifornien) im Infrarotlicht auf 300 erdnahe und sonnenähnliche Sterne. Der Lichtdetektor der Anlage sollte auf der 10.600-Nanometer-CO_2-Wellenlänge kurze künstliche Lichtpulse einfangen. Die Beobachtungssequenzen währten aber durchschnittlich nur 21 Stunden pro Monat, sodass auch dieses kurze Experiment schnell wieder das Zeitliche segnete.[217]

In einem kleineren, beschaulichen Ort namens Bexley in Ohio (USA), abseits der großen Städte und damit jenseits aller urbanen Lichtverschmutzung, erlebte Optical SETI unter einem glasklaren Sternhimmel seine Wiedergeburt. Als Adoptivvater trug sich ein gewisser Stuart Kingsley ins Stammbuch ein. Wenn sich jemals jemand als offizieller Initiator der Jagd nach künstlichen Lichtwellen und Laserpulsen bezeichnen durfte, dann war es jener bereits erwähnte engagierte Amateurastronom, der 1990 mit seinem gerade einmal 25,4-Zentimeter-Fernrohr auf den Spuren von Shvartsman und Wishnia wandelte, seinem »Kind« aber im Gegensatz zum OSETI-Intermezzo von 1973 und 1974 bis auf den heutigen Tag die Treue und es am Leben hielt. Mehr als das: Kingsley gründete noch im selben Jahr das Columbus-Optical-SETI-Programm (COSETI), das weltweit erste längerfristige OSETI-Projekt. Abgesehen von Townes richtete seit den Pioniertagen bis heute kein Astronom oder Hobbybeobachter seinen Fokus so zielstrebig und konsequent auf die Idee des optischen Verfahrens, keiner identifizierte sich so

215) South Middlesex Sunday News, Framingham, MA. (04.05.1975).

216) Lemarchand, Guillermo A.: Interplanetary and interstellar optical communication between intelligent beings, a.a.O., S. 130.

217) Ebd.

sehr mit ihr, fühlte sich ihr so verbunden und kämpfte so verbissen um ihre Verbreitung und Fortführung wie Kingsley. Wann immer sich eine Gelegenheit ergab, warb er für eine verstärkte und weltweit koordinierte Suche nach Laserblitzen und Pulsen außerirdischen Ursprungs, an der auch Amateurastronomen partizipieren sollten (AMOSETI = Amateur Optical SETI). In Zusammenarbeit mit dem Laserexperten Monte Ross, der während seiner Zeit als Projektleiter bei dem US-amerikanischen Flugzeugbauer McDonnell Douglas den weltweit ersten Laser für Kommunikationszwecke entwickelte, versuchte er, mit dem Amateurprojekt Photon Star[218] das *optische* Pendant der SETI@Home-Initiative auf die Beine zu stellen. Aber im Unterschied zu den Internet-Usern, die ständig mit radioastronomischen Datenpaketen versorgt werden, hätten alle beteiligten OSETI-Hobbyastronomen das Datenmaterial mit entsprechendem Instrumentarium (gutes Amateurteleskop, empfindlicher Laserdetektor und spezielle Software) selbst zusammentragen und dieses online zu einem Zentralcomputer weiterleiten müssen. Via Internet und GPS-unterstützt wären Tausende kleine Amateurfernrohre zu einem riesigen virtuellen Teleskop zusammengeschaltet und zielgenau auf ein spezifisches Sternsystem fokussiert worden.[219] Doch bis auf den heutigen Tag hat die OSETI@Home-Idee nur auf dem Papier Gestalt angenommen.

Um den Popularitätsgrad von OSETI zu steigern, schrieb Kingsley etliche Briefe, Aufsätze und später E-Mails, hielt zahlreiche Vorträge, reichte bei der NASA Petitionen ein und organisierte 1993 auch die erste OSETI-Konferenz in Los Angeles, der zwei weitere folgen sollten.[220] Im April 1996 gab er COSETI eine virtuelle Heimat und erstellte drei Homepages, in denen er sein Projekt zum einen der wissenschaftlichen, zum anderen der breiteren Öffentlichkeit schmackhaft zu machen versuchte. Andererseits zielten seine Pläne auch darauf ab, andere Interessierte zu weiteren OSETI-Aktionen zu animieren, Beobachtungen über das Internet in Echtzeit zu ermöglichen und alle gesammelten Daten zu zentrieren sowie die optische Suche über das »Optical SETI Network« im Internet salonfähig zu machen.[221]

---

218) Näheres hierzu siehe Ross, Monte: The Search for Extraterrestrials. Intercepting Alien Signals, Springer, Berlin/Heidelberg/New York 2009, S. 127–133.

219) Ross, Monte/Kingsley, Stuart A.: PhotonStar project, In: Proc. SPIE (2001), Bd. 4273, Nr. 110 [doi: 10.1117/12.435385].

220) Die zweite SPIE-OSETI-Konferenz fand 1996 in San José (Kalifornien) statt. Anlässlich des 40. Geburtstags der OSETI-Idee folgte in derselben Stadt zwischen dem 20. und 26. Januar 2001 das dritte und bislang letzte OSETI-Treffen. Näheres hierzu: [*http://www.coseti.org/*].

221) The Optical SETI Network. The Information Superhighway for the Next Generation of Optical SETI [*www.oseti.net*].

Kingsleys COSETI-Projekt durchlebte jedoch eine unerwartete Durststrecke – insbesondere in den USA. Anfangs sah es danach aus, als würde er gegen Windmühlen anrennen. Denn anstatt von den SETI-Forschern, die vor drei Dekaden den Himmel mit ihren Radioantennen in Beschlag genommen hatten, mit offenen Armen empfangen zu werden, straften diese seine bisherigen Anstrengungen mit Ignoranz. Deren Gleichgültigkeit spiegelt sich in konkreten Zahlen wider: Während Radioastronomen seit Bestehen der konventionellen SETI-Methode von 1960 bis 1990 sage und schreibe 60 offizielle Suchprogramme auf die Beine stellten, verzeichnete OSETI seit 1973 bis 1990 nur deren fünf. Und obwohl die optische Variante als Folge des *Nature*-Artikels von 1961 zumindest Insidern und Experten als vielversprechende Option geläufig war, kam sie selbst in dem legendären 1971 erstellten *Cyclops*-Report, den heute noch viele als SETI-Bibel bezeichnen, ausgesprochen schlecht weg. In der Studie wurde nämlich das Laserverfahren abgewertet und im Gegenzug die Überlegenheit der Radiowellen hervorgekehrt.[222] Allerdings kam das hochgepriesene Projekt *Cyclops* (Zyklop) selbst schlecht weg. Die vorgesehene Riesenanlage, die aus 1500 Teleskopen von jeweils 91,5 Metern Durchmesser bestehen und zum Abhören des Fernseh-, Radar- und Funkverkehrs etwaiger Nachbarn in einem Radius von bis zu 1000 Lichtjahren geeignet sein sollte, war finanziell nicht tragbar. Die veranschlagten 10 Milliarden Dollar (1971!) waren schlichtweg zu viel des Guten für die NASA.

Erst ab 1995 lichtete sich der Widerstand gegen die optische Variante sukzessive. Während in Russland, Australien und der Tschechoslowakei wenige SETI-erfahrene Teams unabhängig voneinander kleinere Laser-Suchaktionen gestartet hatten, sprang der OSETI-Funke endlich zu einem Protagonisten der alten SETI-Schule über, der heute als Chef der SETI@Home-Initiative zu den bekanntesten Verfechtern dieser Idee zählt: Dan Werthimer.

Werthimer, zu diesem Zeitpunkt mit dem SETI-Programm SERENDIP IV (Search for Extraterrestrial Radio Emissions from Nearby Developed Intelligent Populations) der kalifornischen Universität in Berkeley noch voll ausgelastet,[223] hatte über die Jahre schon viel über die ersten OSETI-Anstrengungen gehört. Seine Gespräche mit Townes, dessen Institut in Berkeley nur einen Steinwurf entfernt lag, ermutigten ihn, den ersten optischen Angriff auf Nanosekunden-Basis zu starten. Nachdem Werthimer den ersten OSETI-Detektor konstruiert hatte, der Laserpulse mit einer Dauer von nur einer Mil-

222) Kingsley; Stuart A.: Optical SETI Observatories in the New Millennium: A Review, S. 4 [*http://www.oseti.net*].

223) Näheres zu den fünf SERENDIP-Programmen, von denen das SERENDIP-V noch läuft: [*http://seti.berkeley.edu/serendip*].

lardstelsekunde (eine Nanosekunde) erfassen konnte, startete er am 15. November 1997 den ersten Testlauf[224] mit dem universitätseigenen 76-Zentimeter-Fernrohr des Leuschner-Observatoriums in Berkeley, bevor er ein Jahr später mit SEVENDIP die offizielle Suche nach ETI einleitete. »Ich habe den Detektor zu Demonstrationszwecken gebaut, um die Diskussion zu beleben. Ich hatte eigentlich gar nicht vor, ein Beobachtungsprogramm zu starten«, erinnert sich Werthimer.[225]

SETI@home: Als SETI-Astronomen in den 1990er-Jahren – basierend auf dem Prinzip der parasitären Suchweise (S. 111 f.) – eigens für ihre Observationen die 305-Meter-Schüssel in Arecibo (Puerto Rico/USA) mit einem zusätzlichen Empfänger bestückten, war nur noch zu klären, welche Rechner welche Daten verarbeiten würden. Es gab bereits Projekte wie die Suche nach Primzahlen namens »Great Internet Mersenne Prime Search« (GIMPS), die das Rechnen auf eine Vielzahl von Computer verteilte, aber erst mit SETI@home setzte sich das Prinzip des »Distributed Computing« in der breiten Öffentlichkeit durch. Konsequent setzte SETI seine Idee in die Tat um und nutzte das größte Rechnernetz der Welt, das Internet, um eine noch genauere Überwachung des Himmels zu erzielen. Das an der Universität von Kalifornien in Berkeley entwickelte und von der Planetary Society unterstützte Programm ist ebenso einfach wie genial: Die täglich eingesammelten Daten von dem Arecibo-Radioteleskop werden nach Berkeley (Kalifornien/USA) weitergeleitet und dort vom Zentralrechner in Millionen handliche Päckchen zerlegt. Sodann werden die Datenhäppchen an die angemeldeten Computernutzer, die sich zuvor das notwendige Analyseprogramm kostenfrei heruntergeladen haben, gesandt. Das überspielte SETI@home-Programm, das die Auswertung steuert, wird als Bildschirmschoner installiert. In Aktion tritt es nur, wenn der Computer bzw. der Nutzer gerade eine Ruhephase einlegt. Ist das Datenpaket fertig ausgewertet, gehen die Bits und Bytes an die Hauptzentrale zurück. Am 15. Dezember 2005 wurde das SETI@home-Classic-Projekt offiziell beendet, seitdem läuft es auf der Software-Plattform BOINC weiter. Seit dem 17. Mai 1999, dem Online-Start des weltweit größten Computerexperiments, fahnden derzeit (Stand: Januar 2010) mehr als 5,4 Millionen Computernutzer aus mehr als 230 verschiedenen Ländern mit »häuslichen« Elektronengehirnen nach der intelligenten Stecknadel im Sternhaufen. Zusammen haben sie es seither auf knapp 2,3 Millionen Jahre Rechenzeit und eine Rechenleistung von 700 Teraflops gebracht. Längst ist SETI@Home zum Vorbild für weitere wissenschaftliche Projekte geworden, wie zum Beispiel für Folding@Home oder Einstein@home. Um eine noch bessere Auflösung zu erzielen, soll alsbald SETI@Home II aus der Taufe gehoben werden, das sich mithilfe des Parkes-Teleskops in Australien auf die südliche Hemisphäre fokussieren wird.

224) E-Mail Dan Werthimer an Harald Zaun, 16.06.2009 (22.12 Uhr MEZ).

225) Nadis, Steve: Using Lasers to Detect E.T., a.a.O., S. 46.

Für das damalige System entwickelte er spezielle Lichtdetektoren, die dank ihrer Sensibilität in der Lage waren, innerhalb einer einzigen Nanosekunde vereinzelt Photonen nachzuweisen. Hierfür nutzte er einen Beam-Splitter (Strahlteiler), der das vom Teleskop eingefangene Licht in zwei Ultrahochgeschwindigkeits-Lichtverstärker führte, die dicht am Okular installiert waren. Die beiden Detektoren erwiesen sich als effizient. Durch die ständige Verbesserung dieser Lichtsensoren reduzierten Werthimer und seine Crew mit den Jahren die Anzahl der Fehlalarme spürbar. Ein eingehendes Signal gewann fortan erst dann den Status *verdächtig*, wenn das neue Sensoren-Duo gleichzeitig einen Lichtblitz registrierte. Elektrische Entladungen in der Atmosphäre, stellare und kosmische Strahlung, manchmal auch schlichtweg das natürliche Licht der Sterne oder selbst Kinder, die mit Taschenlampen die Teleskope der Forscher beleuchteten, fielen mit einem Mal als Störquellen weg. Bis Februar 2009 scannte SEVENDIP zirka 10.000 Sterne und 100 Galaxien ab, ohne dabei einen Treffer zu erzielen.[226] Die gezielte Suche nach dem Alien-Flash ging mit Paul Horowitz in eine neue Phase über. Horowitz, ein wahrer SETI-Vollprofi, initiierte und leitete bis 1998 vier große SETI-Projekte, darunter das umfassende BETA-Programm (Billion-Channel Extraterrestrial Array), bei dem gleich 250 Millionen Kanäle von jeweils 0,5 Hertz Breite auf einem Frequenzbereich von 1400 bis 1720 Megahertz abgegrast wurden.[227] Nach einem eingehenden Gespräch mit Charles Townes (der Einfluss des Laser-Erfinders gewann immer mehr an Gewicht) stellte er ebenfalls ein eigenes professionelles Projekt[228] auf die Beine, das sich voll und ganz den Blitzen von ETI widmen sollte. Am 19. Oktober 1998 gab der Harvard-Physiker den Startschuss für die Generalprobe. 40 Kilometer nordwestlich von Boston starrte zum ersten Mal in den USA ein großes Teleskop im Dienste der OSETI-Idee in den Himmel. An dem 1,5-Meter-Wyeth-Teleskop des Oak Ridge Observatory in Harvard (Massachusetts/USA) haftete ein vergleichsweise preisgünstiger spezieller Laserdetektor mitsamt Kamera und Spektrometer, der technisch auf Werthimers Apparatur fußte, von Horowitz' Team aber weiterentwickelt war.

Das »Harvard Targeted Optical SETI Project« basierte auf dem Prinzip der parasitären Suchweise. Um die kostbare Beobachtungszeit des Wyeth-

---

226) MacRobert, Alan M.: SETI Searches Today, in Sky and Telecopes [*http://www.skyandtelescope.com/resources/seti/3304561.html*].

227) Näheres über METASETI, META II und BETA bei: Drake, Frank/Sobel, Dava: Signale von anderen Welten. Mit dem NASA-SETI-Projekt auf der Suche nach fremden Intelligenzen, Droemersche Verlagsgesellschaft/Knaur, München 1994, S. 362–372.

228) Horowitz' Kommentar nach dem Treffen: »I was blown away«, in: Nadis, Steve: Using Lasers to Detect E.T., a.a.O., S. 48.

Teleskops nicht extra in Anspruch zu nehmen, montierten die Forscher um Horowitz ein Zusatzinstrument in Gestalt einer Black Box auf das Teleskop. Während die Kollegen ihre »all-alltägliche« Routinearbeit verrichteten, konnten Horowitz und seine Crew dank des billigen und platzsparenden Huckepackverfahrens parallel nach Lasersignalen fahnden. Von Oktober 1998 bis November 2003 analysierten sie insgesamt 6176 sonnenähnliche und erdnahe Sterne. Während 15.897 Suchläufen sezierten sie Stern für Stern – auf einer Wellenlänge von 550 bis 700 Nanometern. Dabei verzeichneten sie anfangs 1117 »Events«, wie die ETI-Fahnder gemeinhin verdächtige Signale nennen. Keines davon ließ sich anfangs einer Quelle zuordnen. Da sich die 1117 Ereignisse unabhängig voneinander auf die 6176 Sterne verteilten, nahmen die Forscher an, dass die Mehrheit davon einen natürlichen Ursprung hatte.[229]

Darum bemüht, die Fehlalarmquote noch weiter zu drosseln, bestückte Horowitz sein Equipment nicht nur mit den damals modernsten Fotodioden, sondern vernetzte sich auch mit David T. Wilkinson von der Princeton University (New Jersey/USA). Wilkinsons »Princeton Optical SETI Program« nahm ab Mitte November 2001 mit seinem 0,9-Meter-Fernrohr des Fitz-Randolph-Observatoriums in Princeton dieselben Objekte ins Visier, die Horowitz' Aufmerksamkeit erregten.[230] Dank der engen Kooperation, an der auch David W. Latham vom Harvard-Smithsonian Center for Astrophysics seinen Anteil hatte, konnten die Forscher die Anzahl der verdächtigen »Ereignisse« auf null drücken.

Während ein Teleskop einen Treffer landete, konnte das andere umgehend nach dem vermeintlichen Laserstrahl Ausschau halten und bei einem »Ereignis« nach Übereinstimmungen in der Amplitude suchen – und dieses entweder bestätigen oder im Ordner der Irrtümer ablegen.

Vom OSETI-Virus infiziert, der sich in Berkeley zu einer kleinen Epidemie ausgeweitet hatte, begab sich 1999 auch der bekannte Planetenjäger Geoffrey Marcy auf die Suche nach Lasersignalen außerirdischer Provenienz. Finanziell unterstützt von der Planetary Society und dem SETI-Institut startete er eine neue Observationsreihe und wertete dabei größtenteils das Datenmaterial aus, das er mit Paul Butler zwischen 1997 und 2001 während der Suche nach extrasolaren Planeten mit dem gigantischen, auf dem 4200 Meter hohen Vulkan Mauna Kea in Hawaii (USA) thronenden Keck-Spiegel und dem Lick-Observatorium in der Nähe der kalifornischen Stadt San José gehortet hatte.

---

229) Howard, Andrew W. et al: Search for Nanosecond Optical Pulses from Nearby Solar-Type Stars, in: Astrophysical Journal (2004), Bd. 613, S. 6 [doi: 10.1086/423300].

230) MacRobert, Alan M., a.a.O., S. 1 f.

Zirka 1000 Sterne nahm er unter die Lupe und sezierte dabei das einfallende Licht mithilfe der Spektralanalyse, um im Ultraschmalband gleichmäßig und kontinuierlich Lichtsignale zu lokalisieren, wobei eine Erfolgsmeldung auch hier ausblieb.

Den offiziellen Anfang der systematischen OSETI-Beobachtung von Lasersignalen markierte auf der nördlichen Erdhalbkugel der 2001 ins Leben gerufene »New Action Plan« des privat finanzierten, 150 Mitarbeiter starken SETI-Instituts in Mountain View, Kalifornien, der in dem 549 Seiten umfassenden Werk *SETI 2020* publizistischen Niederschlag fand.[231] In dieser Studie, die eine ad hoc einberufene Arbeitsgruppe von 50 Ingenieuren, Astronomen, Technologen und Forschern innerhalb von zwei Jahren ausarbeitete, skizzierten die SETI-Experten auf Dutzenden von Seiten das OSETI-Verfahren und plädierten für eine systematische Doppelstrategie. Sie sah vor, ab dem Jahr 2001 den Himmel nicht mehr allein nach ET-Radiosignalen, sondern für die nächsten 20 Jahre auch im optischen und Infrarot-Wellenlängenbereich nach intelligenten Lichtpulsen abzutasten.

Es war das Startsignal für ein neues SETI-Zeitalter, es war der offizielle Beginn des dualen Daseins von SETI, das gleichwohl bis heute ein leicht latenter Dualismus begleitet. Noch sind nicht alle Gräben zwischen MSETI (Mikrowellen-SETI, klassisches SETI) und OSETI zugeschüttet, was in erster Linie daher rührt, dass einige Vertreter der Optical-SETI-Methode das alte Verfahren, also das Abtasten des Himmels nach Radiowellen, schlichtweg für obsolet halten. Sie argumentieren damit, dass sich wirklich fortgeschrittene fremde Zivilisationen automatisch auch wirklich fortgeschrittener Technologie bedienen würden. Manch Anhänger der optischen Option mag deswegen einen elitären Habitus pflegen und sich über MSETI mokieren, weil er sich dem Glauben hingeben kann, als Mitstreiter der moderneren SETI-Variante selbst moderner zu sein und zeitgemäßer zu agieren als die Repräsentanten der alten Idee. So wundert es nicht, dass dem Entschluss der SETI-Gemeinde, endlich zweigleisig zu fahren, ein mühsamer Umdenkprozess vorausgehen musste. Seth Shostak, einer der wichtigsten SETI-Protagonisten, der parallel zu seiner Arbeit einen Großteil der Pressearbeit für das SETI-Institut organisiert und abwickelt, mag hier als repräsentatives Beispiel gelten. In seinem 1998 erschienenen Buch »Sharing the Universe«[232] erwähnt er die Suche nach Laserblitzen etc. mit keinem einzigen Wort, während er elf Jahre später

231) SETI 2020. A Roadmap for the Search for Extraterrestrial Intelligence. Produced for the SETI-Institute by the SETI Science&Technology Working Group. Hrsg.: Ronald D. Ekers, D. Kent Cullers, John Billingham und Louis K. Scheffer, SETI Press, Mountain View 2002.

232) Shostak, Seth: Nachbarn im All. Auf der Suche nach Leben im Kosmos, F. H. Herbig, München 1999.

in seiner zweiten Solo-Publikation das Sujet immerhin auf vier Seiten abhandelt.[233]

Neue Seiten in den Annalen der OSETI-Geschichte schlugen Dan Werthimer und Richard Treffers von der Universität Berkeley im Jahr 2001 auf, als sie das bis dahin sensibelste Detektorsystem in Betrieb nahmen.

> *»Das ist von allen die empfindlichste optische Suchmethode. Jetzt suchen wir verstärkt nach extrem kurzen, äußerst intensiven Laserpulsen von anderen Planetensystemen, statt lediglich dem Wimmern eines Radiotransmitters zuzuhören.«*

So die pathetischen Worte des Vorkämpfers der SETI-Idee Frank Drake, seines Zeichens Präsident des SETI-Instituts. Neun Jahre zuvor hatte er noch in seinem bisher einzigen populärwissenschaftlichen Werk das optische Verfahren mit keinem Wort gesondert gewürdigt.[234]

2001 nahm das 1-Meter-Telekop des Lick-Observatoriums dank der Unterstützung des SETI-Instituts und der Planetary Society seine Arbeit auf. Dieses Mal mit drei Fotomultiplikatoren versehen, observierte das Team, dem sich auch Shelley Wright von der University of California bei Santa Cruz anschloss, in dem Zeitraum von Dezember 2000 bis Januar 2004 genau 3999 von ursprünglich geplanten 5039 Zielsternen. Dabei nahmen sich Wright und ihr Team für jeden Stern jeweils zehn Minuten Zeit, verzeichneten zwar keinen Treffer, konnten aber immerhin die Anzahl der Fehlalarme auf den statistischen Wert von nur einem pro Jahr drücken.

All diese Erfahrungswerte kamen dem bis auf den heutigen Tag größten und umfassendsten Lichtangriff zugute, der jemals stattfand. Als Spiritus Rector und Projektleiter übernahm der unverwüstliche Paul Horowitz die Regie. Auch dieses Mal griff das SETI-Institut und die Planetary Society den Beteiligten finanziell unter die Arme. Für Horowitz und seinen Assistenten Andrew Howard war somit der Weg frei, um den bis dahin leistungsstärksten Detektor zu konstruieren und zu bauen. Nachdem sie ihre Anlage auf das neue 1,8-Meter-Teleskop des Oak Ridge Observatory in Harvard (Massachusetts) montiert hatten, dem zu diesem Zeitpunkt größten optischen Fernrohr im Osten der USA, feierte das 400.000 Dollar schwere »Harvard All-Sky Optical SETI Survey« am 11. April 2006 seinen Einstand.[235]

---

233) Ders.: Confessions of an Alien Hunter. A Scientist's Search for Extraterrestrial Intelligence, National Geographic, Washington, D.C. 2009, S. 190–194.

234) Zitiert wird aus der deutschen Version des Buches von Drake, Frank/Sobel, Dava: Signale von anderen Welten. Mit dem NASA-SETI-Projekt auf der Suche nach fremden Intelligenzen, Droemersche Verlagsgesellschaft/Knaur, München 1994.

Das weltweit erste Teleskop, das allein für die Suche nach außerirdischen Lasersignalen konzipiert und gebaut wurde, kann dabei auf einen sehr leistungsfähigen Detektor zurückgreifen. Aufgrund seiner Sensibilität kann er eine Billion Messungen pro Sekunde durchführen und im Vergleich zu den vorangegangenen Durchläufen praktisch 100.000 mehr Himmelsausschnitte nach Lasersignalen abdecken und durchforsten. Seitdem das »All-Sky Optical SETI Telescope« in Betrieb ist, tastet es rund um die Uhr kontinuierlich alle sichtbaren Sterne der Milchstraße, die in der nördlichen Hemisphäre zu sehen sind, nach künstlichen Photonen im Nanosekundenbereich ab. Für einen kompletten Himmels-Scan benötigen Horowitz und sein Team 200 Tage. »Bei dem neuen Projekt suchen wir den ganzen Himmel ab; dabei haben wir aber für jede Stelle jeweils nur eine Minute Zeit, was es den Aliens recht schwer macht«, erklärte Horowitz bereits vier Jahre vor dem »First Light« des Teleskops. »Das ist der Grund, warum wir den Durchlauf gerne mehrere Male durchführen würden.«[236]

Im Mai 2009 endete der erste komplette Scan des sichtbaren Nachthimmels der nördlichen Hemisphäre, der gleichwohl weitergehen und vielleicht sogar mithilfe eines zweiten identischen Teleskops auf den Infrarotbereich ausgedehnt werden soll.

Der Photonen- und Spektral-Trick

Wer seine interstellare Flaschenpost nicht in Glas, sondern in Licht verstaut und diese auf Reisen schickt, muss extrem stark senden. Entließe eine fremde Technologie etwa nur einen einfachen Laserstrahl oder Laserpuls ins All, zöge dieser gegenüber dem lichtstärksten Konkurrenten, der jeweiligen Heimatsonne, in jeder Hinsicht den Kürzeren. Der Mutterstern würde nämlich das Laserlicht des Absenders mit seinem stellaren Feuer im Keim ersticken und sogleich überstrahlen.

Natürlich haben die findigen OSETI-Spezialisten diesem Umstand längst Rechnung getragen und folgen konsequent einer allgemein anerkannten Prämisse: Je kürzer und energiereicher ein Laserpuls daherkommt, desto mehr Photonen führt er in sehr kurzen Zeitabständen mit sich. Das stellare Licht stört dadurch weniger. Und je weniger natürliche Photonen registriert werden, desto geringer die Wahrscheinlichkeit, dass eine Signalbotschaft überstrahlt wird. Wer nach künstlichen Lasersignalen sucht, sieht sich gleichwohl

235) MacRobert, Alan M.: A Big Step in the Search for ET, in: Sky and Telescope (11.04.2006) [*http://www.skyandtelescope.com/resources/seti/3311281.html*].
236) Nadis, Steve, a.a.O., S. 48.

der immensen Schwierigkeit gegenüber, dass nach mehreren Hundert Lichtjahren selbst der beste gebündelte Laserstrahl streut und immer breiter wird. Auf der guten alten Erde kämen nur wenige Photonen an, denn jeder Lichtstrahl hat einen – wenn auch kleinen – Öffnungswinkel. Aus diesem Grunde können OSETI-Forscher nur das Licht aus unserer galaktischen unmittelbaren Nachbarschaft – in einem Radius bis zu 2000 Lichtjahren – sezieren. Sie vermögen die besonderen Eigenschaften des Laserlichts (z. B. seinen kleinen Wellenlängenbereich) zu analysieren und die eingehenden, sehr rasch hintereinander auf die Detektoren prasselnden Lichtteilchen Photon für Photon zu zählen. Nur vor Laserstrahlen, die aus noch tieferen stellaren Gefilden stammen, müssen die Sensoren kapitulieren.

Nachdem OSETI-Astronomen den ausgewählten Stern beobachtet, die Photonen registriert und gezählt haben, erfolgt eine zweite Observation, bei der die Spektrallinien systematisch erfasst und miteinander verglichen werden. Um das Alien-Signal mithilfe der Spektralanalyse dingfest zu machen, müssen Astronomen gleichwohl viel Geduld und Zeit mitbringen, denn einzelne Photonen genügen natürlich nicht, um ein Spektrum zusammenzustellen.

Da sich auch irdische Laser extrem schnell ein- und ausschalten lassen und infolgedessen Laserpulse von einer Länge bis zu einer Billionstelsekunde ohne großen Energieaufwand kreiert werden können,[237] setzt das Gros der OSETI-Akteure in der Praxis bei der Jagd nach Aliens auf Nanosekunden-Laserpulse. Bei diesem Verfahren sind die Lichtsensoren der Teleskope vollends gefordert, weil sich alles in einem Zeitfenster von einer Milliardstelsekunde abspielt. Da natürliches, etwa von der Erdatmosphäre kommendes Licht (zum Beispiel Cerenkov-Strahlung) äußerst selten Photonen im 30-Zentimeter-Abstand im Schlepptau hat – das Licht legt in einer Nanosekunde eine Strecke von gerade einmal 30 Zentimeter zurück – müssen die Lichtdetektoren der OSETI-Jäger schnell schalten und walten. Immerhin gilt es, alle einkommenden Lichtpartikel Photon für Photon zu registrieren. Schließlich kommt es auf Nano-Ebene auf jedes Lichtteilchen an.

Während etwa ein sonnenähnlicher Stern 10^{12} Photonen pro Sekunde auf einem Quadratmeter emittiert,[238] würden die OSETI-Spezialisten von einem sonnenähnlichen Stern in 1000 Lichtjahren Entfernung mit einem professionellen Teleskop – ausgehend von dem statistischen Durchschnittwert – bestenfalls 10^7 Photonen pro Sekunde einfangen.[239] Die Lichtsensoren ihrer

---

237) So McConnell Brian: Beyond Contact. A Guide to SETI and Communicating with Alien Civilisations. O'Reilly, Cambridge 2001, S. 109.

238) Dieser Wert bezieht sich auf ein Lichtjahr: Siehe SETI 2020, a.a.O., S. 352.

Teleskope indes würden in der Zeitspanne von 100 Nanosekunden allenfalls eine Handvoll Photonen registrieren.[240] Strahlten dagegen im Teleskopstrahl binnen einer einzigen Nanosekunde zehn oder mehr Photonen um die Wette, wäre dies ein klarer Hinweis auf eine künstliche Quelle, vor allem dann, wenn das Lasersignal periodisch erscheint. Präsentierten sich nämlich die Photonen in einem bestimmten Intervall – unabhängig davon, wie klein oder groß dieses ist –, müsste ihr Ursprung artifizieller Natur sein, weil die von Sternen ausgesandten Photonen in der Regel ungeordnet und ohne geregeltes Intervall eintreffen.[241] Auf Nanosekunden-Basis können sie mit keinem periodischen Muster glänzen. Ein bekanntes astrophysikalisches Phänomen oder Objekt könnte einen Partikelüberschuss auf diesem Niveau und innerhalb dieses Zeitraums mitnichten generieren. Alles spräche für ein absichtlich gepulstes Signal einer Intelligenz.

Für Monte Ross, unbestritten einer der führenden OSETI-Pioniere, sind Nanosekunden-Laserpulse das Mittel der ersten Wahl:

> *»Pulse auf Nanosekunden-Intervalle zu begrenzen, macht jedes einkommende Signal besonders interessant, weil es keine natürlichen Quellen gibt, die solche kurzen Flashs erzeugen.«*[242]

Geoff Marcy hingegen, der nach Laserbotschaften sucht, die über einen längeren Zeitraum regelmäßig pulsieren, operiert nicht im Nanosekundenbereich und zählt mitnichten die Partikel des Lichts. Um natürliche und künstliche Laserpulse voneinander zu trennen, analysiert er vielmehr das Lichtspektrum von F-, G-, K- und M-Sternen. Insbesondere interessieren ihn Peaks in der Spektralverteilung, etwas salopp oft als Spektrallinien bezeichnet, die nicht auf bekannte Elemente oder Moleküle zurückzuführen sind und die damit Rückschlüsse auf eine kontinuierliche Laserstrahlung erlauben.

Die in der Astronomie nicht mehr wegzudenkende Spektralanalyse gewinnt auch in der Exoplanetenforschung immer mehr an Bedeutung. Inzwischen können mittels dieses Verfahrens besonders leistungsstarke im Verbund operierende Teleskope oder Weltraumobservatorien à la Hubble die Temperatur und chemische Zusammensetzung der jeweiligen Planetenatmosphäre im Infrarotlicht analysieren, indem sie das von den Planeten reflektierte weiße

239) Ebd., S. 89.

240) Ein sonnenähnlicher Stern würde indes während eines Lichtjahrs 10^{12} Photonen pro Sekunde auf einem Quadratmeter emittieren. Siehe SETI 2020. A Roadmap for the Search for Extraterrestrial Intelligence, a.a.O., S. 352.

241) Brian, McConnell, Beyond Contact, a.a.O., S. 112.

242) Ross, Monte: The New Search for E.T., in IEEE Spectrum (November 2006) [*http://www.spectrum.ieee.org*].

Licht in seine farblichen Bestandteile wie Rot, Orange, Gelb, Grün, Blau und Violett zerlegen, die sich selbst wiederum in den Spektrallinien manifestieren. Dadurch können die Wissenschaftler die unverwechselbaren Fingerabdrücke der chemischen Elemente im Lichtspektrum exakt erfassen und sezieren.

Bei der Suche nach außerirdischen Lasersignalen gehen die Forscher ähnlich vor. Anstatt jedoch das Licht ferner Planeten auf chemische Elemente hin zu durchforsten, durchleuchten OSETI-Enthusiasten wie Marcy das eintreffende stellare Licht auf signifikante Veränderungen in den Spektrallinien hin, auf Modifikationen, die ihre Herkunft einem Laser verdanken könnten. Zu diesem Zweck visieren Astronomen einen ausgewählten Stern an und erfassen dessen Spektrallinien systematisch. Sind genug Daten vorhanden, erfolgt eine zweite Observation, bei der sie die charakteristischen Linien miteinander vergleichen. Da das weiße Licht von Sternen regelmäßig über das gesamte Farbspektrum strahlt und nur geringfügigen Schwankungen unterliegt, würde eine große Differenz in den Wellenlängen auf die Anwesenheit eines Lasersignals hindeuten.[243] Noch eindeutiger wäre der Fall, wenn ein Teleskop mitsamt seinem Spektrografen einen Lichtstrahl auffinge, der nur in einem engen blauen Bereich des Spektrums emittiert. Schließlich setzt sich kein astrophysikalisch natürliches Objekt derart in Szene.

Um den Alien-Laserflash mithilfe der Spektralanalyse dingfest zu machen, müssen Astronomen gleichwohl viel Geduld und Zeit mitbringen – und tunlichst ein Auge auf Millionen von Wellenlängen werfen. Einige vielversprechende davon könnten die Fraunhoferlinien sein, die ebenfalls in solaren Spektren beheimatet sind.

Dunkle Linien, sprich die Fraunhoferlinien, von denen Sterne in ihrem Spektrum in der Regel etliche aufweisen, sind deshalb dunkel, weil die dazugehörigen Photonen von der stellaren Atmosphäre zuvor regelrecht verschluckt wurden bzw. die Gase der solaren Photosphäre einen Großteil des Sonnenlichts absorbiert haben. Einige Wissenschaftler schreiben dieser Wellenlänge in Anspielung auf das *Wasserloch* im Radiospektrum desgleichen magischen Charakter zu. Eine außerirdische Kultur könnte sich diesen Umstand zunutze machen und die Fraunhoferlinie gezielt modulieren. Sie könnten einen starken Laserstrahl ins All schicken, dessen Wellenlänge absichtlich auf die Wellenlänge einer dunklen Linie abgestimmt wurde. Fallen beide Wellenlängen zusammen, hellt sich die dunkle Linie automatisch auf. Die hieraus zu folgernde Konsequenz wäre nach Auffassung des großen Science-Fiction-Autors Isaac Asimov (1920–1992) radikal:

243) Marcy, Geoffrey W./Reines, Amy E.: Optical SETI – A Spectroscopic Search for Laser Emission from Nearby Stars, in: arXiv:astro-ph/0112479v2 (11.02.2002), S. 3 f.

»Wenn wir also das Spektrum eines Sterns untersuchen und dabei finden, dass eine der dunklen Linien, die charakteristisch für ein bestimmtes Atom sind, fehlt, während die übrigen Linien dieses Atoms wie üblich vorhanden sind, dann könnten wir daraus den Schluss ziehen, dass die entsprechenden Photonen künstlich nachproduziert wurden. Dies würde auf die Anwesenheit einer außerirdischen Zivilisation hindeuten.«[244]

SETIs Wasserloch und magische Frequenzen: Auf der Suche nach der interplanetaren Flaschenpost schwören die SETI-Enthusiasten nicht allein auf die vielbeschworene 21-Zentimeter-Linie (1,42 Gigahertz). Sie interessieren sich auch für eine andere Wellenlänge, die abseits des langwelligen Bereichs der Wasserstofflinie (H) liegt, inzwischen aber längst zur zweiten wichtigen Frequenz in der SETI-Radioastronomie avanciert ist: die Linie des Hydroxyl-Radikals, ein Sauerstoff-Wasserstoff-Molekül (OH). Diese liegt bei 1,662 GHz und bietet sich aufgrund der Bedeutung des Sauerstoffs für die Entstehung biologischen Lebens als Alternativfrequenz zur 21-Zentimeter-Linie an. Da H plus OH die chemische Formel für das Lebenselixier Wasser (H_2O) ergeben, ist der Gedanke naheliegend, den Frequenzbereich zwischen 1420 bis 1660 MHz näher ins Visier zu nehmen. Denn wie durstige Tiere, die sich in einer Wüste um ein Wasserloch scharen und dort mitunter »kommunizieren«, könnten sich Mensch und Alien im stellaren Wüstenmeer bei einem kosmischen Wasserloch begegnen. Innerhalb dieser dunklen und ruhigen Zone, zwischen den Emissionslinien von atomarem Wasserstoff H und dem Hydroxyl-Radikal OH, liegen Millionen von *magischen* Frequenzen, die intelligente Aliens zum Absenden ihrer Botschaften allesamt nutzen könnten.

OZ-SETI und das zweite Wow-Signal

Die zeitweilig verschüttete OSETI-Idee konnte seinerzeit nur deswegen wieder Tritt fassen, weil die neue Generation der irdischen Hochenergie-Laser immer besser wurde. In den letzten beiden Dekaden hat die Lasertechnik einen derart enormen Sprung nach vorn gemacht, dass Experten sie für den Kommunikations- und Informationsträger der Zukunft halten. Die NASA etwa macht von der Laseroption inzwischen fleißig Gebrauch. Genau deshalb könnte es doch sein, sinniert Ragbir Bhathal, dass vernunftbegabte Aliens diese Technologie ebenso für ihre Zwecke nutzen, etwa zum Austausch interplanetarer Botschaften.

244) Asimov, Isaac: Außerirdische Zivilisationen. Sind wir nicht allein im Weltall?, Gustav Lübbe Verlag GmbH, Bergisch Gladbach 1989, S. 357.

»Die NASA nutzt bereits Laser für die Weltraumkommunikation, und die Vorstellung ist nicht unrealistisch, dass außerirdische Intelligenzen genauso verfahren.«[245]

Ragbir Bhathal von der University of Western Sydney in Campbelltown (Australien) leitet seit knapp zehn Jahren das einzige offizielle OSETI-Projekt, das auf den Südhimmel ausgerichtet ist. Wie seine Kollegen von der anderen Hälfte der Erdkugel fahndet der Physiker mit optischen Teleskopen nach künstlich erzeugten, extrem kurzen Laserpulsen im sichtbaren, im ultravioletten und im nahen Infrarotbereich.

Bhathal beschäftigt sich seit 1998 intensiv mit OSETI. Während der Olympischen Spiele in Sydney startete er Ende 2000 feierlich sein erstes auf den Namen OZ-OSETI getauftes Suchprogramm,[246] das kein Geringerer als Arthur C. Clarke als Patron zu Lebzeiten leidenschaftlich unterstützte und sogar indirekt initiierte, indem er Bhathal als Erster zu OZ-OSETI ermutigte.

OZ-OSETI ist eines von mehreren Forschungsprojekten, die Bhathal parallel betreut, aber mit Abstand seine größte Leidenschaft.[247] Sekundiert von zwei computergesteuerten Teleskopen, die im Durchmesser 0,4 und 0,3 Meter groß sind und auf dem Campus nur 20 Meter voneinander entfernt stehen, visieren Bhathal und sein Team in einem Radius von 100 Lichtjahren vornehmlich Sonnen vom Typ F, G und K an. Mindestens 1000 Sterne konzentrieren sich innerhalb dieser Region. Bhathals Interesse gilt dem Wellenlängenbereich zwischen 300 und 700 Nanometern.[248] Sterne der F-, G- und K-Kategorie könnten gute Muttersonnen von erdähnlichen Planeten sein. Den Extrapolationen der Planetenjäger zufolge sollten sich einige davon auch in den habitablen Zonen ferner Sternsysteme eingenistet haben. Innerhalb eines solchen »Grüngürtels« vermag ein Planet mit Leichtigkeit, Wasser im flüssigen Aggregatzustand zu konservieren, eine wesentliche Voraussetzung für biologisches Leben. Auf einigen dieser Welten sollten daher auch, so mutmaßt Bhathal, intelligente Lebensformen existieren, von denen wiederum einige den Kontakt zu anderen Welten via Laser suchen.[249]

Bhathals Arbeitsweise ähnelt der jener Kollegen, die sich dem natürlichen Licht ferner Welten verschrieben haben. Wann immer das Wetter mitspielt

---

245) Callaghan, Greg: Watch this space, in: The Australian (09.05.2009) [*http://www.theaustralian.news.com.au*].

246) E-Mail Ragbir Bhathal an Harald Zaun, 23.05.2009 (gesendet 08:14 MEZ).

247) E-Mail Ragbir Bhathal an Harald Zaun, 02.07.2009 (gesendet 04:37 MEZ).

248) Bhathal, Ragbir: The case for Optical SETI, in: Astronomy & Geophysics (24.12.2001), Bd. 41, Heft 1, S. 1.26. [10.1046/j.1468-4004.2000.00025].

249) Bhathal, Ragbir: Australian Optical SETI-Project, in: Astronomical Society of the Pacific (2000), Nr. 213, S. 553 u. 506.

und der Sternhimmel einladend wirkt, richtet er in 60 Kilometern Entfernung zum Zentrum von Sydney seine Teleskope für einige Minuten auf eine ausgewählte Sternregion, sammelt das Datenmaterial und widmet sich sodann dem nächsten »Target«. Die Datenauswertung folgt in der Regel einen Tag oder einige Tage später.

Die an den Campus-Teleskopen montierten Lichtdetektoren bzw. Photomultiplier (PMTs), sind hochgradig empfindlich – derart sensibel, dass sie mit Leichtigkeit Nanosekunden-Laserpulse erfassen. Einerseits soll diese Methode die Anzahl unnötiger Fehlalarme reduzieren, da zwei Teleskope nun einmal mehr sehen als eins, andererseits sollte damit auch gewährleistet werden, dass im Erfolgsfall die stellare Herkunft eines Signals, sprich die Spur bis zum Absender, leichter direkt zurückverfolgt werden kann.

Auf der Suche nach dem intelligenten Laserblitz folgen Bhathal und seine Kollegen auf der nördlichen Hemisphäre einer technisch orientierten Philosophie: Da sich Photonen bzw. Lichtwellen wie Radiowellen mit Lichtgeschwindigkeit ausbreiten, mit dem Unterschied jedoch, dass die Wellenlänge des Lichts auffallend kürzer ist, lassen sich in ihnen auch mehr Informationen unterbringen. Intelligente Kulturen würden daher wissen, dass sie riesige Datenpakete als Lichtbotschaft über Lichtjahre hinweg problemlos durchs All transportieren können, dies sogar mit nur geringem Datenverlust. Ragbir Bhathal ist sich deshalb sicher, dass Aliens Laser als Kommunikationsmittel der ersten Wahl bevorzugen.

> *»Für eine fortgeschrittene Zivilisation wäre eine auf Radiowellen basierende Technologie ein alter Hut. Mein Gefühl sagt mir, dass – wenn es da draußen außerirdische Intelligenzen gibt – diese uns Laserpulse oder einen Laserflash zusenden.«*[250]

In den frühen Morgenstunden der ersten Dezemberwoche 2008 registrierten Bhathals Detektoren in der Tat einige Photonen zu viel. Da die Sensoren des Primärteleskops tadellos funktionierten und auch das zweite Campus-Fernrohr den Eingang des starken Signals bestätigte, musste der Verursacher dieses »Events« ein starker Laserpuls sein. Hatte da etwa ein kosmischer Nachbar versucht, ein lichtstarkes Datenpaket zuzustellen? Das mysteriöse Signal stimmte Bhathal jedenfalls nachdenklich:

> *»Ich fragte mich sogleich, ob dahinter ETI steckt oder ob es ein gefälschtes Signal war oder nur die Quelle eines unbekannten astrophysikalischen Phänomens.«* [251]

---

250) Callaghan, Greg: Watch this space, a.a.O.

Zumindest Bhathal schloss diese Möglichkeit nicht gänzlich aus. Sichtlich beeindruckt von der unnatürlich hohen Photonenzahl notierte er auf dem Computerausdruck: »Is it ET?« Gut 32 Jahre nach Jerry Ehmans geheimnisvollem, bis auf den heutigen Tag nicht geklärten Funkfeuer hatte Optical SETI sein erstes WOW-Signal. Noch im Mai 2009 spekulierte Bhathal über den Ursprung seines Fundes:

> *»Im Moment sind wir nicht in der Lage, den Herkunftsort des Signals zu bestimmen. Wir arbeiten daran und werten alle Daten mehrfach aus und versuchen, alle möglichen natürlichen Quellen auszuschließen.«*[252]

Auch wenn die genaue stellare Entstehungsstätte des Pulses vorerst unbekannt bleibt, kristallisierte sich nach einer intensiven mehrwöchigen Recherchephase immerhin heraus, dass das Signal aus dem Sternbild Tukan (lat. Tucana) kam (Koordinaten RA: 00:24:05.67 und Dec: -72:04:52.6).[253]

Was aber auch immer die Quelle des kurzen Laserblitzes gewesen war, ob es von einem optischen Pulsar stammte oder das Produkt einer gänzlich unbekannten kosmischen Erscheinung war, bleibt vielleicht für immer nebulös, da sich der Nanolaserpuls bis heute nicht wiederholte und mit großer Wahrscheinlichkeit auch nicht wiederkehrt. Wohl deshalb lässt Bhathal der ET-These nicht den Vortritt, sondern übt sich vielmehr in Reserviertheit:

> *»Wir sind noch weit davon entfernt, ein Signal von ET einzufangen. Aber wenn es uns gelingt, dann wird diese Entdeckung noch größer sein als die Entdeckung Amerikas.«* [254]

Zukunftschancen und Perspektiven

OSETI ist schon seit Langem den Kinderschuhen entwachsen. So überrascht es nicht, dass sich die optische SETI-Variante derweil auch weltweit als zweites Standbein der SETI-Forschung etabliert und diverse Wissenschaftler in ihren Bann gezogen hat, liegen doch die Vorteile von OSETI auf der Hand. Zwar breiten sich Radiowellen wie Lichtwellen oder Photonen mit Lichtgeschwindigkeit aus, mit dem Unterschied jedoch, dass die Wellenlänge des Lichts rund 500.000-mal kürzer ist.

---

251) So Bhathal, Ragbir: Is it ET?, Blog 3: 29. Mai 2009. [*http://grenzwissenschaft-aktuell.blogspot.com/2009/05/australian-seti-astronomers-detect.html*].

252) Ebd.

253) E-Mail Ragbir Bhathal an Harald Zaun, 03.07.2009 (gesendet 09:45 MEZ).

254) Bhathal, Ragbir: Is it ET?, a.a.O.

Dass Laserstrahlen gemeinhin als Informationsträger par excellence gelten und sich in hochfrequente Strahlen besonders viele Informationen besonders gut packen lassen, wertet der Radioastronom und SETI-Chefastronom Seth Shostak vom SETI-Institute in Pasadena (Kalifornien) als Vorteil, der zugleich mit einem Nachteil einhergeht:

> *»Ein einziges Photon aus dem grünen Anteil des Lichts kann deshalb 500.000-mal mehr Energie stauen als ein einziges 21-Zentimeter-Radiophoton, weil seine Wellenlänge 500.000-mal kürzer ist. Das bedeutet, dass das Absenden von Radiosignalen auch 500.000-mal billiger als Lichtsendungen sein sollte.«* [255]

Mit geringem Informationsverlust lassen sich selbst riesige Datenpakete über Lichtjahre hinweg als optische Datenpost problemlos durchs All jagen, bei Bedarf sogar die komplette Library of Congress,[256] weltweit gewiss nicht die kleinste Bibliothek. Verpackt in hochenergetische Laserstrahlen, erreichen sie mit Lichtgeschwindigkeit den unbekannten Adressaten.

Ein großer Vorteil des optischen SETI-Verfahrens besteht darin, dass es fern aller irdischen Interferenzen operiert. Einmal in irdischen Gefilden angekommen, können unsere Teleskope jedweden erdnahen Laserpuls registrieren, ohne dass ein terrestrisches Störsignal je eine Chance hätte dazwischenzufunken. Sollten ET & Co. aber dereinst mithilfe von Laserpulsen auf sich aufmerksam machen, müssten sie ihren Strahl so breit streuen, dass er die ganze Erdbahn umfasst. »Benutzt der Sender sichtbares Licht und ein großes Teleskop von 10 Meter Durchmesser, dann könnte er nur auf Sterne zielen mit mindestens 2000 Lichtjahren Entfernung«, verdeutlichte der bekannteste deutsche SETI-Forscher Sebastian von Hoerner.[257] Nur so wäre garantiert, dass die Lichtbotschaft der *Anderen* nicht im photonenarmen Weltraum verloren geht.

Tatsächlich haben Experimente mit der neuesten Lasergeneration ergeben, dass wir bereits heute in der Lage wären, einen Laserpuls zu erzeugen, der tausendmal heller als unsere Sonne aufleuchtet. Außerirdische Zivilisationen, die in einem Radius von bis zu 100 Lichtjahren leben, könnten ein von uns absichtlich produziertes Lasersignal problemlos lokalisieren, sofern auf fernen Welten desgleichen lichtempfindliche Augen, Detektoren oder Sensoren (es könnte ja auch eine Roboterkultur sein) zum Himmel blicken.

---

255) Shostak, Seth: Confessions of an Alien Hunter, a.a.O., S. 191.

256) SETI to Search for Extraterrestrial Laser Light (24.07.2001), in: Space.com [*http://www.space.com/searchforlife/optical_seti_010724.html*].

257) Siehe Hoerner, Sebastian v.: Sind wir allein? SETI und das Leben im All, Verlag C.H. Beck, München 2003, S. 189.

Da ein auf extrem starken und kurzen Pulsen basierender Laserstrahl – anders als eine Radiowelle – linear durchs All streift, kann der Empfänger auf diese Weise die Position des Absender-Planeten genau ermitteln. Ein Vorteil für den Empfänger einerseits, ein Nachteil für den Adressanten andererseits, kann doch Letzterer seine Botschaft nicht einfach aufs Geratewohl, sondern nur zielgerichtet gen Unendlichkeit pulsen. Denn um starke Laserblitze oder gar ein kontinuierliches Lasersignal zu generieren, bedarf es hoher Energien. Und die sind auf Mutter Erde vermutlich genauso teuer wie auf den Heimatwelten unserer Brüder und Schwestern im All. Wenn schon, dann müssten die außerirdischen Laserpulse zu solchen Sternregionen senden, wo sie dialogbereite Partner vermuten. Um beispielsweise die Erde zu erreichen, müssten sie ihre Lichtbotschaften ganz gezielt auf unseren Heimatplaneten richten. Ansonsten würde jedwede von ihnen in guter oder böswilliger Absicht versandte lichtreiche Nachricht in der Weite des dunklen kosmischen Ozeans verlorengehen oder eine andere Kultur beglücken, womöglich sogar erschrecken.

Wo gesendet wird, braucht es leistungsfähige Empfänger im Überfluss. Denn wer die Chancen auf Erfolg wahren will, muss rund um den Globus mit möglichst vielen Teleskopen den Sternen die Aufwartung machen, sie kontinuierlich beobachten, ihr Licht durchstöbern, dabei jede Sonne mit mindestens zwei Teleskopen bewachen, um fehlerhafte Treffer zu reduzieren. Im Idealfall sollte das Ganze im Rahmen einer koordinierten weltweit organisierten Observation mit einem riesigen Geschwader von Teleskopen über die Bühne gehen, auf der sowohl professionelle als auch Amateurastronomen ihren Auftritt haben. Denn wenn außerirdische hochstehende Technologien ihre Kosmogramme wirklich auf Lichtbasis versenden, werden sie möglichst energiereiche Datenpakete verschicken, weil energieschwache Signale schlichtweg eine zu geringe Reichweite haben und die Erfolgschancen daher minimieren. Berufs- und Hobbyastronomen könnten sich diesen Umstand zunutze machen. Bereits ein gutes Amateurteleskop und eine hochwertige CCD-Kamera mit hochsensiblen Fotodetektoren genügen, um starke Pulse aus dem All zu empfangen.

Trotz aller Vorzüge hat OSETI auch unübersehbare Schwächen, wie etwa das Fehlen einer *echten* magischen Frequenz, mit der Radioastronomen so gerne kokettieren und argumentieren. Mit einer adäquaten Wellenlänge kann OSETI eben nicht dienen. Selbst die viel beschworene Fraunhoferlinie im stellaren Spektrum hat wenig Magisches an sich. In der kosmischen, von wenigen Planetenoasen durchzogenen Wüste können sich die laserbegeisterten Forscher leider nicht um ein *Wasserloch* scharen. Ein Umstand, der zugleich auch ein Vorteil sein könnte, müssen doch die OSETI-Anhänger nicht wie ihre Kollegen von der Radio-Fraktion mehrere Millionen von Frequenzkanälen abdecken und durchforsten.

Ein weiterer Nachteil gegenüber Radiowellen tritt offen zutage, hält man sich den begrenzten Senderadius von Lasern vor Augen. Selbst stark gebündelte Laserstrahlen müssen kosmisch-materiellen Erscheinungen Tribut zollen. Schließlich hadern alle auf ihrer einsamen Odyssee durchs All vagabundierenden Photonen mit dem Schicksal, an Strahlkraft zu verlieren, sobald sie auf Gas- oder Nebelwolken treffen. Die Schwächung des Lichts durch Gas und Staub begrenzt die optische Methode. Während Funksignale theoretisch Millionen Lichtjahre lang ungestörter durchs All ziehen und sich mit zunehmender Distanz über einen immer größeren Radius im All verteilen (dabei aber auch schwächer werden), ermöglicht die gegenwärtige irdische OSETI-Technik nur die Beobachtung der erdnahen kosmischen Nachbarschaft. Vorerst decken selbst die hochauflösenden Spektrografen, die sehr schmale Spektrallinien analysieren, bestenfalls einen Radius von bis zu 1000 Lichtjahren ab. Andererseits tummeln sich aber innerhalb dieser Region immer noch eine Million Sterne.

Eine dialogwillige Kultur müsste vor dem Absenden ihrer Laser-Botschaften freilich noch ein völlig anderes Problem in den Griff kriegen: Während Radioastronomen tunlichst darum bemüht sind, das Eigenrauschen des Empfängers so gut es geht zu drosseln, muss der Adressant sein Lichtsignal so stark bündeln und energiereich verpacken, dass es sich vom Heimatstern lichtreich abhebt. Das kostet Geld, wie Seth Shostak vorrechnet:

> *»Wenn sie für ein Teleskop 50 Millionen Dollar zur Verfügung haben, können sie sich einen optischen Spiegel von 10 Meter Durchmesser kaufen. Für denselben Betrag können sie aber auch eine Radioschüssel von 100 Meter Größe bauen.«* [258]

Würde die Menschheit einmal aktiv OSETI betreiben und einen Lichtstrahl mit einem Teleskop von 50 Zentimetern Durchmesser bündeln, verstärken und senden, bräuchte der Laser mindestens eine Leistung von einer Million Megawatt, um einen kurzen Nanosekunden-Puls aufzubauen. Mit der heute zur Verfügung stehenden irdischen Lasertechnik wäre dies durchaus zu bewerkstelligen. Bislang aber hat noch kein Forscherteam je ein *offizielles* Lasersignal ins All gepulst und diese Option interessanterweise auch noch nicht ernsthaft in Erwägung gezogen. An Technik und Know-how mangelt es nicht – nur am Geld. Fakt ist: Die großen Investitionen, die dringend benötigten finanziellen Zuschüsse, um zukunftsträchtige Großprojekte voranzutrei-

258) Shostak, Seth: Confessions of an Alien Hunter, a.a.O., S. 192.

ben und dadurch die Chance auf einen »First Contact« zu erhöhen, liegen kaum in greifbarer Reichweite, sondern eher Lichtjahre entfernt. Noch erweist sich die Suche nach Radiostrahlung als die billigere Variante, obgleich Optical SETI finanzierbar wäre. Kein Wunder, dass Dan Werthimer ein Lied vom Leid eines OSETI-Forschers zu singen weiß:

> *»Wir haben kürzlich über noch leistungsstärkere Teleskope für das Leuschner- und Lick-Observatorium nachgedacht. Hierfür sind zurzeit aber leider keine Gelder da.«*[259]

Die letzten weltweit finanzierten großen vier OSETI-Programme in Harvard, Berkeley, am Lick-Observatorium und in Australien können sich dank einiger privater Finanzspritzen noch gut über Wasser halten und den Routinebetrieb vorerst aufrechterhalten. Mittlerweile sind sogar Planungen im Gange, an der Iowa State University ein weiteres Suchprogramm zu etablieren. Die Jagd nach dem Laserflash geht weiter – auf allen Wellenlängen im optischen Licht.

Ein Wellenlängen-Fenster, das in der Optical-SETI-Forschung zusehends an Zuspruch gewinnt, ist der Infrarotbereich. Es hat sich längst herumgesprochen, dass ein Infrarot-Lasersignal mit weitaus weniger Informationsverlust als bei sichtbarem Licht dunkle Gas- und interstellare Staubwolken durchdringt und sich in puncto Kontrast vom Heimatstern des Absenders stärker abhebt.[260] Da für ein derartiges Unterfangen Astronomen die Infrarotlicht absorbierende irdische Atmosphäre aber irgendwie austricksen müssen, rücken derweil Flugzeugobservatorien wie der NASA-ESA-Forschungsjet SOFIA (Stratospheric Observatory for Infrared Astronomy) stärker in den Fokus. So könnte SOFIA mit seinem leistungsstarken 2,7-Meter-Hauptspiegel und den beiden Spektrometern auch jenen Infrarotbereich von fünf Mikrometern störungsfrei untersuchen, den die irdische Atmosphäre normalerweise abblockt.[261] Doch ob die kostbare Beobachtungszeit von SOFIA für die Suche nach künstlichen Laserblitzen überhaupt in Anspruch genommen werden kann, ist noch völlig offen, da der Jet, eine umgebaute Boeing 747SP, mitsamt seinem Infrarotteleskop noch einige Testflüge absolvieren muss, bevor er seine reguläre Arbeit aufnehmen kann. Aber auch die Nachfolger von Weltraumsternwarten wie der erfolgreiche Infrarotsatellit IRAS (Infrared Astronomical Satellite), der 1983 zehn Monate lang in 900 Kilometer Höhe nach kosmischen Infrarotquellen spähte, wären für eine OSETI-Fahnung prädestiniert. Einen OSETI-Probelauf mit einem Infrarotweltraumteleskop, der

259) E-Mail Dan Werthimer an Harald Zaun, 16.06.2009 (22.12 Uhr MEZ).
260) SETI 2020. A Roadmap for the Search for Extraterrestrial Intelligence, a.a.O., S. 215.
261) Ebd., S. 216 f.

mehr als eine Generalprobe war, startete ein Forscherteam 1996. Mit dem 0,6-Meter-Fernrohr des Infrared Space Observatory (ISO) untersuchte die Crew sechs sonnenähnliche Sterne und einen weiteren Zielstern, der stark im infraroten Bereich emittierte. Die Hoffnung, dabei Dyson-Sphären (S. 227 f.) oder andere Spuren außerirdischer Astroingenieuraktivität zu finden, erfüllte sich nach einer 1,3 Stunden währenden Suchaktion nicht.[262]

Letzten Endes steht und fällt alles mit der Sensibilität der optischen Instrumente, die im Gegensatz zu Radioteleskopen immerhin frei von terrestrischen Störungen operieren können – vorerst. Denn was passiert, wenn die sich verändernde Kommunikationstechnik, in der das Laserverfahren eine immer größere Bedeutung spielt, dazwischenblitzt? Es lässt sich wohl kaum von der Hand weisen, dass immer mehr Laser zu Boden, in der Luft und im Orbit operieren. Diese irreversible Entwicklung wird die OSETI-Spezialisten in den nächsten Dekaden dazu nötigen, neue Konzepte auszuarbeiten und gegebenenfalls sogar Weltraumteleskope jenseits des Orbits zu platzieren oder solche »parasitär« zu nutzen.

Eines davon stünde ihnen theoretisch heute schon zur freien Verfügung, driftet aber seit knapp 20 Jahren ausschließlich im Dienste der klassischen Astronomie im Orbit. Das praktisch restlos ausgebuchte Hubble-Weltraumfernrohr wäre mit seinem 2,4-Meter-Hauptspiegel, der Infrarotkamera NICMOS und dem STIS-Spektrografen fürwahr der ideale Kandidat für einen Scan nach Lasersignalen. Hubble, das einen Wellenlängenbereich von 110 bis 1100 Nanometern abdeckt, wäre hierfür nur noch mit schnellen Foto-Detektoren zu bestücken. Eine ähnliche Prozedur müsste auch das James Webb Space Telescope (JWST) über sich ergehen lassen, wollte es einmal nach Laserblitzen fahnden. Es soll voraussichtlich ab 2014 in der Erdumlaufbahn schweben und mit einem 6,5-Meter-Spiegel und empfindlichen Detektoren ausgestattet sein. Noch hat kein Befürworter des OSETI-Programms die NASA-Verantwortlichen davon überzeugen können, beide Weltraumsternwarten mit leistungsfähigen Fotosensoren zu versehen. Selbst Stuart Kingsley, zweifelsfrei der unnachgiebigste Verfechter des optischen Verfahrens, stieß mit seinen Petitionen und Briefen bei der NASA bislang auf taube Ohren. Sein offen vorgetragener Wunsch, die beiden Weltraumteleskope mit OSETI-tauglichen Sensoren nachzurüsten, weil nur diese in der Lage seien, hochfiligrane Laserpulse oder schwache Laserstrahlen (insbesondere) im Infrarotbereich auszumachen, blieb unerhört.[263]

Vielleicht erklärt dies, warum derweil viele OSETI-Anhänger ihre größten Hoffnungen auf ein Teleskop richten, das die NASA speziell für die Suche

262) Archive of SETI Searches (Appendix L), in: SETI 2020, S. 418.

nach Exoplaneten und Lebensformen im All konzipiert hat. Ob das Superteleskop Terrestrial Planet Finder (TPF) wirklich – wie vorgesehen – um das Jahr 2020 ins All startet und fünf Jahre lang im optischen und Infrarotspektrum nach erdähnlichen Planeten sucht – dies 100-mal genauer als Hubble – steht jedoch noch nicht einmal in den Sternen, die Hubble derweil mit größter Präzision aufzulösen vermag. Im Februar 2006 wurde der TPF das Opfer von radikalen NASA-Budgetkürzungen und auf unbestimmte Zeit verschoben. Sollte die Mission dennoch einmal starten, werden zwei sich ergänzende Teleskopsysteme ihre Arbeit aufnehmen und 50 Lichtjahre tief ins All blicken. Sie bestehen aus einem optischen Spiegel, der die zirka 10-fache Auflösung des heutigen Hubble-Weltraumteleskops hat und das Licht der vier zusammengeschalteten, drei bis vier Meter großen Interferometer-Spiegel bündelt. Der TPF könnte bei der Jagd nach dem Alien-Flash den Ausschlag geben. Denn ein sensibles weltraumgestütztes Interferometer-Teleskop wie TPF befähigt Astronomen, zwischen dem von Sternen emittierten und dem von deren Planeten reflektierten Licht zu unterscheiden. Ein künstlich erzeugter Laserstrahl bliebe einem derartig empfindlichen Teleskop keinesfalls verborgen,[264] ein Faktum, das auch Paul Horowitz bereits 2001 lapidar auf den Punkt brachte:

> *»Wir meinen, dass dieses Instrument, so wie es zurzeit angedacht ist, empfindlich genug sein wird, Laserstrahlen von einer technologisch fortgeschrittenen Zivilisation einzufangen.«*[265]

263) »I strongly request the panel and NASA to give serious consideration to equipping both telescopes with photon-counting systems to cover as much of the spectral range as possible within the limits of the state-of-the-art in photon-counting technology with time resolution capabilities down to 1 ns.« Siehe Schreiben [offener Brief] Stuart A. Kingsley an John N. Bahcall, 02.11.2003, in: Coseti.org [*http://www.coseti.org/hst-jwst.htm*].

264) Brian, Mc Connell: Beyond Contact, a.a.O., S. 114 f.

265) Howard, Andrew/Horowitz, Paul: Optical SETI with NASA's Terrestrial Planet Finder, in: Icarus (März 2001), Bd. 150, S. 163. [doi: 10.1006/icar.2000.6579].

8 SETI classic
The next Generation

Wir […] sollten daher nach außergewöhnlichen Radioemissionen, optischen Kurzmeldungen und Signalen von absolut jeder Art suchen, für die wir über entsprechende Instrumente verfügen.

Sir Martin Rees, 2003

SETI kratzt gegenwärtig nur an der Oberfläche. Wir müssen so viele Teleskope, Techniken und Strategien wie möglich nutzen, um unsere Chancen auf Erfolg zu erhöhen.

Dan Werthimer, 2008

Der lang ersehnten interplanetaren Flaschenpost habhaft zu werden, ist bis auf den heutigen Tag noch keinem SETI-Angler vergönnt gewesen. Warum sich in den von ihnen ausgeworfenen Netzen immer noch keine Beute verfangen hat, hat sowohl Gefühle der Enttäuschung als auch Trotzreaktionen provoziert. Während Optimisten sich derweil sicher sind, am richtigen Küstenabschnitt zum rechten Zeitpunkt auf das unbekannte Strandgut zu warten, glauben Pessimisten, dass die Welle im elektromagnetischen Ozean, in der die interplanetare Flaschenpost treiben könnte, entweder die Erde längst passiert hat oder an anderen Gestaden des kosmischen Meeres angespült wurde – oder womöglich nimmer strandet.

Um solcherlei schwarzmalerischen Prognosen effektiv Einhalt zu gebieten und die eigenen Erfolgschancen zu erhöhen, suchen die SETI-Astrobiologen verstärkt nach weiteren Alternativen. Alle Register der exobiologischen Kunst ziehend, optimieren sie ihre technischen Apparaturen sowie Softwareprogramme, etablieren erfolgreich die SETI@Home-Initiative (S. 110) und diskutieren mit großem Eifer über neue Wege, Techniken, Suchstrategien, Frequenzen und Konzepte. Schließlich ist auf dem Weg zum Erfolg Kreativität gefragt, sind neue Einfälle und Denkansätze unabdingbar. Weil die Praktiker und Theoretiker unter den SETI-Akteuren diese Qualitäten durchaus mitbringen und vielversprechende Projekte der Zukunft angedacht und zum Teil schon umgesetzt haben, sollen in diesem Kapitel einige ausgewählte Beispiele dargelegt werden. Die Ideen und Konzepte in ihrer Gesamtheit aufzuführen, wäre angesichts ihres quantitativen Reichtums ein aussichtsloses Unterfangen, zumal alle Projekte der Zukunft – auch wenn sie technisch umsetzbar wären – spätestens an der schmalen finanziellen Basis scheitern. In der Wissenschaftslandschaft kursieren viele gute Konzepte und Ideen, die das Radioteleskop, respektive die Großanlage der Zukunft, beschreiben. Die Erfahrung lehrt, dass nur ein kleiner Teil von ihnen den Sprung vom Reißbrett in abgelegene Wüsten oder in die tiefste Wildnis schaffen wird, wo sich in der Regel die schüsselartigen Antennen am wohlsten fühlen, funken doch in solchen Regionen unerwünschte störende Radioquellen selten dazwischen. Was jedoch stetig dazwischenfunkt, sind die chronisch versiegenden Geldquellen, aus denen – hier passt die Analogie zur Wüste – selten etwas Erfrischendes sprudelt.

Auch dem ersten Großteleskop der SETI-Wissenschaftler, dem Allen Telescope Array (ATA), das SETI einmal tagaus, tagein für unabhängige Horchaktionen zur Verfügung stehen soll, dürstet nach Geld. Das gilt für seine Mitkonkurrenten und Nachfolger umso mehr ...

Dauerlauschangriff auf ETI

Das Allen Telescope Array zählt zur LNSD-Kategorie, der »*L*arge *N*umber of *S*mall *D*ishes«. Ins Leben gerufen wurde die Anlage mit der »großen Anzahl kleiner Schüsseln«[266] vom kalifornischen SETI Institute und dem Radio Astronomy Laboratory der University of California in Berkeley. Seit 2001 befindet sich das Projekt, das speziell für die Suche nach außerirdischem Leben konstruiert wurde, in der Planung und im Bau. Zu dieser Zeit firmierte es noch unter dem Namen *One Hectare Telescope* (*1hT*).[267]

Der Paradigmenwechsel in der SETI-Forschung scheint demnach programmiert, der Weg dorthin aber noch lang. Im Idealfall sollen ab 2014 einmal 350 Teleskope 24 Stunden am Tag, sieben Tage die Woche im Dienste der SETI-Idee ungestört und ununterbrochen nach außerirdischen Kosmogrammen Ausschau halten. Angedacht war, dass die komplette Antennen-Armada spätestens 2011 einsatzbereit ist. Doch der Wunschtermin ist nicht einzuhalten. Noch fehlen 40 Millionen Dollar, damit das ehrgeizige Projekt zum

266) Website des SETI Institute [Stand: 2010; letztes Update 2008/*http://www.seti.org/ata*].

267) Näheres zu den Ursprüngen des ATA siehe: SETI 2020. A Roadmap for the Search for Extraterrestrial Intelligence. Produced for the SETI-Institute by the SETI Science&Technology Working Group. Hrsg.: Ronald D. Ekers, D. Kent Cullers, John Billingham und Louis K. Scheffer, SETI Press, Mountain View 2002 (vgl. Index).

Abschluss gebracht werden kann.[268] Ohne eine vorangegangene große Geldspende hätte das in der Nähe des nordkalifornischen Städtchens Hat Creek ansässige neue SETI-Areal noch nicht einmal in die Testphase gehen können. Dank der großzügigen Microsoft-Finanzspritze von 30 Millionen Dollar, injiziert von dem MS-Mitbegründer Paul Allen, konnten die ersten 42 Radioteleskope der ATA-Anlage 2007 ihren Einstand feiern. Seit dem 11. Oktober 2007 wird das Equipment aufgebaut, die Systeme eingerichtet, die Software optimiert und an jedem einzelnen Teleskop die notwendigen Kalibrierungen vorgenommen.

Das Interferometrie-Verfahren in der Radioastronomie: Einzelne Radioteleskope erreichen trotz ihrer enormen Größe nur ein begrenztes Auflösungsvermögen am Himmel. Um das Auflösungsvermögen zu vergrößern und somit wesentlich schärfer hinsehen zu können, werden Radioteleskope miteinander verkoppelt, zum Beispiel in Form von Arrays oder mithilfe des Interferometrie-Verfahrens. Die Interferometrie macht sich den physikalischen Effekt der Interferenz zunutze, die Überlagerung mehrerer Wellen. Auf diese Weise erzielt man eine deutlich verbesserte Auflösung. Umgesetzt wird das Interferometrie-Verfahren in der Radioastronomie durch elektrische Kabel, die direkt auch Kilometer weit voneinander entfernte Radioteleskope verbinden – oder die Beobachtungen einzelner Radioobservatorien werden mit genauen Positions- und Zeitangaben versehen im Computer durch entsprechende Simulationen und Abstimmungen zur Interferenz gebracht. In jedem Fall bringt letztlich ein Empfänger, der sogenannte Korrelator, die verschiedenen Signale zusammen und der Computer errechnet die Überlagerung. Die USA überzieht solch ein Netzwerk: Das »Very Long Baseline Array« (VLBA) ist ein Radiointerferometer, in das zehn Radioteleskope mit je 25 Meter Durchmesser eingebunden sind. Es umspannt mehr als 8000 Kilometer vom Mauna-Kea-Observatorium auf Hawaii über Brewster im Staat Washington bis zu St. Croix auf den Virgin Islands. Die so erreichte Auflösung ist immens, im Spektrum des sichtbaren Lichts könnte ein in New York ansässiger VLBA-Nutzer eine Zeitung in Los Angeles lesen.

Als die Ingenieure und Astronomen am 12. Juli 2008 den ersten Testlauf mit mehreren Antennen absolvierten – dem Prinzip der Interferometrie folgend wurden gleich 12 Antennen zusammengeschaltet –, gewannen sie einen ersten positiven Eindruck von der Kapazität der Anlage. Mithilfe des ATA und des SETI-Signal-Detektors *Prelude*[269] gelang es, das sehr schwache Trägersignal der 1977 gestarteten und inzwischen 17 Milliarden Kilometer (Stand: März

268) MacRobert, Alan: The Allen Telescope Array: SETI's Next Big Step, in: Sky and Telescopes Online (September 2009) [*http://www.skyandtelescope.com/resources/seti/3304581.html*].

2010) entfernten Raumsonde Voyager 1 zu orten, die selbst mit einer Botschaft für außerirdische Zivilisationen bestückt wurde.[270] Seitdem können die im Verbund arbeitenden, jeweils 6,1 Meter großen Gregory-Parabolspiegel mit ihren Breitband-Einzelhornantennen das vorgegebene Ziel permanent ins Visier nehmen – 24 Stunden am Tag, sieben Tage die Woche. »Wenn wir damit fertig sind, werden wir in der Lage sein, eine kontinuierliche SETI-Observation durchzuführen«, erklärt Seth Shostak vom SETI-Institut in Mountain View (Kalifornien). »Das ist ein großer Tag für die Radioastronomie und die Erforschung des Kosmos«, sagte Leo Blitz, der als Professor für Astronomie in Berkeley lehrt und forscht, kurz nach der Einweihung und Inbetriebnahme der ersten ATA-Teleskope.[271]

Vorbei die Zeiten, da SETI-Forscher noch mit dem Prinzip der parasitären Suchweise vorliebnehmen und dabei, den Suchstrategien und Beobachtungszielen der konventionellen Radioastronomen brav folgend, *deren* ausgewählte Himmelsausschnitte belauschen oder deren Daten nachträglich auswerten durften. Die SETI-Detektive von der optischen Fraktion, die nach außerirdischen Lasersignalen fahnden, wenden diese billige und platzsparende Methode schon seit Langem effizient an. Anstatt die kostbare Beobachtungszeit eines Teleskops exklusiv in Anspruch zu nehmen, montieren sie im Huckepackverfahren das Zusatzinstrument in Form einer Blackbox auf die Teleskope ihrer Kollegen, die ihre Routinearbeit verrichten.

Wie bewegen sich Radiowellen fort? Im elektromagnetischen Spektrum haben Radiowellen die größten Wellenlängen, das reicht von Dezimeterwellen (ultra high frequency UHF) mit einer Wellenlänge von 1 Zentimeter und einer entsprechenden Frequenz (Schwingung pro Sekunde) von 30 GHz bis zu Längstwellen (very low frequenzy VLF) mit bis zu 10 km Wellenlänge, entsprechend einer Frequenz von 30 Kilohertz (kHz). Elektromagnetische Wellen – zu denen auch Licht gehört – entstehen, wenn elektrische und magnetische Felder in Schwingung geraten. Wie Wellen auf dem Meer schwappen sie sodann durchs All. Schallwellen brauchen ein schwingendes Trägermedium, das heißt Teilchen, wie sie in der Luft vorkommen, um sich fortzubewegen. Da Radiowellen im interstellaren und intergalaktischen Raum kaum

---

269) Siehe Jill Tarter: SETI Signal Detectors on the Allen Telescope Array: First Light, Faint Fiducials, in: Space.com (24.10.2008) [*http://www.space.com/searchforlife/081024-seti-telescope-firstlight.html*].

270) Die neueste Detektorgeneration steht kurz vor ihrer Ouvertüre. SonATA (SETI on the ATA) soll die Prelude-Generation alsbald ersetzen. Ebd.

271) Sanders, Robert: Radio Telescope Array dedicated to Astronomy, SETI, in: UC Berkeley News, University of California, Berkeley (11.10.2007) [*http://berkeley.edu/news/media/releases/2007/10/11_ata.shtml*].

absorbiert werden, können sie sich im Vakuum des Universums ungestört ausbreiten. Radiowellen nehmen in puncto Signalstärke mit der Entfernung ab – und zwar quadratisch. So wäre ein von der Erde ausgesandtes Signal bereits in zehnfacher Entfernung 100-mal schwächer zu vernehmen. Eine natürliche Abschwächung erfahren Radiowellen, wenn sie auf kosmisch-materielle Hindernisse stoßen, beispielsweise auf einen stellaren Nebel. Dann laufen sie Gefahr, reflektiert, gebeugt, gebrochen oder absorbiert zu werden (zum Beispiel in der irdischen Atmosphäre).

Das moderne Areal jedoch mitsamt der leistungsstarken Teleskop-Armada eröffnet der klassischen SETI-Forschung völlig neue Möglichkeiten, macht sie zugleich unabhängig von den strengen Observationszeiten und Vorgaben und ebnet oder beseitigt alle bürokratischen Hürden (Genehmigungsanträge etc.).

Denn wo immer die Radioastronomen des kalifornischen SETI-Instituts ihre Zelte bis vor Kurzem noch aufgeschlagen hatten und mithilfe angemieteter Teleskope außerirdische Botschaften einzufangen versuchten –, intern wurden sie von manchen voreingenommenen Kollegen zuweilen selbst wie Aliens behandelt. Fakt ist: Auch wenn die SETI-Idee heute salonfähig und etabliert ist – nicht immer waren die ETI-Jäger in der Vergangenheit in Astronomenkreisen gern gesehene Gäste.

Dennoch gelang es ihren Protagonisten immerhin, das wohl berühmteste Radioteleskop der Welt, das Arecibo-Teleskop in Puerto Rico (USA), vom September 1998 bis März 2004 im Rahmen des Projekts *Phoenix* (S. 56 ff.) für einen 100-tägigen Lauschangriff zu okkupieren und dabei wenigstens ein Zwanzigstel der verfügbaren Beobachtungszeit für sich in Anspruch zu nehmen. Es war das bislang umfangreichste und aufwendigste Programm zur Suche nach außerirdischer Intelligenz.

Dreieinhalb Jahre nach dem Ende des *Phoenix*-Abenteuers brach mit dem ATA ein neues Zeitalter an. »Das Allen Telescope Array wird die technischen Möglichkeiten zur Suche nach intelligenten Signalen dramatisch verbessern. Es ist wie das Durchschneiden des roten Bandes der Nina, Pinta und der Santa Maria«, so der US-Astronom Seth Shostak gegenüber der New York Times. Es sei das erste große Teleskop überhaupt, das ausschließlich für die Suche nach extraterrestrischen Intelligenzen gebaut wurde.[272]

272) Overbye, Dennis: Stretching the Search for Signs of Life, in: The New York Times (11. Oktober 2007).

Drei Suchstrategien: Seit Frank Drakes erstem Lauschangriff auf außerirdische Funksignale haben sich in der klassischen SETI-Forschung zwei *Horchstrategien* etabliert: Einerseits tasten SETI-Teams den Himmel mit hoher Empfindlichkeit nach möglichst schmalbandigen starken Signalen in relativer Erdnähe (bis maximal 500 Lichtjahre Entfernung) ab. Andererseits durchmustern sie mit gleichwohl geringerer Sensibilität relativ große Himmelsareale, in denen viele Sterne liegen. Das Allen Telescope Array wird beide alten Strategien mit einer neuen Taktik verschmelzen. Bei dieser visieren Forscher dichte Sternfelder in speziellen Regionen der Galaktischen Ebene, Sternhaufen oder Nachbargalaxien gezielt an und analysieren dieselben. »Mit 100 sorgfältig ausgewählten Zielregionen lassen sich Millionen von Sternen in der Milchstraße und Milliarden in anderen Galaxien sehr effektiv durchmustern.«[273]

Ob in vier Jahren das komplette ATA-Areal mit seinen 350 Teleskopen, die sich auf einer ein Quadratkilometer großen Zone verteilen, seine Arbeit aufnehmen kann, ist völlig offen. »Wir wissen nicht, wann alle Teleskope von ATA gebaut und in Betrieb sein werden. Momentan bekommen wir die Finanzkrise deutlich zu spüren«, klagt Frank Drake, der ungeachtet seiner 80 Jahre als Präsident des SETI-Instituts weiterhin unermüdlich im Dienst der SETI-Idee unterwegs ist.[274]

Gelingt es, die zur Realisierung des Vorhabens noch notwendigen Gelder irgendwie aufzutreiben, wird das ATA wenigstens eine Zeitlang die »größte SETI-Teleskop-Anlage der Welt« genannt werden können. Eine Anlage, bei der sich Internetnutzer zukünftig einklinken können, mit der aber auch militärische und konventionelle Radioastronomie (z. B. Erforschung der Entstehung von Galaxien, Supernovae und Schwarzen Löchern) betrieben werden kann.[275] Denn so ganz unabhängig sind die SETI-Forscher in Bezug auf das ATA nicht. Um die jährlich anfallenden Betriebskosten von 1,5 Millionen Dollar zu decken, darf die US Air Force gegen einen entsprechenden Obolus vorerst ein Drittel der Operationszeit für ihre Satelliten- und Weltraummüll-Beobachtung nutzen. Ein weiteres Drittel wird für radioastronomische Studien genutzt und das dritte bleibt den SETI-Lauschaktionen vorbehalten, wobei dies auf die SETI-Operationen keinen nennenswerten Einfluss hat, da das ATA *multitaskingfähig* ist (um ein unschönes Modewort zu strapazieren).

---

273) So Rüdiger Vaas: Außerirdische – wo seid ihr?, in: bild der wissenschaft (2/2010), Konradin, Leinfelden-Echterdingen 2010, S. 45.

274) »Es ist bereits zu spät!« Der SETI-Pionier Frank Drake über die schwierige Suche nach außerirdischen intelligenten Technologien (Interview mit Harald Zaun), in: Telepolis.de, 05.09.2009 [*http://www.heise.de/tp/r4/artikel/30/30989/1.html*].

275) Ross, Monte: The Search for Extraterrestrials. Intercepting Alien Signals, Springer, Berlin/Heidelberg/New York 2009, S. 107.

Nach Aussage der Direktorin des SETI-Instituts, Jill Tarter, kann es jederzeit synchron arbeiten:

> »*Ein Teleskop wie das ATA ist ein hervorragendes Instrument. Die Tatsache, dass es sowohl astronomische als auch SETI-Beobachtungen simultan betreiben kann, ist das Tüpfelchen auf dem i. Es gibt kein anderes Teleskop, das dies kann.*«[276]

In puncto Bandbreite und Leistungsstärke dringt das ATA in der Tat in neue Dimensionen vor. Dank seiner Sensibilität könnte die fertiggestellte Teleskop-Phalanx den Großteil der mehr als Myriaden infrage kommenden Frequenzen im Radiobereich zwischen 0,5 bis 11,2 Gigahertz genau analysieren.[277] Ferner könnte das ATA selbst noch eine aus 500 Lichtjahren Entfernung kommende außerirdische Nachricht mühelos registrieren. Voraussetzung hierfür wäre allerdings, dass die Nachricht von einem extraterrestrischen Radioteleskop käme, bestückt mit einem etwas leistungsfähigeren Transmitter als jenem, den die 305-Meter-Schüssel in Arecibo (Puerto Rico) hat.[278]

Innerhalb der nächsten 24 Jahre soll das ATA allein tausendmal mehr Daten sammeln und auswerten als alle bisherigen SETI-Projekte rund um den Globus in den letzten 45 Jahren. Seth Shostak relativiert jedoch diesen Sachverhalt. »Ich weiß nichts von 1000-mal mehr Daten; aber wir werden in den nächsten 24 Jahren mehr als eine Million Sternsysteme durchforsten. Wir haben im Rahmen des Project *Phoenix* nur um die 750 Sternsysteme gecheckt. So gesehen erreichen wir ungefähr einen Verbesserungsfaktor von 1000.« Shostak bemüht hierfür eine Analogie. Früher habe man die Nadel im Heuhaufen mit einem Löffel suchen müssen, jetzt könne man wenigstens auf eine Schaufel zurückgreifen.[279]

Darüber hinaus verspricht auch die Bildqualität einmalig zu werden. Mit einer Auflösung von 15.000 Pixel stellt sie alle Radioteleskope in den Schatten. Zum Vergleich: Das modifizierte Arecibo-Teleskop bringt es auf sieben Pixel, ein einfaches klassisches Radioteleskop sogar nur auf ein Pixel.[280]

Geoffrey W. Marcy, der zu den weltweit führenden Planetenjägern zählt, ist sich darüber durchaus im Klaren, dass eine interdisziplinäre Verstrickung

---

276) Grossman, Lisa: SETI Telescope Array produces first Science Results, in: NewScientist (18.08.2009) [*http://www.newscientist.com/article/dn17634-seti-telescope-array-produces-first-science-results.html*].

277) Ross, Monte, The Search for Extraterrestrials, a.a.O., S. 107.

278) Overbye, Dennis, Stretching the Search for Signs of Life, a.a.O.

279) Ebd.

280) Vergleiche mit digitalen Kameras für den privaten Gebrauch hinken hier gewaltig. MacRobert, Alan: The Allen Telescope Array: SETI's Next Big Step, in: Sky and Telescope Online (September 2009) [*http://www.skyandtelescope.com/resources/seti/3304581.html*].

beider Forschungszweige die Wahrscheinlichkeit auf Erfolg theoretisch erhöhen könnte. »In den nächsten fünf Jahren treten wir in ein neues Zeitalter ein, in dem wir erdähnliche Planeten entdecken werden«, so der Professor für Astronomie in Berkeley.

> *»Auf der Suche nach intelligenten Signalen eröffnet das Allen Telescope Array die Möglichkeit, diese Planeten für Stunden oder Wochen anzuvisieren. Ich gehe davon aus, dass ATA voll funktionsbereit sein wird, wenn wir den ersten erdähnlichen Planeten um einen sonnenähnlichen Stern finden. Dann können wir ATA darauf ausrichten und zuhören.«*[281]

Dank der bestens optimierten Hard- und Software tastet ATA sekündlich 100 Millionen Kanäle ab. Das erste Zielgebiet, das Shostak und seine Kollegen zu Testzwecken unter die Lupe genommen haben, war ein sternreicher galaktischer Bezirk, der sich in 10.000 bis 20.000 Lichtjahren Entfernung quer vor dem Zentrum der Milchstraße streifenartig erstreckt. Ein aus dieser Region kommendes Signal müsste sehr stark sein, um von ATA aufgefangen werden zu können. Und die Adressanten müssten auf jeden Fall strahlenresistenter sein als wir, da es in den Außenbezirken des galaktischen Zentrums weitaus wilder zugeht als in unseren kosmischen »Breitengraden«. Im August 2009 vermeldeten SETI-Wissenschaftler um Jill Tarter, dass der erste SETI-Suchlauf ohne Resultat beendet worden sei. Ein verdächtiges Signal habe man zwar nicht aufspüren, sich dafür aber von der Leistungsfähigkeit und dem großen Sichtfeld des Teleskops selbst überzeugen können. »Während jeder Phase der Beobachtung sehen Sie einen immens großen Ausschnitt des Himmels. Mit 350 [Teleskopen] würde ATA jedes andere Teleskop in den Schatten stellen«, schwärmte Tarter nach der ersten Observationsphase.[282]

Radioteleskope und Radiofenster: Ein klassisches Teleskop fängt das Licht der Sterne und Galaxien ein und macht weit Entferntes für uns im optischen Bereich sichtbar. Stellare Objekte und kosmische Formationen strahlen aber auch im Radiowellenbereich. Um diese schwachen elektromagnetischen Signale aus den Tiefen des Universums auf- und einzufangen, bedarf es speziell großer Antennen und Verstärkern. Der Aufwand lohnt sich, denn mithilfe der Radioastronomie gelingt es, in das Innere großer Gaswolken zu blicken und kosmische Vorgänge wie die Geburt von Sternen, ihren Tod und das Nachglühen der stellaren Leichen zu beobachten. Radiowellen decken ein viel größeres Spektrum als das sichtbare Licht ab. Einen Teil der Radiowellen

281) Sanders, Robert, a.a.O.
282) Grossman, Lisa, a.a.O.

aus dem All schluckt unsere Atmosphäre, das auf der Erdoberfläche empfangbare Spektrum reicht von einigen Millimetern bis hin zu etwa zehn Metern Wellenlänge. Radioastronomen nennen es Radiofenster. Den restlichen Teil der kosmischen Radiostrahlung decken Weltraumteleskope und Satelliten ab. Von seinem Aufbau her ähnelt ein Radioteleskop einem Spiegelteleskop, das Licht einfängt. Ein Parabolspiegel sammelt und bündelt die einfallende Strahlung im Brennpunkt. Genau in diesem Fokus befindet sich ein elektronischer Empfänger, der die Radiowellen in elektrische Signale umsetzt, die sich wiederum mithilfe von Computern visualisieren lassen. Wegen der vergleichsweise großen Wellenlängen der Radiostrahlung müssen die schüsselförmigen Antennen und die darin fixierten Empfänger besonders riesig sein – und dennoch ist die Auflösung vergleichsweise gering und es können immer nur ein bzw. wenige Punkte am Himmel anvisiert werden. Zur Verbesserung der Auflösung werden mehrere Radioteleskope in Formationen errichtet und zusammengeschaltet. Diese sogenannten Arrays funktionieren dann gekoppelt wie eine entsprechende Riesenantenne.

Das In-den-Schatten-Stellen ist jedoch in der Astronomie und folglich auch in der Radioastronomie ein Fall für sich. Selbst die besten Teleskope und leistungsstärksten Anlagen, ehemals noch als wundersame technische Errungenschaften gepriesen, fallen irgendwann einmal im Ranking zurück und müssen einem besseren Nachfolger weichen, wobei der vermeintlich Bessere oft in einem ganz anderen Radiowellenbereich operiert und seinem eigenen »Schwerpunkt« folgt. Für ATA könnte dies LOFAR sein.

LOFAR, das »LOw Frequency ArRay«, ist ein sich über Europa erstreckendes kreisförmiges digitales Riesenteleskop, das nach Aussage seiner Macher einmal die Radioastronomie revolutionieren soll. Das neuartige digitale Radioteleskop, das Zug um Zug zu einem europäischen Netzwerk ausgebaut werden soll und schon phasenweise zu Testzwecken genutzt wird, soll mit seiner Inbetriebnahme 2012 offiziell zur größten über Datenleitungen vernetzten Teleskopanlage der Welt avancieren. Es soll den bis dahin weitgehend unerforschten Frequenzbereich zwischen 30 und 240 MHz abdecken und unter anderem bei Frequenzen zwischen 110 und 200 MHz nach Signalen aus der Reionisierungsepoche des Universums suchen, also sich jener kosmischen Ära widmen, in der mehrere Hundert Millionen Jahre nach dem Urknall die ersten Sterne ihr Licht durch das bis dahin völlig schwarze Weltall schickten.[283]

Das Herzstück des LOFAR-Areals befindet sich in den Niederlanden, wo noch dieses Jahr alle 36 Antennenfelder fertig montiert sein sollen. Sie erge-

283) Falcke, Heino/Beck, Rainer: Per Software zu den Sternen, in: Spektrum der Wissenschaft, Juli 2008, S. 26.

ben zusammen eine Sammelfläche von insgesamt 30.000 Quadratmetern. Mit dem Abstand vom LOFAR-Kern nimmt die Anzahl und Dichte der Stationen ab. Während in Deutschland noch mittelgroße Antennenfelder (Effelsberg, Garching, Jülich, Potsdam und Tautenburg) anzutreffen sind, hat in Schottland, England, Frankreich, Italien, Polen, Schweden und in der Ukraine jeweils nur eine Sammelfläche Quartier bezogen. Die erste deutsche LOFAR-Station arbeitet seit 2007 neben dem 100-Meter-Radioteleskop Effelsberg (Eifel).

Das Radioteleskop ALMA, das *A*tacama *L*arge *M*illimeter *A*rray, ist ein internationales Baby, das gezeugt wurde, um unseren kosmischen Ursprüngen auf den Grund zu gehen. Der in der Wüste im Norden Chiles im Bau befindliche große Teleskopverbund für den Millimeter- und Submillimeterbereich soll 2012 vollständig einsatzbereit sein. ALMAs Standort in den Anden, die Chajnantor-Ebene, gehört zu den trockensten Orten der Erde und liegt mit 5000 Metern Höhe weit über allen anderen Observatorien der Welt. Das Interferometrie-Projekt wurde durch eine breite internationale Kooperation von Wissenschaftsinstitutionen aus Asien, Europa und Nordamerika möglich. Auf europäischer Seite ist das ESO (European Southern Observatory) bei Entwicklung, Aufbau und Betrieb federführend. ALMA besteht aus einem Verbund von 66 transportablen Radioteleskopen, die Radiostrahlung im Wellenlängenbereich von 0,3 bis 9,6 Millimetern auffangen und bündeln. 50 Antennen, mit Schüsseldurchmessern von jeweils 12 Metern, bilden ein Interferometer, das dadurch wie eine einzige Riesenantenne funktioniert. Zusätzlich werden weitere vier 12-Meter- und zwölf 7-Meter-Antennen als sogenanntes »kompaktes Netzwerk« eingebunden. Die Positionen der einzelnen Schüsseln lassen sich auf Abstände zwischen 150 Metern und 16 Kilometern variieren. ALMA erreicht eine enorme Auflösung: Das Interferometer übertrifft die Schärfe der Bilder des Weltraumteleskops Hubble um den Faktor zehn. Dieses Radioteleskop wird die kältesten Objekte im Universum studieren, vornehmlich weit entfernte und damit uralte Galaxien, Molekülwolken im interstellaren Raum und das elektromagnetische Strahlungsecho des Urknalls. Ob mit ALMA später SETI-Observationen durchgeführt werden, ist noch völlig offen.

Während die klassischen Interferometer des Very Large Array (VLA) in New Mexico (USA) und die Schüsseln des ALMA-Projekts in majestätischer Anmut und ästhetischer Schönheit dem Himmel die Aufwartung machen, erscheinen die LOFAR-Einzelantennen als mannshohe Drahtpyramiden. Mit Beendigung der Aufbauphase sollen sich später einmal 3000 dieser Pyramidenantennen und 50.000 gekreuzte Dipole über den europäischen Kontinent verteilen. Dipolantennen, die Strahlung fast »immer gleich gut, egal aus welcher Himmelsrichtung sie kommt«[284] empfangen, sind die grundlegenden Radioempfangselemente von LOFAR. Die riesige digitale Datenmenge aller

Stationen leiten High-Tech-Glasfaserleitungen an den Zentralrechner weiter. Für die digitale Speicherung sorgt der zentrale Blue Gene/P-Supercomputer von der Universität von Groningen,[285] der alle eingehenden Daten der phasengesteuerten Antennen (Phased Array) korreliert und sie zu Bildern verarbeitet. Dank einer Rechenleistung von 35 Teraflops und einem Datenspeicher von 1 Petabyte (10^{15} Byte) kann der Superrechner diese immense Datenmenge problemlos bewältigen.

Der besondere Vorzug dieser Anlage besteht in ihrer Mobilität: Binnen weniger Sekundenbruchteile kann die Teleskop-Phalanx neu positioniert und somit auf ein anderes, beliebiges Ziel gerichtet werden. LOFAR wird sogar in verschiedene Richtungen gleichzeitig blicken können, was mit dem netten Nebeneffekt einhergeht, dass mehrere Astronomenteams zeitgleich mit den eingehenden Daten versorgt werden können. Die Vorteile für SETI liegen auf der Hand. Anstatt viel Geld in neue Teleskope zu investieren, könnte SETI den Niedrigfrequenzbereich mit LOFAR auf ausgesprochen billige Art und Weise nutzen. Da die Konstruktion im Grunde schlicht ist und LOFAR ohne bewegliche Teile auskommt, bleiben die Unterhaltskosten niedrig. Trotzdem ist das Auflösungsvermögen des Riesenauges, das mit zunehmendem Abstand vom LOFAR-Kern immer besser wird, einmalig:

> *»Bei zwei Kilometer Abstand zum Kern erreicht man schon 2,5 Bogenminuten, bei 100 Kilometer drei Bogensekunden und bei europäischen Stationen in bis zu 1000 Kilometer Entfernung liegt sie bei 0,3 Bogensekunden. Ein Fußballfan im Oberrang der Südkurve des Kölner Rheinenergiestadions mit einer solchen Sehschärfe könnte jedes einzelne Haar eines Fans im Gastblock der Nordkurve sehen. Jetzt müssen Sie nur noch überlegen, wie viele Haare in ein Stadion passen, um zu erahnen, wie viele Radioquellen sich am Himmel unterscheiden lassen.«*[286]

Angesichts dieser Sensibilität nimmt es nicht wunder, dass die Europäische Raumfahrtagentur ESA in einer Machbarkeitsstudie derzeit die Möglichkeiten prüft, in ferner Zukunft eine aus 33 einzelnen Elementen bestehende Antennenphalanx namens »Lunar LOFAR« – nomen est omen – am Südpol des Mondes abzusetzen (S. 196 f.).

Eingedenk der Leistungsfähigkeit des LOFAR-Schmuckstücks haben die ersten SETI-Radioastronomen längst Antennen für die LOFAR-Antennen entwickelt. Die reellen Chancen, dass SETI-Radioastronomen mit LOFAR

284) Ebd., S. 30.
285) Ebd., S. 29.
286) Ebd.

eines Tages umfangreiche Analysen durchführen dürfen, sind so schlecht nicht. Immerhin spricht kein Geringerer als der Generaldirektor des niederländischen Instituts für Radioastronomie, ASTRON, Michael Garrett, den SETI-Anhängern Mut zu. Er hat das Herzstück der Anlage in den Niederlanden konzipiert und ist am Aufbau maßgeblich beteiligt. Seine Worte klingen fast schon wie eine Einladung:

> *»LOFAR eröffnet der Suche nach außerirdischer Intelligenz einen vollkommen unerforschten Bereich des niederfrequenten Radiospektrums, einen, der auf der Erde sehr stark für die zivile und militärische Kommunikation genutzt wird. Darüber hinaus kann LOFAR einen sehr großen Himmelsausschnitt gleichzeitig durchforsten – ein wichtiger Vorteil, falls SETI-Signale im Universum selten oder kurzlebig sind.«*[287]

Ein anderer LOFAR-Experte, der deutsche Radioastronom Heino Falcke von der niederländischen Radboud-Universität in Nijmegen, hält LOFAR ebenfalls für SETI-tauglich. Im Prinzip sei es ein für die Suche nach außerirdischen Radiosignalen »perfekt geeignetes Instrument«. Letzten Endes gäbe es aber »zu wenig spleenige, reiche Europäer«, die eine solche Anwendung subventionieren würden.[288] SETI-Chefastronom Seth Shostak hingegen ist durchaus bewusst, dass LOFAR so schnell nicht für eine *spezielle* Horchaktion zur Verfügung stehen wird, da es nun einmal in erster Linie für rein radioastronomische Studien gebaut wird.[289]

Auch LOFARs erster Platz unter den Top Ten der leistungsstärksten Radioteleskope wird spätestens dann Geschichte sein, wenn das zukunftsträchtige Superteleskop »Square Kilometre Array« (SKA) seine Arbeit aufnimmt. Wann dies jedoch sein wird, bleibt rein spekulativ. Vor dem Jahr 2020 ist damit keineswegs zu rechnen, dafür ist das SKA-Projekt zu anspruchsvoll und aufwendig.

Tatsächlich markiert das SKA-Kürzel seit 1998 das ambitionierteste internationale Großprojekt in der Geschichte der Radioastronomie. Einmal einsatzbereit, wird das SKA fraglos das Radioteleskop des 21. Jahrhunderts sein, wobei die Erfahrung lehrt, dass es sehr wahrscheinlich noch in diesem Jahrhundert vom Thron gestoßen wird, so wie es zuvor LOFAR ergehen

---

287) Atkinson, Nancy: New Radio Telescope to Help SETI Scan Unexplored Frequencies for Extraterrestrials, in: Universe Today, 16.06.2008 [*http://www.universetoday.com/2008/06/16/new-radio-telescope-to-help-seti-scan-unexplored-frequencies-for-extraterrestrials/*].

288) Falcke, Heino: LOFAR – das ›Low Frequency Array‹. Neue Perspektiven der Radioastronomie, in: Sterne und Weltraum (Mai 2004), Bd. 5, S. 33 f.

289) Shostak, Seth: Confessions of an Alien Hunter. A Scientist's Search for Extraterrestrial Intelligence, National Geographic Society, Washington, D.C. 2009, S. 293.

wird. Wenn der Kern der Anlage, die ein Quadratkilometer große Sammel- bzw. Antennenfläche, in zehn bis fünfzehn Jahren seinen regulären Betrieb aufnimmt, steht den Radioastronomen ein High-Tech-Teleskopenpark zur Verfügung, der in puncto Sensibilität die besten Anlagen um das Hundertfache toppen wird. Nicht minder beeindruckend ist der Frequenzbereich, den das SKA abdecken soll: Er erstreckt sich von 100 Megahertz (drei Meter Wellenlänge) bis 25 Gigahertz (1,2 Zentimeter).[290] Herausragend sind auch die Flexibilität und der Empfangsradius der Anlage. Während andere Radioteleskope, ob einzeln oder im Verbund agierend, bei Frequenzen unterhalb von 1,4 GHz nur ein eingeschränktes »Sichtfeld« haben, kann das SKA in diesem Bereich in vier Himmelsrichtungen gleichzeitig schauen. Das spart nicht nur Zeit und Geld, sondern erweitert das Beobachtungsspektrum auf geradezu bahnbrechende Weise, können doch so gleich mehrere Beobachter das SKA simultan als Vierfachteleskop nutzen. Hinzu kommt eine fantastische Winkelauflösung, die bei 1,4 GHz (21 Zentimeter) einen Wert ergeben könnte, der besser als 0,02 Bogensekunden ist. Dank all dieser Qualitäten wird das SKA für SETI immer mehr zum Objekt der Begierde.

Äußerlich hat die neue Generation der Radioteleskope mit den altbewährten Schüsseln in Green Bank, Arecibo oder Effelsberg nichts mehr gemein. Während bei LOFAR »ein paar stumme Drahtantennen und merkwürdig verpackte flache Antennenkacheln« eher wie eine künstlerische Installation daherkommen,[291] wirken die Antennenfelder des SKA von Weitem wie nebeneinandergestellte Nagelbretter von Fakiren. Anstelle einer großen Schüssel, die die elektromagnetische Welle an der Teleskopoberfläche reflektiert, setzen die Dipole des digitalen Phased Arrays von LOFAR und des SKA die Wellen direkt in Strom- und Spannungsschwankungen um.

Die phasengesteuerten Elemente des SKA, die sich ideal für den Bereich unterhalb von 300 Megahertz eignen, bilden eine perfekte Ergänzung zu den mit Radiokameras (FPAs) bestückten Parabolschüsseln, die Frequenzen bis drei Gigahertz aufzeichnen. Dank einer Kombination beider Systeme erhalten die Forscher sowohl Informationen aus dem niederfrequenten (Phased Arrays) als auch aus dem hochfrequenten (Parabolspiegel) radioastronomischen Kosmos.

Um eine optimale Winkelauflösung zu erreichen, pulsieren im Herzen der SKA-Anlage zwei verschiedene Phased-Array-Komponenten. Diese fest auf dem Boden montierten Felder aus einfachen phasengesteuerten Antennen bilden den Kern des SKA-Areal, das einen Durchmesser von fünf Kilometern

290) Beck, Rainer: Das Square Kilometre Array. Ein Radioteleskop der Superlative, in: Sterne und Weltraum (September 2006), S. 23.
291) Falcke, Heino/Beck, Rainer, a.a.O., S. 34.

aufweist. Während die Hälfte aller Schüsseln im Zentrum des Areals weilt, erstrecken sich vom Zentrum weg – entlang einer fünfarmigen Spirale – mehrere Stationen mit jeweils einigen Hundert Parabolspiegeln. Bis zu 3000 Kilometer vom SKA-Herz entfernt wachen die Außenposten. Hier stehen weitere klassisch geformte Parabolantennen mit einem Durchmesser von 10 bis 15 Metern. Sie bilden die äußere Phalanx.[292]

> *»Die Abstände der inneren Stationen nehmen jeweils um einen festen Faktor zu (logarithmische Anordnung); damit wird eine optimale Abbildung ausgedehnter Radioquellen bei zugleich hoher Winkelauflösung erreicht. Die Position der äußeren Stationen bis zu einigen Tausend Kilometern Abstand vom Kern ist relativ freizügig und kann sich nach der Infrastruktur richten.«*[293]

Derweil werkeln 34 Institute aus 15 Ländern an dem SKA-Projekt. Seit 2007 sind in der westaustralischen Wüste in der Nähe von Mileura und in Südafrika auf dem Karoo Antenna Array (KAT) die ersten Antennen zu Testzwecken montiert und einsatzbereit. In welches Land später die Reise der anderen Schüsseln und Antennen gehen soll, ist noch völlig offen. Dabei müsste spätestens in diesem Jahr die Entscheidung fallen, da bereits für 2012 der Baubeginn anberaumt ist. Beide Länder stehen in einem konstruktiven Wettbewerb zueinander und hoffen jeweils, den Zuschlag zu erhalten. Wer immer auch das Rennen macht – sowohl das australische als auch das südafrikanische Konzept entsprechen dem gewünschten Profil und können radioruhige Zonen mit einem mindestens 100 Kilometer großen Radius vorweisen, in denen das SKA später einmal ungestört operieren kann. Sie eignen sich auch als Region der ersten Wahl, weil dort die Ionosphäre für niedrige und die Atmosphäre für hohe Radiofrequenzen durchlässig genug ist.

Wie sooft entpuppt sich aber weder die Wahl des Ortes noch das technische Equipment als größtes Hindernis. Nein, es sind die veranschlagten immensen Gesamtkosten von mindestens 1,5 Milliarden Euro, die erfahrungsgemäß im Zuge der Inflation und anderer nicht abwägbarer Risiken sicherlich noch steigen werden. Obendrein wäre noch eine wichtige bürokratische Hürde zu meistern: Bevor die Teleskope überhaupt Wurzeln zu schlagen bereit sind, muss gesetzlich geregelt sein, dass das SKA für einen Zeitraum von 50 Jahren vor Störsignalen geschützt wird. Probleme bereiten könnte auch die überschwappende immense Datenflut, zumal die heutige Breitband-Glasfaserkabel-Technik noch nicht so ausgereift ist, die erforder-

292) Beck, Rainer, Das Square Kilometre Array, a.a.O., S. 26.
293) Ebd., S. 27.

liche Kapazität von 100 Gigabit pro Sekunde aufzubringen. Selbst die zentrale Recheneinheit ist noch nicht so weit, zehn bis 1000 Peta-Flops, sprich 10^{16} bis 10^{17} Rechenoperationen pro Sekunde, zu bewältigen.[294] Die SKA-Verantwortlichen bauen in dieser Hinsicht auf das Moore'sche Gesetz und den Fortschritt im Hard- und Softwarebereich generell.

Wenn all diese Nüsse geknackt sind und das Square Kilometre Array endlich Konturen gewonnen hat, wird den Astronomen ein einzigartiges Instrument zur Verfügung stehen, mit dem sie der Natur der Dunklen Energie und dem Ursprung des kosmischen Magnetismus auf den Grund gehen und Gravitationswellen und vieles mehr nachweisen können. Selbst die Wahrscheinlichkeit, dass das SKA einen um ein Schwarzes Loch kreisenden Pulsar auf frischer Tat ertappt (was bislang noch nicht gelungen ist), ist sehr hoch.

Natürlich ruft das fast schon zum Wunderteleskop verklärte Meisterwerk der Technik auch die SETI-Anhänger auf den Plan. Immerhin könnten sie mit der Anlage den von ihnen bevorzugten Radiobereich von einem bis zehn GHz mit ungewohnter Genauigkeit belauschen. Rainer Beck vom Max-Planck-Institut für Radioastronomie in Bonn (MPIfR), der an den Vorbereitungen für das SKA beteiligt ist, verkennt die Chancen nicht, die das SKA-Großprojekt SETI eröffnen könnte.

> *»Das SKA wird außerdem nach technischen Radiosignalen suchen. Flughafen-Radar könnte noch bis 100 Lichtjahre und Mobilfunkstationen mit einem Megawatt Leistung noch bis in drei Lichtjahre Entfernung nachgewiesen werden. Mit einer in Zukunft zehnfach verbesserten Empfindlichkeit würde das SKA sogar Fernsehsender, wie die heute auf der Erde üblichen bis in 1000 Lichtjahren Entfernung nachweisen können.«* [295]

Seth Shostak verweist auf dem Umstand, dass das SKA zwar genauso wenig (wie LOFAR) allein für das Anliegen von SETI konstruiert werde, sich aber dennoch für die Jagd nach außerirdischen Funksignalen bestens eigne, zumal der Frequenzbereich der neuen Anlage doppelt so groß sei wie der des ATA. Mit dem SKA könne SETI den Himmel jedenfalls mit bislang noch nicht dagewesener Empfindlichkeit und Präzision abtasten.

> *»Es kann Emissionen von einer ähnlich großen sendenden Antenne aufschnappen, die 1000 Lichtjahre entfernt ist, sofern die fremden Geschöpfe in der Lage sind, eine geringe Sendeleistung von fünf Kilowatt aufzubringen (was der einer kleinen AM-Radiostation entspräche).«*[296]

---

294) Ebd., S. 28.
295) Ebd., S. 33.

Orbitale Planetenjäger als Vorhut

Neue Kooperation

Astrobiologen, Exobiologen, Bioastronomen, Xenobiologen, Kosmobiologen, Planetenjäger und SETI-Forscher sind Vertreter ein und derselben Sache und verfolgen von einem unterschiedlichen Ansatz und Schwerpunkt ausgehend das gleiche Ziel: Alle suchen händeringend nach Indizien für außerirdisches Leben – im Idealfall nach einem handfesten Beweis.

Dass die Repräsentanten dieser Disziplinen derzeit voller Optimismus in die Zukunft blicken, kann angesichts der aktuellen Entwicklungen und Fortschritte im Bereich der Astrobiologie, der Exoplaneten-Forschung und der SETI-Astronomie kaum mehr verwundern, obwohl der Planetenjäger-Zunft zugestanden werden muss, von allen exobiologisch angehauchten Fachrichtungen den größten Sprung nach vorn gemacht zu haben. Dies ist den SETI-Enthusiasten beileibe nicht entgangen. Aus der Tatsache, dass die Planeten-Dektektive mit ihren erdgebundenen und orbitalen Lupen fast 500 extrasolare Planeten katalogisiert haben, versuchen auch die nach interstellaren Laser- und Funksignalen spähenden Wissenschaftler Kapitel zu schlagen. Längst geben sich Planetenjäger und ETI-Fahnder bei astrobiologischen Konferenzen und Kongressen die Türklinke in die Hand, belassen es nicht mehr allein bei einer flüchtigen Begegnung und reichen sich derweil sogar die Hand. Frank Drake bestätigt dies:

> *»Ja, wir arbeiten Hand in Hand. Sollte ein Planetenjäger einen vielversprechenden Exoplaneten entdecken, werden wir unsere Teleskope auf den Himmelskörper ausrichten, sofern unsere finanziellen Mittel dies zulassen.«*[297]

In der Vergangenheit ist dies zwar noch nicht allzu oft geschehen, in naher Zukunft soll sich dies jedoch ändern, spätestens dann, wenn das ATA voll einsatzbereit ist. Ab dann könnten die fraglos vielfältigen Berührungspunkte zwischen SETI und der Exoplaneten-Zunft noch mehr werden oder miteinander verschmelzen. Einstweilen haben nämlich selbst renommierte Planetenjäger an der Idee Gefallen gefunden, außerirdische Intelligenz zu detektieren, an SETI-Projekten zu partizipieren und diese sogar ins Leben zu rufen. So starteten die beiden führenden Planetenjäger in den USA, Geoffrey Marcy und Paul Butler, 1998 ihr eigenes SETI-Projekt. Bei diesem zogen sie Archiv-

296) Shostak, Seth: Confessions of an Alien Hunter, a.a.O., S. 293.

297) Zaun, Harald: Es ist bereits zu spät! Frank Drake im Gespräch, in: Telepolis (Online-Magazin), 05.09.2009 [*http://www.heise.de/tp/r4/artikel/30/30989/1.html*].

material von früheren Beobachtungen heran, die sie mit den Lick- und Keck-Teleskopen binnen 500 Stunden aufgezeichnet hatten. Dabei richteten Marcy und Butler ihre Aufmerksamkeit auf das Lichtspektrum von F-, G-, K- und M-Sternen und suchten nach signifikanten, absichtlich herbeigeführten Modifikationen in den Spektrallinien, die ihre Herkunft einem Laser verdanken könnten.[298]

Während dabei so manch Planetenjäger zum SETI-Forscher mutierte, entpuppten sich viele SETI-Profis als wahre Exoplaneten-Fans. Dabei ruhen ihre Hoffnungen vor allem auf der neuen und zukünftigen Generation hochfiligraner Weltraumteleskope, die – wie Hubble einst in der optischen Astronomie und Kosmologie – ein neues Zeitalter in der Exoplanetenforschung einläuten könnte. Diesen Weg werden die Weltraumobservatorien »Kepler«, »Darwin« oder das Next Generation Space Telescope noch gehen. CoRoT hingegen hat die ersten wichtigen Schritte bereits gemacht. Sobald die orbitale SETI-Vorhut neue Felsenplaneten, verheißungsvolle Kandidaten und aussichtsreiche Planetensysteme entdeckt, schlägt nicht nur die Stunde der Kooperation, sondern für SETI vielleicht sogar die Stunde der Wahrheit ...

Anmerkungen zur Planetenjagd

Gewiss, die bis auf den heutigen Tag offiziell bestätigten extrasolaren Planeten sind – von wenigen Ausnahmen einmal abgesehen – in erster Linie immer noch höchst eigenwillige planetare Zeitgenossen, die mit unserem Heimatplaneten nur herzlich wenig gemein haben und aufgrund ihrer Eigenarten mitnichten biologisches Leben erlauben. Erfahrungsgemäß präsentieren sie sich als überdimensionierte heiße Gasriesen, deren Größe überwiegend zwischen Neptun und Jupiter variiert, mitunter sogar mehrere Jupitermassen aufweist. Nur wenige entpuppten sich bislang als masseärmer, keiner als potenzieller Hort des Lebens. Eine zweite Erde in einer habitablen Umlaufbahn, zumindest ein echter erdähnlicher Planet, einer, der dieses Attribut wirklich verdiente, war darunter bis dato nicht. Gleichwohl sind die rund um den Globus mit erdgebundenen Observatorien und Weltraumteleskopen aufgespürten Planeten nur die Spitze der Spitze eines riesigen kosmischen Eisbergs, der zunehmend an Größe gewinnt und später einmal alle Dimensionen sprengen wird. Es werden immer mehr Planeten – und angesichts der immer gewiefteren Suchtaktiken und Strategien sowie des immer sensibleren Instrumentariums werden die fremden Planeten stetig kleiner, masseärmer und damit sukzessive immer erdähnlicher, so wie es das ungeschriebene Gesetz der

298) Archive of SETI Searches (Appendix L), in: SETI 2020. A Roadmap for the Search ..., a.a.O., S. 423.

Planetenjäger vorschreibt. Denn je kleiner und erdähnlicher ein in den Weiten des Alls entdeckter Planet, desto interessanter und lebendiger die wissenschaftliche Ausbeute, weil die Wahrscheinlichkeit größer wird, dass auf dem Himmelskörper Leben existieren könnte.

Um die fernen Welten zu erblicken, bedienten sich die Forscher bislang verschiedener Techniken. Neben der bekannten altbewährten und am häufigsten erfolgreich angewandten Dopplereffekt- oder auch Radialgeschwindigkeitsmethode, bei der Astronomen die Gravitationskraft der Planeten und die daraus resultierende taumelartige Bewegung des Heimatgestirns messen, gewinnt auch die Transit-Technik, respektive Fotometrie-Methode, zunehmend an Bedeutung. Hierbei messen die Planetenforscher die Helligkeitsschwankungen eines ausgewählten Sterns. Kreuzt ein dort beheimateter Exoplanet die Sichtlinie des anvisierten Muttersterns, können die Astronomen die minimale Helligkeitsschwankung registrieren, die für die Dauer des Transits um winzige Bruchteile abnimmt.

Noch ungewöhnlicher ist die Astrometrie-Methode. Wie bei der Dopplereffekt-Technik messen die Planetenjäger auch bei diesem Verfahren die geringfügigen tänzelnden Bewegungen, die ein Stern infolge der gravitativen Einwirkung eines planetaren Begleiters macht. Allerdings wird hierbei im Gegensatz zur Radialgeschwindigkeitsmethode nicht die Verschiebung im Spektrum, sondern die Positionsverschiebung des stellaren Körpers selbst direkt berechnet.

Geradezu exotisch kommt dagegen die Pulsar-Timing-Methode daher. Auch wenn dieses Verfahren noch in den Kinderschuhen steckt, hat es unter tätiger Mithilfe emsiger Astronomen bereits die ersten Gehversuche absolviert. Immerhin gleicht das Prinzip der Pulsar-Timing-Methode der Radialgeschwindigkeitsmessung. Der Unterschied besteht nur darin, dass die Forscher bei dieser Methode nicht die Dopplerverschiebung im Spektrum, sondern die Ankunftszeit der Radiopulse messen. Bewegt sich der Pulsar auf den Beobachter zu, erreichen ihn die Radiopulse in einer höheren Frequenz. Entfernt er sich vom Beobachter, so ist die Frequenz der Pulse niedriger. Durch die hohe Zeitmessgenauigkeit können mit diesem Verfahren sogar erdähnliche Körper um Pulsare herum lokalisiert werden.

Bodengebunden und bodenständig

Den erfolgreichen Anfang der Exoplanetenforschung markierten zuallererst die bodengestützten Observatorien, die, in der Regel der städtischen Zivilisation weit entrückt, ungestört von Smog, feuchter Luft, Lichtverschmutzung und aufsteigender, Turbulenzen erzeugender Warmluft operieren. Ein solches thront auf dem hochgelegenen Gipfelplateau des 2635 Meter hohen Cerro Paranal in der Atacama-Wüste im Norden von Chile. Es ist das weltweit größte, modernste, leistungsstärkste optische bodengestützte Observatorium der Postmoderne: das Very Large Telescope (VLT) der Europäischen Südsternwarte ESO. Die mit vier stationären 8,2-Meter-VLT-Spiegelteleskopen bestückte Sternwarte hat ihre außerordentliche Leistungsfähigkeit schon mehrfach unter Beweis gestellt. So fanden die VLT-Fernrohre im Verbund oder als Duo neue Schwarze Löcher, unbekannte ferne Galaxien und Gammastrahlenblitze – und eben auch Exoplaneten. Doch in Bezug auf Exoplaneten kann das VLT-Instrumentarium noch mehr, wie sich im Januar 2010 zeigte, als ESO-Forscher berichteten, ihnen sei es erstmals gelungen, in einem Dreifach-Planetensystem direkt ein Spektrum – einen »chemischen Fingerabdruck« – eines massereichen Planeten aufzunehmen, der den hellen, sehr jungen Stern HR 8799 umkreist.[299]

HR 8799 ist im Sternbild Pegasus zu Hause und rund 130 Lichtjahre von der Erde entfernt. Mit anderthalbmal so viel Masse wie unsere Sonne regiert der mächtige Stern über ein System mit mindestens drei Riesenplaneten, das wie eine vergrößerte Version unseres eigenen Sonnensystems anmutet. Als Beobachtungsziel wählten die Forscher den mittleren des Trios aus, der ein ganz großer seiner Klasse ist. Versehen mit rund zehnmal so viel Masse wie Jupiter, beträgt seine Oberflächentemperatur rund 800 Grad Celsius. Nach einer fünfstündigen Belichtungszeit konnten die ESO-Astronomen das Planetenspektrum aus dem mehrere Tausend Mal helleren Licht des Zentralsterns herausfiltern. Die Beobachtung glückte während einer »exoplanetaren Eklipse«. Eine solche gelingt, wenn die Umlaufbahn des Planeten relativ zur Blickrichtung der irdischen Beobachter exakt richtig ausgerichtet ist und der im Fokus stehende Exoplanet von der Erde aus gesehen hinter seinen Heimatstern tritt. Durch den Vergleich des aufgefangenen Lichts vor und nach Verschwinden des Planeten lassen sich die Spektren erschließen.

Auch wenn der chemische Fingerabdruck erwartungsgemäß keine Biosignaturen zutage förderte, also keine Hinweise auf irgendeine biologische Aktivität lieferte, war es das erste Mal, dass Wissenschaftler das Spektrum eines Exoplaneten, der einen sonnenähnlichen Stern umrundet, direkt analysieren konnten. Zuvor war die Bestimmung von Spektren nur indirekt möglich. Jetzt öffnet sich ein weiteres Fenster ins All, wie Markus Janson, der die neuen Ergebnisse vorstellte, zu berichten weiß:

---

299) Erste direkte Aufnahme eines Exoplaneten-Spektrums, in: ESO.org (eso1002), 13.01.2010 [*http://www.eso.org/public/germany/press-rel/pr-2010/pr-02-10.html#1*].

»Das Spektrum eines Planeten ist wie ein Fingerabdruck: Es liefert wichtige Informationen über die chemischen Elemente in der Planetenatmosphäre. Solche Informationen erlauben Rückschlüsse darauf, wie sich der Planet gebildet hat. In Zukunft könnten sich so auch Spuren von Leben auf fremden Planeten finden lassen.«[300]

Normalerweise gelingen Bestimmungen von exoplanetaren Spektren nur mit Weltraumteleskopen – und dann auch nur indirekt. Was ESO entdeckte, ist ein Novum und bislang einzigartig. Da die Beobachtung solcher Phänomene selbst mit den leistungsstärksten Teleskopen von der guten alten Erde aus immer mehr Aufwand, Geld und Zeit erfordern, überrascht es nicht, dass die Planetenjäger mittlerweile ihr Heil im Orbit suchen. Hier, abseits aller städtischen Luft- und Lichtverschmutzung und jenseits der Infrarot- und Röntgenlicht schluckenden Atmosphäre, treiben inzwischen die ersten Himmelsspione, die in für Satellitenagenten untypischer Manier ihre Sensoren nicht auf die Erde, sondern in die entgegengesetzte Richtung auf erdnahe extrasolare Planeten gerichtet haben. Jenseits der Erdatmosphäre ist der Blick auf ferne Welten direkter, klarer und störungsärmer. Kein Wunder, dass Weltraumteleskope zu den wertvollsten Augen und Ohren der Planetenjäger geworden sind und auch für die SETI-Aktivisten zunehmend an Bedeutung gewinnen.

CoRoT und CoRoT-7b: Die Ersten ihrer Art

Den Aufbruch in ein neues exoplanetares Zeitalter symbolisiert CoRoT (Convection, Rotation and Planetary Transits) am nachhaltigsten. Das Weltraumteleskop zieht seit dem 27. Dezember 2006 in einem polaren Orbit in 826 Kilometer Höhe seine Kreise und nahm seinen Dienst offiziell am 3. Februar 2007 auf. Von seiner Erdumlaufbahn starrt der High-Tech-Späher als Erster seiner Art gezielt und systematisch nach extrasolaren Planeten, die etwas massereicher als die Erde sind. Neben dem Aufspüren von Exoplaneten widmet sich COROT übrigens auch der hochgenauen Sternenphotometrie. Um Fragen der Astro-Seismologie, der Sternbebenkunde, zu beantworten, misst dabei das auf dem Satelliten montierte Teleskop ebenfalls den Lichtkurvenverlauf heller Sterne; hieraus kann COROT Rückschlüsse auf deren innere Strukturen ziehen.

Der mit einem 27-Zentimeter-Spiegel bestückte 4,20 Meter hohe und 670 Kilogramm schwere ESA-Satellit ist derart sensibel und effektiv, dass er sogar einen Exoplaneten von der doppelten Masse der Erde noch aufspüren könnte. Die Präzision der vier CCD-Detektoren (Spektralbereich von 370 bis

300) Ebd.

950 nm) von CoRoT ist nach Ansicht des österreichischen Astrophysikers Werner Wolfgang Weiss beispielhaft: »Eine Mücke könnte an einer Flutlichtanlage vorbeifliegen und CoRoT würde die auftretende Helligkeitsschwankung aus über 800 Kilometer Entfernung messen.«[301] Um einen Himmelskörper mit wenigen Erdradien ausfindig zu machen, braucht CoRoT gleichwohl viel Glück, operiert der Späher doch auf der Basis der Transit-Methode, bei der Forscher die Helligkeitsschwankungen eines Sterns messen, die von vorbeiziehenden Planeten hervorgerufen werden.

Leider beobachten irdische Astronomen Transits, also Durchgänge von Planeten vor der hellen Scheibe ihres Muttersterns, statistisch gesehen nur selten, sodass Erfolge nur über die Tugenden Geduld und Beharrlichkeit erzielt werden können. Und wie bereits erwähnt, müssen die Planetenjäger den unbekannten Faktor Glück immer wieder strapazieren. Denn schließlich lassen sich Planeten via Transit nur aufspüren, wenn aus der Perspektive des Beobachters der Sterntrabant zwischen Teleskop und extrasolarer Sonne steht und die Planetenbahn nahezu senkrecht zur Himmelsebene liegt. Nur dann kann das geringfügig abgeschwächte stellare Licht gemessen und der unsichtbare Planet indirekt sichtbar gemacht werden, wobei die extrem geringen Schwankungen nur schwer zu berechnen sind. Dennoch können die Wissenschaftler aus der Intensität und Dauer dieser Schwankungen auf die Größe und Umlaufbahn des Planeten schließen.

Aus den Fehlern früherer Tage hat die weltweit verstreute Planetenjägergemeinde konsequent gelernt. Vorbei sind die Zeiten, da so manch übereifriger Forscher auf die Schnelle eine Neuentdeckung eines Exoplaneten noch kolportieren konnte, ohne sein Ergebnis zuvor mehrfach gegenzuchecken oder von einer unabhängigen bzw. alternativen Messmethode überprüfen zu lassen. In dieser Hinsicht sind beim CoRoT-Forscherteam die Vorgaben sehr streng. Registriert der europäische Satellit etwa einen Transit, muss eine zweite Quelle, besser gesagt ein auf dem Prinzip der Radialgeschwindigkeits-Methode arbeitendes Teleskop, den Status des vermeintlichen Planeten bestätigen.

Bei dieser Technik richten die Planetenjäger ihre Aufmerksamkeit primär auf die Gravitationskraft des vermuteten Planeten und der daraus resultierenden kleinen Bewegung seines Zentralsterns. Beginnt der observierte Stern zu eiern, lassen sich seine rhythmischen Verschiebungen anhand der Änderung der Radialgeschwindigkeit feststellen. Erst nach einer solchen Messung schafft der neue Planet den Sprung in die »europäische« Enzyklopädie der extrasolaren Planeten, die Jean Schneider katalogisiert und verwaltet.[302]

---

301) Fahndung nach erdähnlichen Planeten, in: ESA.int (lokale Nachrichten), 17.11.2006 [*http://www.esa.int/esaCP/SEMFKLUXJUE_Germany_0.html*].

Der Tatsache Rechnung tragend, dass sich von der Erde aus exoplanetare Transits selten beobachten lassen, tastet CoRoT daher viele Sterne gleichzeitig ab. Für jeweils etwa fünf Monate visiert das CoRoT-Fernrohr insgesamt fünf Himmelsfelder an und überwacht dabei gleichzeitig etwa 12.000 Sterne, deren Licht mit einem Prisma in mehrere Farben zerlegt wird, um Bedeckungen durch Planeten besser von anderen Helligkeitsschwankungen unterscheiden zu können. Mitte November 2006 versprühte der schwedische Astrophysiker und ESA-Projektwissenschaftler der CoRoT-Mission Malcolm Fridlund noch jede Menge Zuversicht. »CoRoT wird das erste Abbild eines erdähnlichen Planeten liefern, der um einen anderen Heimatstern kreist.«[303]

Im Februar 2009 bestätigte sich sein Optimismus, als die ESA bekannt gab, CoRoT habe bereits ein Jahr zuvor einen (fast) erdähnlichen Exoplaneten entdeckt, der infolge seiner Masse und Dichte zu den kleinsten seiner Art zählt. CoRoT-7b, fünfmal so groß wie die Erde, aber vom Durchmesser weniger als doppelt so groß, hat fast die Dichte unseres Planeten. Der im Sternbild Einhorn gelegene und rund 500 Lichtjahre von der Erde entfernte Himmelskörper umkreist eine etwas kleinere und kühlere Sonne (als die unsrige), die überdies nur rund 1,5 Milliarden Jahren alt ist. In einer Entfernung von nur 2,5 Millionen Kilometer zieht CoRoT-7b alle 20,4 Stunden an seinem Gestirn vorbei. Dies entspricht einer Bahngeschwindigkeit von mehr als 750.000 Kilometer pro Stunde. Doch die stellare Tuchfühlung fordert ihren planetaren Preis: Auf CoRoT-7b herrschen am Tage Temperaturen von 2000 Grad Celsius, die obendrein zu nächtlicher Stunde langsam auf 200 Grad Celsius sinken. Lavaströme oder kochende Ozeane könnten auf dieser Welt das Bild bestimmen – Leben jedoch nicht. »Angesichts solcher extremen Bedingungen ist dies sicherlich kein Planet, auf dem sich Leben entwickeln konnte,«[304] erklärt der an der Beobachtung beteiligte Schweizer Astronom Didier Queloz nüchtern, während die Projektleiterin der CoRoT-Beteiligung des Deutschen Zentrums für Luft- und Raumfahrt (DLR) und Wissenschaftlerin am DLR-Institut für Planetenforschung in Berlin-Adlershof, Heike Rauer, ihren Enthusiasmus kaum zu zügeln vermag:

> *»Die Entdeckung eines so kleinen Planeten ist eine echte Sensation. Damit haben sich die Erwartungen, die wir in CoRoT gesetzt haben, voll erfüllt.«*[305]

---

302) Schneider, Jean: Die Enzyklopädie der extrasolaren Planeten. Etabliert seit Februar 1995 [*http://exoplanet.eu/*].

303) Fahndung nach erdähnlichen Planeten, in: ESA, a. a. O.

304) ESO (ESO 33/09), 16.09.09 [*http://www.eso.org/public/austria/press-rel/pr-2009/pr-33-09.html*].

Nachbeobachtungen mit dem HARPS-Spektrografen, der an dem 3,6-Meter-Teleskop der Europäischen Südsternwarte ESO in La Silla (Chile) installiert ist, bestätigten die CoRoT-Daten und die Tatsache, dass CoRoT-7b von einer weiteren Super-Erde umrundet wird.[306]

Dass die CoRoT-Wissenschaftler CoRoT-7b nicht sofort, sondern erst ein Jahr später in die Schlagzeilen brachten, liegt in der Natur der Transit-Methode. Würde CoRoT einen bislang unbekannten Planeten lokalisieren, der sich gerade vor seinem Heimatstern die Blöße gibt und dessen Licht geringfügig abgeschwächt ist, reichte dieser einmalige Transit bei Weitem nicht aus, um Nachfolgebeobachtungen einzuleiten. »Um als ›Planetenkandidat‹ zu zählen, muss ein möglicher Transit immer mindestens dreimal erfolgen. Bei weiter entfernten Planeten muss man also entsprechend lange warten«, erklärt Heike Rauer.

Der Faktor Zeit gewinnt auch durch die Umlaufbahn von CoRoT ein besonderes Gewicht, da die Sonde infolge des polaren Erdorbits nur Planeten mit maximal 50 Tagen Umlaufperiode auskundschaften kann. Mit anderen Worten: Um insgesamt drei Ereignisse zu registrieren, also summa summarum drei Transits aufzuzeichnen, müssen die Forscher ein halbes Jahr Zeit investieren. Und Zeit kostet Geld ... auch in der Exoplanetenforschung. Erst danach werden die erdgebundenen Teleskope auf den Plan gerufen, wie etwa das 3,6-Meter-ESO-Observatorium in La Silla (Chile) oder das BEST-Teleskop am Observatoire de Haute-Provence (OHP) in Frankreich. Hierzu Heike Rauer:

> *»Bei dieser Art Nachfolgebeobachtung geht es darum, das Signal von Planetenkandidaten photometrisch zu bestätigen. Dabei möchten wir zunächst einmal sehen, ob es wirklich der Stern ist, der einen Transit in den Lichtkurven zeigt, und nicht etwa ein am Himmel eng daneben stehender Doppelstern. Das hilft Zeit und Aufwand bei den Radialgeschwindigkeitsmessungen zu sparen.«*[307]

Die CoRoT-Mission, die aufgrund ihres bisherigen Erfolgs bis zum 31. März 2013 verlängert wurde, muss in größerem Zusammenhang gesehen werden. Zu guter Letzt soll sie nämlich als Pfadfindermission leistungsstärkeren Welt-

---

305) CoRoT entdeckt extrasolaren Gesteinsplaneten, in: DLR, 03.02.2009 [*http://www.dlr.de/desktopdefault.aspx/tabid-1/86_read-15681/*].

306) Queloz, Didier et al.: The CoRoT-7 planetary system: two orbiting super-Earths, in: Astronomy & Astrophysics (2009), Nr. 506, S. 303–319 [doi: 10.1051/0004-6361/200913096].

307) E-Mail Prof. Dr. Heike Rauer an Harald Zaun, 04.02.2008 (Betreff: Beitrag über Exoplanetenforschung u. Corot).

raumteleskopen den Weg ins All ebnen, auf die dann insbesondere Exobiologen und SETI-Forscher verstärkt ein Auge werfen werden. Denn mit jeder weiteren schwebenden Sternwarte im All erhöhen sich die Chancen, im kosmischen Weltenmeer ferne bewohnte Inseln aufzuspüren, auf denen hochintelligente Kulturen gestrandet sind, die von Zeit zu Zeit immer wieder eine Flaschenpost mit den besten Grüßen (oder in böser Absicht) auf die Reise schicken. Dass SETI-Forscher seit einigen Jahren immer näher an die Seite der Planetenjäger rücken, liegt demnach in ihrem ureigensten Interesse, nicht zuletzt deshalb, weil die Weltraumteleskope im Dienste der Planetenjagd immer besser und sensibler werden und eines Tages eventuell außerirdische Städte sichtbar machen (S. 184 ff.)

Ein Wort zu »Kepler« und »Darwin«

Große Hoffnungen ruhen auch auf »Kepler«, das seit dem 6. März 2009 im Orbit treibt. Das nach dem Astronomen Johannes Kepler (1571–1630) benannte NASA-Weltraumteleskop soll mit seinem 1,4 Meter großen Spiegel noch mindestens drei, maximal fünf Jahre lang die Milchstraße ausspähen und dabei mehr als 150.000 Sterne genauer ins Visier nehmen. Da »Kepler« wie CoRoT sich der Transit-Methode bedient und extrasolare Planeten ausspäht, die erdähnlich bis doppelt so groß oder sogar noch kleiner als unser Heimatplanet sind, trauen die Planeten- und SETI-Angler der »Kepler«-Sonde zu, gleich mehrere erdähnliche Planeten in dem stellaren »Grüngürtel« aufzufischen. »Keplers« Detektoren messen mit 42 CCDs fotometrisch die Helligkeit. Jeder der Chips verfügt über 2200×1024 Pixel, insgesamt also 95 Megapixel. »Kepler« richtet eine Art Super-Zoomobjektiv ins All. Wie lichtstark das Teleskop tatsächlich ist, verdeutlichte ein NASA-Experte mit dem Vergleich, dass das künstliche Auge beim Blick aus seiner heliozentrischen Umlaufbahn zurück auf die Erde die Verdunkelung einer Terrassenlampe durch einen vorbeigehenden Menschen erkennen würde.

Im Idealfall könnte »Kepler« mithilfe der Spektralanalyse sogar die Atmosphären fremder Welten nach Wasser, Sauerstoff, Ozon und auch Methan durchforsten. All dies dient nur einem übergeordneten Ziel: dem Nachweis von exobiologischem Leben. Eine spektakuläre Entdeckung ist dem NASA-Roboter im All bereits gelungen. Am 4. Januar 2010 meldete die NASA den ersten größeren »Kepler«-Erfolg. Das Observatorium entdeckte fünf neue Exoplaneten auf einen Schlag. Bei den Funden, die auf Daten der ersten sechs Beobachtungswochen basieren, handelt es sich bei allen Welten um »heiße Jupiter«, also Planeten mit vergleichsweise großer Masse, die ihren Heimatstern binnen 3,3 bis 4,9 Tagen in geringem Abstand umrunden. Seit Beginn der

Beobachtungen haben die Bordinstrumente der Forschungssonde schon Hunderte von möglichen Planetensignaturen registriert, die nunmehr einer genaueren Untersuchung bedürfen. Der fünfte vorgestellte Planet, der einen Neptunähnlichen Durchmesser von rund 50.000 Kilometern hat, weist eine Besonderheit auf: Er ist leicht wie Kork. Mit einer Dichte von 0,17 Gramm pro Kubikzentimeter geriert er sich als leichtester bislang entdeckter Planet.[308]

Wenn »Kepler« 2013 seine Segel einzieht, könnte die ESA-Mission »Darwin« einige Jahre später den nächsten Schritt wagen – und in der übernächsten Dekade mit höchst geringer Wahrscheinlichkeit der Terrestrial Planet Finder der NASA (S. 128). Ursprünglich als acht Satelliten starke Flottille angedacht, präsentiert sich »Darwin« seit einiger Zeit aber auf dem Papier nur noch als abgespeckte Version mit insgesamt vier Elementen.

Vorausgesetzt, dass »Darwin« an Bord einer Ariane-V oder Sojus-Fregat-Rakete den Sprung zum sogenannten Lagrange-Punkt L2 unbeschadet bewältigt (S. 192), wird der Späher fraglos etliche erdähnliche Planeten aufstöbern. Schließlich vermag das Interferometrie-Superteleskop die eingefangene Strahlung dergestalt zu überlagern, dass die Bildschärfe eines 50 Meter großen Fernrohrs generiert wird, was »Darwin« wiederum dazu befähigt, nicht allein erdähnliche Planeten aufzuspüren, sondern auch in deren Atmosphären genauer als je zuvor nach chemischen Spuren von Leben zu suchen.

Ausgestattet mit vier einzelnen Raumfahrzeugen, von denen drei jeweils mit einem Infrarotteleskop mit einem Hauptspiegeldurchmesser von drei bis vier Meter bestückt sind und die Nummer vier das Licht des Trios bündeln und zugleich als Zentralstation den Kontakt mit dem blauen Planeten aufrecht erhalten soll, werden die Signale der drei Teleskope gemäß dem Prinzip des Nulling-Interferometers kombiniert.

Dank der dadurch gewonnenen Sensibilität des Teleskops können die Astronomen sogar die chemische Zusammensetzung ferner Atmosphären von erdnahen Exoplaneten studieren. Die gemeinsam operierenden, teleskopeigenen Infrarot-Spektrografen machen es möglich. Sie treten aber erst in Aktion, wenn »Darwin« einen vielversprechenden Kandidaten aufgespürt hat.

Mittels einer Spektralanalyse, bei der Astronomen das von Planeten reflektierte Licht in seine verschiedenen farblichen Bestandteile (oder »Wellenlängenanteile«) zerlegen, werten die Detektoren im Infrarotlicht die Temperatur und chemische Zusammensetzung der jeweiligen Planetenatmosphäre aus.

308) Amos, Jonathan: NASA's Kepler planet-hunter detects five worlds, in: BBC News, 04.01.2010 [*http://news.bbc.co.uk/2/hi/8440392.stm*]; NASA's Kepler Space Telescope Discovers its First Five Exoplanets, in: NASA News, 04.01.10 [*http://www.nasa.gov/mission_pages/kepler/news/kepler-5-exoplanets.html*].

Anders als bei einem Regenbogenspektakel jedoch, bei dem das weiße Sonnenlicht in lediglich fünf bis sechs Grundfarben zerlegt wird, nehmen die Forscher Hunderte feine Farbnuancen wahr, die zusammen das Spektrum eines Objekts bilden. Die Eigenschaften der Spektren – besonders viel Licht in einigen, besonders wenig in anderen Farbbereichen – geben Aufschluss über die chemische Zusammensetzung der beobachteten Materie. Und da jedes chemische Element – es sei nochmals daran erinnert – einen unverwechselbaren Fingerabdruck im Lichtspektrum hinterlässt, verraten sich dabei auch alle Biosignaturen: also alles, was indirekt auf Leben hindeutet.

Wenn die teleskopeigenen Spektrografen der »Darwin«-Flotte etwa das von den Planeten reflektierte Licht in seine farblichen Bestandteile zerlegen würden und dabei Gase wie Sauerstoff (O_2), Wasserdampf, Kohlendioxid ($C0_2$) oder Methan (CH_4) fänden, wäre dies ein starkes Indiz für die Anwesenheit von Wasser und biologischer Aktivität auf der fernen Welt. Dadurch können sie Temperatur und chemische Zusammensetzung der Exoatmosphären ermitteln.

Fänden die Forscher auf einem erdähnlichen, in einer bewohnbaren Zone gelegenen Planeten auch Sauerstoff, der auf der Erde als Nebenprodukt der Photosynthese entsteht, und lokalisierten dort weiterhin noch Ozon (O_3), eine andere Form des reaktionsfreudigen Sauerstoffs, wäre dies zwar ein starkes Indiz für Leben, brächte aber noch keine absolute Sicherheit, weil Bioastronomen viele nicht biologische Prozesse kennen, die zu einer sauerstoffhaltigen Atmosphäre führen. Fraglos wäre aber die Entdeckung von Ozon schon einmal ein Schritt in die richtige Richtung.

Gleichwohl dürfte das beste Indiz für extraterrestrisches Leben auf biologischer Basis die gleichzeitige Anwesenheit von Sauerstoff, Methan und Kohlendioxid sein, weil diese Kombination auch in der Erdatmosphäre anzutreffen ist. Es wäre letzten Endes aber nur ein Indizienbeweis – nicht mehr, aber auch nicht weniger. Jedenfalls wäre es für SETI-Wissenschaftler Anlass genug, sich den Exoplaneten einmal näher anzuschauen.

Neue *alte* Zielsterne für SETI

Auf Spurensuche nach fernen planetaren Begleitern um M-Zwergsterne müssen die Planeten-Detektive nicht nur mit den besten Teleskoplupen operieren, die richtige Suchmethode wählen und die passende Suchtaktik anwenden, sondern auch die vielversprechendsten Sterne anvisieren. Alles muss miteinander korrespondieren. Alle Puzzlestücke müssen ineinandergreifen, damit sie sich zu einem Gesamtbild verdichten können.

Eines der wichtigsten Steinchen in diesem exoplanetaren Mosaik ist die Klasse des Sterns. Letzten Endes läuft alles auf die Frage hinaus, welche Sternart der bislang bekannten Spektralklassen mit den sieben Grundtypen O, B, A, F, G, K, M die meisten Charakteristika aufweist, die für die Ausbildung von Planeten mit biologischem Leben essenziell sind. Was für eine Kategorie von Sonnen begünstigt die Entstehung erdähnlicher Planeten? Welche sind vorrangig zu observieren?

In der Vergangenheit und bis in die jüngste Gegenwart hinein konzentrierten sich die SETI-Wissenschaftler ausnahmslos auf die drei Klassiker unter den sonnenähnlichen Zielsternen: auf den Typ F, G und K.[309] Doch die Direktorin des Center for SETI Research am SETI Institute in Mountain View, Jill Tarter, macht sich über das von SETI favorisierte Sternenprofil schon seit vielen Jahren Gedanken. Inzwischen plädiert sie für eine noch konsequentere Erweiterung des stellaren Suchspektrums, ohne vom konservativen Pfad der SETI-Tugenden abzuweichen:

> *»Die klassischen SETI-Programme beschränkten sich traditionell auf Sterne, die unserer Sonne sehr ähnlich sind. Denn nach allem, was wir wissen, ist die Erde der einzige Planet, auf dessen Oberfläche sich Leben entwickelt und eine Technologie herangebildet hat, welche über interstellare Distanzen nachweisbar ist.«*[310]

So verwundert es kaum, dass die SETI-Gemeinde ein besonderes Faible für sonnenähnliche Sterne vom Typ G hat, bisweilen auch F-Sternen den Hof macht, die etwas heißer sind als unsere Sonne. Es überrascht nicht, dass sie ebenfalls auf K-Sterne ein Auge geworfen haben, die ein wenig kühler daherkommen. Heute ist der Katalog der von SETI umschwärmten Welten allein in der Milchstraße auf sage und schreibe mehr als 250.000 Zielsterne angewachsen – Tendenz steigend.

Ferne Sonnen jedoch, die ungleich heißer sind als F-Sterne, erfuhren aufgrund ihrer Kurzlebigkeit in den bisherigen Horchprogrammen keine Berücksichtigung. Sie entsprachen nicht dem erwünschten Profil und spielten in den Denkmodellen der Exobiologen und SETI-Forscher deshalb keine Rolle, weil sie derart schnell ausbrennen, dass auf den umliegenden Planeten keine Zeit für langwierige biologische Experimente bleibt.

309) Heidmann, Jean: Bioastronomie. Über außerirdisches Leben und außerirdische Intelligenz, Springer-Verlag, Berlin/Heidelberg 1994, S. 209.

310) Bortman, Henry: SETI Sets its Sights on M Dwarfs, in: Astrobiology NASA (17.11.2005) [*http://www.astrobio.net/exclusive/1776/seti-sets-its-sights-on-m-dwarfs*].

In eine andere Kategorie fällt der am häufigsten im Universum vorkommende Sternentyp: der Rote Zwerg. Rote Zwerge sind Hauptreihensterne des Spektraltyps M, weshalb sie auch unter dem Namen M-Zwergsterne firmieren. Ihre Masse variiert zwischen 8 und 57 Prozent der Sonnenmasse. Neben unserer Sonne würde ein Roter Zwerg seinem Namen zur Ehre gereichen, weist er doch im Schnitt 15 Prozent des Sonnenradius auf. Dieses kleine Handicap gleichen M-Zwergsterne durch ihre stellare Omnipräsenz aus. Sie stellen 75 Prozent aller Sterne in der Milchstraße.[311] Dass Bioastronomen und SETI-Wissenschaftler mit Roten Zwergsternen vor einigen Jahren noch nicht allzu viel anzufangen wussten, hängt primär damit zusammen, dass dieser stellare Typ fast ausschließlich infrarotes Licht aussendet und daher schlichtweg zu wenig Licht und Wärme spendet, um bewohnbare Welten um sich zu scharen, auf denen eine wie auch immer geartete biologische Evolution starten könnte. Eine Photosynthese wie auf der Erde wäre auf Zwergstern-Planeten kaum denkbar. So jedenfalls sah das Weltbild der Astronomen noch vor wenigen Jahren aus.

Selbst bei einem Exoplaneten, der in der *Ökosphäre* des Sternsystems läge, also in jenem Bereich eines M-Zwergsternsystems, der das Entstehen und die Konservierung von flüssigem Wasser begünstigte, wären die Aussichten auf die Ausbildung von Leben gleich null. Schließlich erstrecken sich in diesen Systemen die habitablen Regionen meist innerhalb einer sehr schmalen Zone (0,04 bis 0,2 Astronomische Einheiten). Ein Planet müsste schon auf Tuchfühlung zu seinem Mutterstern gehen, um genügend Licht und Wärme zu erhalten. Doch selbst dieses Szenarium ist utopisch, da jeder Planet in unmittelbarer Nähe zu einem Roten Zwerg – egal, ob dieser massereicher oder masseärmer ist – hoher Hitze und vor allem höchst lebensfeindlicher solarer Strahlung ausgesetzt wäre. Zudem würde der Planet infolge der stellaren starken Gravitation synchron rotieren und somit seiner Sonne immer dieselbe Seite zeigen. Während es auf der einen Kugelhälfte im wahrsten Sinne des Wortes heiß herginge und dort extrem hohe Temperaturen stattfänden, wäre die andere Seite stark abgekühlt – auf der einen Hälfte herrschte ewiger Tag, auf der zweiten ewige Dunkelheit. Wohl deshalb waren Astrobiologen früher auf M-Zwergsterne nicht gut zu sprechen.

Auf Planeten, die ihren rötlichen Heimatstern in großer Distanz umkreisen, hätte die Ausbildung von biologischem Leben desgleichen nicht den Hauch einer Chance, weil dort jeder Milliliter Wasser sofort zu Eis gefrieren

---

311) Tarter, Jill C. u. Peter R. Backus u.v.a.: A Re-appraisal of the Habitability of Planets Around M Dwarf Stars, in: Astrobiology (2007), Bd. 7, Nr. 1, S. 30 [doi: 10.1089/ast.2006.0124].

würde, was der Ausbildung von Leben alles andere als dienlich wäre. »Flüssiges Wasser ist für Leben absolut notwendig, zumindest für Leben, wie wir es kennen«,[312] betont Jill Tarter.

Nicht zuletzt wegen ihrer hohen Radioaktivität stehen M-Zwerge im Ruf, äußerst lebensfeindliche Sterne zu sein. Gäbe es ein Ranking für die im Produzieren von Sonneneruptionen effektivsten Sterne, gebührte dieser stellaren Sonderklasse fraglos ein Spitzenplatz. Einen Spitzenwert erreicht insbesondere die von ihnen emittierte UV-B- und Röntgenstrahlung. Es bedarf keiner allzu großen Fantasie, um sich auszumalen, dass in der Nähe solcher Lichtquellen die Entfaltung von komplexen DNA-Molekülen verhindert wird. Nur erdähnliche Planeten, die über eine gut funktionierende Atmosphäre und somit über einen effektiven Schutzschild verfügen, könnten solare Eruptionen dieses Ausmaßes abhalten.

Seit einigen Jahren aber hat unter den Astrobiologen und SETI-Wissenschaftlern ein Umdenken eingesetzt. Mittlerweile gehen immer mehr davon aus, dass Planeten, die um Zwergsterne der Kategorie M treiben, durchaus Horte des Lebens sein könnten. Zu dieser Feststellung gelangte zumindest eine interdisziplinäre Forschergruppe im Juli 2005 während eines im SETI-Institut abgehaltenen Workshops mit dem Arbeitstitel »Habitability of Planets Orbiting M Stars«.[313] Ihr Fazit: M-Zwergsterne können trotz aller astralen Defizite Planeten mit ausreichend Licht und Wärme versorgen und die Entwicklung von biologischem Leben in dem Maße fördern, dass sich auf ihren planetaren Begleitern sogar hoch entwickelte Zivilisationen mit Radiotechnologie herangebildet haben könnten.

Daten diverser Computersimulationen zeigen, dass bewohnbare Welten um M-Zwerge keine Seltenheit sein müssen. In verschiedenen atmosphärischen Modellen kristallisierte sich heraus, dass beispielsweise ein sonnennaher Planet um einen M-Zwergstern automatisch eine dickere Atmosphäre ausbilden wird. Die sich daraus ergebende stärkere Zirkulation würde die Sonnenwärme um den ganzen Planeten gleichmäßig verteilen. »Wenn sie ein wenig Gewächshausgas in die Atmosphäre entlassen, kommt es im Zuge der Zirkulation dort zu einer planetenweit gleichmäßigen Verteilung der Temperatur. Auf diese Weise gelangt die Hitze von der den Sternen zugewandten Seite auf die Rückseite des Planeten«,[314] erklärt Jill Tarter voller Zuversicht. Möglicherweise schaffe dieser Prozess die Bedingungen für eine bewohnbare

---

312) Bortman, Henry: SETI Sets its Sights on M Dwarfs, a.a.O.
313) Workshop on the Habitability of Planets Orbiting M Stars (First Workshop, 18.–20.07.2005), in: Website SETI Institute Mountain View, CA [*http://mstars.seti.org/index.php*].
314) Bortman, Henry, a.a.O.

Welt. Ohnehin habe sich gezeigt, dass die Atmosphäre eines Planeten, der einen Roten Zwerg in geringem Abstand umrundet und diesem immerfort dieselbe Seite zuwendet, nicht zwangsläufig Schaden oder gar einen Kollaps erleiden muss. Selbst die gefürchteten solaren Flares, die bisweilen sogar den Roten Zwerg selbst überstrahlen, haben weitaus weniger schädlichen Einfluss auf die Ausbildung von Leben als ursprünglich angenommen.[315]

Ein anderer wichtiger Aspekt, der bislang stets übersehen wurde, hängt mit der Lebensdauer, besser gesagt den besten Jahren von M-Zwergen zusammen. Eine unumstößliche Tatsache ist: Rote Zwerge werden alt, sehr alt. Wegen ihrer geringen Masse findet bei einem Roten Zwerg die Umwandlung von Wasserstoff in Helium nur langsam statt, weshalb sie sich durch niedrigen Energieverbrauch auszeichnen (Oberflächentemperatur liegt zwischen 2200 und 3800 Kelvin; unsere Sonne hat zirka 5800 Kelvin). Der Energieverbrauch manifestiert sich am deutlichsten in der für M-Zwerge charakteristischen langwelligen Strahlung. Da sie ausschließlich im rötlichen Licht und Infrarot auf Sparflamme emittieren, glänzen sie als kosmische Dauerbrenner, die fast eine Ewigkeit leuchten. Kosmologen attestieren diesem Sterntyp ein Alter, das – je nach Masse – zwischen 50 Milliarden und 50 Billionen Jahren liegen könnte. Wenn dereinst die Sternpopulationen und Galaxien ihr Licht ausgehaucht haben, könnte eine hohe Zahl von Roten Zwergen mit sanfter Infrarotstrahlung das All noch erwärmen und erhellen.

Genauso wichtig für Exobiologen ist zudem, dass M-Zwerge ihre produktivste sowie aktivste Zeit in den ersten Milliarden Jahren ihrer Existenz durchleben. Sind die »wilden Jahre« einmal vorbei, ist das strahlenreiche Feuerwerk beendet, setzt sich der Stern zur Ruhe und spendet dabei erstmals Wärme und Energie in einer Intensität, welche die Entfaltung von organischem Leben – selbst auf Infrarotbasis – ermöglicht.

Über die Frage, ob M-Zwerge auf die Zielliste (target list) kommen sollen oder nicht, haben SETI-Forscher, Astronomen, Planetenjäger sowie Astrobiologen und Geologen im Rahmen interdisziplinärer Tagungen bereits des Öfteren diskutiert. Seit dem M-Star-Workshop im Juli 2005 und nach der Triple A-S-Konferenz (AAAS = American Association for the Advancement of Science) 2006 in St. Louis (Missouri) haben sie fachübergreifend erstmals Nägel mit Köpfen gemacht und M-Zwerge als wertvolle neue Ziel-Sterngruppe geadelt. Das aus der Feder von 32 Wissenschaftlern stammende Resümee hierzu liest sich wie ein Plädoyer für eine intensive M-Zwergstern-Observation:

---

315) Tarter u. Backus, A Re-appraisal of the Habitability …, a.a.O., S. 30.

»Wir kommen zu dem Schluss, dass M-Zwergsterne in der Tat überlebensfähige Planeten beherbergen, auf denen eine biologische Evolution starten kann. [...] Es macht Sinn, M-Zwergsterne künftig in Programme einzubeziehen, die nach bewohnbaren Welten und Anzeichen von Leben suchen.«[316]

Dass Rote Zwerge als kühlere astrale Vertreter (Spektralklasse M2.5V) derzeit heiß begehrt sind, resultiert des Weiteren daher, dass Astronomen in deren unmittelbarer Umgebung bislang mehrere Exoplaneten gefunden haben. Allein der erdnahe Rote Zwerg Gliese 581 geriert sich als Paradebeispiel eines M-Zwergsterns wie er leibt und lebt. Aber mehr noch: Der 20,4 Lichtjahre von der Erde entfernte und im Vergleich zu unserer Sonnen 500-mal schwächer strahlende und nur ein Drittel so massereiche Stern kann auf einen vierplanetaren Anhang verweisen, dem sich ein Trabant mit der nur sechsfachen Erdmasse angeschlossen hat. Selbst erdähnliche Himmelskörper könnten hier weilen.

Gründe genug also, um sich Gedanken über eine systematisch koordinierte Suchaktion mit dem Allen Telescope Array zu machen. Angesichts der neuen Erkenntnisse hinsichtlich M-Zwergsternen und deren häufigem Vorkommen im All, empfehlen die 32 Forscher daher mit Nachdruck, innerhalb dieser Systeme verstärkt nach terrestrischen Planeten zu suchen. Spektrografen sollen in deren Atmosphären nach Biosignaturen und die ATA-Radioteleskopanlage parallel dazu nach Technosignaturen, sprich Radiowellen, fahnden.[317]

Mit dem ATA könne man in naher Zukunft die modernste und schnellste Suche mit der größtmöglichen Anzahl von Sternen starten. »Ich will einen riesigen Katalog von Zielsternen. Ich will Millionen von Sternen«, sagt Tarter. Es sei gleichwohl nicht der Stern, der sie interessiere, sondern die Signaturen, die von hochentwickelten Technologien stammen, deren Planeten um Sterne kreisen.

»Solange ich weiß, dass wir die korrekte Richtung anvisieren, brauche ich den Stern nicht zu sehen. Ja, ich brauche noch nicht einmal den Planeten zu sehen. Mache ich aber ein Radiosignal aus – Bingo! –, dann habe ich eine bewohnte Welt gefunden!«[318]

Mit Katalogen von Zielsternen kennt sich auch die Exobiologin Margaret Carol Turnbull von der Carnegie Institution in Washington D.C. gut aus.

316) Ebd.
317) Ebd., S. 58.
318) Bortman, Henry, a.a.O.

Schon vor ihrer Promotion 2004 widmete sie sich schwerpunktmäßig sogenannten Habstars, sonnenähnlichen Sternen, die in ihren Systemen zuweilen auch Planeten eine Nische bieten, auf denen intelligente Lebewesen existieren könnten. Bereits während des *Phoenix*-Projekts erstellte Turnbull zusammen mit Jill Tarter den ersten HabCat-Katalog (HabCat = Katalog der erdnahen habitablen Systeme) und kam dabei auf die ansehnliche Zahl von 2000 erdnahen lohnenswerten »Targets«. Mit Blick auf die ungeahnten Möglichkeiten des neuen Allen Telescope Arrays legten beide Wissenschaftlerinnen 2002 jedoch die alte *Phoenix*-Liste ad acta und warfen einen noch optimistischeren Blick nach vorn. In einigen Jahren würde ihnen ein riesiges High-Tech-Areal mit 350 Teleskopen zur Verfügung stehen, das alles zuvor Dagewesene in puncto Leistung, Bandbreite, Sensibilität und Auslösung in den Schatten stellen würde. Und wer alsbald über ein derart filigranes Wunderwerk der Radioastronomie frei verfügen darf, dachten sich die beiden vor acht Jahren, braucht neue Sterne. So kam es, wie es kommen sollte.

Basierend auf den Daten der ESA-Mission Hipparcos, die die Position und den Spektraltyp von 118.218 Sternen en detail erfasste, und beruhend auf Informationen über deren Rotation und Bewegung sowie Metallhäufigkeit erhöhte sich die Anzahl der infrage kommenden Ziele deutlich. Unter Berücksichtigung theoretischer Studien und Simulationen ergab sich mit einem Mal ein Wert von 17.129 Habstars. 17.129 Gestirne rückten Knall auf Fall als vielversprechende Kandidaten in die engere Wahl jener Sterne, die Planeten hervorgebracht haben könnten. Planeten, auf denen vernunftbegabte Aliens leben könnten.[319]

Doch damit nicht genug. 2006 extrahierte Turnbull aus den 17129 Hipparcos-Sternen ein Verzeichnis der zehn lukrativsten erdnahen Sterne, die für eine Observation prädestiniert sind. Im Auftrag der US-Raumfahrtbehörde NASA und des SETI-Instituts erstellte sie eine stellare Top-Ten-Liste, bestehend aus kosmischen Lichtpunkten, die am ehesten Muttersonnen bewohnbarer Planeten sein könnten. »Es gibt eine riesige Menge von Sternen am Nachthimmel, nach denen man Ausschau halten kann, aber wir können nicht jeden einzelnen untersuchen.« Es gebe allein 400 Milliarden Sterne in unserer Galaxie, erklärt Turnbull. Daher müsse man selektiv vorgehen.

Um die stellare Spreu vom astralen Weizen zu trennen, legten die Forscher in der Tat hohe Maßstäbe an. So durften die Besten der Besten einen Vergleich mit unserer Sonne nicht scheuen. Nur Sterne, die in puncto Masse, Größe, Leuchtkraft und Alter in etwa mit unserem Heimatgestirn konkurrie-

319) Turnbull, Margaret C./Tarter, Jill C.: Target Selection for SETI: 1. A Catalogue of Nearby Habitable Stellar Systems [doi: 10.1086/345779].

ren konnten, schafften den Sprung in die nächste Runde. In dieser fanden sich ausschließlich Sterne vom Typ F, G und K wieder. Chancenlos hingegen waren Doppelsternsysteme, Weiße Zwerge, Rote Riesen, Röntgensterne, Pulsare, rotierende oder zu Flares neigende Sterne. Ihnen fehlte es an Lebensqualität. Mal waren sie zu jung oder zu alt oder zu strahlenreich, mal zu heiß oder zu kühl, zu groß oder zu klein. Einen gemeinsamen Nenner fanden alle in ihrer ausgeprägten Lebensfeindlichkeit.

Ohnehin scheiterten die meisten Sterne an den beiden wichtigsten Qualifikationskriterien: Sie brachten entweder mehr als die 1,5-fache Sonnenmasse ins Rennen oder waren jünger als drei Milliarden Jahre (oder beides zusammen). Tatsache ist, dass Gestirne von der 1,5-fachen Sonnenmasse einfach nicht lange genug leben, um einen bewohnbaren Planeten zu halten und intelligentes Leben hervorzubringen. In der Regel können Planeten in derlei Systemen auch nicht für kurze Zeit auf ihren Oberflächen (zum Teil auch im Inneren) flüssiges Wasser konservieren. Zu ihrem Mutterstern finden die planetaren Schösslinge einfach nicht den rechten Abstand. Bei alledem reifen Planeten langsam und benötigen schon einige Milliarden Jahre, bis auf ihnen Zivilisationen entstehen, die im wahrsten Sinne des Wortes über ihren Horizont hinausblicken und selbst nach den *Anderen* suchen.

Aber auch der Gehalt an schweren Elementen – 50 Prozent des Eisengehalts unserer Sonne sollten es schon sein – spielte eine wichtige Rolle. Würde der Eisengehalt in der Atmosphäre eines Sterns zu gering ausfallen, würde auch der für die Formung der Planeten elementare Anteil an schweren Elementen zu gering ausfallen. Schließlich benötigen biologische Lebensformen, um ihre Entwicklung voranzutreiben, nicht nur ausreichend Rohstoffe und Zeit (mindestens drei Milliarden Jahre), sondern vor allem eine feste Oberfläche.

> *»Sterne und Planeten sind irgendwann einmal aus derselben elterlichen Staub- und Gaswolke hervorgegangen. Hat der Stern nicht genug Eisen in seiner Atmosphäre, ist es wahrscheinlich, dass das elterliche Material nicht genug schwere Metalle für die Bildung von Gesteinsplaneten enthält.«*[320]

Turnbull nahm zudem nur Sterne in die engere Wahl, die gut sichtbar sind. Man wolle die bewohnbaren Planeten im Idealfall mit eigenen Augen sehen, so Turnbull 2006 auf der Jahreskonferenz der AAAS in St. Louis. Deshalb führe man in der Kandidatenliste keine zu grellen Sterne auf, weil diese das

320) Lane, Earl: Astronomer Margaret Turnbull. A Short-List of Possible Life-Supporting Stars, in: AAAS, 18.02.2006 (News) [*http://www.aaas.org/news/releases/2006/0218habitable.shtml*].

Licht ihrer Planeten restlos überstrahlen. »Nachdem ich all diese Aspekte berücksichtigt hatte, kam ich auf eine Liste von einigen Hundert Sternen, auf die wir unsere Aufmerksamkeit richten sollten.«

Sich der Qual der Wahl vollends bewusst, pickte Turnbull aus dem Lostopf die stellare Crème de la Crème heraus. Für die SETI-Forscher und Planetenjäger präsentierte Turnbull insgesamt zehn erfolgversprechende Kandidaten – fünf zu SETI-Zwecken für das ambitionierte Allen Telescope Array und weitere fünf für die inzwischen dem Rotstift zum Opfer gefallene, einst so hoffnungsvolle NASA-Interferometrie-Mission TPF, die eigentlich einmal erdähnliche Planeten aufspüren und deren Atmosphären analysieren sollte.[321]

Jedenfalls legte sich Turnbull auf einen Favoriten fest, der auf den kryptischen Namen Beta CVn hört. Hinter ihm verbirgt sich ein 26 Lichtjahre von der Erde entfernter sonnenähnlicher Stern, der im Sternbild der Jagdhunde (Canes venatici) zu Hause ist.[322] Auch wenn dieses Gestirn bereits im Rahmen des *Phoenix*-Projekts ohne Erfolg gescannt wurde, könnten in seinem System erdähnliche Körper durchaus einen Unterschlupf gefunden haben. Neben den Sternen HD 10307, HD 211415 und 18 Sco tauchte als vielversprechendes SETI-Zielobjekt sogar ein guter alter Bekannter auf, der seit fast 15 Jahren stellaren VIP-Status genießt. Bei ihm handelt es sich um keinen Geringeren als um den 42 Lichtjahre entfernten Stern 51 Pegasus, den die Schweizer Astronomen Michel Mayor und Didier Queloz 1995 als erste aktive, von einem Planeten (Peg 51 b) sekundierte Exosonne katalogisierten.

Erwartungsgemäß fand Margaret C. Turnbulls altmodischer Ansatz schnell seine Kritiker. Eine von ihnen, Carol Cleland von der University of Colorado, warf ihrer Kollegin eine zu eingeengte Sichtweise vor, die nur sonnenähnlichen Sternen und erdähnlichen Exoplaneten Raum schenke. »Ich glaube, wir sollten nach Formen von Leben Ausschau halten, die wir nicht kennen.« Auf weiteren Welten könnten andere Ingredienzen als Stoff des Lebens und somit auch völlig neue Strukturen entstanden sein, betonte Cleland.[323] Doch Turnbull, die engagierte Forscherin im Dienste der habitablen Sterne, bleibt ihren zehn stellaren Sprösslingen treu, von deren Qualitäten sie restlos überzeugt ist.

---

321) Näheres zu den fünf Kandidaten für die vorerst »gestrichene« TPF-Mission siehe: Lane, Earl: Astronomer Margaret Turnbull, a.a.O.

322) Ebd.

323) Fox, Maggie: Astronomers close in on ET, in: ABC Science (20.02.2006) [*http://www.abc.net.au/science/articles/2006/02/20/1573643.htm*].

»Unsere ersten und bevorzugten Zielobjekte sind Sterne, die der Sonne sehr ähneln, Sterne, die danach aussehen, als nähmen sie Planeten mit erdähnlichem Leben in Schutz. Dies wären die Plätze, wo ich gerne leben würde, würde Gott unseren Planeten in ein anderes Sternsystem verlegen.«[324]

Die Supernovae- und Doppel-Imperium-Variante

170.000 Lichtjahre von der Erde entfernt spielt sich in der Großen Magellan'schen Wolke ein kosmisches Drama eklatanten Ausmaßes ab. Lautlos, aber licht- und farbenreich verabschiedet sich ein heißer blauer Überriesenstern von der kosmischen Weltenbühne. Den für die Kernfusion notwendigen Wasserstoffvorrat restlos verbrannt habend, beendet der massereiche Stern in einer gewaltigen Explosion sein nur 20 Millionen Jahre währendes astrales Dasein. Was von der fremden Welt übrig bleibt, die einst die 17-fache Sonnenmasse hatte, konzentriert sich größtenteils als feste Masse in ihrem Zentrum, als Weißer Zwerg. Der Rest verflüchtigt sich als Gas ins Weltall und formt sich zu einer Supernova-Schale.

SN1987A im SETI-Visier

Nach einer 170.000 Lichtjahre langen trostlosen Odyssee durchs All trifft zu guter Letzt das Licht der stellaren Katastrophe im Februar 1987 auf den dritten Planeten eines an einem Spiralarm einer durchschnittlichen Galaxie gelegenen durchschnittlichen Sonnensystems, den seine Bewohner Erde nennen. Zur Freude der dort lebenden professionellen und hobbymäßigen Astronomen erleuchtet die Supernova den hiesigen Nachthimmel, überstrahlt alle anderen Sterne und avanciert eine Zeitlang zur unumstrittenen Attraktion des Südhimmels.

SN1987A, so die Katalognummer der bislang erdnächsten beobachteten Supernova, die in der Astro-Szene inzwischen Kultstatus hat, verzückte seinerzeit viele Sternenfreunde rund um den Globus. Sogar die Elementarteilchenexperten kamen auf ihre Kosten. Insgesamt 24 Neutrinos trafen als Botschafter von SN1987A bei uns ein; allein 11 davon registrierte der Kamiokande-Detektor (Kamioka Nucleon Decay Experiment) in Japan.[325]

---

324) Than, Ker: Top List of Habitable Stars to Guide Search, in: Space.com (21.02.2006) [*http://www.space.com/scienceastronomy/060221_habstars.html*].

325) Hirata, K. et al. (KAMIOKANDE-II Collaboration): Observation of a Neutrino Burst from the Supernova SN 1987a, in Phys. Rev. Lett. (1987), Bd. 58, S. 1490–1493 [doi: 10.1103/PhysRevLett.58.1490].

Bis auf den heutigen Tag sind just diese 24 Partikel die einzigen lokalisierten Neutrinos, die nachweislich von einer Supernova stammen.

Dass Supernovae wie SN1987A ihre kosmische Premiere grundsätzlich auf theatralische Art und Weise zelebrieren, könnte SETI zum Vorteil gereichen. Denn die Kunde von ihrer bühnengerecht inszenierten Geburt dringt nicht nur bis in die letzten Winkel der Milchstraße vor, sondern erreicht auch ferne Nachbargalaxien. Katastrophen dieses Ausmaßes spielen sich nicht im Verborgenen ab. Sie steigern sich oft in einer Weise, die dramatischer nicht sein kann – auf eine spektakuläre Art, die ihren Eindruck auch auf Zivilisationen fernab der Erde nicht verfehlen dürfte, da alle astronomisch interessierten Kulturen, sollten weitere in der Galaxis existieren, den mit einer Supernova einhergehenden Lichtblitz wahrnehmen können.

Supernova als Leuchtturm

Von diesen Gedanken war auch Tong B. Tang vom Cavendish-Laboratorium der Universität Cambridge (England) beseelt, als er 1976 eine pfiffige und zugleich mutige Idee ausarbeitete, die SETI-Anhänger eines Tages vielleicht als ergänzende Suchstrategie etablieren. Er schlug vor, die Suche nach einer extraterrestrischen Flaschenpost mit einem kosmischen Ereignis zu verknüpfen, eben mit einer Supernova.[326]

Schließlich würden auch intelligente und kontaktwillige Aliens nicht wahl- und ziellos ins All funken, sondern vielmehr nach Mitteln und Wegen suchen, Ort und Zeit zwischen Sender und Empfänger zu synchronisieren. »Es gibt so etwas wie eine gemeinsame Uhr, nach der alle galaktischen Zivilisationen sich richten könnten, um ihre Kommunikation zu synchronisieren«,[327] so Guillermo A. Lemarchand vom META-II-SETI-Projekt des Instituts für Radioastronomie in der Nähe von Buenos Aires (Argentinien).

Was auf den ersten Moment gelinde gesagt futuristisch und abgehoben anmutet, folgt freilich einer gewissen Strategie und Logik. Denn bei einer Metamorphose eines sterbenden Sterns zu einer Supernova emittiert die dabei freiwerdende Energie im weißen Licht des Spektrums so intensiv wie hundert Milliarden Sonnen gleichzeitig. Für einige Tage mutiert die Supernova selbst zu einem kosmischen Leuchtfeuer, das laut Tang durchaus als interstellares

326) Tang, T. B.: Supernovae as time markers in interstellar communication, in: British Interplanetary Society, Journal, (Juli/August 1976), Nr. 29, S. 469–470. Siehe weiteren Aufsatz Tangs: Recurrent supernovae as time markers in interstellar communication, in: British Interplanetary Society, Journal/Interstellar Studies (November 1981), Bd. 34, S. 491–493.

327) Lemarchand, Guillermo A.: Denkt dort draußen jemand?, in: Spektrum der Wissenschaft (I/2000), Intelligenz (Spezial/Nachdruck), S. 96–106.

Signalfeuer verstanden und genutzt werden könnte. Wie ein maritimer Leuchtturm zöge ein solches Ereignis auch in der Milchstraße fraglos alle Aufmerksamkeit auf sich und würde jedem Beobachter den Weg zum Ziel weisen. Ein auffallend heller Lichtblitz, der wohl kaum zu übersehen wäre.

Eine **Supernova** ist in der Tat ein kosmisches Großereignis. Zu einer solchen kommt es, wenn ein massereicher Stern seinen Brennstoff verbraucht hat und in einer gewaltigen Explosion zu einem Neutronenstern bzw. Pulsar (rotierender Neutronenstern) kollabiert – einem extrem kompakten Körper, bei dem gewissermaßen alle Neutronen dicht an dicht liegen. Die stellaren Überreste, die infolge der Explosion ins Weltall hinausgeschleudert werden, offenbaren sich uns im elektromagnetischen Spektrum in verschiedenen Wellenlängen auf höchst pittoreske Weise: in Gestalt einer Supernova-Schale, die mit einer langsam abnehmenden Geschwindigkeit (zirka 6000 Kilometer in der Sekunde) im All auseinanderdriftet, während der Kern, das eigentliche Zentralobjekt, scheinbar bewegungslos und unsichtbar im Hintergrund, besser gesagt im Zentrum weilt. Hierbei nimmt die Leuchtkraft des Sterns millionen- bis milliardenfach zu. Für einige Tage leuchtet er so hell wie eine ganze Galaxie, wie SN1987A am 23. Februar 1987 am Südhimmel. Es war die hellste Supernova seit der Kepler'schen Supernova von 1604. Hypernovae übertreffen das Sternenlicht sogar um das Billiardenfache und strahlen so hell wie ein ganzer Galaxienhaufen.

Fortgeschrittene Zivilisationen mit astronomischem Interesse würden zumindest den lichtreichen Sternenzauber entdecken. Sollten nun außerirdische Kulturen für das Universum eine annähernd so große Sensibilität mitbringen wie wir, müssten auch die Astronomen fortgeschrittener Zivilisationen innerhalb der Galaxis die Supernova von 1987 entweder längst bemerkt und ihre Teleskope für weiterreichende Untersuchungen auf die Quelle gerichtet haben oder in ferner Zukunft noch registrieren respektive observieren. Unter ihnen sollten genügend kontaktfreudige Bio- und Radioastronomen sein, die die Gunst der Gelegenheit nutzen, um ihre Radioteleskope unmittelbar nach dem Aufflackern der Supernova eine Zeitlang gezielt in die diametral entgegengesetzte Richtung zu drehen. Zeitgleich würden sie eine Funkbotschaft senden, weg von der Supernova – hin zu den Sternsystemen dahinter. »Wie ein Hund, der einem Hasen hinterherjagt, würde ihr Signal dem Licht der Supernova durch den Raum folgen«,[328] erläutert Seth Shostak vom SETI-Institut in Pasadena (Kalifornien).

Einige Jahre oder Jahrzehnte später würden dann die sozusagen flussabwärts angesiedelten Astronomen vom Licht der Supernova geblendet kurz

328) Shostak, Seth: Nachbarn im All. Auf der Suche nach Leben im Kosmos, F.A. Herbig, München 1999, S. 212.

darauf von einem künstlichen Signal in Form eines Kosmogramms überrascht werden. »Gibt es dort [...] eine weitere Zivilisation, so werden ihre Astronomen zunächst auf die Supernova aufmerksam und registrieren kurz danach und knapp daneben das auffällige Signal«, erklärt Guillermo A. Lemarchand. »So könnten die Supernova-Forscher der zweiten Zivilisation zu Entdeckern der ersten werden.«[329]

Während der Absender das Supernova-Ereignis somit auf optimale Weise instrumentalisiert hätte, würde das künstlich erzeugte Signal von dem unbekannten Empfänger, der die Supernova ebenfalls studiert, kaum übersehen und überhört werden können. Dies umso weniger, da innergalaktische Supernovae im Schnitt alle 50 bis 80 Jahre einmal in Erscheinung treten, sich also infolge ihres seltenen Auftretens als spektakuläre Leuchttürme und Zeitmarken bestens eignen.

Lemarchands Auffassung nach lässt sich die Supernova-Strategie aber noch weiter optimieren. Dazu bräuchte die sendende Zivilisation nur den Aktionsradius zu erweitern. »Sobald nach dem Supernova-Ausbruch eine gewisse Zeit verstrichen ist, wird nicht mehr nur diametral entgegengesetzt gesendet, sondern auch in etwas abweichende Richtungen.« Damit der fremde Adressat vorweg das Licht der Supernova und erst danach die künstliche Botschaft empfängt, wäre ein möglichst kleiner Winkel zu wählen. Denn nur solcherlei Sterne, die innerhalb des Sende-Hyperboloids liegen, einem hyperbolisch gekrümmten Flächenbereich, garantieren, dass der Empfänger zuerst die Supernova und danach das Kosmogramm wahrnimmt. Der Empfänger hingegen könnte gleichsam seine Erfolgschancen erhöhen, wenn er nur die Sterne innerhalb dieses Bereichs belauscht. »Für uns liegen dann die anzupeilenden Sterne innerhalb eines langgestreckten Ellipsoids mit Erde und Supernova in den Brennpunkten«,[330] so Lemarchand.

Ob bei einer nächsten Supernova die irdischen SETI-Forscher ihre Schüsseln wirklich in Richtung der Strahlenquelle drehen oder sogar in die entgegengesetzte Richtung senden, darf angezweifelt werden. Denn obwohl viele SETI-Anhänger die Supernova-Option als interessantes Gedankenexperiment und diskussionswürdige Idee unter vielen erachten, lässt sie sich gleichwohl nur schwer umsetzen, weil hierfür vor allem das nötige Kleingeld fehlt. Zudem mangelt es zurzeit an genügend Radioteleskopen mit leistungsstarken Transmittern, mit denen, sobald das Licht einer Supernova unseren Planeten erreicht, ad hoc eine interstellare Flaschenpost ins All geschickt werden könnte. Denn selbst bei einer Supernova, die in nur 10.000 Lichtjahre Entfer-

329) Lemarchand, Guillermo A., Denkt dort draußen jemand?, a.a.O., S. 104.
330) Ebd.

nung aufblitzte, betrüge die Licht- und Radiowellenlaufzeit immer noch 10.000 Jahre. Keine gute Basis für den Aufbau bilateral-interstellarer Beziehungen.

Trotzdem können sich Astronomen mithilfe dieser Variante (im Gegensatz zur klassischen SETI-Suchmethode) erstmals sicher sein, wohin und wann genau sie ihre Teleskope ausrichten müssen, um die Wahrscheinlichkeit zu erhöhen, Signale ferner Zivilisationen aufzufangen.

Doppelt strahlt besser

Ein ähnlicher Effekt würde sich auch Seth Shostaks Ansicht nach mit einer alternativen Methode erzielen lassen. Sein erstes Mittel der Wahl sind Doppelsternsysteme.

Binäre Sternsysteme sind im Universum alles andere als eine Rarität. Sie stellen zusammen mit Mehrfachsystemen (drei oder noch mehr Sterne) ungefähr die Hälfte aller Sterne unserer Galaxis und umrunden sich periodisch, gleichwohl nicht immer kreisförmig um ihren gemeinsamen Schwerpunkt. Obwohl in Dualsystemen die Bahngeschwindigkeit und der Abstand der Sterne zueinander manchmal variiert, folgen beide stabilen Umlaufbahnen. Es ist in der Regel eine solide Ehe auf Zeit, bei der das gemeinsame Band infolge der gegenseitigen Gravitationskraft unzerstörbar scheint. Nur die stellaren Kinder, sprich die Planeten, die sich um sie scharen, haben kein leichtes Spiel, stehen sie doch selbst im willkürlichen Bann der Gravitationskräfte ihrer strahlenden Eltern. Anstatt ihren Kindern Halt zu geben, destabilisieren solche Doppelsterne manchmal die Umlaufbahnen ihres Anhangs und verstoßen bisweilen sogar einige von ihnen aus dem astralen Schoß der Familie.

Da unter solchen Bedingungen biologisches Leben naturgemäß selbst einen extrem schweren Stand hat, stehen Dualsterne bei SETI logischerweise nicht allzu hoch im Kurs – bislang jedenfalls. Dabei gibt es eine vielversprechende Konstellation, die Binärsysteme für Astrobiologen wieder interessanter machen könnte. Befinden sich nämlich die beiden Sterne im System weit voneinander entfernt – mindestens einige Milliarden Kilometer –, könnten dortige Planeten ihre Heimatsterne fast unbehindert umkreisen. Angenommen, auf einem von ihnen hätte sich eine hoch entwickelte Kultur herangebildet, wäre doch der Gedanke naheliegend, dass Aliens in Doppelsternsystemen die zweite Sonne sehr genau erkunden und eventuell von ihr Energie anzapfen. Vielleicht driften in dieser Region sogar bewohnbare Planeten, auf denen Kolonien existieren. Wäre dem so, dann würden diese höchstwahrscheinlich in der unmittelbaren Nähe der Zweitsonne Energie-Satelliten oder Solarobservatorien stationieren und zwischen beiden Sternen ein dichtes

Radioverbindungs- und Informationsnetzwerk errichten. »Radioverbindungen zwischen den beiden Stellarbereichen dieses Doppel-Imperiums wären natürlich von großem Nutzen; Informationen könnten in nur wenigen Stunden von einem Stern zum nächsten geschickt werden, die Kommunikation zwischen den verstreut auf Asteroiden oder in künstlichen Weltraumhabitaten lebenden Alien-Gesellschaften könnte aufrechterhalten werden«,[331] erklärt Shostak. Und da Doppel-Imperien, deren Sterne weit voneinander entfernt sind, eine ganze Menge Funkverkehr erzeugen, wären sie für SETI erst recht interessant.

Auf einer Ebene mit den Aliens

Noch mehr Aussichten auf Erfolg verspricht Shostaks Auffassung nach die Observation bedeckungsveränderlicher Sterne. Unter diese stellare Binärklasse fallen Doppelsternsysteme, bei denen beide Sterne um den gemeinsamen Schwerpunkt kreisen, ihre Bahnen aber so verlaufen, dass sie von der Erde aus gesehen mit ihrer Ebene zu uns stehen. Folglich verdecken sich aus unserer Sicht die beiden Sterne periodisch, was in der Regel einige Stunden anhält. Der irdische Beobachter nähme sodann einen Abfall der Leuchtkraft der weiter entfernten Sonne wahr.

Shostak glaubt, dass ein beflissener außerirdischer Astronom bei bedeckungsveränderlichen Dualsternen im Optimalfall sogar noch mehr zu sehen bekäme. Existierte etwa in dem observierten Binärsystem eine bewohnte hochstehende Welt, würde er unweigerlich auf Kommunikationssignale stoßen.

»Statt darauf zu hoffen, dass die außerirdische Sendeanlage auf uns gerichtet ist, kann man seine Erfolgsaussichten erhöhen, indem man, wie in diesem Fall, den Aliens direkt in den Rachen blickt.«[332] Wie bei der Supernova-Strategie böten bedeckungsveränderliche Doppelsterne während einer Finsternis den Vorteil, dass Astronomen wüssten, wann sie mit Signalen zu rechnen hätten. Von Nachteil sei, wie Shostak betont, dass sich die meisten bekannten bedeckungsveränderlichen Doppelsterne in zu geringem Abstand umkreisten. Daher komme es bei vielen von ihnen nur einmal in zehn Jahren zu der erwünschten Finsternis.

---

331) Shostak, Seth, Nachbarn im All, a.a.O., S. 213.
332) Ebd., S. 214.

Gammastrahlenausbrüche als Zeitmarker: »Das Universum ist ein gewalttätiger Ort. Und Gammastrahlen-Ausbrüche sind die Gipfel der Naturgewalten«, charakterisierte einmal der italienische Astrophysiker Luigi Piro das Phänomen der Gamma Ray Bursts (GRB = Gammastrahlenausbrüche bzw. -blitze), über deren Quelle und wahre Natur die Forscher nunmehr seit mehr als 40 Jahren rätseln. Seitdem im Jahr 1967 US-Spionage-Satelliten, welche die Einhaltung des Teststopp-Abkommens von Kernwaffen überwachten, rein zufällig ein kurzzeitiges Aufblitzen von extrem intensiver Gammastrahlung registrierten, zählen GRBs zu den leuchtkräftigsten und energiereichsten »Ereignissen« im Universum. Geradezu unheimlich an diesen mysteriösen Erscheinungen ist insbesondere, dass sie – scheinbar aus dem Nichts kommend – das Universum für einige Sekunden mit kaum vorstellbarer Energie durchfluten, obwohl sie in Wirklichkeit oftmals eine mehrere Milliarden Jahre währende kosmische Odyssee hinter sich haben. Dabei tragen sich kosmische Eruptionen solchen Ausmaßes in der Regel weitab unserer Galaxis in fernen Galaxien zu, dafür aber häufiger als Supernova. Durchschnittlich zwei- bis dreimal pro Tag registrieren die irdischen Späher im All solcherlei Gammastrahlenblitze. Binnen weniger Sekunden emittieren diese ultimativen Energiequellen mehr Energie, als unser Heimatstern in seinem ganzen Leben freizugeben vermag. Die hellsten unter ihnen sind sogar für die Dauer des Bursts heller als alle Sterne im Universum zusammengenommen. Charakteristisch für GRBs ist auch ihr isotropes Auftreten, das heißt, sie verteilen sich gleichmäßig über den Himmel. Dabei strahlen sie ihre gesamte Energie allerdings nicht in alle Richtungen gleichzeitig, sondern leuchtturmartig entlang zweier dünner Strahlen ab. Da solche Ereignisse häufiger auftreten und energiereicher daherkommen als Supernovae, ferner leichter zu entdecken sind und fernab der Galaxie stattfinden, verwundert es nicht, dass sie auch von SETI-Forschern als gute Zeitmarker gehandelt werden. »Gammastrahlenausbrüche besitzen eine Menge von Eigenschaften, die sie zu guten Kandidaten für Synchronisationen machen. Diese könnten bei der Suche nach kurzen abgestrahlten extraterrestrischen Signalen sehr hilfreich sein«, konstatiert Robin D. Corbet in einem Fachaufsatz über den Konnex GRBs und SETI-Zeitmarker.[333] Das Prinzip wäre dasselbe wie bei der Supernova-Variante. Sobald eine Zivilisation von einem GRB »getroffen« wird und ihn als solchen registriert, würde sie unmittelbar ihre Funk- oder Lichtbotschaft wieder in die entgegengesetzte Richtung abschicken, sozusagen im Gefolge des GRB. Weil sich derlei Ereignisse fernab der Milchstraße ereignen, würde eine innergalaktische Kultur den GRB relativ zeitnah, aber natürlich nicht zeitgleich registrieren.[334] Zivilisationen, die also einen GRB sehen, hätten gute Karten, ein Signal zu empfangen, vorausgesetzt, die zwischen dem Lichtblitz und dem Empfänger sendende Welt bequemte sich zu senden.

333) Corbet, Robin H. D.: The Use of Gamma-ray Bursts as Direction and Time Markers in SETI Strategies, in: The Astronomical Society of the Pacific (Juli 1999), Bd. 111, S. 885 (S. 881–885) [doi: 10.1086/316395] u. [arXiv:astro-ph/9904268v1].

Eine andere Möglichkeit, Doppelsternsysteme für die Suche nach Aliens als Zeitmarker zu instrumentalisieren, stellten die beiden US-Astronomen Gordon Pace und James Walker bereits 1975 vor. In einem *Nature*-Beitrag[335] stuften die beiden Autoren die Chancen, dass zwei suchende Zivilisationen ohne die Anwendung einer universellen Uhr zueinander finden, als höchst gering ein. Die Wahrscheinlichkeit eines Kontakts ließe sich jedoch steigern, wenn eine Zivilisation eines Einzelsternsystems sich entschließen würde, ein Doppelsternsystem zu einem astronomisch ausgewählten Zeitpunkt anzuvisieren.

Doppelsterne erreichen bei ihren gegenseitigen Umrundungen periodisch zwei charakteristische Positionen: den Periastron (Zeitpunkt größter Annäherung beider Sterne) und den Apastron (Zeitpunkt größter Entfernung voneinander). Ein kontaktfreudiger Planetenbewohner in einem Binärsystem, der um eine kosmische Synchronisation bemüht ist, wird daher seine Radionachricht just zu jenem Zeitpunkt aussenden, an dem die beiden Heimatsonnen einen der besagten Punkte in der Umlaufbahn erreicht haben. Ganz gleich, wo die Botschaft dann einträfe – sie erreichte ihren unbekannten Empfänger genau dann, wenn die Sterne des Dualsystems ihre Extrempositionen erreicht haben, also im Periastron oder Apastron zueinander stehen. Schließlich bewegen sich Licht- und Radiowellen mit der gleichen Geschwindigkeit durchs All. Da die Nachricht zeitgleich mit dem Licht einträfe, sei es auf Anraten der Forscher zweckmäßig, möglichst viele Radioteleskope auf Doppelsternsysteme zu richten, die sich gerade in der gefragten Position befinden.

Im Transit-Visier der Aliens

Trotz aller Geldnöte und technischen Defizite der zukunftsträchtigen ATA-Anlage haben die kalifornischen Wissenschaftler inzwischen einen weiteren Plan ausgetüftelt, der darauf abzielt, mithilfe der Radioteleskop-Armada die Erfolgsaussichten eines ersten Kontakts merklich zu erhöhen. Dabei geht es ihnen nicht um einen Lauschangriff auf breiter Front, sondern um eine gezielt eingegrenzte Observation zweier erdnaher Sternregionen.

Als ideale Zielobjekte schweben dabei einigen kalifornischen SETI-Forschern um Seth Shostak und Richard Conn Henry von der Johns Hopkins University in Baltimore (Maryland) und Steven Kilston von der Henry Foun-

334) Muir, Hazel: Could Gamma-Ray-Bursts lead us to ET?, in: NewScientist (08.05.1999), Nr. 2185, online [*http://www.newscientist.com/article/mg16221852.800-could-gammaray-bursts-lead-us-to-et.html*].

335) Pace, G. W.; Walker, J. C. G.: Time markers in interstellar communication, in: Nature (03.04.1975), Bd. 254, S. 400–401 [doi: 10.1038/254400a0].

dation Inc. in Silver Spring (Maryland) zwei in der Nähe der Sternbilder Schütze (Sagittarius) und Stier (Taurus) gelegene Sternregionen vor.

Da die meisten der 200 bis 500 Milliarden Sterne der Milchstraße in der galaktischen Scheibe beheimatet sind, die wir am Nachthimmel als helles Band wahrnehmen, schlagen Henry, Shostak und Co. vor, die Radioteleskope so auszurichten, dass sie auf jene Region zielen, wo sich Ekliptik und die Ebene der Milchstraße am Himmel schneiden. Sollten dort intelligente Kulturen existieren, die eine annähernd ähnliche Technik und Sensibilität für extrasolare Planeten haben wie wir, könnten sie unseren Heimatplaneten mit ihren exotischen Teleskopen längst ins Visier genommen und dessen Transit genau verfolgt haben.

Auf Mutter Erde zählt die Transit-Methode – wie wir inzwischen gelernt haben – derzeit noch zu den effektivsten Verfahren zur Lokalisation von Exoplaneten, die darüber hinaus viele Daten über das Fundobjekt liefert. Fernerhin können via Spektralanalyse besonders leistungsstarke, im Verbund operierende Teleskope die Temperatur und chemische Zusammensetzung der jeweiligen Planetenatmosphäre im Infrarotlicht analysieren und Biosignaturen aufspüren.

Genau diese Methodik könnten nach Ansicht der kalifornischen SETI-Astronomen auch vernunftbegabte Wesen fernab der Erde längst verinnerlicht und technisch umgesetzt haben. Immerhin deute der jederzeit für andere Lebewesen messbare Sauerstoffgehalt in der irdischen Atmosphäre, so Shostak, auf die Aktivität biologischen Lebens hin. »Tatsächlich senden wir diese Information schon seit 2,5 Milliarden Jahren.«[336]

Es sei daher doch naheliegend, argumentieren Shostak und seine Kollegen, dass technologisch hochentwickelte Kulturen inzwischen unseren Planeten via Transit-Technik entdeckt und die chemische Zusammensetzung seiner Atmosphäre bereits mithilfe von Spektrografen studiert haben. Warum sollten diese dann nicht – in Kenntnis der biologischen Vielfalt unserer Welt – den technisch versierten Bewohnern solcher Systeme eine interstellare Depesche senden. Hierzu Richard Conn Henry:

> *»Wenn solche Zivilisationen da draußen existieren […], würden jene, deren System sich in der Nähe der Ebene des Erdorbits um die Sonne befindet, höchst motiviert sein, Nachrichtensignale zur Erde zu senden, weil sie mit Sicherheit den jährlichen Transit unseres Planeten vor der Sonne entdeckt hätten, was ihnen sagen würde, dass die Erde in einer habitablen Zone liegt, in der sich flüssiges Wasser halten kann.*

336) Overbye, Dennis, a.a.O., 11.10.2007.

Mittels spektrografischer Analysen unserer Atmosphäre werden sie erkennen, dass die Erde sehr wahrscheinlich Leben trägt.« [337]

Da die in der Nähe der Sternbilder Stier und Schütze liegenden Regionen just in jenem stellaren Bereich beheimatet sind, wo sich Ekliptik und die Ebene der Milchstraße am Himmel schneiden, wollen die Wissenschaftler mit ihrer Suche zunächst einmal dort beginnen. Und für diese Aufgabe ist eben keine andere Anlage besser geeignet als das Allen Telescope Array in Kalifornien. Es soll die gesamte Ekliptik absuchen und dabei alle Sterne und hiesigen Planeten anvisieren, von denen aus technisch versierte Aliens den Transit der Erde verfolgen können. Seth Shostak, der unerbittliche Optimist des SETI-Instituts in Kalifornien, glaubt zudem felsenfest daran, dass wenigstens einige außerirdische Zivilisationen auf eine solche Entdeckung reagieren und eine Grußbotschaft ins All senden werden:

»Wenn also eine außerirdische Gesellschaft, die unseren Planeten via Transit aufgespürt hat, brennend daran interessiert ist, mit uns in Kontakt zu treten, würde sie uns, wenn sich eine solche Mini-Eklipse ereignet, ganz gezielt ein getimtes Signal senden. Und da sie ja nur jeweils ein Sternsystem anfunken würde, wäre ihre Vorgehensweise zudem ziemlich ökonomisch.«

Letzten Endes hänge alles vom zeitlichen Faktor ab, von der Länge der Überlebensdauer der fremden Zivilisationen. »Wir haben keine Ahnung, wie viele – wenn sie überhaupt existieren – andere Zivilisationen in unserer Galaxis vorhanden sind«, gesteht Richard Conn Henry. Schließlich sei der kritische Faktor in der Tat die Lebenspanne einer Zivilisation. Die Frage sei, wie lange solche überleben. Wenn sie womöglich seit mehreren Millionen Jahren existieren, müssten sie unseren Planeten laut Henry per Transit längst ausgemacht haben.

»Sie werden dann wissen, dass auf der Erde Leben gedeiht, und sie werden die Geduld dafür aufbringen, leicht detektierbare Radio- oder Lichtsignale in unsere Richtung zu senden, wenn nötig über einen Zeitraum von Millionen Jahren.«[338]

Alles in allem scheint Tangs Supernova-These attraktiv und ist auch in logischer Hinsicht nicht ganz von der Hand zu weisen, zumal eine aktiv sendende außerirdische Zivilisation fraglos alle Register der Kunst ziehen würde, damit

---

337) Team hopes to use new technology to search for ETs, in: Astrobiology.com, 05.06.2008 [*http://www.astrobiology.com/news/viewpr.html?pid=25598*].

338) Ebd.

deren Botschaften nicht ungehört, ungelesen oder ungesehen im Rauschen des maritim-kosmischen Meeres untergehen. Wer als Gestrandeter eine Flaschenpost verschickt, hofft bekanntlich auf einen Empfänger seiner Nachricht. Und was bietet sich da mehr an, als eine kosmische Flaschenpost an eine blutjunge Supernova zu koppeln, die außerirdische Astronomen von ihrer Welt aus berufsbedingt beobachten werden. Mit einem intelligenten künstlichen Muster versehen, würde das Treibgut in den Wellen des elektromagnetischen Ozeans garantiert nicht verlorengehen.

Es wäre in der Tat eine effektive Variante der Synchronisation, weil nichts im All spektakulärer dahinscheidet als ein Stern. So gesehen könnte jeder stellare Exitus über Lichtjahre hinweg Kulturen zusammenführen, wenigstens auf elektromagnetischer Basis. Ein sterbender Stern könnte Zivilisationen miteinander verkuppeln. Hierzu müssten sich aber alle höherstehenden kosmischen Intelligenzen ein ungeschriebenes Gesetz auf ihre Fahnen schreiben: Chancen auf Erfolg kann streng genommen nämlich nur derjenige haben, der zweigleisig fährt, der ergo bei der nächsten Supernova sowohl ins All horcht als auch die Antennen zum Senden nutzt! Denn wenn alle – ob wir oder unsere Brüder da draußen – ausschließlich die Rolle des Zuhörers mimen, sollte sich keiner darüber wundern, dass im Universum natürliche Töne den Ton angeben.

Infrarot-Taktik und Gänseblümchen-Verdunkler

Die Jagd nach erdähnlichen Exoplaneten gleicht einer Jagd nach einer Stecknadel im Heuhaufen, der selbst nur aus Stecknadeln besteht. Sogar mit den gegenwärtig besten zur Verfügung stehenden erdgebundenen und orbitalen Observatorien konnten die Planetenjäger direkt noch keinen detaillierten Blick auf ferne extrasolare Planeten werfen, von erdähnlichen ganz zu schweigen, da die Muttersterne solcher Welten in der Regel bis zu 10 Milliarden Mal heller erstrahlen.[339] Das Licht, das ein Trabant reflektiert, überstrahlt die Heimatsonne im optischen Bereich gnadenlos.

Unsichtbares sichtbar zu machen – dies gelingt in der Astronomie bisweilen nur mittels Infrarotstrahlung, geben doch viele astronomische Himmelskörper, hierunter vornehmlich junge Sterne, den Hauptteil ihrer totalen Strahlungsenergie im infraroten Bereich des Lichts ab.[340] Wer diesen Ausschnitt des elektromagnetischen Spektrums sezieren und via Infrarot einen extrasolaren Planeten fotografieren will, muss seine Operationsinstrumente

339) Cash, Webster: Detection of earth-like planets around nearby stars using a petal-shaped occulter, in: Nature (06.07.2006), Bd. 442, S. 51 [doi: 10.1038/nature04930].

entweder auf hohen Bergkuppeln oder besser noch über der Erdatmosphäre (Forschungssatelliten) stationieren. Ein solcher Schritt ist deshalb sinnvoll, weil der in der Erdatmosphäre vorhandene Wasserdampf die (vor allem langwellige) Infrarotstrahlung fast vollständig abblockt. Der Großteil der aus dem Weltall einströmenden Wärmestrahlung wird regelrecht verschluckt. Obendrein generiert auch die höhere Atmosphäre eine Hintergrundstrahlung, die das Studium mit bodengestützten Teleskopen enorm erschwert.[341]

Dass das Ein- und Auffangen von Wärmestrahlung für die Analyse von Galaxien, Jungsternen und anderen Strukturen unverzichtbar ist und Infrarotstrahlen die dunklen Gas- und interstellaren Staubwolken problemlos durchdringen, hat sich inzwischen auch bis zu den Planetenjägern rumgesprochen. Sie schwören auf den Infrarotbereich, weil die von den Exoplaneten abgegebene Infrarotstrahlung Informationen über deren Masse, Gravitation, Oberflächentemperatur und Daten über die chemische Zusammensetzung der Atmosphäre übermittelt. Während nämlich Planeten im weißen Licht nur passiv das Sonnenlicht reflektieren, emittieren sie aktiv im Infrarot eigene Wärmestrahlung. Im sichtbaren Bereich des Lichts überstrahlt der Stern den Planeten vollkommen, aber im Infrarotlicht erweist sich der Kontrast zwischen Stern und Planet als deutlich besser, da der Planet zum einen sein eigenes Infrarotlicht emittiert, zum anderen das Heimatgestirn nur 400-mal heller aufleuchtet.[342]

Mit der Infrarotmethode haben Forscher schon mehrfach Exoplaneten unter die Lupe genommen und einige davon sogar fotografiert. Der erste Schnappschuss gelang im Juni 2004, als ein deutsches Astronomenteam unter der Leitung von Ralph Neuhäuser vom Astrophysikalischen Institut der Friedrich-Schiller-Universität Jena (AIU) mit dem Very Large Telescope (VLT) der Europäischen Südsternwarte ESO erstmals einen jungen extrasolaren Planeten fotografierte, der sein Muttergestirn, GQ Lupi, in aller Seelenruhe, allerdings mit großem Abstand, umkreiste. Die ferne Sonne befindet sich im Sternbild Wolf (Lupus) und zählt zum Spektraltyp K7eV. Am Himmel erscheint die zirka 460 (+/-130) Lichtjahre entfernte Sonne zwar 36.000-mal schwächer als

---

340) »Zwischen dem optischen Spektralbereich und dem Radiobereich erstreckt sich das Gebiet der Infrarotstrahlung (1–100 µm) [µm = Mikrometer], der Sub-Millimeter- (100 µm–1 mm) und der Millimeterwellen (1–4 mm).« Blome, Hans-Joachim/Duerbeck, Hilmar/Feitzinger Johannes V./Hoell, Josef/Priester, Wolfgang/Scheffler, Helmut/Speer, Fridtjof: Sterne und Weltraum, in: Bergmann-Schaefer. Lehrbuch der Experimentalphysik, Bd. 8, Hrsg.: Wilhelm Raith, Verlag Walter de Gruyter, Berlin/New York 2002, S. 62.

341) Ebd., S. 159.

342) First direct detection of light from extrasolar planets, in: Harvard-Smithsonian Center for Astrophysics (2005-09), 22.05.2005 [*http://www.cfa.harvard.edu/news/2005/pr200509.html*].

der erdnahe Stern Wega, sie hat dafür aber das 1,6-Fache seiner Leuchtkraft. Sein abgelichteter Begleiter GQ Lupi b, dessen Helligkeit 160-mal schwächer ist, umrundet seinen Heimatstern in einer Distanz von 100 Astronomischen Einheiten (1 AU = Abstand Sonne-Erde = 150 Millionen Kilometer). Aufgrund der Entfernung und der Tatsache, dass der massereiche Jungplanet stark im Infrarotlicht emittierte, konnten die Astronomen seine Wärmestrahlung mit dem VLT problemlos einfangen und sein Abbild mit einer speziellen Infrarotkamera verewigen.[343] Ob GQ Lupi b wirklich ein echter Exoplanet war respektive noch ist, darüber streiten die Gelehrten bis heute.[344]

Im März 2005 berichteten US-Wissenschaftler von einem weiteren astronomischen Durchbruch auf Infrarotbasis. Fast zehn Jahre nach der Entdeckung des ersten extrasolaren Planeten einer noch nicht erloschenen Sonne konnten Drake Deming und sein Team vom Goddard Space Flight Center der NASA (Greenbelt/US-Bundesstaat Maryland) mit dem NASA-Weltraumteleskop Spitzer erneut das Licht eines fernen Exoplaneten einfangen und dessen Temperatur genau bestimmen. Wie alle bis dahin aufgespürten Gasriesen emittierte auch HD 209458b aufgrund seiner geringen Distanz zum Mutterstern reichlich Infrarotstrahlung. Daher registrierte Spitzer bei einer im Dezember 2004 durchgeführten Musterung nicht nur das einkommende Infrarotlicht des observierten Sterns HD 209458, sondern auch das seines Begleiters problemlos. Um das Infrarotglühen des Exoplaneten von dem Licht des Sterns abzugrenzen, nahmen die NASA-Forscher die gesamte Infrarotstrahlung des Sterns und seines Planeten auf. Als HD 209458b bei seiner Passage (Transit) hinter seinem Heimatstern verschwand, registrierten die Planetenjäger erwartungsgemäß nur die Infrarotstrahlung des Sterns. Ergo fiel der bis dahin ermittelte Gesamtwert des eingehenden stellaren Infrarotlichts etwas ab. Und genau aus dieser Differenz berechneten die Astronomen den Anteil des planetaren Infrarotlichts. Anhand der Spitzer-Beobachtungen ermittelten sie auf einer Wellenlänge von 24 Mikrometern sogar erstmals die Oberflächentemperatur eines Exoplaneten: Im Falle von HD 209458b beläuft sie sich auf mehr als 850 Grad Celsius.[345]

---

343) Neuhäuser, R./Guenther, E. W./Wuchterl, G./Mugrauer, M./Bedalov, A./Hauschildt, P. H.: Evidence for a co-moving sub-stellar companion of GQ Lup, in: Astronomy and Astrophysics (03.05.2005), Bd. 435, Nr. 1, S. L13–L16 [doi: 10.1051/0004-6361:200500104].

344) Auch wenn Insider immer noch kontrovers darüber diskutieren, ob auf dem Bild wirklich ein extrasolarer Planet in Schönheit erstrahlt, geht Ralph Neuhäuser nach wie vor davon aus, dass sich mit GQ Lupi b tatsächlich der erste fotografierte Exoplanet die Ehre gibt. Näheres hierzu siehe Harald Zaun: Vorstoß der sichtbaren Exoplaneten, in: Telepolis, 14.11.2008 [*http://www.heise.de/tp/r4/artikel/29/29135/1.html*].

Jedenfalls läutete dieses neue Beobachtungsverfahren eine neue Ära in der Exoplanetenforschung ein. Seitdem gewinnt die Anwendung von Infrarotstrahlung bei den Planetenjägern immer mehr an Zustimmung und Profil. Sie ist salonfähig geworden.

Auch in der Sonnenforschung, einem separaten Zweig der Astronomie, ziehen die Solarwissenschaftler alle Register der Kunst, um dem stellaren Licht ein Schnippchen zu schlagen. Längst nutzen sie Koronagrafen, die beim Studium der Sonnenatmosphäre das eingehende grelle Licht gezielt aussieben, als Zusatzinstrumente zu ihren Teleskopen. Unter Anwendung einer Kegelblende und eines speziellen Filters kann ein Koronagraf dunklere Objekte in der Nähe der Sonne auflösen und die Umgebung von hellen Sternen durchleuchten und sichtbar machen. Kein Wunder demnach, dass Astronomen dieses Gerät auch gerne zur Lokalisation von Exoplaneten einsetzen – mit wachsendem Erfolg. So berichteten im November 2008 zwei unabhängig voneinander forschende Teams von der Entdeckung vier neuer Exoplaneten, von denen drei im Infrarotbereich observiert und fotografiert wurden und ein anderer im optischen Licht. Es war das erste Mal in der Exoplanetenforschung, dass ein Foto von einem Teil eines Sonnensystems gelang, in dem gleich drei vagabundierende Sterntrabanten als kleine rote Punkte zu sehen waren. Dass vor allem das alte ESA-NASA-Weltraumteleskop Hubble einen Exoplaneten im optischen Licht registrierte, war dem Hubble-Koronagrafen zu verdanken. Er filterte das Licht des 25 Lichtjahre entfernten Sterns Fomalhaut so effektiv heraus, dass einer seiner Satelliten aus der gleißenden Helligkeit hervortrat. Der 119 Astronomische Einheiten von seinem Heimatstern entfernte Gasriese, der dreimal so massereich wie Jupiter ist, benötigt für einen Umlauf um seine Sonne 870 Jahre.

Bis heute (Stand: Juni 2010) machten Astronomen mit bildgebenden Verfahren 13 Exoplaneten dingfest.[346] Dass sich dieser Wert enorm steigern lässt und sich zudem mittels der direkten Ablichtung und Messung extrasolarer Atmosphären neue wichtige Erkenntnisse gewinnen lassen, davon ist Professor Webster Cash vom Center for Astrophysics and Space Astronomy der University of Colorado in Boulder (Colorado) zutiefst überzeugt. Mit der Unterstützung des Institute for Advanced Concepts (NIAC) der NASA und einem Budget von 400.000 Dollar werkelt Cash seit nunmehr sieben Jahren an seinem Modell.

345) Deming, Drake/Seager, Sara/Richardson L. Jeremy/Harrington, Joseph: Infrared radiation from an extrasolar planet, in: Nature (07.04.2005), Bd. 434, S. 740–743 [doi: 10.1038/nature03507].

346) Schneider, Jean: Interaktiver Extrasolarer Planeten-Katalog [Update: 17.06.2010 *http://exoplanet.eu/catalog.php*].

Im Sommer 2006 stellte er die Früchte seiner Arbeit in Gestalt eines neuartigen Instrumenten-Konzepts zum ersten Mal vor. Im Mittelpunkt seines Entwurfs steht der »New Worlds Observer« (NWO), der einmal im All driften und das Licht ferner Sterne ausblenden soll. Ab 2017 könnte er terrestrische Exoplaneten direkt sichtbar machen. Nicht mit einem Koronagrafen, sondern mit einem klassischen »Abblendtrick«, der so alt ist wie die Astronomie selbst und wie folgt funktioniert: Man nehme ein rundes Objekt, vielleicht ein kreisförmiges Stück Ton, strecke seinen Arm aus, visiere die Sonne an und halte das kunstvolle Objekt so geschickt in einer Sichtlinie zwischen Auge und Stern, dass die Sonne dahinter verschwindet. Da der Heimatstern auf diese Weise abgedunkelt wird, treten alle Objekte ins Blickfeld, die am Rand des gleißend hellen Feuerballs angesiedelt sein könnten. Schon in der Antike haben neugierige Himmelsbeobachter dieses Verfahren des Öfteren angewendet.

Bei dem »Abblendtrick«, den Webster Cash vor seinem geistigen Auge hat, soll indes keine kreisrunde Tonscherbe, sondern ein weitgehendst mit dünnem Plastik beschichteter, in Erdnähe schwebender Sternenschirm das Antlitz ferner Planeten ablichten. Im günstigsten Fall könnte der NWO das Licht des jeweiligen Zentralsterns um den Faktor 10 Milliarden abdunkeln.[347]

2006 gelang es Cash, einen modifizierten Entwurf seines Projekts ausgerechnet im konservativen Wissenschaftsmagazin *Nature* zu platzieren. Im Wissen, dass die NASA kurz zuvor die hoffnungsvolle Konkurrenz-Mission Terrestrial Planet Finder auf unbestimmte Zeit auf Eis gelegt hatte, packte Cash die Gelegenheit beim Schopf und warb in dem *Nature*-Beitrag fleißig für seine alternative Mission. Sichtlich darum bemüht, mehr Mittel für sein Vorhaben einzutreiben, stellte er seinen eigenwilligen Plan vor. Diesem zufolge wird es ab dem Jahr 2017 möglich sein, eine im Durchmesser 30 bis 50 Meter große Verdunklungsscheibe in einem Abstand von zirka 1,6 Millionen Kilometern zur Erde zu platzieren. Als optimale Form habe sich eine gänseblumenartige Form bewährt, weil der zerfranste Umriss dieser Struktur die Lichtbeugung am Rand der Scheibe am besten ausgleichen könne. Ein einfacher, vor einem Weltraumteleskop installierter Schutzschild dagegen könne die Beugung des einfallenden Lichts am Rand des Schirms, das zu ungenauen Messungen führt, nicht verhindern. Eine gänseblumen- oder sonnenblumenartige Silhouette jedoch garantiere eine effektive Abblockung des eingehenden Lichts der anvisierten Muttersonne. Infolgedessen könne das schwache

347) Fraser, Cain: Sky Shade Could Reveal Planets, Universe Today, 05.07.2006 [*http://www.universetoday.com/2006/07/05/sky-shade-could-reveal-planets/*].

planetare Licht durchschimmern und bewusster Exoplanet als heller Fleck in Erscheinung treten. Allerdings müsste ein solcher Schutzschild an einem sehr beweglichen kleinen Raumfahrzeug angebracht sein, das sich mit dem Fernrohr punktgenau auf einer gemeinsamen Umlaufbahn bewegen muss. Bei einer effektiven Beobachtungssequenz wäre es zudem unabdingbar, dass der ausgewählte Stern, die Blende und das Teleskop fast zentimetergenau in einer Sichtlinie liegen. Erschwerend kommt hinzu, dass beide Objekte unbedingt eine Distanz von 40.000 Kilometern zueinander einhalten müssen. Dennoch sei der NWO jedem Koronagrafen überlegen, betont Cash:

> *»Bei einem Koronagrafen sammeln sich das Licht des Sterns und das des Planeten zur selben Zeit im Teleskop. Dann muss man sehr behutsam vorgehen, weil hier die Strahlenbeugung und Lichtstreuung eine Menge Probleme verursachen. Beim New Worlds Observer jedoch [...] tritt das Sternenlicht niemals in das Teleskop ein. Alles, was sie sehen, ist der Planet.«*[348]

Cashs Berechnungen zufolge könnte der NWO kleine extrasolare Planeten in einem Radius von bis zu 10 Parsec, was 32,62 Lichtjahren entspricht, ins Sichtfeld holen. Voraussetzung hierfür wäre allerdings ein leistungsstarkes Weltraumobservatorium, das einen Spiegel von mindestens einem Meter Durchmesser hat.[349] Cashs Hoffnungen richten sich auf den offiziellen Nachfolger des Hubble-Teleskops: auf das James Webb Space Telescope (JWST), das noch vor einigen Jahren hoffnungsvoll – nomen est omen – als Next Generation Space Telescope angekündigt wurde.

Das geplante Weltrauminfrarotteleskop, ein Gemeinschaftsprodukt von NASA, ESA und der kanadischen Weltraumagentur CSA, soll frühestens in fünf Jahren vom europäischen Weltraumbahnhof Kourou in Französisch-Guayana mit einer Ariane 5 ECA ins All abheben. Position beziehen soll es in einem Orbit um den Lagrange-Punkt L2 des Erde-Sonne-Systems, eben dort, wo auch der NWO fast zeitgleich in offizieller Mission unterwegs sein könnte.

Der 1,5 Millionen Kilometer von der Erde entfernte Lagrange-Punkt L2 ist jener Punkt auf einer Erdumlaufbahn hinter dem Mond, an dem sich die Gravitationskräfte der Erde und der Sonne die Waage halten, sodass das Weltraumteleskop in dieser Zone des Sonnensystems im Raum quasi stillsteht. Irdische Störfaktoren sind in dieser Region rar.

---

348) Rodriguez, Joshua: Photographer to the stars. Interview mit Webster Cash, in: PlanetQuest (NASA), 18.04.2008 [*http://planetquest.jpl.nasa.gov/planetHunters/WebsterCash.cfm*].

349) Cash, Webster: Detection of Earth-like planets around nearby stars, a.a.O., S. 52.

Auch wenn das bislang 1,2 Milliarden Dollar teure JWST nur halb so groß und zehn Tonnen leichter als Hubble sein wird, übertrifft es den Veteranen leistungsmäßig um ein Vielfaches. Allein der 6,5 Meter große JWST-Infrarot-Hauptspiegel mit seinen 18 hexagonalen, aus superleichtem und stabilem Beryllium bestehenden Segmenten wird mehr als die siebenfache Fläche von Hubbles Primärspiegel haben und ergo weitaus mehr Licht einsammeln. Und wenn es nach Cash geht, soll sich darin das Licht erdähnlicher Felsenplaneten sammeln. Schließlich kann der JWST durch seinen größeren Spiegel das eingefangene Licht stärker bündeln und dank seiner vier Instrumente sogar astrale Objekte ausspähen, die nur ein Hundertstel so hell sind wie die Phänomene, die Hubble bislang untersucht hat.

Die Chancen, dass das NWO-Schutzschild von der Leistungsstärke des JWST profitieren darf, stufte Cash bereits 2006 als sehr gering ein: »Im Juli 2013 soll das JWST starten. Wir haben vorgeschlagen, es mit einem Schutzschild zu versehen. Aber ein optimiertes, speziell auf seinen Missionszweck abgestimmtes Abschirmungssystem wird vor 2016 nicht starten können.«

Gelänge es den Astronomen, mithilfe von NWO das Licht ferner Planeten einzufangen, könnte der Schirm synchron mittels einer Spektralanalyse die Beschaffenheit der fremden Atmosphäre genauestens untersuchen. Zumindest im Computerexperiment hat der New Worlds Observer sein Können bereits unter Beweis gestellt. Simulationen zeigten, dass der NWO die Hauptmerkmale eines Planetensystems in einer Entfernung von 10 Parsec und darüber hinaus direkt fotografieren kann. Er konnte alle Hauptplaneten innerhalb und außerhalb der habitablen Zone und die Ringe um andere Planeten sowie Kometen ausmachen. Hierzu Cash:

> *»Mithilfe fotometrischer Abweichungen ließe sich das Vorhandensein von planetaren Oberflächenmerkmalen wie Ozeanen und Kontinenten aufzeigen. Durch spektrografische Nachuntersuchungen kann der detektierte Planet klassifiziert und anhand der atmosphärischen Absorptionslinien das Vorkommen von Wasser nachgewiesen werden. Atmosphärische Marker wie freier Sauerstoff könnten zudem erstmals einen möglichen Hinweis auf die Existenz außerirdischen Lebens geben.«*[350]

Webster Cash, der mittlerweile mehrere Versionen seines Sonnenschirms konzipiert hat, hat auch Kritiker auf den Plan gerufen. Zum einen wegen der veranschlagten Gesamtkosten von zirka 400 Millionen Dollar, zum anderen wegen der ungelösten Frage, wie es gelingen soll, 1,6 Millionen Kilometer

350) Ebd., S. 53.

von der Erde entfernt ein Teleskop und eine maximal 50 Meter große Scheibe über eine Distanz von 40.000 Kilometern in einer Sichtlinie zentimetergenau aufeinander abzustimmen und auf dasselbe Ziel auszurichten.

Obwohl die NASA die Weiterentwicklung des Konzepts noch subventioniert und Cashs Entwurf 2008 sogar mit dem »Astrophysics Strategic Concept Mission Study«-Preis würdigte, fehlt langfristig gesehen das Geld an allen Ecken und Enden – selbst für eine einzige NWO-Mission.

Darüber hinaus gibt es noch eine weitere Schwäche seines Modells, die in ihrer Tragweite nicht zu unterschätzen ist. Unklar ist nämlich desgleichen, ob der NWO in der Lage wäre, Binärsysteme zu studieren. Immerhin sind im Universum Doppelsternsysteme keine Seltenheit. Mehr als 50 Prozent der Sterne in Sonnennähe leben in Eintracht mit einem stellaren Begleiter, der sie umkreist (oder umgekehrt). Und da wie im Fall Gliese 86 in Doppelsternsystemen auch Planeten gefunden wurden,[351] müsste der New Worlds Observer auch in der Lage sein, das Licht zweier Sonnen wegzufiltern. Bei der Observation von Dualsystemen müsste eine zweite Gänseblume in Aktion treten, womit das NWO-Abenteuer selbst zu einem finanziellen Abenteuer geriete.

Sollte eines Tages wirklich eine zweite Gänseblume Seite an Seite mit ihrer Zwillingsschwester das stellare Licht ferner Welten verdunkeln, zeitgleich aber Licht in das dunkle Geheimnis erdähnlicher Planeten bringen, würde davon auch die SETI-Forschung profitieren.

Fernsehen mit ET

Im Januar 2007 gaben der Harvard-Professor und theoretische Astrophysiker Abraham Loeb und sein Assistent, Matias Zaldarriaga, auf dem 209. Treffen der American Astronomical Society (AAS) in Seattle (US-Bundesstaat Washington) während einer Pressekonferenz eine Theorie zum Besten,[352] die – obwohl inhaltlich brisant – von der Presse bis dato kaum zur Kenntnis genommen und kommentiert wurde. Dabei wussten die Autoren durchaus Interessantes zu vermelden.

---

351) Extrasolar Planet in Double Star System Discovered from La Silla. Early Success With New Swiss Telescope, in: ESO (Pressemeldung eso9855), 24.11.1998 [*http://www.eso.org/public/news/eso9855/*].

352) Loeb, Abraham/Zaldarriaga, Matias: Eavesdropping on Radio Broadcasts from Galactic Civilizations with Upcoming Observatories for Redshifted 21cm Radiation, in: arXiv: astro-ph/0610377v2 (19.11.2006). Erschienen auch in: Journal of Cosmology and Astroparticle Physics [doi: 10.1088/1475-7516/2007/01/020]. Beide Autoren stellten ihre These am 10. Januar 2007 auf dem Treffen der American Astronomical Society (AAS) 2007 in Seattle (US-Bundesstaat Washington) während einer Pressekonferenz vor.

Was spräche dagegen, so fragten sich beide Forscher im Jahr 2005 während eines Restaurantbesuchs, mithilfe neuartiger Radioantennen, die einen sehr engen Frequenzbereich abdecken, nach Spuren von Radio- oder TV-Sendungen außerirdischer Kulturen zu suchen, die schlichtweg als Radiowellenmüll ins All hinausgetrieben worden sind und uns zufällig erreichen. Schließlich produzieren militärische Radaranlagen, Fernseh- und Radiostationen die stärksten Emissionen, die unseren Planeten in einem Frequenzbereich zwischen 50 und 400 MHz als elektromagnetische Visitenkarte tagtäglich verlassen.

Angenommen, Außerirdische operierten mit erdähnlicher Technik, müssten doch deren Sendungen auch auf denselben Frequenzen erfolgen, die wir nutzen, folgerten die beiden Astrophysiker. Jedwedes TV- und Radiosignal, das deren Heimatwelt tagtäglich verließe, müsste mit einem irdischen sensiblen, im niederfrequenten Bereich operierenden Radioteleskop aufzuspüren sein. Denn dass sich die Frequenzen mit denen unserer Radiosendungen, die zwischen 50 und 400 Megahertz liegen, überlappen könnten, werten Loeb und Zaldarriaga als Vorteil:

> *»Durch einen glücklichen Zufall könnten diese Antennen empfindlich genug sein, um genau jene Radiowellen in diesem Frequenzbereich aufzufangen, die eine Zivilisation ohne Absicht ins All aussendet.«*[353]

Abraham Loeb hat für die neue Suchoption schon zwei im Aufbau befindliche Teleskope im Auge. Seiner Ansicht nach wäre für eine solche Observation das leistungsstarke Radioteleskop LOFAR (»Low Frequency Array«) geradezu prädestiniert, dessen Aufbau europäische Ingenieure seit 2004 im Norden Hollands vorantreiben. Später einmal könnten Loebs und Zaldarriagas Vorstellung nach die SETI-Akteure auf den LOFAR-Zug aufspringen und ohne großen eigenen Aufwand nach außerirdischem Radiowellenabfall fahnden, während Radioastronomen sich ihren Himmelskörpern widmen.

Wenn LOFAR in einem relativ bevölkerungsreichen und mit Radiowellen verschmutzten Gebiet in drei Jahren seine Arbeit aufnimmt, hat die inmitten der westaustralischen Wüste (und somit in einer signalarmen Zone) gelegene sensible Antennenarmada MWA-LFD (»Murchison Widefield Array« und »Low Frequency Demonstrator«) schon fleißig Datenmaterial gesammelt, vorausgesetzt, das MWA-LFD geht alsbald planmäßig in Betrieb. Fernab störender irdischer Signalquellen widmet sich die aus 8000 Antennen bestehende Anlage ganz dem Frequenzbereich von 80 bis 300 Megahertz, um weit entfernte Junggalaxien zu observieren. Parallel hierzu könnte auch das

353) Chown, Marcus: Alien-hunters tune in to ET-TV, in: NewScientist (28.10.2006), S. 14.

MWA-LFD Ausschau nach Radiowellenabfällen nichtirdischer Zivilisationen halten. »Das MWA ist sensibel genug, um eine erdähnliche Zivilisation im Umkreis von 30 Lichtjahren aufzuspüren«, vermutet Loeb. In dieser Region befänden sich immerhin noch 1000 Sterne. Aber in naher Zukunft sei es sogar möglich, in einem Umkreis von 1000 Lichtjahren nach Spuren außerirdischen Radio- und Fernsehkonsums zu forschen. Und mit dem Square Kilometer Array (SKA) ließe sich die Reichweite sogar verzehnfachen. Zudem rücken auf einen Schlag 100 Millionen Sterne in den Fokus.

Die meisten SETI-Projekte suchten bislang nach Radiowellen auf der 21-Zentimeter-Wasserstofflinie, die auch Außerirdische kennen sollten, weil auf dieser Frequenz das im Universum am häufigsten vorkommende Element, der neutrale Wasserstoff, strahlt. Problematisch ist nur, dass diese Frequenz im Zuge des immer noch weiter expandierenden Universums auf eine Wellenlänge von mehreren Metern gestreckt wurde. Denn seitdem der Urknall (Big Bang), der vor zirka 13,7 Milliarden Jahren in die Welt platzte und den Raum zeitgleich mitsamt seinen uns (bislang) bekannten drei Dimensionen in einem ungeheuren Inferno binnen des Bruchteils einer Attosekunde in die Welt beförderte, bläht sich das All mit zunehmender Geschwindigkeit unaufhörlich auf. Und da alle Formen elektromagnetischer Strahlung dem ungeschriebenen Gesetz der Expansion Tribut zollen müssen, denken Forscher wie Loeb und Zaldarriaga konsequent um. Beide sind sich sicher, dass LOFAR den Effekt der kosmischen Ausdehnung des Raums kompensieren kann. Immerhin wird LOFAR in der Lage sein, selbst jene langwellige, aus der Urzeit des Kosmos stammende Radiostrahlung von Wasserstoffgas exakt zu messen, die im Zuge der Expansion des Kosmos von ursprünglich 21 Zentimetern auf etwa die zehnfache Wellenlänge auseinandergezogen wurde.

Sollten Astronomen im Radiospektrum die Signatur einer extraterrestrischen Fernsehsendung ausmachen, wäre es nach Ansicht von Loeb und seinem Harvard-Kollegen Zaldarriaga möglich, die Doppler-Verschiebung des Signals zu messen, die beim Umlauf des fernen Exoplaneten um sein Heimatgestirn zum Tragen kommt.

> *»Das würde uns dann erlauben, die Oberflächentemperatur des Planeten abzuschätzen und zu bestimmen, ob dort beispielsweise flüssiges Wasser vorhanden sein könnte.«*[354]

Da aber auf der Erde sehr viele hausgemachte Signale dazwischenfunken, dürfte die größte Schwierigkeit darin liegen, aus den zahlreichen irdischen Frequenzbereichen, die global genutzt werden, die lang ersehnte Alien-Bot-

354) Ebd.

schaft herauszufiltern. »ET von der BBC zu unterscheiden, dürfte eine echte Herausforderung werden«,[355] vermutet Seth Shostak wohl nicht zu Unrecht.

Abraham Loeb und sein Kollege sehen sich einer weiteren Herausforderung gegenüber. Sie wissen, dass ihre These nur dann greift, wenn in relativer Erdnähe mindestens eine intelligente Lebensform existiert, die eine erdähnliche Technologie herangebildet hat und ergo dieselben Frequenzen nutzt. Loeb gibt sich aber optimistisch:

> *»Vielleicht werden wir bald ein Signal von einer Zivilisation aus unserer Galaxis einfangen. Auf jeden Fall können wir das erste Mal in der Geschichte eine Zivilisation wie die unsrige im All finden.«*[356]

Eine Vorhersage darüber, wie ein Signal einer fremden Zivilisation aussehen könne, sei nicht leicht. Es werde aber mit Sicherheit anders sein, als wir uns dies vorstellten, betonen beide Forscher.[357]

SETI-Signale und Doppler-Effekt: Der Dopplereffekt ist aus der Akustik bekannt: Eilt ein Polizeiwagen mit eingeschalteter Sirene an uns vorbei, bemerken wir eine Veränderung in der Frequenz. Je nachdem in welche Richtung das Auto fährt, verändert sich die Wellenlänge des Sirenentons. Bewegt sich das Fahrzeug auf uns zu, werden die Schallwellen stärker zusammengedrängt, sodass wir einen höheren Signalton wahrnehmen. Entfernt sich der Wagen, wird der Alarmton tiefer. Bei elektromagnetischen Wellen kommt der Doppler-Effekt ebenfalls zum Tragen. Bewegen sich beispielsweise die von der 21-Zentimeter-Strahlung ausgesendeten Wasserstoffatome auf uns zu oder von uns weg, verschiebt sich die Frequenz und damit die Wellenlänge der Strahlung ein wenig. SETI-Forscher wissen, dass, egal welchen Wellenbereich sie untersuchen, sie keinesfalls genau *die* Frequenz empfangen können, die gesendet worden ist, da im Weltraum alles in Bewegung ist.[358] Sendeten Aliens Radiosignale zur Erde, käme es infolge der Bewegungen beider Planeten während der Übertragung automatisch zu einem Doppler-Effekt und zu einer Veränderung der Signalfrequenz. Sie wäre umso nachhaltiger, je höher die Frequenz des ausgestrahlten Signals ist. Um diesen Effekt zu minimieren, bevorzugen die SETI-Forscher möglichst niedrige Frequenzen.

Bleibt nur zu hoffen, dass der Informationsmüll, mit dem unsere Zivilisation seit Anfang des letzten Jahrhunderts das Weltall verschmutzt, erst gar nicht

---

355) Ebd.

356) Eavesdropping on the Universe, in: Physorg.com (08.01.2009) [*http://www.physorg.com/news87486333.html*].

357) Loeb, Abraham/Zaldarriaga, Matias, Eavesdropping on Radio, a.a.O., S. 2.

358) Hoerner, Sebastian v.: Sind wir allein? SETI und das Leben im All, Verlag C.H. Beck München 2003, S. 125.

auf fremde Augen und Ohren – sofern vorhanden – trifft. Eine hochstehende außerirdische Kultur, die sich dem Universum verbunden fühlt und mit dem Abfall unseres Radio- und Fernsehkonsums bereits vorliebnehmen musste, diesen überdies entschlüsseln und einordnen konnte, würde – selbst gemessen an den uns bekannten moralisch-ethischen Maßstäben – garantiert einen empfindlichen interplanetaren Kulturschock erleiden. Es bedarf nicht der Hybris eines Moralapostels, um festzustellen, dass die elektromagnetische Visitenkarte, die der Homo sapiens seit Anfang des letzten Jahrhunderts ins All strahlt, sichtlich blutbefleckt ist. Ferne Zivilisationen, die aller Gewalt abgeschworen und stattdessen eine hohe ethisch-moralische Attitüde pflegen, werden mit unserer Lebensart, die von Gewalt, Macht- und Besitzgier, Mord, Unterdrückung sowie unsinnigen Konflikten um unsinnige (aus kosmischer Sicht, vor allem aber aus extraterrestrischer Perspektive) und völlig bedeutungslose Grenzen geprägt ist, nichts anfangen können und wollen. Auf vernunftbegabte Außerirdische sollte nach Ansicht des großen deutschen SETI-Radioastronomen, Sebastian von Hoerner (1919–2003), die Erde höchst ausladend wirken:

> *»Besucher aus dem All würden sich fragen: Wie können Wesen, die intelligent genug sind, um Atombomben zu erfinden, auch dumm genug sein, sie tatsächlich zu bauen?«*[359]

Auf friedliebende fremde Zivilisationen könnte dieser Umstand eine höchst abschreckende Wirkung haben. Es wäre nur allzu außerirdisch, wenn diese nach dem Studium unserer Fernsehsendungen jeglichen Glauben an die Menschheit verloren hätten und uns daher meideten wie wir einst die Pest.

Außerirdische Wälder und Städte im Okular

Antoine Labeyrie hat einen Traum – schon seit Langem. Er träumt von einem aus vielen Einzelspiegeln bestehenden gigantischen Superteleskop, welches das Licht erdnaher sowie erdähnlicher Planeten außerhalb unseres Sonnensystems einfangen soll, um Ozeane, tropische Wälder, Gebirgsketten und Wüsten ferner Welten aufzulösen und zu fotografieren – und in den dortigen Atmosphären, bestenfalls sogar auf den Oberflächen, direkte Spuren von Leben nachzuweisen.

Labeyrie ist kein Fantast oder Esoteriker, der mit seinem vermeintlich abgehobenen Plan bewusst gegen den Mainstream schwimmt. Vielmehr hat

359) »Solange es hier [auf der Erde] überhaupt Geschichte gab, so lange gab es auch dauernd Kriege.« Hoerner, Sebastian v.: Sind wir allein?, a.a.O., S. 105.

er sich als Spezialist für »optische« Fragen in der beobachtenden Astronomie einen Namen gemacht und sogar einem Asteroiden seinen Namen verliehen (Asteroid 8788 Labeyrie). Er entwickelte die Speckle-Interferometrie, ein Verfahren, das atmosphärische Störungen ausgleicht und die Qualität von Bildern erdgebundener Teleskope erheblich steigert.

Dass er nunmehr seit Mitte der 1980er-Jahre konsequent an der Verwirklichung seines Traums arbeitet und 1999 seine Idee der Fachwelt erstmals detailliert vorstellte,[360] diese sieben Jahre später modifizierte und erneut in die Diskussion einbrachte,[361] hat Ziel und Methode. Bislang existiert sein Konzept jedoch nur auf dem Reißbrett, auch wenn er bereits einige Probeläufe mit kleinen Prototypen durchgeführt hat.

Das Hyperteleskop, das ihm vorschwebt, trägt den vorläufigen Namen Exo Earth Imager (EEI) und soll einmal als überdimensional großes Interferometer-Teleskop in der Erdumlaufbahn seine Kreise ziehen, wo es auch zusammengesetzt werden soll. Derweil noch reine Zukunftsmusik, soll das angedachte Riesenobservatorium irgendwann einmal den »Terrestrial Planet Finder« (TPF) der NASA in puncto Auflösungsvermögen glattweg in den Schatten stellen. Basierend auf Kalkulationen und Simulationen traut Labeyrie seinem Traumteleskop sogar zu, einen 30 Lichtjahre entfernten Exoplaneten aufzuspüren und detaillierte Strukturen auf dem Zielplaneten auszumachen.[362]

Auf dem Zeichenbrett Labeyries hat der Exo Earth Imager schon anschauliche Formen angenommen. So sieht der alte Entwurf des französischen Astronomen vom Observatoire de Haute-Provence in Frankreich ein Hyperteleskop mit einem Durchmesser von 100 Kilometern vor, das aus 150 kleinen separaten, frei schwebenden Spiegelelementen mit jeweils drei Meter Durchmesser besteht.[363] Ein jüngerer Plan hingegen geht sogar von 10.000 Drei-Meter-Spiegeln aus, die sich in einer sphärischen Blase verteilen, welche

---

360) Labeyrie, Antoine: Snapshots of Alien Worlds – The Future of Interferometry, in: Science (17.09.1999), Bd. 285, Nr. 5435, S. 1864–1865 [doi: 10.1126/science.285.5435.1864]. Und Labeyrie, Antoine: Exo Earth Imager for Exoplanet Snapshots with Resolved Detail, in: Working on the Fringe: Optical and IR Interferometry from Ground and Space. Proceedings from ASP Conference, Nr. 194. Hrsg.: Stephen Unwin und Robert Stachnik, 1999, S. 350–357.

361) Ders.: Exoplanet imaging: from ELT's to interferometers and hypertelescopes, in: Direct Imaging of Exoplanets: Science & Techniques, Proceedings IAU Colloquium, Nr. 200, 2005. Hrsg.: C. Aime und F. Vakili, 2006 International Astronomical Union [doi: 10.1017/S1743921306009331], S. 205–212.

362) Labeyrie, Antoine /Lipson, Stephen G. /Nisenson, Peter: An introduction to optical stellar interferometry, Cambridge University Press, 2006, S. 289 f.

363) Ebd.: Labeyrie, Antoine: Exo Earth Imager for Exoplanet Snapshots with Resolved Detail, a.a.O., S. 350 u. 357.

einen Durchmesser von sage und schreibe 400 Kilometern hat.[364] Alle Teilspiegel sollen einst im Orbit dermaßen geschickt zueinander positioniert werden, dass sich das gesammelte Licht in einem Brennpunkt bündelt. Die einzelnen Teleskope, die die Erde in drei verschiedenen konzentrischen Kreisbahnen umrunden, würden dabei zu einem gigantischen Spiegel verschmelzen. In geschlossener Formation würde die Teleskop-Flotte ein Gebiet von sage und schreibe 8000 Quadratkilometern abdecken. Trotz aller Begeisterung plädiert der Franzose für eine kontrollierte Vorgehensweise.

»Wir versuchen zunächst einmal Bilder von erdähnlichen Planeten, die Sterne umkreisen, zu erhalten. Auf solchen Bildern werden anfangs noch keine nennenswerten Details zu sehen sein, weshalb sich nur schwer feststellen lässt, ob der fragliche Planet die Ausbildung von Leben fördert.«

Aber der EEI kann noch mehr: Wie der TPF auch soll die Fernrohr-Armada mithilfe von Spektrografen das reflektierte Licht der Exoplaneten in seine verschiedenen farblichen Bestandteile zerlegen, um auch Informationen über die chemische Zusammensetzung der hiesigen Atmosphären zu erhalten. Sollte der EEI dabei auf einen erdähnlichen, in einer habitablen Zone gelegenen Planeten stoßen, auf dem das Element Sauerstoff vorhanden ist, das auf der Erde als Nebenprodukt der Photosynthese anfällt, oder in dessen Atmosphäre sogar Ozon finden, wäre dies ein starkes Indiz für Leben.[365]

Fragt sich nur, wann das hochfliegende Projekt seine Premiere, sprich sein erstes Licht im All feiern darf. Angesichts der leeren Kassen, besser gesagt der stark angespannten Haushaltslage von NASA und ESA, sieht es vielmehr danach aus, als müsste sich das fiktive Observatorium wie viele zukunftsträchtige Projekte vorerst damit begnügen, nur als Modell skizzenhafte Konturen gewonnen zu haben. Dennoch übt sich Labeyrie in Optimismus:

»EEI ist natürlich eine sehr komplexe und kostspielige Apparatur, aber ich denke, dass sie früher oder später gebaut wird.« [366]

Da auch in Raumfahrt und Astronomie das Geld an allen Ecken und Enden fehlt, hat Labeyrie längst eine stark abgespeckte, weitaus kleinere und billigere Version seines EEI-Hyperteleskops ausgetüftelt, die er Luciola nennt. Einmal fertiggestellt würde Luciola nur aus zwei Dutzend leichten Spiegeln bestehen, von denen jeder allenfalls einen Durchmesser von 20 Zentimetern

364) Labeyrie, Antoine, Exoplanet imaging, a.a.O., S. 208.
365) Ebd.
366) Schilling, Govert: Zoom with a view, in: NewScientist (25.02.2006), S. 43.

hat. In der Erdumlaufbahn würde sich das kleine Geschwader auf einem Gebiet von einem Quadratkilometer verteilen. Während Nano-Satelliten die einzelnen Spiegel positionsgenau dirigieren, würde im Brennpunkt der Mini-Armada ein mit einer CCD-Kamera bestückter Satellit das Licht bündeln und die Bilder zur Erde senden. Labeyrie glaubt, dass Luciola durchaus in der Lage wäre, Einzelheiten eines Exoplaneten in 10 Lichtjahren Entfernung abzulichten.[367] »Hellere Exoplaneten, heiße Gasriesen etwa, die Sterne wie 51 Pegasus oder Tau Boo umkreisen, sind ebenfalls potenzielle Ziele.«[368]

Egal welcher Interferometer-Verband zuerst seine Kreise im Orbit ziehen wird – Malcolm Fridlund vom Europäischen Weltraumforschungs- und Technologiezentrum (ESTEC) in Noordwijk (Niederlande), der zu den führenden Projektwissenschaftlern des Interferometer-Teleskops Darwin zählt, ist ebenfalls zuversichtlich, sieht aber in einem Punkt dringend Handlungsbedarf:

> *»Ich bin jetzt 53 Jahre alt. Wenn ich mit dem Rauchen aufhöre und einige Kilogramm Gewicht verliere, gehe ich davon aus, dass ich noch zu Lebzeiten ein Foto eines erdähnlichen Exoplaneten in Hochauflösung sehen werde.«* [369]

Lunare Träume

Ein tiefschwarzer Himmel, übersät mit kristallklaren und kalt leuchtenden Sternen, eine bizarre, von Kratern durchzogene wüstenartige Landschaft, feiner mehliger Sandstaub und fremdartig hell strahlendes Sonnenlicht – das waren die letzten Bilder vom Mond, die der zwölfte amerikanische Apollo-Astronaut Eugene Cernan beim Besteigen der Mondfähre vor Augen hatte. Seit seinem Abschied Ende 1972 wirbelte kein irdisches Lebewesen, keine Landefähre mehr den samtenen Mondstaub auf. Nur noch einige blecherne Forschungssonden haben sich dort als kleine Krater verewigt, während der natürlichste Satellit der Erde sich mit der Rolle des verwaisten und vernachlässigten Begleiters abfinden muss.

367) Ebd., S. 42.
368) Labeyrie, Antoine, Exoplanet imaging, a.a.O., S. 210 f.
369) Schilling, Govert, a.a.O., S. 43.

Trübe und rosige Aussichten

Doch wann auch immer der nächste menschliche Repräsentant dem Mond erneut die Aufwartung macht – ob die Nummer 13 in Gestalt des ersten Taikonauten dem irdischen Begleiter Glück und Segen bringen wird, darf eher bezweifelt werden. Dass »la Luna« kurz- und langfristig gesehen Gefahr läuft, zum Spielball handfester nationaler und wirtschaftlicher Interessen zu werden und als Rohstofflieferant herhalten zu müssen, hat der Kölner Bestsellerautor Frank Schätzing in seinem Roman »Limit« auf eindrucksvolle Weise dargelegt. Gewiss, irgendwann könnte das auf der Erde höchst selten anzutreffende Helium-3 wirklich zum lunaren Exportschlager avancieren. Längst schätzen Experten, dass von dem Edelgas-Isotop in dem Erdsatelliten mehr als zwei Millionen Tonnen eingebettet sein könnten, aus denen durch Kernfusion theoretisch Energie gewonnen werden könnte – Energie en masse. Noch ist all dies reines Wunschdenken, zumal ein funktionstüchtiger Fusionsreaktor noch in weiter Ferne liegt. Denn so groß die Chancen sind, den irdischen Nachbarn in absehbarer Zeit als Rohstoffreservoir zu nutzen, so trübe ist zurzeit auch die Aussicht, ihn in naher Zukunft für astronomische Zwecke zu gewinnen. Schließlich ist es kein Geheimnis, dass von allen Sternfreunden vornehmlich die Radioastronomen, allen voran die SETI-Forscher, am intensivsten mit dem Mond liebäugeln. Wie die Kollegen der optischen Fraktion wollen auch sie hoch hinaus, am liebsten sogar *Hubble* hinter sich lassen und fernab aller städtischen Luft- und Radioverschmutzung auf dem Mond ein riesiges Teleskop oder eine stolze Antennen-Armada installieren.

Mittlerweile vegetiert selbst die pittoreske 305-Meter-Aluminiumschüssel in Arecibo, mit der SETI-Wissenschaftler in der Vergangenheit schwerpunktmäßig in unregelmäßigen Abständen arbeiteten, inmitten des Dschungels von Puerto Rico vor sich hin. Wie ihre kleineren erdgebundenen Kollegen kämpft die Mammutantenne trotz oder gerade wegen ihrer Kapazität und Sensibilität ebenfalls gegen die unliebsame Flut einströmender Radiostrahlen, die infolge des permanent wachsenden Telekommunikations- und des immer dichter werdenden Satellitennetzes unaufhörlich niederprasselt und am laufenden Band unerwünschte Störgeräusche (RFI) produziert. Somit ist allzu verständlich, dass sich Radioastronomen seit geraumer Zeit nach Alternativen umsehen und immer haufiger erwartungsvoll zum Mond bli cken, sich dabei aber ausschließlich für seine »dunkle« Seite interessieren, wo Radioteleskope nahezu unbehelligt ihrer Arbeit nachgehen können, weil dort keine terrestrische Ionosphäre und während der zweiwöchigen Mondnacht keine Sonnenstrahlung stört.

Künstliche Radioverschmutzung und die Folgen: Analog zum Begriff »Lichtverschmutzung« in der optischen Astronomie kursiert in der Radioastronomie das Pendant »Radioverschmutzung«, wobei professionelle Radioastronomen den Begriff »Radio frequency interference« (RFI) bevorzugen. Während des 20. Jahrhunderts ist die Erde zu einem Ort starker Radio- und Mikrowellenstrahlung geworden. Selbst aus einer Entfernung von einigen Lichtjahren könnte man mit einem guten hiesigen Radioteleskop feststellen, dass es auf ihrer Oberfläche inhomogen verteilte Radiosender gibt, die nicht natürlichen Ursprungs sind. Die infrage kommenden Störquellen, mit denen Radioastronomen hadern, sind vielfältig: Mal funken Radio- und Fernsehsendungen oder kommerzielle und Forschungs- sowie Militärsatelliten dazwischen, ein anderes Mal überlagern die Emissionen von Mobiltelefonen und starken Radaranlagen die natürliche Radiostrahlung aus dem All. Hinzu kommen noch einige aktive Raumsonden im Sonnensystem, die immerfort Daten zur Erde funken. Der »Radiohimmel« ist mittlerweile »total verseucht«, konstatiert der bekannteste deutsche Radioastronom Prof. Dr. Harald Lesch.[370] Angesichts der Vielzahl infrage kommender Störquellen, die sich auf einige Tausend Frequenzen verteilen, muss SETI bei der Interpretation verdächtiger Signale besondere Vorsicht walten lassen, zumal die Signalstärke und der Verlauf eines »Events« für sich genommen nicht aussagekräftig genug sind. Die unabhängige Bestätigung der Messung durch mehrere Radioteleskope – am besten auf unterschiedlichen Kontinenten – ist zwingend erforderlich.

Eine moderne Schüssel auf dem Mond – auf dem überdies stabile großflächige Fundamente für die Teleskopinfrastruktur zur Genüge vorhanden sind –, davon träumt auch Jill Tarter, die beim lunaren »First Light« gerne selbst dabei wäre und als erste Frau auf dem Mond herumstolzieren und die Teleskope höchstpersönlich inspizieren möchte. Doch Träume sind vor allem in der SETI-Branche Schäume – die Realität ist eine andere.

Seit vielen Jahren weist Tarter darauf hin, dass die Radioastronomie infolge der zunehmenden irdischen Radioverschmutzung generell in eine Krise schlittert. Ihrer Ansicht nach ist es dem grenzenlosen Appetit der Menschheit auf Technologien, die störende Radiofrequenzen nutzen, zuzuschreiben, dass sich das Fenster zu anderen Welten immer mehr verdunkelt. Dieser Entwicklung könne SETI nur dann Einhalt gebieten, wenn es seine Suchprogramme auf der abgewandten Seite des Mondes fortsetze, sagt Tarter.[371] In Anspielung auf die gigantische Schüssel in Puerto Rico hat sie ihrem

370) Lesch, Harald/Müller, Jörn: Big Bang zweiter Akt – Auf den Spuren des Lebens im All, C. Bertelsmann Verlag, München 2003, S. 311 f.; Heidmann, Jean: Bioastronomie. Über irdisches Leben und außerirdische Intelligenz, Springer-Verlag, Berlin/Heidelberg 1994, S. 313.

371) Tarter, Jill C./Chyba, Christopher: Gibt es außerirdisches Leben?, in: Spektrum der Wissenschaft (Spezial: Forschung im 21. Jahrhundert), 1/2000, S. 70.

Wunschteleskop bereits einen passenden Namen gegeben: Lunarecibo. »Der Mond ist wirklich ein Juwel für uns. Mit einer Erde, die niemals am Himmel zu sehen ist, können wir jede Radioverschmutzung abblocken.«[372]

Natürlich wäre für alle SETI-Astronomen ein auf der Rückseite des Erdtrabanten montiertes Radioteleskop die perfekte Lösung, könnten sie doch mit solch einem Gerät fernab der Erde und aufgrund des Fehlens irdischer Radio-, TV- oder Satellitensignale und der Abwesenheit einer Atmosphäre die interplanetare Flaschenpost entschieden leichter aus dem Wellenmeer des Universums fischen. Das Einzige, was in lunaren Gefilden an natürlicher Strahlung einträfe, wären beispielsweise stellare Radioemissionen – zum Beispiel jene, die von Neutronensternen kommen – oder als artifizielles Gegenstück die lang ersehnte Botschaft der Aliens. Eine leistungsfähige Antenne auf der Rückseite des Mondes profitierte von der natürlichen Gegebenheit, dass unser Nachbar sich einerseits nur um seine Achse dreht und die Erde folglich immer mit der gleichen Seite umkreist. Andererseits schirmt der 3476 Kilometer Durchmesser große natürliche Satellit auch die von den künstlichen geostationären Satelliten stammende Radiostrahlung wie ein massiver Schild ab. Hier, und nur hier befindet sich der einzige Ort im ganzen Sonnensystem, der immerfort von (fast) jeglichen irdischen Emissionen verschont bleibt und der daher auch, wie der deutsche große Pionier der Radioastronomie Sebastian von Hoerner betont, für die anderen Bereiche des elektromagnetischen Spektrums, sprich für die Radio-, Infrarot-, Ultraviolett- und Gammastrahlung, von höchstem Interesse sein dürfte.[373]

Der Plan ist das Ziel

Bereits Anfang der 1970er-Jahre erhielt von Hoerner vom Jet Propulsion Laboratory (JPL) der NASA und vom kalifornischen SETI-Institut offiziell den Auftrag, sich über SETI-Teleskope auf dem Mond Gedanken zu machen und ein Gutachten über die realistischen Chancen eines derartig ambitionierten Projekts anzufertigen. Nach intensivem Aktenstudium, dem Aufarbeiten fachwissenschaftlicher Literatur und zahlreichen Fachgesprächen über dieses Sujet wies von Hoerner trotz seiner Sympathie für SETI und trotz aller offensichtlichen Vorteile lunarer radioastronomischer Aktivität in seinem Resümee schonungslos auf die Nachteile einer solchen Anstrengung hin. Das größte Hindernis sei der Kostenfaktor. Wer auf der Rückseite des Erdsatelli-

372) Grace-Kobas, Linda: SETI Institute's Tarter is a true Cornellian, a pioneer and a dreamer, in: Cornell chronicle (26.06.1997), Bd. 28, Nr. 39.

373) Hoerner, Sebastian v.: Sind wir allein? SETI und das Leben im All, C.H. Beck, München 2003, S. 162.

ten Antennen errichten wolle, müsse viel Geld in den Transport, den Bau, den Betrieb und die Wartung investieren. Um all dies zu bewerkstelligen, müsse der Mond wenigstens eine Zeit lang besiedelt sein und bestimmte Infrastrukturen aufweisen. Nötig sei neben Kolonien vor allem eine zum Teleskop gehörige, auf der Mondvorderseite errichtete Basisstation. Zusätzlich müssten Anlagen aufgebaut sein, die das notwendige Material für die Teleskope vor Ort gewinnen, herstellen und verarbeiten könnten. Es müsse zudem gleich anfangs gesichert sein, dass die Kolonien, Fabriken und Bergwerke sich ausschließlich auf der uns zugewandten Seite des Mondes befinden, damit Observationen auf der Rückseite »ohne Strahlung, ohne Staubwirbel, ohne Trübung oder Lichtschein« störungsfrei über die Bühne gehen könnten.[374] Vor allem sollten die Radioteleskope widerstandsfähig sein. Während beim Aufbau von Radioteleskopen die geringere Anziehungskraft des Mondes (nur ein Sechstel der Erdanziehung) von Vorteil sei, erweise sich die dortige relative hohe Temperaturspanne von 250 Grad Celsius als Nachteil. Da es auf dem Mond keine Luft und bremsende Reibung gebe, sei damit zu rechnen, dass infolge der zahlreichen niederprasselnden Mikrometeoriten die Oberflächen bzw. Strukturen der Teleskope in Mitleidenschaft gezogen würden. Seien all diese Probleme gelöst, stünde einer Errichtung »prächtiger großer Radioteleskope für SETI« gleichwohl nichts mehr im Wege, so von Hoerner.[375]

Einige Jahre nach Hoerners Recherche wurde der französische Astronom und SETI-Enthusiast Jean Heidmann im Rahmen der »IAA Cosmic Study« noch konkreter und brachte 1994 auf dem 45. Kongress der International Astronautical Federation (IAF) in Jerusalem erstmals sogar einen zuvor sorgfältig ausgewählten Standort für eine Radioschüssel auf dem Erdtrabanten ins Spiel. Als bevorzugten Baugrund stellte Heidmann den auf der Rückseite des Mondes gelegenen kreisförmigen Krater *Saha* vor. »*Saha* erweist sich als ausgezeichneter Kandidat für künftige hochempfindliche radioastronomische Beobachtungen, insbesondere für SETI.«[376] Der im Durchmesser 100 Kilometer große und von einem 3000 Meter hohen Rand umgebene Krater war Heidmanns Ansicht nach der beste wissenschaftliche Standort für eine effiziente SETI-Observation mit einem dort aufgestellten Radioteleskop.

So abenteuerlich Heidmanns mutiger Vorschlag vor 16 Jahren daherkam, seine Idee nahm sein offizieller Nachfolger und Koordinator der »IAA Lunar

374) Ebd., S. 165.
375) Ebd., S. 164 f.
376) Heidmann, Jean: A proposal for a radio frequency interference-free dedicated lunar far side crater for high sensitivity radioastronomy: programmatic issues, in: Acta Astronautica (01.04.2000), Bd. 46, Nr. 8, S. 555–558.

SETI Cosmic Study«, Claudio Maccone, als Grundlage für ein weiterentwickeltes Konzept. Den Entwurf, den der italienische Astronom und SETI-Forscher vom Centre for Astrodynamics in Turin der International Academy of Astronautics (IAA) vorlegte, taufte er auf den Namen »Lunar Farside Radio Lab«. Dieser sieht die Errichtung eines Radioteleskops auf dem Mond vor – allerdings in einem völlig anderen Krater. Und dies aus gutem Grund, wie Maccone feststellt:

> *»[...] Als Heidmann damals ausschloss, dass Telekommunikationssatelliten jemals jenseits des geostationären Orbits, also weiter als 42.125 Kilometer von der Erde entfernt, ausgesetzt werden könnten, war er viel zu optimistisch.«*[377]

Schließlich wird die Anzahl der künstlichen Satelliten jenseits des Orbits immer größer. Und die Emissionen der geostationären Telekommunikationssatelliten werden immer stärker, wodurch sich die Gefahr erhöht, dass sich um den Mond herum unerwünschte Strahlung verirrt und die Arbeit anwesender Teleskope behindert.

Insbesondere die um die 1,5 Millionen Kilometer von der Erde entfernten Lagrange-Punkte (bzw. Librationspunkte) 1 und 2 (L1 und L2), die auf derselben Bahn an verschiedenen Punkten lokalisiert sind, sorgt sich Maccone. An diesen Punkten heben sich im All die Gravitationskräfte benachbarter Himmelskörper und die Zentrifugalkraft der Bewegung gegenseitig auf. Sie halten sich die Waage. Eine dort positionierte Raumsonde würde sich synchron zur Erde bewegen und somit ihre relative Position halten. Dass sich in einer Distanz von 1,5 Millionen Kilometern von der Erde einmal viele Satelliten und Teleskope tummeln werden, deren Kommunikationssignale allesamt direkt auf die dunkle Seite des Mondes treffen, ist zum Leidwesen der mondsüchtigen Radioastronomen und SETI-Experten programmiert. Bereits heute haben L1 und L2 irdisch-metallene Gäste im Dienste der Wissenschaft willkommen geheißen: L1 etwa die ESA-NASA-Sonde SOHO und L2 den WMAP-Satelliten (Wilkinson Microwave Anisotropy Probe), der die kosmische Hintergrundstrahlung des Urknalls analysierte, seinen noch vergleichsweise jungen Nachfolger Planck oder das ESA-Infrarotteleskop Herschel. Telekommunikations- und bekannte Militärsatelliten mit starken Sendern waren darunter indes gottlob noch nicht. Nur der Nachfolger von Hubble, das James Webb Space Telescope, wird sich in vier bis sechs Jahren noch als

---

377) Maccone, Claudio: Lunar Farside Radio Lab, in: Acta Astronautica (06.01.2005), Bd. 56, S. 631 [doi: 10.1016/j.actaastro.2004.10.008].

strahlenreiche Wissenschaftssternwarte in die L2-Flotte einreihen; und nach ihm werden noch weitere Missionen die Librationspunkte frequentieren.

Da es beim Umlauf des Mondes um die Erde zu der vertrackten Situation kommt, dass der Trabant seine Rückseite 14,75 Tage dem L1-Punkt und 14,75 Tage dem L2-Punkt zuwendet, und da sich hinter den auf dem Mond verlaufenden Librationspunkten immer mehr Forschungssonden und somit Radioquellen einfinden, ist eine elektromagnetische Verseuchung der dunklen Seite des Erdbegleiters abzusehen.

> *»Und dies wirklich die ganze Zeit. Die Radioverschmutzung auf der Mondrückseite durch an den Lagrange-Punkten L1 und L2 des Sonne-Erde-Systems platzierte Wissenschaftssatelliten ist unglücklicherweise unvermeidbar. Wir können nur hoffen, dass hier niemals Telekommunikationssatelliten ausgesetzt werden.«*[378]

Um die radiofreie Zone auf der Mondhinterseite wenigstens effektiv vor Wissenschaftssatelliten zu schützen, die auf den Librationspunkten L4 und L5 zu Hause sind, plädiert Maccone für eine Standortverlagerung in eine strahlenresistentere Region.[379] Maccones Wunschkrater ist *Daedalus*, der auf der abgelegenen Mondseite zentral gelegen ist. Er weist einen Durchmesser von 93 Kilometern auf und könnte einer ganzen Armada von Radioteleskopen Platz bieten. Bestens geeignet ist *Daedalus* deshalb, weil er wie der *Saha*-Trichter von einem drei Kilometer hohen Kraterrand umgeben ist, der sogar jene Strahlen abblocken würde, die sich um den Mond herum zur erdabgewandten Mondhälfte verirren könnten. Ein solcher Effekt ist nach Ansicht der Forscher durchaus denkbar, da die geostationären Telekommunikationssatelliten immer leistungsfähiger werden und deshalb dem Maccone'schen Radioteleskop auf dem Mond im wahrsten Sinne des Wortes dazwischenfunken könnten.

»Ich glaube, dass das Teleskop auf jeden Fall gebaut wird«, sagte Maccone 2002, der seinerzeit zugleich zu bedenken gab, dass für die Umsetzung eines derartigen Vorhabens mindestens 15 Jahre notwendig seien. Womöglich wird der Plan noch mehr Zeit in Anspruch nehmen. Immerhin sieht Maccones anspruchsvollste Variante vor, mithilfe von Robotern im *Daedalus*-Krater ein ganzes Feld von Antennen zu errichten, dabei die Anlage in Gang zu setzen und zu halten sowie die Daten zu den Relaissatelliten zu funken, die den Mond als kleine Flottille umkreisen. Sie wiederum müssten dann die Bits und Bytes sauber zur Erde übertragen.[380] Ein solches Unternehmen koste Geld, es

---

378) Ebd., S. 635.
379) Ebd.

dürfte mehrere Milliarden Dollar verschlingen, betonte Maccone. Ohne die Unterstützung einer großen Weltraumagentur wie der NASA oder der ESA sei dies kaum realisierbar.[381]

Ruf nach der Schutzzone

Auch acht Jahre später ist Maccones Vorschlag immer noch Wunschdenken in reinster Ausprägung. Sollte jedoch sein Vorhaben eines fernen Tages wirklich konkrete Gestalt annehmen, muss seinem Dafürhalten nach der Mond, insbesondere die Gegend um den *Daedalus*-Krater, einen besonderen Sicherheitsstatus erhalten. Schon seit Längerem spricht sich Maccone für die Errichtung einer permanenten Schutzzone um und auf dem Mond aus. »Die von der Erde abgewandte Seite des Mondes ist meiner Meinung nach ein einzigartiger Schatz, der zum Wohle der Menschheit bewahrt werden sollte.«[382] Eine solche Zone müsse, unabhängig von dem, was im Zuge künftiger Technik noch alles kommen möge, unter allen Umständen geschützt werden. Während die uns zugewandte Seite des Mondes für alle wissenschaftlichen, industriellen und kommerziellen Aktivitäten nutzbar sein sollte, gelte es, die Hinterseite des Trabanten zu einer internationalen Schutzzone zu erklären,[383] um Radioverschmutzung hinreichend zu verhindern. Doch die Chancen, die Rückseite des irdischen Trabanten vor einer »zu wilden kommerziellen, industriellen und militärischen Ausbeutung« zu schützen,[384] sind Maccones Ansicht nach utopisch. »Ein legaler Schutz der Mondrückseite wird wohl nur ein Traum bleiben.«[385]

Welche Staaten, welche Institutionen später einmal eine permanente Station auf dem Mond errichten werden und welche Radiofrequenzen wer, wann und wo nutzen darf, ist bis dato völlig unklar und wird auch in der nächsten Dekade von der dafür verantwortlichen International Telecommunications Union, die die Nutzungsrechte verteilt, kaum zu klären sein. Selbst in dem 1979 hoffnungsvoll aufgesetzten und 1984 von immerhin 16 Staaten unterschriebenem »Mondvertrag« (engl. Moon Treaty) weisen die Initiatoren auf die wissenschaftliche Bedeutung des Mondes nur halbherzig hin und the-

---

380) Seckbach, Joseph (Hrsg.) et al.: Life in the Universe: From the Miller Experiment to the Search for Life on Other Worlds (Cellular Origin, Life in Extreme Habitats and Astrobiology), Kluwer Academic Publishers, Dortrecht (Niederlande) 2004, S. 303.

381) Graham-Rowe, Duncan: Astronomers plan telescope on Moon, in: NewScientist (03.01.2002) [*http://www.newscientist.com/article/dn1735-astronomers-plan-telescope-on-moon.html*].

382) Ebd.

383) Maccone, Claudio: Lunar Farside Radio Lab, a.a.O., S. 634 f.

384) Ebd., S. 638.

385) Ebd., S. 636.

matisieren sein astronomisches und insbesondere radioastronomisches Potenzial mit Blick auf dessen Rückseite mit keinem Wort. Es finden sich dort nur abstrakte Willensbekundungen, die darauf abzielen, »alle Aktivitäten auf dem Mond, die sich auf seine Forschung und Nutzung beziehen«[386] in Übereinstimmung mit dem internationalen Recht und im Einklang mit der Charta der Vereinten Nationen durchzuführen. Dass sich damals alle unterzeichnenden Staaten (und Unternehmen sowie Privatpersonen) verpflichteten, in Zukunft die Ressourcen und wissenschaftlichen Möglichkeiten auf dem Mond in gegenseitiger Absprache und konstruktivem Miteinander »ausschließlich für friedliche Zwecke«[387] zu nutzen, mutet heute zurecht etwas naiv an. Es verwundert daher nicht, dass bislang nur zwölf Staaten den Mondvertrag ratifizierten. Eingedenk all seiner unklaren Bestimmungen und fehlenden Restriktionen drängt Maccone auch heute noch auf eine schnelle vertragliche Fixierung einer Schutzzone für die abgelegene Mondseite.

Ginge es nach dem geistigen Vater und weisen Nestor aller SETI-Programme, Frank Drake, der 1960 die erste systematische Suche nach interstellaren Funksignalen startete, wäre der Mond jetzt schon mit Radioteleskopen bestückt, weil, so Drakes Credo, seine Rückseite »eine natürliche ›Radio-Ruhezone‹« sei.

> *»Ich persönlich halte die Rückseite des Mondes für den wünschenswertesten Ort im Weltraum, an dem ein neues, grandioses Teleskop stehen sollte.«*[388]

Ihm schwebt eine 50 Kilometer große Schüssel nach dem Arecibo-Vorbild vor, die sich dank der geringen Schwerkraft mit gängigen Materialien wie Stahl und Aluminium spielend leicht zusammenfügen ließe. Die Arecibo-Mondversion wäre nicht nur 150-mal größer, sondern ihr Energieeinzugsbereich auch um ein Vieltausendfaches weiter. Es sei kaum vorstellbar, welche noch so schwachen Signale diese Anlage finden könne, so Drake.[389]

Doch alle diese und andere hochtrabenden, idealistischen, zuweilen weniger zeitgemäßen Pläne sind vor dem Hintergrund der großen globalen Wirtschafts- und Finanzkrise nur noch Makulatur. Während in der Ära Bush noch vollmundig die Rückkehr zum Mond beschworen und von bemannten Expe-

386) »Agreement Governing the Activities of States on the Moon and Other Celestial Bodies«, Artikel 2 (05.12.1979), in: United Nations Office for Outer Space Affairs (UNOOSA/online) [*http://www.unoosa.org/oosa/index.html*].

387) Ebd., Artikel 3, Absatz 1.

388) Drake, Frank/Sobel, Dava: Signale von anderen Welten. Mit dem NASA-SETI-Projekt auf der Suche nach fremden Intelligenzen, Knaur, München 1998, S. 380.

389) Ebd.

ditionen, Kolonien und Fabriken auf dem irdischen Satelliten fabuliert wurde, hat US-Präsident Barack Obama Anfang 2010 angekündigt, der NASA den Geldhahn auf drastische Weise zuzudrehen. Alle weiteren künftigen Raumfahrtmissionen werden auf Eis gelegt. Die gegenwärtige Realität hat die Analyse von Sebastian von Hoerner, die zukunftsweisenden Vorschläge und Visionen von Jean Heidmann und Claudio Maccone, die Hoffnungen Jill Tarters und Frank Drakes derweil makuliert. Denn so substanziell bisher die Mondpläne und Ideen, so ausgereift die Konzepte und das technische Equipment waren – die amerikanischen und europäischen Haushaltslöcher könnten jede noch so gute Idee und jedes noch so kreative Konzept mit Betreff Mond (und darüber hinaus) schnell wieder verschlucken. Der räumlich nächste natürliche Himmelskörper ist als bemannter Wissenschaftsstandort in weite Ferne gerückt – zumindest für Amerika, weniger jedoch für das Reich der Mitte.

Chancenreiche Vorhaben

Wenn überhaupt jemand in der nächsten Dekade durch den trockenen Mondstaub watet, wird es ein waschechter Taikonaut sein. Denn nur den Chinesen wäre kraft ihrer Dynamik, ihrer Investitionsfreudigkeit und ihres Ehrgeizes zuzutrauen, die ersten Rückkehrer zum Mond zu stellen. Nicht zuletzt aus politisch-propagandistischen Motiven werden sie alles daran setzen, als erste Mondfahrer des 3. Jahrtausends Neil Armstrongs großen Sprung in den Schatten zu stellen. Vielleicht werden sie auch als Erste auf der abgelegenen Mondhälfte wissenschaftliche Antennen errichten und das lunare SETI-Zeitalter einläuten.

In zehn bis 15 Jahren könnte aber auch Europa auf »la Luna« in astronomisch-wissenschaftlicher Mission unbemannt unterwegs sein und auf der erdabgewandten Seite, im Idealfall im *Daedalus*-Krater oder im *Shackleton*-Krater am Mond-Südpol, Wurzeln schlagen. Wie Experten im Auftrag des europäischen Raumfahrtunternehmen EADS Astrium und des niederländischen Instituts für Radioastronomie ASTRON in einer Machbarkeitsstudie erarbeiteten, wäre es binnen zehn bis 15 Jahren technisch möglich und finanzierbar, auf der Rückseite des Erdsatelliten ein im Durchmesser rund 32 Kilometer großes radioastronomisches Interferometer aus 33 Antennen zu errichten. Lunar LOFAR, so der vorläufige Name des angedachten Zukunftsprojekts, würde in puncto Struktur, Aufbau und Technik stark an die Antennen des gleichnamigen LOFAR-Projekts (S. 137 ff.) angelehnt sein, allerdings unterhalb des Frequenzbereichs von 30 Megahertz operieren. Dank ihres Gewichts von nur 400 Kilogramm und ihrer geringen Größe würden die

33 Elemente der Lunar-LOFAR-Anlage nur ein Drittel der Nutzlast einer Ariane-V-Rakete in Anspruch nehmen. »Ein kleiner robotischer Rover würde die Antennendrähte auslegen«, erklärt der deutsche Radioastronom Heino Falcke, der seit Beginn eifrig an der Umsetzung des irdischen LOFAR-Konzepts mitarbeitet. »Nicht einmal der Mondstaub würde Probleme bereiten, denn bewegliche mechanische Elemente wären überflüssig.«[390]

Lunar LOFAR wäre gleichwohl kein SETI-Unternehmen, vielmehr eines, das für die klassische Astronomie reserviert ist. Seine primäre Aufgabe bestünde darin, neue Erkenntnisse zum Urknall, zur Frühphase des Universums, Neues über extrasolare Planetensysteme zutage zu fördern und lunare Neutrinos zu zählen. Da es aber multitaskingfähig ist, könnte es später einmal, sofern es gebaut und auf dem Mond installiert wird, auch für SETI-Observationen in Anspruch genommen werden.

Eine andere Machbarkeitsstudie der ESA sieht die Entsendung einer kleinen Mondlandefähre auf dem Südpol des Mondes vor, die sich dem Frequenzbereich unter 30 Megahertz widmen soll, der von der Erde aus nicht »observierbar« ist. Vorgesehen ist, dass der *Lunar Radio Explorer* ein aus zwei Antennen bestehendes Radiointerferometer und einen Rover mit sich führt. Während eine Antenne, am Landegefährt montiert, an Ort und Stelle verweilt, entfernt sich der auf dem sechsrädrigen Roboter integrierte Zwillingsempfänger mit dem Ziel Mondrückseite immer weiter vom Landeort. Auf diese Weise würde die Bewegung des Rovers auf dem sich drehenden Mond im Verlauf einiger Monate zu einer Spiralfigur im Raum führen, so Heino Falcke:

> *»So ließe sich erstmals ein Radiobild des gesamten Südhimmels bei niedrigen Frequenzen aufnehmen. Schon mit relativ wenig Aufwand könnte die Astronomie so vollkommenes Neuland betreten.«*[391]

Die vielleicht billigste Variante, auf der Mondrückseite wenigstens phasenweise Radioastronomie zu betreiben, ist die Entsendung eines Mondorbiters, der mit einem besonders leistungsfähigen Radioteleskop bestückt ist. Claudio Maccone schlägt in einem weitgehend unbekannten Entwurf namens *Radiomoon* vor, eine Forschungssonde in eine äquatoriale Umlaufbahn um den Mond zu entlassen, die nach Ankunft eine ausschwenkbare 3-Meter-Antenne in Position bringt. Befindet sich diese auf der Rückseite, sammelt sie fleißig Daten, taucht sie ins Sichtfeld ein, sendet sie die gespeicherten Bits und Bytes direkt zu Erde. Mit etwas größerem finanziellen Aufwand ließe sich dieses

390) Falcke, Heino: LOFAR auf dem Mond, in: Spektrum der Wissenschaft (Juli 2008), S. 33.
391) Ebd.

Modell zu einem Interferometer ausweiten. Zwei oder mehr Sonden würden hinter dem Mond im Verbund operieren und eine davon die Informationen von der der Erde zugewandten Seite Richtung Basisstation schicken.[392]

Aber auch die Vertreter der klassischen, sprich optischen Astronomie und damit theoretisch auch die OSETI-Forscher, die nach außerirdischen intelligenten Lasersignalen spähen, kämen auf der Rückseite des Erdsatelliten voll auf ihre Kosten. Dort, wo keine Atmosphäre respektive Ionosphäre stört und jedwede Form irdischer Lichtverschmutzung fehlt, herrschen auch für diese nahezu paradiesische Zustände. Einige Wissenschaftler verweisen darauf, dass es auf dem Mond im Vergleich zur Erde noch einfacher sei, Beobachtungen durchzuführen. Vor allem sei es leichter, dort eine Armada von Fernrohren zu installieren und zu einem optischen Interferometer zusammenzuschließen. Denkbar wäre es, auf dem Mond – verteilt auf einem Areal von einem Kilometer Größe – Hunderte kleine Teleskope zu befestigen, deren Durchmesser zirka einen Meter betrage. Zusammengeschaltet zu einem Interferometer würde eine solche Fernrohrflotte die Leistungsfähigkeit eines Riesenfernrohrs mit einem Durchmesser von einem Kilometer erreichen.

Die Zukunft von SETI spielt sich demnach nicht allein auf Mutter Erde ab, sondern verlagert sich auch in den Orbit bis hin zum Mond. Bis jedoch in lunaren Gefilden die ersten aus Radio- und Lichtteleskopen bestückten Zonen entstehen, bis die ersten SETI-Astronauten den weißgrauen Mondstaub leichtfüßig aufwirbeln, werden fraglos noch viele Vollmonde den irdischen Himmel erhellen.

---

392) Seckbach, Joseph (Hrsg.) et al.: Life in the Universe, a.a.O., S. 303.

9 Zwischen Science und Fiction

Abseits der klassischen SETI-Doktrin

Diese Wanderer müssen die Erde erblickt haben, die sicher in der schmalen Zone zwischen Feuer und Eis kreiste, und sie müssen erraten haben, dass sie das Lieblingskind der Sonne war.

Arthur C. Clarke, 1951

Solares Fenster zu ET

Ungewöhnliche Ziele erfordern ungewöhnliche Maßnahmen und mit Sicherheit auch ungewöhnliche Protagonisten, die selbst keine Angst vor ungewöhnlichen Ideen haben. Wissenschaftler, die gezielt nach intelligenten und technisch hoch entwickelten außerirdischen Kulturen Ausschau halten und intensiv der Frage nachgehen, wie und mit welchen Mitteln unsere Brüder im All ausfindig zu machen sind, brauchen nicht nur ein dickes Fell, Charakterstärke und Standfestigkeit, sondern auch ungewöhnlich viel Geduld und bisweilen eine ungewöhnlich große Portion Optimismus.

Einer, der diesem Profil vollends gerecht wird, ist der prominenteste europäische SETI-Astronom: Claudio Maccone. Beflügelt von dem astrobiologischen Standardwerk »Intelligent Life in the Universe« von Carl Sagan und Iosef Shklovskii aus dem Jahr 1966, investiert der italienische Mathematiker aus Turin schon seit vielen Jahren viel Energie und Zeit, um die Erfolgsaussichten der SETI-Initiative zu erhöhen.

Maccone ist seit Oktober 2000 als stellvertretender Vorsitzender der »SETI Permanent Study Group« (SPSG) bei der »International Academy of Astronautics« aktiv und koordiniert die Suche nach Signalen außerirdischer Intelligenz. Schon etliche Jahr zuvor machte er mit ungewöhnlichen, zukunftsorientierten Ideen auf sich aufmerksam, die abseits der herkömmlichen SETI-Programmatik angesiedelt waren. So überraschte er die Fachwelt mit dem Vorschlag, auf der Rückseite des Erdmonds ein Radioteleskop mitsamt Basisstation zu errichten. Vorher sollte aber die ganze von der Erde abgewandte Seite zu einer Schutzzone deklariert werden, weil der Mond die von der Erde kommenden Strahlen wirksam abschirmt.

Jahre zuvor wollte Maccone noch weiter hinaus, genauer gesagt tiefer ins All hinein, um sich ET & Co. zu nähern. Als die Europäische Raumfahrtagentur ESA Anfang der 1990er-Jahre im Rahmen des Programms »Horizon 2000 plus«[393] Ideen und Vorschläge für Raumfahrtprojekte des 21. Jahrhunderts sammelte, schlug Maccone, damals noch Mitarbeiter beim italienischen Raumfahrtkonzern Alenia Spazio, im Mai 1993 ein wagemutiges Projekt vor. Dabei schwebte ihm ein futuristisches Objekt vor Augen, das in ferner Zukunft einmal drei Lichttage von der Erde entfernt im All schweben und nach intelligenten Kulturen außerhalb der Erde Ausschau halten sollte. Was spräche dagegen, fragte sich Maccone, am Rande des Sonnensystems eine mit Teleskopen bestückte Raumsonde zu stationieren, die unter Anwendung des Gravitationslinseneffekts astronomische Observationen von kaum vorstellbarer Präzision erlaubt? Dazu wäre FOCAL, so der Arbeitsname der fiktiven Mission (die anfangs von der ESA mit Interesse verfolgt, später aber als kaum realisierbar eingestuft wurde), nur direkt in die sogenannte solare »Brennsphäre« zu steuern. Dahin, wo der Brennpunkt der Sonne liegt, hinein in jenes Niemandsland abseits des Sonnensystems, wo die solare Gravitationslinse dank der Schwerkraft der Sonne die von anderen Sternen eintreffende elektromagnetische Strahlung inklusive aller Radiowellen bündelt, konzentriert und vor allem verstärkt – ähnlich einer optischen Linse.

Drei Lichttage von der Erde entfernt, aber immer noch erheblich näher als der erdnächste Stern Proxima Centauri, befindet sich eine ganze Sphäre von Brennpunkten, die zahllose Bilder von Sternen und Galaxien generieren. »Würden wir ein Teleskop in diesen entlegenen Teil des Weltraums schicken, besäßen wir ein echtes Fenster zum Universum«, schwärmt der SETI-Pionier und -Forscher Frank Drake.

> *»Dort fänden wir nicht nur das Bild eines Sterns in einem Brennpunkt vor, sondern eine Sphäre von Brennpunkten, die Bilder all jener Sterne zeigt, deren Licht die Sonne passiert.«*[394]

In dieser Region sei, führt Drake weiter aus, jeder Stern aus sämtlichen Galaxien anzutreffen. Für den Beobachter wäre es so, als sei die Sonne von einer riesigen Himmelssphäre voller extrem heller Bilder entfernter Objekte umgeben.

Was Maccone erstmals am 18. Juni 1992 auf einer von ihm geleiteten Raumfahrtkonferenz in Turin vor Wissenschaftlern und Ingenieuren und ein

---

393) Siehe [*http://www.esa.int/esaCP/Pr_12_1995_i_EN.html*].

394) Drake, Frank/Sobel, Dava, Signale von anderen Welten, a.a.O., S. 383 f.

knappes Jahr später der ESA schmackhaft zu machen versuchte, fußt letztendlich auf einem von Frank Drake näher spezifizierten Vorschlag, den er schon sechs Jahre zuvor auf der »Second Bioastronomy Conference« in Ungarn zum Besten gegeben hatte.[395] Damals firmierte das Projekt noch unter dem Namen SETISAIL.[396]

Doch der wahre geistige Vater des SETISAIL- respektive FOCAL-Konzepts ist nicht Drake, sondern ein in der SETI-Szene wenig bekannter Forscher namens R. von Eshleman. Bereits 1979 setzte der Ingenieur von der Stanford University in Kalifornien den bis dahin völlig unbekannten Vorschlag in die Fachwelt, ein Radioteleskop in die Brennsphäre der Sonne zu schicken, das ganz gezielt nach außerirdischen Funksignalen suchen soll. Die solare Gravitationslinse nutzend, soll sich die Antenne hauptsächlich auf den populären 21-Zentimeter-Wellenbereich fokussieren, die auch heute noch als kosmische Standardfrequenz angesehen wird, auf der außerirdische Intelligenzen senden könnten.[397]

In der Astronomie hat sich der Gravitationslinseneffekt als ein gängiges, nicht mehr wegzudenkenden Verfahren für die Beobachtung ferner Sterne oder Galaxien etabliert. Solare Gravitationslinsen basieren auf demselben Prinzip: Die von unserem Heimatstern am Sonnenrand abgelenkten Strahlen fokussieren sich in einem Raumbereich, dessen Form am ehesten mit einer Kugelschale beschrieben werden kann, der jedoch weit außerhalb unseres Sonnensystems liegt – 82 Milliarden Kilometer von der Erde entfernt: 14-mal weiter entfernt als Pluto von der Sonne.

Maccones Berechnungen zufolge weist der dünne Ring der Sonnenlinse, in dem das Licht gesammelt und konzentriert wird, einen Durchmesser von 1.448.000 Kilometern auf. Alle observierten kosmischen Objekte, ob Planeten, Sterne oder Galaxien, sind in puncto Auflösung kraft der solaren Linse eine Million Mal schärfer als die Bilder aller optischen Teleskope auf der Erde zusammen.[398]

---

395) Drake, Frank: Stars as Gravitational Lenses, in: Proceedings of the Bioastronomy International Conference held in Hungary, 22.–27. Juni 1987, Hrsg.: Marx, S. 391–394.

396) Näheres hierzu siehe Maccone, Claudio: The SETISAIL Project, in: Astronomical Society of the Pacific Conference Series, Bd. 74. Progress in the Search for Extraterrestrial Life. 1993 Bioastronomy Symposium, held in Santa Cruz, California, 16.–20.08.1993. Hrsg.: Seth Shostak, Astronomical Society of the Pacific, San Francisco, California, 1995, S. 407–418.

397) Eshleman, R.: Gravitational Lens of the Sun: Its Potential for Observations and Communications over Interstellar Distances, in: Science (14.09.1979), Bd. 205, Nr. 4411, S. 1133–1135 [doi: 10.1126/science.205.4411.1133].

398) Maccone, Claudio: The SETISAIL Project, a.a.O.

Einmal im 82 Milliarden Kilometer entfernten Zielgebiet angekommen, würden die Teleskope von FOCAL in Aktion treten und nahezu alle wichtigen Bereiche des elektromagnetischen Spektrums abtasten und analysieren. Inwieweit dann Informationen aus dem weißen Licht und auch aus Infrarot-, Radio-, Gamma- oder Röntgenstrahlen gelesen werden können, hängt ganz und gar von einer im Durchmesser 12 bis 100 Meter großen Schüssel ab, die zusammengefaltet in der Sonde auf ihren großen Auftritt wartet. Sollte sie sich eines Tages erstmals wunschgemäß öffnen, wären einige kleinere astronomische Revolutionen programmiert. Zumindest glaubt dies Frank Drake:

> *»Dank der bemerkenswerten Auflösungskapazität der Gravitationslinse könnten wir selbst bestimmte große Gebilde auf diversen Planetenoberflächen erkennen, die in etwa die Dimensionen eines Grand Canyon oder sagen wir des Mississippi haben.«*[399]

Mit ähnlichen Worten beschreibt auch Claudio Maccone das Phänomen. Er verweist darauf, dass infolge der unglaublichen optischen Auflösung von FOCAL es durchaus möglich sei, Städte auf erdnahen extrasolaren Planeten auszumachen, aber auch größere Details wie Fahrzeuge oder sogar Lebewesen bei ihrer Arbeit. Aber auch erdferne Lebensformen, die uns von abgelegenen Welten mit Funkbotschaften überhäufen, könnte das Hyperteleskop registrieren. Während die SETI-Detektive mit dem heutigen Equipment bestenfalls innerhalb eines Radius von 1000 Lichtjahren mit Chancen auf Erfolg nach der interplanetaren Flaschenpost fahnden, könnte FOCAL locker Radiosignale von Zivilisationen aus dem Zentrum der Galaxis auffangen, sofern in dieser strahlenreichen Region resistente Lebensformen ansässig geworden sind. Hierzu Maccone:

> *»Verglichen mit dem Durchmesser unserer Milchstraße, der sich auf 100.000 Lichtjahre beläuft, sind 100 Lichtjahre Reichweite eine lächerlich geringe Distanz. Es wäre so, als hätte Christoph Columbus Amerika nicht entdecken können, weil er nicht weiter als bis zu den Kanarischen Inseln gekommen ist.«*[400]

FOCAL (oder wie auch immer sein Nachfolger heißen wird) würde dagegen nicht nur völlig neue Horizonte öffnen, sondern auch neue astrale Kontinente ins Sichtfeld holen. Von der Brennsphäre der Sonne aus operierend, könnte

399) Drake, Frank/Sobel, Dava, Signale von anderen Welten, a.a.O., S. 384.
400) Maccone, Claudio: Space Missions Enabling SETI Searches Farther and Farther Out, in: National Institute for Discovery Science, S. 1.

das Observatorium sogar Radiosignale ausmachen, die von Nachbargalaxien stammen und deren Sender nicht leistungsstärker als Walkie-Talkies sind.

Um einen direkten Blick auf das bunte Treiben unserer kosmischen Verwandten zu erhaschen oder deren Botschaften zu empfangen, müssten die Physiker in einer gewaltigen gemeinsamen Anstrengung gleichwohl physikalische Barrieren beiseite räumen, für die selbst ein König Sisyphos seine überschaubare Arbeit nicht unterbrochen hätte. Zunächst einmal müsste FOCAL den Spagat vom Reißbrett in die Produktion schaffen. Es wäre eine Aufgabe, die den beteiligten Ingenieuren und insbesondere den Teleskop-Spezialisten alles abverlangen würde, vor allem den Antriebs-Experten, die sich mit dem Problem rumschlagen müssten, wie eine technisch hochempfindliche kleine Raumsonden-Flotte mit den gegenwärtig zur Verfügung stehenden Antriebssystemen in ein 550 Astronomische Einheiten entferntes kosmisches Niemandsland versetzt werden kann.

Es wäre eine Reise ins Ungewisse. Da FOCAL aus entweder zwei frei fliegenden Radioteleskopen oder einer bis zu 100 Meter im Durchmesser großen entfaltbaren Schüssel sowie einem großen optischen Spiegel bestehen könnte, die über Kabel mit dem zentralen Flugkörper verbunden sind, könnte es während seines Flugs durch den Raum Mikro-Gesteinspartikeln oder anderen kosmischen Objekten eine größere Aufprallfläche bieten.[401] Bei höherer Geschwindigkeit würde bereits eine Kollision mit einem Staubkorn von nur 0,1 Gramm Gewicht Energien freisetzen, die das Raumfahrzeug zerstören. Somit steht und fällt die FOCAL-Mission mit der Art des Antriebs, ein Problem, dessen Maccone sich durchaus bewusst ist. »Wir haben heutzutage kein Antriebssystem, um 550 AUs in einem angemessenen Zeitraum zu überbrücken.« Am ehesten infrage käme für eine derart aufwendige, kosten- und zeitintensive Mission ein neuartiges solar-elektrisches Antriebssystem, das in Zukunft die interplanetare Raumfahrt beflügeln soll: der Ionenantrieb, der zehnmal weniger Treibstoff als herkömmliche chemische Antriebe benötigt. Dieser würde völlig neue Navigationsmöglichkeiten und damit Bahnmanöver erlauben, die für eine Expedition zum Rande des Sonnensystems vonnöten wären.

Ionenantrieb: Während bei einer konventionellen Rakete die Triebwerke nach dem Rückstoßprinzip arbeiten, bei dem ein durch eine Düse gerichteter Antriebsstrahl die Rakete oder den Raumflugkörper vorwärtstreibt, erfolgt bei einem Ionenantrieb die Beschleunigung der Masseteilchen durch elektrische Energie. Diese wird meist über Solarzellen aus Sonnenenergie gewonnen oder über ein großes Segel, das die solaren

401) Ebd., S. 2.

Lichtteilchen einfängt. Deswegen gehen viele Forscher davon aus, dass solar-elektrischen Antriebstechniken die Zukunft gehört, lassen sich doch mit ihnen die unerschöpflichen Energiereserven der Sonne unablässig anzapfen. Da durch Ionen angetriebene Raumsonden weniger Treibstoff benötigen, steht an Bord auch mehr Platz für wissenschaftliche Instrumente zur Verfügung. Dieser Vorteil soll etwa bei den beiden mit Ionenantrieb arbeitenden solaren und interplanetaren ESA-Missionen Solar Orbiter (Start 2017) und BepiColombo zum Merkur (Start 2014) vollends zum Tragen kommen.

Nach wie vor aber beschleunigen die gegenwärtigen Ionentriebwerke schlichtweg noch zu langsam. Sie benötigen Wochen oder Monate, um auf eine Geschwindigkeit zu kommen, die ein konventioneller Antrieb in Minuten oder Stunden erreicht. Dennoch soll die kleine FOCAL-Flotte dereinst mithilfe einer moderneren Version dieses Antriebssystems binnen 34 Jahren zum solaren Brennpunkt gelotst werden. Ob es klappt, steht in den Sternen, die FOCAL später einmal in Höchstauflösung fotografieren soll. Sicher ist sich Maccone nur darin, dass auch andere Intelligenzen irgendwann die Gravitationslinse ihrer Heimatsterne oder die unserer Sonne für ihre Art der Himmels- oder Erdbeobachtung längst entdeckt haben und konsequent nutzen.

> *»Wenn jede Zivilisation ihr Wissen erweitert, wird sie wie wir erkennen, dass ihr eine einzigartige Quelle zur Verfügung steht: eine Linse von derart großer Leistungskraft, die keine vernunftbegabte andere Zivilisation je selbst produzieren könnte.[...] Eine, die Bilder erzeugt, auf denen kleinste Details von fernen Sternen oder Galaxien zu sehen sind. Jede Zivilisation wird diese Chance wahrnehmen und mit Sicherheit die Vorteile einer solchen Linse konsequent nutzen.«*[402]

NuSETI: Jagd nach intelligenten Geisterteilchen

Informationen in extrem massearme Partikel stauen, außerirdische Botschaften aus geisterhaften Teilchen extrahieren, die keiner sehen, fühlen und greifen kann, via Phantomteilchen von extraterrestrischen Intelligenzen absichtlich gepulste hochenergetische Partikelströme einfangen – es ist nur schwer vorstellbar, dass Überlegungen dieser Art schon seit vielen Jahren in der SETI-Szene wohlwollend diskutiert werden. Noch unwirklicher wird das Ganze, wenn es sich bei dem gespenstischen Etwas um Teilchen handelt, die nur

402) Gilster, Paul: A Mission to the Gravity Focus, in: Centauri Dreams. The News Forum of the Tau Zero Foundation (26.10.2005) [*http://www.centauri-dreams.org/?p=176*].

geringfügig schwerer als das Nichts und deshalb nur unter größtem Aufwand registriert werden können. Die Rede ist von Neutrinos, die – 1930 erstmals von Wolfgang Pauli (1900–1958) vorausgesagt, 1956 von Frederick Reines und Clyde Cowan im Experiment nachgewiesen und 1968 von Stanislaw Lem in seinem Roman »Gos Pana« (dt. Die Stimme des Herrn) [403]zum ersten Mal mit der SETI-Idee verknüpft – heute bei den Alien-Jägern salonfähig sind wie selten zuvor.

Den wissenschaftlichen Reigen über den Einsatz von Neutrinos bzw. Neutrinostrahlen für SETI-Observationen eröffnete 1979 der US-Physiker M. Subotowicz. Er sinnierte darüber, ob außerirdische hochstehende Zivilisationen nicht anstelle einer interstellaren Verständigung auf Radiowellenbasis möglicherweise starke Neutrinostrahlen durchs All senden und diskutierte die Chancen und Vorteile einer derartigen Kommunikation.[404] Noch im selben Jahr konkretisierte Isaac Asimow diesen Gedanken und gab zu bedenken, dass ein interstellares Neutrinosignal nur dann einen Abnehmer findet, wenn es energiereich genug ist und sich von seinem Zentralstern merklich abhebt. Doch selbst eine fortgeschrittene Zivilisation würde »allenfalls einen winzigen Bruchteil dieser Neutrinoemissionen künstlich erzeugen können«.[405] Jede gut gemeinte Neutrinobotschaft würde in dem vom Muttergestirn produzierten Neutrinomeer untergehen. Gelöst werden könne dieses Dilemma jedoch, wenn man gezielt Antineutrinos, die nur bei Atomkernspaltungen entstehen und gewissermaßen das Spiegelbild von Neutrinos sind, extrahiere und als Partikelpaket auf die Reise schicke.

> *»Wenn [...] Antineutrinos aufgefangen werden, lösen sie andere Reaktionen aus als die Neutrinos, sodass man zwischen beiden unterscheiden kann. Wenn daher eine Zivilisation einen Strom von Antineutrinos auf die Reise schicken würde, dann könnte der Zentralstern dieses Planetensystems noch so viele Neutrinos freisetzen – man würde die Antineutrinos immer herausfinden.«*[406]

Inspiriert von Subotowiczs und Asimovs Vorschlag verwiesen der US-Physiker John Learned von der Universität in Hawaii (USA) und seine Institutskollegen Sandip Pakvasa, W. A. Simmons und X. Tata im Jahr 1994 darauf, dass eine Kommunikation mit Neutrinos »gegenüber jeder Methode mit elektro-

403) Lem, Stanislaw: Die Stimme des Herrn, Insel-Verlag, Frankfurt a. Main 1981.
404) Subotowicz, M.: Interstellar communication by neutrino beams, in: Acta Astronautica (Januar-Februar 1979), Bd. 6, Nr. 1 u. 2, S. 213–220 [doi: 10.1016/0094-5765(79)90157-7].
405) Asimov, Isaac: Außerirdische Zivilisationen. Sind wir nicht allein im Weltall?, Bastei-Lübbe, Bergisch-Gladbach 1989, S. 352 f.
406) Ebd., S. 353.

magnetischer Strahlung mehr signifikante Vorteile« habe und es daher »mit Sicherheit Sinn« mache, nach ihnen zu suchen.[407] Eine sehr hochstehende außerirdische Zivilisation könnte vor allem, betonten beide Forscher, starke Neutrinostrahlen durchs All jagen, um ihre weit entfernten Uhren und Instrumente galaxisweit zu synchronisieren. Bereits die zur Verfügung stehenden Detektoren auf der Erde könnten die zufällig ausgestrahlten Emissionen der Synchronisationsvorgänge erfassen. »Neutrino-Signale dieser Art sind extrem markant und mit natürlichen Quellen kaum zu verwechseln.«[408] Eine technisch weit fortgeschrittene fremde Kultur, die einen Teil der Galaxis kolonisiert hat, könnte sich diesen Umstand längst zunutze gemacht und eine auf Neutrinos gestützte exoplanetare Telefonleitung etabliert haben – weniger zum Zwecke einer interstellaren Kommunikation mit fernen Zivilisationen als vielmehr zum Synchronisieren interstellarer Zeitzonen. Schließlich ticken auch die Uhren von Exoplanet zu Exoplanet anders.

> *»Falls eine fortgeschrittene, über die Milchstraße verteilte Zivilisation diese Methode nutzt, um ihre weit voneinander entfernten Instrumente zu synchronisieren, besteht eine echte Chance, solche Signale zu entdecken.«*[409]

Am anderen Ende der Galaxis dürfte die Superzivilisation allerdings nicht wohnen, wenn *wir* ihre Neutrinosignale nachweisen wollten. Allenfalls interstellare Synchronisationen in einem Umkreis von einem Kiloparsec (=3259 Lichtjahre) wären für die irdischen Neutrino-Detektoren gerade noch messbar.

Im November 2008 knüpfte John Learned an seine alte These an, erweiterte diese und stellte die offensichtlichen Vorteile einer neutrinogestützten Suche nach hochintelligenten Lebensformen noch stärker in der Vordergrund. Seinem Dafürhalten nach sind Nachrichten auf Neutrino-Basis den konventionellen ETI-Radio- oder Lichtbotschaften in vielerlei Hinsicht überlegen. Während etwa künstliche Radio- oder Lichtsignale extraterrestrischer Herkunft auf ihrer Odyssee durchs Universum ständig Gefahr laufen, von Materie abgeschwächt oder abgeblockt zu werden, durchdringen Neutrinos mit spielerischer Leichtigkeit ohne Informationsverlust jedwede Form von Materie. Dadurch erhöht sich die Reichweite kosmischer Neutrinos ungemein. Unbeeinflusst von kosmischen Magnetfeldern, der baryonischen Materie, denen Radio- und Lichtsignale Tribut zollen müssen, durchfliegen Neu-

---

407) Learned, John G./Pakvasa, S./Simmons, W. A./Tata, X.: Timing Data Communication with Neutrinos – a New Approach to SETI, in: Quaterley Journal R. astr. Soc. (1994), Bd. 35, Nr. 3, S. 329.

408) Ebd.

409) Ebd.

trinos fast alles, was sich ihnen in den Weg stellt, interessanterweise sogar jene astrophysikalischen Objekte, denen sie entstammen. Hierzu zählen vornehmlich Sterne, in deren Inneren Neutrinos als Nebenprodukt von Fusionsreaktionen in großer Zahl anfallen.

Neutrinos und IceCube: Wenn Kerne von Galaxien brodeln, Schwarze Löcher zusammenstoßen, Supernovae das All erschüttern, Kernfusionsprozesse im Innern von Sternen ablaufen oder Gammastrahlenblitze – die energiereichsten Phänomene im All überhaupt – grell aufleuchten, schlägt die Geburts-Millisekunde der Neutrinos, die unmittelbar danach das All mit Lichtgeschwindigkeit überfluten. Neutrinos sind elektrisch neutrale Elementarteilchen, die wie Elektronen zu den Leptonen zählen. Ihr Miniteilchen-Zoo besteht aus drei Arten: Elektron-Neutrino, Myon-Neutrino und Tauon-Neutrino (plus deren Antiteilchen). Die Masse eines einzelnen Neutrinos beträgt höchstens den millionstel Bruchteil der Masse eines Elektrons. Und da bereits das Elektronengewicht sich auf gerade einmal den millionsten Teil eines trilliardstel Gramms beläuft, sind Neutrinos nur geringfügig schwerer als das Nichts. Obwohl Neutrinos in dieser Welt en masse vorhanden sind und auch in diesem Moment unsere Körper ungebremst durchfliegen, und obgleich unsere Sonne sekündlich 60 Milliarden Neutrinos pro Quadratzentimeter der Erdoberfläche emittiert, ist ihr Nachweis enorm schwer. Nur eine Handvoll dieser 60 Milliarden Neutrinos reagiert auf dem Weg durch den Erdball mit Materie, der Rest fliegt unbeeinflusst weiter. Etwas günstiger werden die Verhältnisse bei jenen hohen Energien, welche die IceCube-Forscher interessieren: immerhin 1 % der Neutrinos kollidieren dann auf ihrem Weg durch die Erde mit einem Atomkern. Um die seltenen Kollisionen zu messen, nutzen irdische Forscher das massereichste Objekt unseres Planeten als Filter: die Erde selbst. Daher blicken die Teleskope der Neutrino-Jäger nicht zum Himmel, sondern in den Erdboden, so wie die Detektoren des IceCube-Projekts am Südpol. IceCube hat ein Volumen von 1 km^3. Während das Eis über der Antarktis vor einfallender kosmischer Strahlung schützt, stecken insgesamt 5160 Messmodule kopfüber im kristallklaren Polareis des Südkontinents in einer Tiefe von 1,4 – 2,4 Kilometern und warten auf Myonen. Solche entstehen, wenn vom Weltraum kommende Myon-Neutrinos auf die nördliche Hemisphäre treffen und bei ihrer Reise durch die Erde mit Atomkernen zusammenstoßen. Die Myonen emittieren extrem schwache Cerenkov-Strahlung, die die Fotomultiplier des IceCube 10 Millionen Mal verstärken. Aus den Ankunftszeiten des Lichts können die Forscher den Herkunftsort des jeweiligen Myon-Neutrinos berechnen.

Dank ihrer Eigenart, ungebremst und geradlinig durch jegliche Materie zu rasen, lässt sich auch die Flugbahn jedes eingegangenen Neutrino-Signals spielend leicht zurückverfolgen. Die Herkunft der Quelle können Wissenschaftler punktgenau berechnen. Sollten Forscher einmal zielstrebig nach artifiziellen Neutrinos suchen, bräuchten sie im Gegensatz zu den Kollegen aus der beobachtenden Astronomie keine teure Observationszeit zu beantragen oder zu kaufen. Da jedes eintreffende Partikel Neutrino für Neutrino automatisch erfasst, en detail registriert, kategorisiert und katalogisiert wird, können Geisterteilchenjäger aus dem Vollen schöpfen und ohne großen Aufwand im Computerarchiv wühlen.[410] Kostengünstiger geht es nimmer – vorausgesetzt die Neutrino-Observatorien sind erst einmal gebaut.

Selbst eine sehr vorsichtig taktierende fremde Hochtechnologie, die einerseits kontaktfreudig ist, andererseits Begegnungen mit aggressiven Spezies vorbeugen will, könnte von einer Neutrinokommunikation profitieren, erläutert John Learned:

> *»Wenn dies [der potenzielle Kontakt mit einer aggressiven Zivilisation] in der Tat eine reale Gefahr darstellt, wird eine fortgeschrittene Zivilisation vielleicht eine Transmitterstation, einen Leuchtturm in einiger Entfernung von zu Hause betreiben.«*[411]

Auf diese Art ließe sich zumindest die direkte Position des Heimatplaneten der Absender kaschieren, insbesondere dann, wenn der Strahl stark fokussiert ist. Es wäre eine »wertvolle Sicherheitsmaßnahme«, weil ihn nicht alle Zivilisationen wahrnehmen könnten.[412]

Keineswegs kaschieren lässt sich hingegen das größte Problem bei der Neutrino-Variante: die Energiefrage. Denn wer er- und gehört werden will, muss für die Herstellung hochenergischer Neutrinos enorm viel Energie bereitstellen und fernerhin dafür Sorge tragen, dass seine Botschaft nicht in dem konventionellen Neutrino-Inferno untergeht, sondern sich merklich von dem natürlichen Neutrino-Hintergrund abhebt. Leicht ist ein derartiges Unterfangen nicht, erreichen doch die solaren Neutrino-Partikel bereits eine Energie von 10^6 Elektronenvolt (eV). Um alle störenden natürlichen Neutrino-Hintergrundinterferenzen zu »überstrahlen«, müssten Aliens Elektron-Neutrinos mit einem mittleren Energiewert von 6,3 Peta-Elektronenvolt-Bereich (PeV; $P = 10^{15}$) herstellen, was 6,3 Billiarden eV entspräche. $6{,}3 \times 10^{15}$ sind ein stolzer Energiewert, der im Universum auf diesem Level auf natürliche Weise nirgendwo anzutreffen ist und folglich einen klaren Hinweis auf eine künstliche intelligente Quelle gäbe. Learned glaubt, dass eine hochtech-

---

410) Silagadze, Z. K.: SETI and the Muon Collider, in: Acta Physica Polonica B (2008), Bd. 39, Nr. 11, S. 2946.

411) Learned, John G./Pakvasa, Sandip/Zee, A.: Galactic Neutrino Communication, in: Physical Letters (12.01.2009), Bd. 671, Nr. 1, S. 17 [doi: 10.1016/j.physletb.2008.11.057] [arXiv:0805.2429v3].

412) Ebd., S. 16.

nologisch orientierte Kultur vom Kardashev-Typ I (S. 229 ff.) imstande wäre, einen Neutrinostrahl dieser Intensität zu erzeugen.[413] Aber auch für sie wäre die Herausforderung enorm. Versuchte uns eine fremde Intelligenz aus 3000 Lichtjahren Entfernung eine Neutrino-Nachricht zuzustellen, müsste sie einen Neutrino-Generator konstruieren, der 10^{26} Neutrinos produzieren und absenden könnte. Für irdische Verhältnisse ist dieser Wert illusorisch, für außerirdische möglicherweise ein Kinderspiel.

Learned, Sandip Pakvasa (Universität Hawaii) und Tony Zee (Kavli Institut für Theoretische Physik der Universität in Kalifornien) schließen gleichwohl nicht aus, dass technisch weit fortgeschrittene Zivilisation über das entsprechende Equipment und Know-how verfügen und daher längst Morsecode-ähnliche Neutrino-Signale oder ein digitales Neutrino-Muster über Hunderte, Tausende, Zehntausende Lichtjahre hinweg durchs All gesandt haben. Vielleicht haben die Außerirdischen ihre Neutrino-Botschaften auf ganz spezielle Weise kodiert, indem sie etwa bestimmte Teilchen unter Protonenbeschuss genommen haben und Partikel kreiert haben, die ein Umschalten von Neutrinos zu Antineutrinos ermöglichen.[414] Solchen Gedanken hängt auch der russische Physiker Z. K. Silagadze vom Budker Institut für Nukleare Physik der Nowosibirsk-Universität in Russland gerne nach. Ginge es nach ihm, sollten SETI-Wissenschaftler und Astroteilchenphysiker in Zukunft verstärkt ein Auge auf artifizielle, stark gebündelte Neutrino-Strahlen werfen. Denn Außerirdische könnten einen Myon-Teilchenbeschleuniger gezielt als Neutrinofabrik nutzen. Myonen sind sehr kurzlebige Elementarteilchen, die wie ein Elektron zur Klasse der Leptonen zählen, gleichwohl eine deutlich höhere Masse aufweisen. Sie bilden einen Hauptbestandteil der sekundären kosmischen Strahlung und lassen sich in einem Hochenergieteilchenbeschleuniger für kurze Zeit künstlich erzeugen. Eine hochentwickelte extraterrestrische Technologie, die uns um Äonen voraus wäre, könnte mit einem Myon-Beschleuniger einen stabilen starken Neutrinostrahl aufbauen und diesen für interne oder externe interstellare Kommunikationszwecke instrumentalisieren:

> *»Wenn Myon-Teilchenbeschleuniger arbeiten, geht das mit einem sehr intensiven und enggebündelten hochenergetischen Neutrinostrahl einher, der selbst über astronomische Distanzen leicht zu entdecken wäre.«*[415]

413) Ebd., S. 17.
414) Ebd., S. 15.
415) Silagadze, Z. K.: SETI and the Muon Collider, a.a.O., S. 2943.

Bereits mit dem noch im Umbau befindlichen leistungsstärksten Neutrino-Teleskop der Gegenwart, dem IceCube-Observatorium am Südpol, könnte Silagadzes Ansicht nach der Coup gelingen, ein absichtliches oder unabsichtliches extraterrestrisches Signal auf Neutrino-Basis aufzuspüren. IceCube könne nach einer einjährigen Operationsphase die Existenz eines direkt auf die Erde gerichteten Neutrino-Beams nachweisen, sofern der Energieeinsatz stimmt. Es müsste eine immens hohe Energie sein, die von einem extraterrestrischen Multi-TeV-Myon-Collider (1 TeV = Tera-Elektronenvolt, eine Billion eV) kreiert wurde. Ein solch starker Strahl wäre noch in einigen Lichtjahren Entfernung nachweisbar. Auch wenn die irdische Technik ausgereift genug sei, einen Myon-Collider und somit eine kleine Neutrino-Fabrik herzustellen, würde die Energie für eine interstellare Verbindung mitnichten ausreichen. Außerirdische hingegen würden eine auf Neutrino gestützte Kommunikation und daher Myonen-Collider gezielt zum Einsatz bringen, die alle notwendigen Strahlen generieren.[416] In solchen Teilchenbeschleunigern würden sie einen Protonenstrahl auf ein Target (Zielmaterie) schießen. Dabei würden negative und positive Pionen erzeugt, deren entsprechenden Zerfallsprodukte negative bzw. positive Myonen wären. Die Myonen würden in dem Myon-Collider gespeichert, und die, welche nicht miteinander kollidieren, zerfallen – die positiven in Neutrinos, die negativen in Antineutrinos. Durch Ausblenden der unterschiedlichen Ladungssorten könnte man also mit Neutrino-Strahlen Informationen kodieren, indem man zwischen Neutrinos und Antineutrinos umschaltet.

Die Augen und Detektoren offenhalten sollte man auch für Cepheiden, jene veränderlichen Sterne mit sehr regelmäßiger Pulsation, die ihre Leuchtkraft streng periodisch ändern. Dieser Meinung vertritt John Learned. Er würde Cepheiden, die Astrophysiker mit Vorliebe zur Bestimmung der stellaren Leuchtkraft und Entfernungen nutzen, am liebsten auf andere Weise nutzen. Die Extraterrestrischen könnten doch, so Learneds Idee, Neutrinoströme gezielt auf Cepheiden richten, um deren Pulsfrequenz kontrolliert zu stören und darin Information zu kodieren. Im Wissen, dass Neutrinos anders als viele andere Partikel in das Innere des Sterns eindringen und somit dessen Periode stärker manipulieren, würden Aliens ausgewählten Cepheidensternen 1 TeV starke Neutrinospritzen injizieren, um deren Rhythmus und deren periodische Helligkeit zu verändern. Dabei wäre die Spritze dermaßen dosiert, dass nur eine intellektuell gleichwertige Spezies dem veränderten kryptischen Rhythmus etwas Informationsreiches abgewinnen könnte.[417]

---

416) Ebd., S. 2944.

Gravitationswellen als Flaschenpost: Sie sind die Wellen in der Raumzeit, die den Raum dehnen, strecken und stauchen. Von der Allgemeinen Relativitätstheorie vorhergesagt, gestaltet sich ihr Nachweis allerdings sehr schwierig. Tatsächlich konnten Forscher sie bis dato nur indirekt nachweisen. Den Gedanken, Gravitationswellen wie Radiowellen als Informationsträger für einen interstellaren Kontakt zu nutzen, hielt bereits Isaac Asimov 1979 für abwegig, weil Gravitonen, die fiktiven Partikel der Gravitationswellen, noch weniger Energie als Neutrinos haben dürften und somit noch schwerer nachzuweisen sind. Überdies müsste man für einen einzigen Gravitionenstrahl gewaltige Massen auf eine Weise bewegen und beschleunigen (z. B. die Pulsation oder die Rotations- bzw. Umlaufbewegung eines Sterns), dass sich daraus ein verständliches künstliches Signal ergibt. »In unserer Fantasie können wir uns zwar eine Zivilisation vorstellen, die in der Lage ist, einen riesigen Stern in einer Art Morsecode pulsieren zu lassen. Aber selbst eine derart weit entwickelte Zivilisation würde sich nach einer einfacheren Informationsübertragung umsehen.«[418] Zivilisationstypen, die auf der Kardachev-Skala auf der Stufe III rangieren, könnten theoretisch signifikante Gravitationswellen erzeugen, indem sie zwei Supernova-Explosionen synchron steuern oder Doppelsternsysteme mit einer bestimmten Periode synchronisieren[419] – dies alles nur zu einem Zweck: um ausschließlich ähnlich fortgeschrittene Kulturen kennenzulernen.

Wann Astroteilchenphysiker und SETI-Astronomen ihren ersten Suchlauf nach künstlich hergestellten Neutrino-Emissionen starten, bleibt reine Spekulation. Bis heute jedenfalls ist in den Annalen der SETI-Forschung noch keine offizielle Neutrino-Observation verzeichnet. Noch hat neben der klassischen SETI-Suche und der neuen OSETI-Variante keine dritte allseits anerkannte SETI-Option Fuß gefasst. NeutrinoSETI, das der Autor dieser Zeilen erstmals mit dem Akronym NuSETI versehen hat, ist aber am dichtesten dran. Es könnte noch in dieser Dekade auf den SETI-Zug aufspringen. Der Vorhang zum ersten NuSETI-Suchlauf, bei dem eigentlich nur bereits gesammeltes Material auszuwerten wäre, könnte schon 2011 aufgehen, wenn alle Detektoren des IceCube-Experiments einsatzbereit sind. Dann könnten die ungeladenen und unsichtbaren Neutrinopartikel Zeugnis von den Geheimnissen des Kosmos ablegen oder möglicherweise sogar eine unheimliche Visitenkarte

417) Rink, Jürgen: Jenseits von Licht- und Radiowellen. Neutrinos und Gravitationswellen als Träger künstlicher Signale, in: Telepolis Special Kosmologie (2010), Bd. 1, Heise-Verlag München/Hannover, S. 94.

418) Asimov, Isaac: Außerirdische Zivilisationen, a.a.O., S. 353 f.

419) Mehr zu Gravitationsbotschaften siehe Rink, Jürgen: Jenseits von Licht- und Radiowellen, a.a.O., S. 91 ff. Vgl. auch Breuer, Reinhard: Kontakt mit den Sternen. Leben auf fremden Planeten?, Ullstein, Frankfurt a. M./Berlin/Wien 1978, S. 252–258.

einer Intelligenz abgeben, die gespenstische Geisterteilchen kreiert hat, selbst aber hoffentlich weniger gespenstisch ist.

Die Alien-Botschaft in uns

Stellen Sie sich folgende befremdliche Situation vor: Sie sind in einer Bibliothek und suchen gezielt nach einer ganz bestimmten Enzyklopädie, um eine Recherche anzustellen. Beim Griff ins Buchregal fällt Ihnen bereits auf, dass alle 23 Lexika in doppelter Ausführung vorhanden sind; beim Durchblättern quält eine unübersichtliche Bleiwüste Ihre Augen. Sie besteht ausschließlich aus den vier Buchstaben A, C, T und G, die zu allem Überfluss auch noch auf unberechenbare Weise ihre Position wechseln und sich an keiner Stelle zu einem halbwegs erkennbaren Wort oder annähernd logischen Satz zusammenfügen. Anstelle von Lesefluss und gezielter Information prägt ein scheinbar sinnloses Durcheinander aus vier Lettern das Textbild. Besonders einladend sieht der milliardenstarke Buchstabensalat nicht aus: AGTTCGTGAACTCCG. Eigentlich ist es nur schwer vorstellbar, dass eine derart unübersichtliche Aneinanderreihung die Grundlage der *Enzyklopädie des Lebens* bilden soll. Doch diese Schriftzeichen, die aus dem Letterquartett A, C, T und G (Adenin, Cytosin, Thymin, Guanin) bestehen, bilden die sogenannten Basen des Lebensmoleküls Desoxyribonukleinsäure (DNS bzw. engl. DNA). Mögen der literarisch Bewanderte oder ein naturwissenschaftlicher Laie mit solch einer schwerverdaulichen Lektüre nur herzlich wenig anzufangen wissen, für Bio- und Gentechnologen indes hat dieses Kauderwelsch geradezu Bestsellercharakter, repräsentiert doch das Buchstabenknäuel die vollständige Erbsubstanz, die in den 23 menschlichen Chromosomenpaaren deponiert ist. In jeder menschlichen Körperzelle – hiervon besitzt jedes Individuum immerhin über hundert Billionen – sind 46 Chromosomen eingebettet. Und in jedem Chromosom sind zirka 3,2 Milliarden solcher Buchstaben verstaut, die sich zu Basenpaaren verbinden. Es ist eine unglaubliche Schriftzeichenflut, mit der man ein über 400.000 Seiten starkes Buch füllen könnte. Obgleich die Gene bestimmen, wie wir aussehen, denken, fühlen, schlafen und reden, machen sie doch nur einen winzigen Teil der Erbmasse aus. Gerade einmal drei bis fünf Prozent der 3,2 Milliarden Bausteine haben eine funktionelle Aufgabe. In nackten Zahlen bedeutet dies: Nur 150.000 Basenpaare bilden Gene und sind folglich am Aufbau von Proteinen beteiligt. Was übrig bleibt – und dies sind immerhin 97 Prozent –, verliert sich in monotonen Buchstabenfolgen, deren genaue Bedeutung bis dato noch völlig schleierhaft ist. Genforscher sehen sich einem regelrechten Sammelsurium von echten Genen, Pseudogenen oder gar Bruchstücken von Viren gegenüber. Demnach überrascht es nicht, dass diese in dem Rest der Erbmasse größtenteils nutzlosen Ballast sehen, den sie bisweilen abfällig auch als »Junk-DNA (Abfall-DNS)« bezeichnen, wohl wissend, dass diese Sequenzen trotz allem eine bislang unbekannte Aufgabe haben könnten.

Geht es nach Paul Davies, dem weltbekannten australischen Naturphilosophen und Professor für theoretische Physik vom Australian Centre for Astrobiology der Macquarie-Universität in Sydney (Australien), dann könnte die vermeintliche Junk-DNA durchaus als informativer Quell ungewöhnlichen Wissens herhalten. Wissen wohl gemerkt, das nicht von dieser Welt ist.

Die menschliche DNA ist der ideale Ort für Außerirdische, um eine Botschaft zu verstecken, die über Jahrmillionen erhalten bleibt! Das ist die Prämisse des mehrfach ausgezeichneten Sachbuchautors und ausgewiesenen Experten für exobiologische Fragen. Was Davies hieraus folgert, klingt nach purer Science-Fiction und mag auf den Einen oder Anderen höchst befremdlich wirken: Sucht nicht nur nach Radio- und Lichtsignalen außerirdischer Intelligenz, sondern werft auch einen Blick auf die eigene DNA!

Um seiner esoterisch angehauchten Idee, die während einer Flugreise aufblitzte, wissenschaftliches Leben einzuhauchen, lädt Davies zu einem gewagten Gedankenspiel ein, das für ihn selbst »am äußersten Ende des Spekulationsspektrums« angesiedelt ist. Was Davies zu diesem Zeitpunkt offensichtlich nicht wissen konnte und selbst in der Fachliteratur nur stiefmütterlich behandelt wurde (bzw. bis heute noch wird), war, dass seine vermeintlich spontane Eingebung bereits einige Dekaden zuvor ein anderer Genius schwarz auf weiß zu Papier gebracht hatte. In einem 27-zeiligen, in der Wissenschaftspublikation *Science* erschienenen Kurzartikel schlug ein gewisser Leslie C. Edie 1962 vor, im Inneren von Meteoriten, Kometen und anderen »Weltraumreisenden« künftig noch stärker nach deponierten außerirdischen Botschaften zu suchen. »Könnten die in Meteoriten vorkommenden organischen Verbindungen nicht codierte Informationen beinhalten?«, lautete die Kardinalfrage seiner Spekulation, die Davies Jahre später ahnungslos wieder aufgriff.

Mehr als 40 Jahre später fordert Davies seine Leser auf, sich einfach einmal in die Lage von Außerirdischen zu versetzen, die unseren Planeten bereits vor etlichen Jahrmillionen studiert und denselben als vielversprechenden Kandidaten für die Ausbildung von Intelligenz eingestuft haben. Da eine solch hochstehende innergalaktische Zivilisation unserer eigenen Kultur in technischer Hinsicht vermutlich um viele zehn- oder gar hundertmillionen Jahre voraus sein würde, sei wohl kaum davon auszugehen, dass sie über einen dermaßen langen Zeitraum Radiobotschaften ins All sendet.[420]

Schlichtweg deshalb nicht, weil bei einer Kontaktaufnahme via Funksignal das Zeitfenster, in dem Absender und Empfänger zueinander finden könnten, zu groß ist. Die Chancen auf einen Dialog wären gleich null. Wirklich intelligente, raumfahrtbegeisterte und mitteilungsbedürftige Aliens hätten stattdessen eine weitaus attraktivere Variante parat. »Der bessere Plan wäre, eine Nachricht zu hinterlegen, die wir finden könnten, wenn wir so weit sind.«[421]

Wie in dem Science-Fiction-Klassiker »2001: A Space Odyssey« könnten die Außerirdischen einen Monolithen oder ein anderes Artefakt in tiefere Bodenschichten eingebettet haben. Hätte das jeweilige Kunstwerk dem nagenden Zahn der Zeit und Erdbeben oder anderen geologischen zerstörerischen Kräften getrotzt, bekäme eine Kultur Millionen Jahre später zumindest theoretisch die Chance, das Relikt aufzuspüren – und sei es nur durch puren Zufall. Gleichwohl erweist sich auch hier der Zeitfaktor als problematisch, besser gesagt als größte Unbekannte. Selbst ein robustes metallisches Artefakt, dessen Entsendung nebenher bemerkt für die Aliens mit hohen Transportkosten verbunden wäre, müsste nach Millionen von Jahren dem Zeitpfeil Tribut zollen; es würde entweder immer tiefer in den Erdboden sinken oder infolge von Wind und Wetter Erosionsschäden davontragen. Unser ruheloser Planet lasse auf lange Sicht bekanntlich nichts unberührt; das extraterrestrische Kunstwerk könne schneller enden als gedacht, betont Davies. Daher bestünde eine weitaus bessere Alternative darin, kleine, billige Legionen von sich selbst reparierenden und replizierenden Maschinen zielgerichtet als Träger von Nachrichten einzusetzen. Maschinen, die Information verarbeiten und kopieren und diese unabhängig von unvorhersehbaren Umweltkatastrophen über einen immens langen Zeitraum konservieren. »Glücklicherweise gibt es solche Maschinen bereits. Sie werden lebende Zellen genannt«, schreibt Paul Davies. Sie enthalten Botschaften, die vor Milliarden von Jahren von Mutter Natur geschrieben worden sind.[422]

Es könne doch sein, spekuliert Davies, dass wenigstens eine intelligente außerirdische Zivilisation vor vielen Jahrmillionen in die Zellen der Ureinwohner der Erde Informationen geschleust habe. Die Außerirdischen könnten eine Botschaft in das eigene Erbgut geschrieben und diese wiederum in einen speziell entwickelten Virentyp abgelegt haben. Sodann hätten sie ein Virenpaket mit geringem Kostenaufwand in eine Raumsonde platziert und die Fracht in ein viel versprechendes Planetensystem geschickt. Dort angekommen, wäre ein Programm aktiviert worden und hätte dafür gesorgt, dass

---

420) Davies, Paul: Do we have to spell it out?, In: NewScientist (07.08.2004), Nr. 2459, S. 30.
421) Ders.: Die Botschaft der Außerirdischen in uns, a.a.O., S. 116.
422) Ders.: Do we have to spell it out?, A.a.O., S. 30.

die individuell zugeschnittene Virus-DNA in die Gene der heimischen höherentwickelten Tiere eingespeist worden wären, ohne dabei deren Evolution zu beeinträchtigen.

Im Kalkül der Außerirdischen wäre es Jahrmillionen später für die mit Bewusstsein, Intelligenz und gentechnologischen Erkenntnissen gesegneten Nachkommen der Empfängerwelt ein Leichtes, die in dem Erbgut eingeschlossene Botschaft zu finden und zu entziffern. Vielleicht hätte die Alien-Intelligenz in das Genom absichtlich ein auffälliges Muster eingebaut, das sich von dem zufällig angeordneten genetischen Buchstabensalat deutlich abheben würde – beispielsweise eine mathematisch saubere Anordnung von Primzahlen.

> *»Eine Möglichkeit wäre, die Buchstaben zu verwenden, so wie Pixel sich auf einem Bildschirm anordnen würden, die die Form eines Kreises nachzeichnen [...]. Auf die Art würde der künstliche Ursprung dieser Konstruktion auch noch offensichtlich sein, wenn einige der Pixel durcheinander geraten sind. Das markante Muster würde selbst dazu dienen, die Nachricht zu transportieren, die ansonsten als bedeutungsloser Wirrwarr übersehen werden würde [sic].«*[423]

Hier drängt sich die Frage auf, welche Botschaft die Anderen aus der fernen Vergangenheit überliefert haben könnten. Davies ist sich sicher, dass die in einem Genom abgelegte Information recht einfach gestrickt wäre. Sie könnte die Koordinaten und Übermittlungsdauer einer konventionellen Radionachricht enthalten, die periodisch vielleicht einmal pro Jahrhundert gesendet wird. Genauso gut könnte sie den Empfänger auf ein größeres Artefakt hinweisen, das entweder auf der Erde oder in der Peripherie des Sonnensystems platziert worden ist.

> *»Dort könnten wir eine komplette galaktische Enzyklopädie vorfinden, inklusive der Beschreibung des Ursprungs und Niedergangs von ETs Zivilisation, die möglicherweise schon lange, bevor die Menschen überhaupt existierten, ausgestorben war [sic].«*[424]

Letztendlich wäre jedoch zu klären, wie die Aliens das Problem der Mutationen im Erbgut lösen würden. Immerhin zerfiele bei längeren Raumflügen infolge der zu erwartenden hohen Strahlung jegliche strukturierte Botschaft automatisch zu Buchstabensalat. Zwar befinden sich in jedem Genom genügend stabile DNA-Sequenzen. Aber als Träger einer biologischen Paläo-SETI-

---

423) Ders.: Die Botschaft der Außerirdischen in uns, a.a.O., S. 116 f.
424) Ebd., S. 117.

Nachricht eignen sich diese Abschnitte nicht, weil sie die lebensnotwendigen Daten speichern und keinen Platz mehr für weitere Informationen bieten. Eine Unterbringung einer zellularen Flaschenpost in diesem Kernbereich der DNA liefe für den Boten auf einen programmierten Selbstmord hinaus.

Die Lösung des Problems ist die Junk-DNA, die rund 97 Prozent des menschlichen Genoms ausmacht und nach dem heutigen Stand der Forschung nur aus unstabilen, chaotischen und informationslosen Abschnitten besteht. Eine fremde Hochkultur könnte das vermeintlich unbrauchbare Material für ihre Zwecke instrumentalisieren, es entweder infiltrieren oder umprogrammieren. »Problematisch ist dabei nur, dass Junk-DNA auch dafür bekannt ist, eine Unmenge von Mutationen anzuhäufen«, erklärt Davies. Doch eine neue Studie, der zufolge innerhalb der Junk-DNA auch hochgradig stabile Sequenzen existieren, die einerseits ohne jede funktionelle Bedeutung sind, andererseits leicht die Zeiten überdauern, spielt Davies' Theorie in die Karten. Schließlich könnte ein einziges Segment innerhalb der Junk-DNA mehr als eine Million Basenpaare beinhalten. Genug Platz, um darin laut Davies eine kurze niedergeschriebene Geschichte des Aufstiegs und Untergangs einer außerirdischen Zivilisation niederzulegen.[425]

Vielleicht schlummert ja in den menschlichen Zellen wirklich der Schlüssel zu einer galaktischen Enzyklopädie, der uns den Weg weist, wie mit konventionellen Radioteleskopen und optischen Technologien das Buch der kosmischen Weisen zu empfangen und zu entziffern ist? Jedenfalls sollen die SETI-Detektive Paul Davies' Empfehlung nach nicht nur Antennen und Teleskope in den Himmel richten, um fremde Radio- oder Lichtwellen aufzufangen. Sie sollen auch die menschliche DNA-Sequenz nach auffälligen Mustern wie eben Primzahlen absuchen. »Die Wahrheit mag irgendwo da draußen sein. Sie könnte aber auch viel näher, sprich bei uns zuhause liegen.«[426]

SETA und extraterrestrische Technosignaturen

Nein, es ist nicht dem Mut purer Verzweiflung, der Frustration über die erfolglose SETI-Suche in der Vergangenheit, dem nachlassenden Optimismus ihrer Akteure geschuldet oder deren neu aufkeimendem Optimismus zu verdanken, dass einige SETI-Anhänger, mittlerweile sogar völlig fachfremde Forscher, mutiger denn je über den Tellerrand schauen und bewusst ihre Wissensinsel verlassen, um im besten Star-Trek'schen Sinn neue Welten und neues Leben zu entdecken und genau in jene mentalen Kosmen vorzudringen, wo

425) Ders.: Do we have to spell it out?, A.a.O., S. 31.
426) Ebd.

noch nie ein Mensch zuvor gewesen war. Dass diverse Astrobiologen, SETI-Anhänger und andere Wissenschaftler, die sich extraterrestrischer Intelligenz verschrieben haben, seit einigen Jahren couragiert Neuland entdecken und auch wirklich betreten, hat einen historischen Hintergrund. Bereits die Veröffentlichung des bahnbrechenden *Nature*-Beitrags von Cocconi und Morrison ermutigte nicht nur Frank Drake, die erste Großfahndung nach außerirdischen Radiosignalen fortzusetzen, bestärkte nicht nur den Erfinder des Lasers, den Physik-Nobelpreisträger Charles Townes, darin, bereits 1961 für die Suche nach künstlich generierten Laserpulsen zu plädieren. Gut ein halbes Jahr nach dem wissenschaftshistorischen Cocconi-Morrison-*Nature*-Artikel, der den geistigen Grundstein für die SETI-Forschung legte, fühlte sich auch der australische Radioastronom Ronald N. Bracewell von der Stanford University in Kalifornien berufen, die Fachwelt mit einer noch weitaus verwegeneren Theorie zu konfrontieren. Sie avancierte zum ersten Alternativmodell der klassischen SETI-Suche.

Bracewells und Neumanns artifizielle Sonden

In einem kurzen zweiseitigen Nature-Artikel warf Bracewell die hypothetische Frage auf, welchen direkten Weg der Kontaktaufnahme eine außerirdische hochstehende Zivilisation bevorzugen würde, um einer fremden Kultur eine vielsagende Botschaft zuzustellen. Von der Existenz zahlreicher hochstehender Exokulturen im Universum überzeugt, ging Bracewell von folgender Überlegung aus: Angenommen, eine kontaktfreudige Hochintelligenz würde mit einem einzigen Radioteleskop und Transmitter aktiv nach anderen Technologien suchen und sich beim Entsenden von schmalbandigen Funknachrichten auf einen Radius von 100 Lichtjahren beschränken, wissend, dass innerhalb dieses Bereichs immerhin noch 1000 Sternsysteme liegen, wäre der Hochkultur nur in dem Fall Erfolg beschieden, wenn sie einen direkten Volltreffer landen würde. Es sei nämlich kaum davon auszugehen, betonte Bracewell bereits 1960, dass die Fremden mit 1000 Transmittern gleichzeitig mehrere Jahre lang unentwegt Botschaften in verschiedene Sternsysteme senden.[427] Um die eigenen Erfolgsaussichten zu erhöhen, würden sie solche Zonen nicht mit Radiowellen, sondern wohl eher systematisch mit kleinen Raumschiffen überfluten und diese sogleich in der Nähe oder innerhalb der Ökosphäre des Sternsystems aussetzen, wo sie in eine stabile Umlaufbahn um den Zielstern oder einen seiner Planeten bzw. Monde ein-

427) Bracewell, Ronald N.: Communications from Superior Galactic Communities, in: Nature (28.05.1060), Bd. 186, Nr. 4726, S. 670.

scheren würden.[428] Für die Absenderwelt, die auf dem Gebiet der interstellaren Raumfahrt sehr erfahren sein müsste, wären Aufwand und Kosten immens, die Chancen auf einen Treffer jedoch umso größer, wenn sie Tausende oder gar Millionen solcher Sonden ins All entließe, die geschlossen – dem astralen Strom der kosmischen Zeit trotzend – sich für mehrere Millionen Jahre in der Umlaufbahn fremder Sterne und Planeten einnisteten. Verfeinern ließe sich diese Methode durch das gezielte Entsenden von Sonden an lebensfreundliche Sonnensysteme, von denen bekannt ist, dass auf ihnen bereits die ersten organischen Moleküle zu komplexeren Bausteinen zusammengefunden haben. Ummantelt mit einer Panzerung, die vor Strahlung und Meteoriten schützt, und ausgerüstet mit starken Sendeanlagen sowie schnellen, völlig autonom operierenden Computern, würden Roboter dieser Niveaus ihre Energie aus dem Licht der fremden Sonnen beziehen. So lange der Zielstern lebt und strahlt, kann der extraterrestrische Botschafter vom Orbit aus selbst energiereiche Funksignale an die Planeten des Systems senden und auf sich aufmerksam machen. Der Roboter könnte die Existenz einer anderen technisch begabten Spezies nachweisen, die gesammelten Daten umgehend an seine Heimatwelt schicken und mit den Bewohnern des observierten Planeten in Kontakt treten, um diesen einen unglaublich großen Fundus an Wissen zu übermitteln.

Ein Funksignal eines Raumgefährts außerirdischer Herkunft in unserem Sonnensystem nähmen irdische Radioastronomen im Gegensatz zu einer aus den Tiefen des Alls kommenden Radiobotschaft klar und deutlich wahr. Eine sendefreudige fremde Raumsonde in unserem Sonnensystem – dieses Szenarium könnte sich bereits zugetragen haben. Ein außerirdischer Roboter könnte uns schon seit vielen Jahren Informationen über seine Anwesenheit zuspielen, ohne dass wir dies bislang bemerkt haben.[429]

> *»Aus diesem Grund sollten wir besser unsere Anstrengungen darauf verwenden, in unserem Sonnensystem nach Anzeichen von Sonden zu suchen, die höher entwickelte Nachbarn entsandt haben.«*[430]

50 Jahre nach ihrem ersten Auftauchen, wenigstens auf rein theoretisch-imaginäre Weise, präsentieren sich die Bracewell-Sonden heute formvollendet und hochmodern. Bracewells kleine unbemannte Raumflugkörper haben längst in den Universen der irdischen Science-Fiction-Autoren, Pseudoforscher und fantasiebegabter Wissenschaftler zahlreiche Nischen erobert. In

---

428) Ebd.
429) Ebd., S. 671.
430) Ebd., S. 670.

Romanen, Skripten und sogar diversen wissenschaftlichen Abhandlungen buhlen die verfeinerten und modifizierten Nachfolgemodelle Bracewells um ungeteilte Aufmerksamkeit.

Dabei war Bracewells Sonde, wie in der Literatur oft beschrieben, nicht die erste ihrer Art. Die berühmteste und bekannteste, die gleichwohl nicht unbedingt dem klassischen Ideal entspricht, machte bereits 1951 auf sich aufmerksam. In der knapp 14-seitigen Kurzgeschichte »The Sentinel« (»Der Wächter«) von Arthur C. Clarke – sie bildete die Grundlage für den weltberühmten SF-Film »2001: Odyssee im Weltraum« von Stanley Kubrick – entdecken zwei Selenologen auf dem Mond ein künstlich angelegtes Plateau, das auf einem pittoresken Berggipfel thront. Doch die ganze Aufmerksamkeit des Erzählers der Geschichte richtet sich schnell auf eine andere artifizielle Struktur:

> *»Das Plateau war eingeebnet worden, um einen Untergrund für ein glitzerndes, in etwa pyramidenförmiges, zweimal mannshohes Gebilde zu bekommen, das wie ein gigantischer Edelstein mit vielen Facetten in den Fels eingelassen war.«*[431]

Wie dem Protagonisten kurze Zeit später klar wird, handelt es sich bei der kleinen Kristallpyramide um ein symbolisches Gebilde einer außerirdischen Macht, das wie eine Maschine fungiert und als eine Art Wachposten die Zeiten überdauert hat. Irgendwann in geologischer Urzeit streifte »etwas« unser Sonnensystem und registrierte eine vielversprechende Welt, auf der in ferner Zukunft einst Intelligenz gedeihen könnte. Das »Etwas«, vielleicht eine interstellare Sonde, deponierte das Artefakt bewusst auf dem Nachbarmond eines blau-weißen Planeten, dem von seinem Muttergestirn aus gesehen dritten Begleiter im System. In der Hoffnung, dass die Nachfahren der gerade aufblühenden Welt Jahrmillionen später den Schritt ins All meistern und auch die Skulptur entdecken, zog das kosmische Gefährt weiter seines Weges.

> *»Also ließen sie einen Wächter zurück, einen von Millionen, die sie überall im Universum aussetzten, damit sie alle Welten beobachteten, auf denen man Leben erhoffen konnte. Und dieser Leuchtturm meldete durch die Jahrhunderte geduldig immer wieder, dass niemand ihn bisher entdeckt hatte.«*[432]

Angesichts dieser Worte nimmt es nicht wunder, dass Arthur C. Clarke als wahrer geistiger Vater der Bracewell-Sonden-Idee bezeichnet wird. Ohne es

---

431) Clarke, Arthur C.: Der Wächter, in: 2001: Odyssee im Weltraum. Der Roman zum Film, Heyne-Verlag, München 2001, S. 260.

432) Ebd., S. 265.

zu ahnen, hatte er in seiner Erzählung ihr Prinzip antizipiert. Heute ist das Erbe Bracewells längst auf eine Roboterart übertragen worden, die von der Grundidee her auf den österreichisch-ungarischen Mathematiker John von Neumann (1903–1957) zurückgeht. Er entwickelte 1953 ein Modell sich selbst reproduzierender Automaten, das gleichwohl erst posthum im Jahr 1966 publiziert wurde, kurz darauf aber bereits von einigen Science-Fiction-Autoren aufgegriffen und weiterentwickelt wurde. Obwohl von Neumann seinerzeit beim Theoretisieren nicht im Geringsten an eine Besiedlung unserer Galaxie durch solche Automaten dachte, wurden die Von-Neumann-Sonden schnell zu einem Synonym für sich autonom replizierende Maschinen bzw. Raumschiffe, die ohne externe Hilfe und Einflussnahme einer anderen Apparatur oder Lebensform eine exakte Kopie ihrer selbst herstellen können. Eine Kopie wohlgemerkt, die wiederum selbst in der Lage ist, von sich einen Doppelgänger zu kreieren. Die einzigen Ingredienzen, die es hierfür benötigt, sind einige Rohstoffe, die in dem observierten Sonnensystem reichlich vorhanden wären. Bereits die Entsendung einer einzigen Von-Neumann-Sonde in ein fremdes Sonnensystem genügte, um eine galaktische Kettenreaktion in Gang zu setzen, die in der konsequenten Besiedlung der ganzen Milchstraße gipfeln könnte. Einmal in fernen Gefilden angekommen, würde der interstellare Gesandte als Vorbote eines expansiven Eroberungsfeldzugs einen weiteren Grundstein für ein galaxisweites Sondennetzwerk legen. Je nach einprogrammiertem Willen seiner Absender oder den Vorstellungen seines eigenen Elektronengehirns entsprechend, könnte das Maschinenwesen entweder im besten Bracewell'schen Sinne nach Intelligenzen in anderen Systemen suchen und mit diesen in Kontakt treten – oder zuerst seine Heimatwelt über den Fund in Kenntnis setzen. Gleich nach seiner Ankunft oder nach beendeter Mission würde die Maschine mindestens eine Kopie von sich herstellen und diese zum nächsten System schicken, wo sich die ganze Prozedur wiederholte.

Was aber wäre, wenn eine hochintelligente Technologie eine Armada solcher Bracewell- oder Von-Neumann-Sonden wirklich in die Galaxis entsandt hätte, mit dem Auftrag, von Sternsystem zu Sternsystem, von Planet zu Planet zu pilgern und sich parallel ständig zu vermehren? Müsste in diesem Fall unsere Heimatgalaxie, die Milchstraße, nicht von Apparaturen dieser Art überquellen? Als der US-Physiker Frank Tipler 1980 und 1981 diese Fragen aufwarf und in drei Fachaufsätzen durchdiskutierte, bekam das Fermi-Paradoxon eine neue Note. Erstmals folgerte ein anerkannter Wissenschaftler offen aus dem Nichtvorhandensein von Bracewell- oder Von-Neumann-Maschinen in unserem Sonnensystem generell das Nichtvorhandensein außerirdischer Intelligenz – kosmosweit. Da sich bei uns noch keine autark replizierenden Sonden eingefunden hätten, was aufgrund des hohen Alters des Universums längst hätte geschehen müssen, sei die Menschheit die einzige technologische Zivilisation im Universum,[433] postulierte Tipler sehr zum Ärger vieler SETI-Experten.[434]

Interstellarer *Daedalus*-Kreuzer: Als Nachfolger des 1958 initiierten Orion-Projekts der NASA fertigten zwischen 1973 und 1978 elf Wissenschaftler und Ingenieure im Auftrag der British Interplanetary Society die *Daedalus*-Machbarkeitsstudie an. Die Vorgabe war, eine unbemannte Raumsonde von der Erde durch den interstellaren Raum in ein fernes Sonnensystem zu schleusen. Als fiktiven Zielstern wählten sie den 5,9 Lichtjahren entfernte Roten Zwerg *Barnards Stern* aus. Die Vorgaben waren klar definiert: Das *Daedalus*-Raumschiff musste mit der gegenwärtig oder in absehbarer Zeit zur Verfügung stehenden Technik binnen 50 Jahren Flugzeit das vorgegebene Zielgebiet erreichen, zugleich flexibel genug sein, andere erdnahe Sternsysteme zu erreichen und dort Informationen über möglichst besiedelbare Planeten zu sammeln und zur Erde zu senden. Tatsächlich platzierten die Forscher konzeptionell und virtuell ein Raumgefährt mit einer Masse von 54.000 Tonnen in den Orbit. Ein Kernfusionsantrieb sollte den interstellaren Kreuzer auf eine Geschwindigkeit von 36.000 Kilometern in der Sekunde (12 Prozent der Lichtgeschwindigkeit) beschleunigen. Nach 46 Jahren würde er im *Barnard*-System eintreffen. An Bord des 40 Meter großen Zubringers wäre eine 450-Tonnen-Fracht, darunter 18 Minisonden für die Exploration des Sonnensystems, zwei optische 5-Meter-Fernrohre und zwei 20-Meter-Radioteleskope für die Erforschung der stellaren Nachbarschaft. Ob die inspirative Kraft Daedalus' groß genug ist, zum Vorbild einer »Active SETA«-Mission (S. 223) zu werden, wird die Zeit zeigen. Jedenfalls würde eine interstellare irdische Sonde ein Botschafter der Menschheit und daher auch mit einer komplexen Nachricht für die *Anderen* bestückt sein.

Aktive Fahndung nach Alien-Artefakten

So sehr Clarkes, Bracewells und Neumanns Ideen der Realität entrückt sind und von Fachleuten überwiegend als interessante Spekulation abgetan werden, so sehr überrascht, dass einige handverlesene Wissenschaftlerteams in der bisherigen 50-jährigen SETI-Geschichte mindestens vier Mal wirklich nach Raumsonden, besser gesagt außerirdischen Artefakten, Ausschau gehalten haben. Die wirklich Allerersten, die auf den Spuren Clarkes, Bracewells

433) Webb, Stephen: If the Universe is teeming with Aliens ... Where is Everybody? Fifty Solutions to the Fermi Paradox and the Problem of Extraterrestrial Life, Copernicus, New York 2002, S. 23 ff.

434) Einen guten Überblick über die Vorgeschichte und Geschichte des Streits, der 1975 mit Michael Hart seinen Anfang nahm, gibt Stephen Webb, Where is Everybody? Fifty Solutions to the Fermi Paradox, a.a.O., S. 23 ff. Besonders Frank Drake ärgerte sich sehr über Tiplers Aufführungen. Siehe Drake/Sobel, Signale von anderen Welten, a.a.O., S. 339 ff.

und Neumanns wandelten, waren die beiden britischen Astronomen Anthony T. Lawton und Sidney J. Newton. In den Jahren 1973 und 1974 machten die beiden Nägel mit Köpfen und führten in der beschaulichen Kleinstadt Shepperton in Südostengland mit einer leistungsstarken Antenne eine Serie von Experimenten durch. Ihr Ziel war, das Radarecho bzw. das Rufsignal einer extraterrestrischen, in einer Erdumlaufbahn positionierten kommunikationsbereiten Sonde einzufangen.[435] Nach Abschluss der Studie zeigte sich, dass alle registrierten reflektierten Signale rein physikalischer Natur waren. Dennoch regten beide Autoren kurze Zeit später an, künftig auch zielgerichtet und aktiv Radiosignale in Regionen zu senden, in denen Alien-Sonden theoretisch stationiert sein könnten. Ein eingehendes Weckrufsignal könnte, spekulieren die Forscher, eine dort abgestellte Sonde zu einer Reaktion veranlassen.[436]

Der in Bezug auf Bracewell- und Von-Neumann-Sonden ambitionierteste Forscher jedoch war und ist der US-Physiker Robert A. Freitas Jr. (Santa Clara, Kalifornien). Professionell wie kein anderer näherte er sich diesem Phänomen mit Begeisterung, stellte es erstmals in einen SETI-Kontext, spielte das Szenarium derartiger »Maschinen-Zellen« ausführlich in der Theorie durch, plädierte für eine Fahndung nach Artefakten und leitete darüber hinaus sogar zwei von bislang vier offiziellen Suchläufen nach extraterrestrischen Sonden respektive Artefakten im Orbit.[437] Von August bis September 1979 spähte er mit dem 76-Zentimeter-*Cassegrain*-Telekop der Leuschner-Sternwarte in Lafayette (Kalifornien) nach außerirdischen Raumsonden. Es war weltweit die erste offizielle Suche nach außerirdischen Artefakten bzw. interstellaren Sonden in einer stabilen Erd-Mond-Umlaufbahn im sichtbaren Licht. Bei dieser konzentrierte er sich zusammen mit seinem Astronomie-Kollegen Francisco Valdes von der University of California in Berkeley (Kalifornien) während einer 30-stündigen Observation[438] auf die L4- und L5-Librationspunkte. Beide 1,5 Millionen Kilometer von der Erde entfernte Halo-Orbits eignen sich nach Meinung Freitas' und Valdes' bestens für eine Spurensuche nach alten interstellaren Archen von einigen Metern Größe, die dort irgendwann einmal absichtlich geparkt wurden. Um die vermeintlichen

435) Bracewell, R.N.: Communications from superior galactic, a.a.O., S. 670–671.

436) Lawton, A. T./Newton, S. J.: Long delayed echoes – the trojan ionosphere, in: JBIS (1974), Bd. 27, S. 907–920.

437) Näheres zu den zwei Suchläufen, die hier nicht näher erörtert werden können, siehe: Archive of SETI Searches (Appendix L), in: SETI 2020. A Roadmap for the Search for Extraterrestrial Intelligence. Produced for the SETI-Institute by the SETI Science&Technology Working Group, Hrsg.: Ronald D. Ekers, D. Kent Cullers, John Billingham und Louis K. Scheffer, SETI Press, Mountain View 2002, S. 394 u. 396.

438) Ebd., S. 391.

Objekte im optischen Licht besser aufzulösen, führten die Astronomen die Hälfte aller Observationen während mondloser Nächte durch und belichteten jedes der aufgenommenen 90 Fotos zehn Minuten lang[439] – mit einem wenig erfreulichen Ergebnis:

> *»Die Beobachtungen waren alle negativ. Unsere Daten zeigen, dass kein urzeitliches Raumschiff oder ein anderes Objekt [...] von der Größe Skylabs oder noch größer am L4- und L5-Punkt abgestellt worden war – oder in irgendeinem der vorhergesagten Halo-Orbits im Erde-Mond-System.«*[440]

Dennoch sei es sinnvoll, so der Rat beider Autoren, auch in Zukunft weiterhin alte extraterrestrische Artefakte mit noch besseren Teleskopen in noch höherer Auflösung ins Fadenkreuz zu nehmen. Doch trotz Freitas' und Valdes' energischem Plädoyer für eine Suche nach künstlichen Raumfahrzeugen extraterrestrischer Herkunft quittierten viele Wissenschaftler diesen Vorschlag mit Gleichgültigkeit. Der Funke der Begeisterung sprang nur auf den russischen Astronomen G. L. Suchkin über, der kurz darauf gemeinsam mit drei Kollegen die Librationspunkte L4 und L5 mit Radarstrahlen selbst abtastete, um Radarreflexionen dort vagabundierender künstlicher Objekte zu erfassen. Ihre Messungen führten sie im Zeitraum von Dezember 1980 bis März 1981 auf einer Frequenz von 9.3 Megahertz durch. Ein wie auch immer geartetes Artefakt fanden sie nicht.[441]

Als Freitas und Valdes 1981 und 1982 bei einer zweiten, insgesamt 70 Stunden währenden Observationssequenz die Lagrangepunkte L5 und L1 (Sonne-Erde-Bahn) anvisierten und dort nach Spuren extraterrestrischer Fusionsantriebe spähten, versahen sie ihr Projekt erstmals mit dem Akronym SETA (*Search for ExtraTerrestrial Artifacts*). Dass sich die heutige Suche nach außerirdischen Artefakten nicht mehr allein auf Monolithen oder Skulpturen beschränkt, war in erster Linie Robert A. Freitas zu verdanken. Er fasste den Begriff Artefakt viel breiter und definierte ihn weitläufiger. Seine 1983 näher explizierte *Artefakt-Hypothese*, die bei eingefleischten SETA-Anhängern beinahe Kultstatus genießt, geht davon aus, dass bestimmte technologisch hochstehende extraterrestrische Gesellschaften Langzeitprogramme für die inter-

---

439) Freitas Jr., Robert A./Valdes, Francisco: A Search for Natural or Artificial Objects Located at the Earth-Moon Libration Points, in: Icarus (1980), Bd. 42, S. 446.

440) Ebd.

441) Suchkin, G. L./Tokarev, Iu. V./Lukianov, L. G./Shirmin, G. I.: Problem of the search for life in the universe (A87-35726 15-88). Moscow, Izdatel'stvo Nauka (1986), S. 138–144 [*http://adsabs.harvard.edu//abs/1986pslu.book..138S*]. Archive of SETI Searches (Appendix L), in: SETI 2020, a.a.O., S. 394.

stellare Erforschung etabliert haben, bei denen materiell-stoffliche Artefakte vorzugsweise in ausgewählten Sternsystemen deponiert werden. Sofern diese Objekte nicht absichtlich getarnt wurden und für technisch gereifte Spezies gut lokalisierbar und beobachtbar sind, sollten unsere Wissenschaftler sie »bei entsprechender Anstrengung«[442] auch finden können. Freitas unterscheidet zwischen zwei Artefakt-Typen: passive und aktive. Passive außerirdische Artefakte könnten sich beispielsweise hinter Denkmälern, inaktiven Blöcken, kunstvoll geformten Monolithen oder Skulpturen verbergen, fernerhin in eingeschlossenen Datenbanken verstecken. Es könnten ebenso gut hochsensible Reflektoren sein, die jeden Lichtstrahl in Richtung seines Absenders zurückwerfen. Die Aussichten, Strukturen wie diese im Raum ausfindig zu machen, stuft Freitas allerdings als gering ein. Nur wenn diese Objekte energiereiche Radiostrahlen, Lichtsignale oder andere signifikante Zeichen von sich gäben, bestehe eine Chance, sie zu lokalisieren. Ihre Erschaffer hätten sie absichtlich in fremde Sternsysteme eingebracht – so wie aktive Artefakte, zu denen Freitas in erster Linie einen bestimmten Raumsondentyp zählt:

> *»Aktive, sich selbst reparierende interstellare Sonden bilden die wahrscheinlichste Klasse von ETI-Sonden innerhalb des Sonnensystems. Dieses Ergebnis erlaubt uns, ein besonderes Beobachtungsprogramm zu planen, um experimentell die Richtigkeit der Artefakt-Hypothese zu überprüfen.«*[443]

Eine intelligente Alien-Sonde würde höchstwahrscheinlich abseits störender Sonnenflares oder Mikrometeoriten in eine stabile Mond- oder Erdumlaufbahn einschwenken – oder auf einem der Lagrangepunkte L1, L2, L4 bzw. L5 parken und die Sonne systematisch als Energiequelle nutzen. Bei Bedarf würde sie ihre *Selbstheilungskräfte* aktivieren, um für lange Zeit einsatzbereit zu bleiben.

Genauso gut könnte die Menschheit innerhalb des Asteroidengürtels unseres Sonnensystems, der sich zwischen Mars und Jupiter erstreckt und in dem bis zu 1,9 Millionen Kleinplaneten mit einem Mindestdurchmesser von einem Kilometer driften sollen, auf außerirdische Artefakte stoßen. Der mit Planetoiden reichlich gesegnete Gürtel entstand vor 4,6 Milliarden Jahren zu einer Zeit, als nicht alle darin schwimmende Materie den Sprung in die planetare Selbstständigkeit schaffte. Anstatt als stattlicher kugelförmiger und halbwegs großgewachsener Planet den Heimatstern zu bezirzen, fand sich die

442) Freitas Jr., Robert A.: The Search for Extraterrestrial Artifacts (SETA), in: Acta Astronautica (1985), Bd. 12, S. 1027 [IAA-84-243 (A)].
443) Ebd., S. 1030.

Restmaterie als höchst unförmiges und recht klein geratenes Gebilde wieder: eben als Planetoid bzw. Asteroid. Dass dies bis auf den heutigen Tag so geblieben ist, bedingt die enorme Schwerkraft des größten Planeten unseres Sonnensystems. 1978 schlug der US-Astronom Michael D. Papagiannis von der Boston University (US-Bundesstaat Massachusetts) vor, bei der Spurensuche nach außerirdischen Relikten in unserem Sonnensystem das Augenmerk stärker auf den Asteroidengürtel zu lenken. Viele der dort lokalisierten Gesteinsbrocken könnten nämlich ebenso gut Überreste von Kolonien sein, die dort ehemals existiert haben. Bauschutt, Trümmer und Abfälle eines gigantischen Schlackehaufens, zurückgelassen von einer extraterrestrischen Schwerindustrie, könnten das Bild in dieser Region bestimmen, erklärt Freitas. Vielleicht gewann hier eine Superzivilisation einst Rohstoffe und verschiffte wichtige Mineralien und Eisen als Baumaterial gen Heimat oder tankte ihre interstellaren Archen nur auf. Angesichts der Vorteile, die der Asteroidengürtel einer galaktischen Gesellschaft bietet, die ihren Fortbestand auf Weltraumkolonien sichert, könnte diese Zone einst ein Hort des Lebens gewesen sein oder noch sein:

> *»[...] sollten irgendwelche extraterrestrische Kolonien in unserem Sonnensystem existieren, dann scheint mir der Asteroidengürtel die logischste Region zu sein, in der wir suchen sollten.«*[444]

Im Bann außerirdischer Artefakte und Monolithen stehen auch die Wissenschaftler Christopher Rose vom »Wireless Information Network Laboratory« (WINLAB) der Rutgers University in Piscataway (US-Bundesstaat New Jersey) und der dort ansässige Physiker Gregory Wright. Unter Einbeziehung einer selbst kreierten Formel kamen beide Forscher 2004 zu dem Ergebnis, dass kompakte, in Raumkapseln verfrachtete Botschaften à la Voyager oder gut versteckte Artefakte die ideale kosmische Flaschenpost wären. Licht- oder Radiowellen hingegen seien viel zu teuer und würden nur unnötig viel Energie verbrauchen und mit zunehmender Entfernung immer schwächer werden. Stehe der Faktor Zeit nicht im Vordergrund, sei eine auf irgendeinem Material eingeschriebene Botschaft in jeder Hinsicht effektiver als die Kommunikation mit elektromagnetischen Wellen. Analog einer irdischen maritimen Flaschenpost wäre für das kosmische Pendant der Faktor Zeit unerheblich. Schließlich könnte ein solches Gebilde theoretisch Jahrmillionen in einem fernen Sonnensystem auf einer stabilen Umlaufbahn kreisen. Rose und Wright schlagen deshalb vor, die Anstrengungen, fremde Artefakte im All zu

444) Papagiannis, M. D.: Are we all alone, or could they be in the Asteroid Belt?, in: Quarterly Journal of the Royal Astronomical Society (1978), Bd. 19, S. 280 f.

finden, zu verstärken. In Erinnerung an Arthur C. Clarkes Monolithen sei es durchaus denkbar, erklären die beiden Wissenschaftler, dass außerirdische Botschaften bereits auf der Erde oder auf dem Mond als Artefakte lagern oder den Jupiter beziehungsweise die Sonne als absichtlich getarnte Sonden umkreisen. Insbesondere in Jupiternähe, im Umfeld des größten Planeten des Sonnensystems, könnte eine außerirdische Botschaft schon seit Jahrtausenden treiben. Sie könnte weniger erodiert sein als ein gewöhnlicher Asteroid. Daher sollten Astronomen mit Radarstrahlen vor allem nach jenen Objekten suchen, die über eine auffallend »glatte« Radarsignatur verfügen. Was die Abspeicherung der Information anbelange, sei vieles denkbar. Theoretisch könnte die Botschaft in ein Objekt »eingraviert« worden sein oder als eine Art DVD vorliegen. »Unsere Ergebnisse untermauern, dass die sorgfältige Suche nach ETs in unserem eigenen planetaren Hinterhof genauso erfolgsträchtig ist wie das Studium entfernter Sterne durch Teleskope«,[445] so das Fazit der Autoren.

Etwas weiter weg vom planetaren Hinterhof, inmitten der solaren Gravitationslinse, wo sich in einer Entfernung von 82 Milliarden Kilometern die von unserem Heimatstern am Sonnenrand abgelenkten Strahlen bündeln (S. 199 ff.), vermutet indes der italienische Astronom Claudio Maccone den für außerirdische Sonden besten Aufenthaltsort im Sonnensystem. Hier, fernab der Erde, könnten interstellare Raumschiffe mithilfe der Brennsphäre der Sonne einen optimalen Kommunikationskanal zu ihrer Heimatwelt öffnen und aufrechterhalten. Anstatt gewaltige Antennen auszufahren, würden sie den verstärkenden Effekt des stellaren Brennpunkts konsequent nutzen, erklärt Maccone:

> *Die Außerirdischen würden daher wahrscheinlich eine Funkstation im Brennpunkt der solaren Gravitationslinse stationieren, auf einer Linie mit ihrem Heimatstern, der mit seiner Schwerkraft ebenfalls die Funksignale verstärkt. Wenn wir nach fremden Raumschiffen suchen wollen, dann hier.*[446]

445) Rose, Christopher/Wright, Gregory: Inscribed matter as an energy-efficient means of communication with an extraterrestrial civilization, in: Nature (2004), Bd. 431, S. 48 [doi: 10.1038/nature02884].

446) Interview Hans-Arthur Marsiske mit Claudio Maccone: Gegenwärtig hält die Mehrheit der Wissenschaftler SETI nicht für besonders interessant!, in: Telepolis.de, 21.04.2007 [*http://www.heise.de/tp/r4/artikel/25/25056/1.html*].

Astroingenieuren auf der Fährte

Geht es darum, die Außerirdischen dingfest zu machen, sind die vom SETI-Virus infizierten Wissenschaftler um fantastische Ideen und hochspekulative Theorien selten verlegen. Sich in deren Gedankenwelt zurechtzufinden, erfordert bisweilen eine gehörige Prise Abstraktions- und Imaginationsvermögen. Einer, der dem Profil eines »fantastischen« Forschers voll und ganz entsprach, ist der sowjetische Astrophysiker Nikolai Semjonowitsch Kardashev, der zur Schlüssel- und Symbolfigur des sowjetischen SETI-Programms aufstieg. Immerhin startete er bereits drei Jahre nach Drakes *Ozma*-Projekt den zweiten und gleichzeitig ersten asiatisch-europäischen Lauschangriff auf kosmische Intelligenzen, der sich allerdings zu einer weltweiten »Affäre«[447] ausweiten sollte.

Dass die meisten nationalen SETI-Observationen von 1960 bis 1975 auf das Konto der Sowjetunion gingen,[448] war zum Teil auch Kardashevs Verdienst. Zum einen organisierte und leitete er 1964 die erste große sowjetische SETI-Konferenz in Byurakan (heutiges Armenien), zum anderen nahm er danach noch an drei weiteren SETI-Projekten und etlichen anderen Konferenzen aktiv teil – auch an der ersten internationalen SETI-Konferenz, die 1971 an derselben Lokalität stattfand.

Fraglos inspiriert von Drakes Pionierleistung, dennoch wenig erbaut über dessen Faible für die 21-Zentimeter-Wellenlänge, schlug Kardashev einen völlig anderen Kurs ein und widmete sein Augenmerk fortan der Infrarotstrahlung. Eine Suche im Infrarotbereich erachtete er deshalb als beste Option, weil hochstehende Technologien enorm viel Abfallhitze erzeugen und folglich auch abstrahlen müssten. Wer ihren Spuren folgt, die sich im Infrarotbereich am nachhaltigsten offenbaren, sieht sich automatisch extraterrestrischer Intelligenz gegenüber.

Von einem ähnlichen Ansatz ging einige Jahre zuvor der US-Physiker Freeman Dyson aus, der 1960 in der Juni-Ausgabe des Wissenschaftsmagazin *Nature* die heute nach ihm benannte Sphäre im Gedankenmodell erschuf. Hinter ihr verbirgt sich eine von einer hochtechnisierten Spezies künstlich geschaffene schalenartige Struktur (Dyson beschrieb die Struktur nicht näher), zusammengesetzt aus dem Schutt zertrümmerter Planeten. Sie verläuft entlang der Planetenumlaufbahn und umhüllt die Heimatsonne – entweder zum Teil oder ganz. Hochintelligente ETI könnten auf diese Weise einen

---

447) So Jean Heidmann: Bioastronomie. Über außerirdisches Leben und außerirdische Intelligenz, Springer-Verlag, Berlin/Heidelberg 1994, S. 169.

448) Dick, Steven J.: Life on other Worlds. The 20th-Century Extraterrestrial Life Debate, Cambridge University Press, Cambridge 1998, S. 222.

Teil oder (fast) die gesamte Energie ihrer Sonne direkt nutzen und die Sphäre nebenher als neuen Siedlungsraum erschließen. Alles, was die Schale an Sonnenenergie absorbiert, würde nach ihrer vollständigen Nutzung »auf der dunklen, kalten (äußeren) Seite der Raumwelten«[449] nur noch in Form von starker Infrarotstrahlung wieder abgegeben. Just nach solchen Emissionen, der von der Struktur emittierten Wärme und Infrarotstrahlung, sollten Wissenschaftler den Himmel durchforsten, empfiehlt Dyson. Sowohl dunkle Objekte von der Mindestgröße des Erdorbits und einer Oberflächentemperatur von 200 bis 300 Kelvin als auch Doppelsternsysteme mit einem unsichtbaren Begleiter solle man, so Dyson Ratschlag, näher unter die Lupe nehmen.

> *»Ich schlage vor, dass eine Suche nach Punktquellen, die Infrarotstrahlung abgeben, unternommen werden sollte – entweder unabhängig von oder in Verbindung mit der Suche nach künstlichen Radioemissionen.«*[450]

Dass die Schalen-Theorie Dysons so ganz nach dem Gusto Kardashevs war und die Fantasie des Russen offensichtlich noch weiter beflügelte, spiegelt sich am deutlichsten in der Kardashev-Skala (siehe folgenden Kasten) wider, die heute untrennbar mit der Dyson-Sphäre verknüpft ist. Für Kardashev war sie Philosophie und Programm zugleich, bezog sich doch seine Skala auf zwei extraterrestrische Zielgruppen, die ihm besonders am Herzen lagen (Typ II und III). Begnügte sich Drake noch mit drei kleinen erdnahen Zielsternen, wo er ebenbürtige Lebewesen erhoffte, ging Kardashev gleich in die Vollen und richtete seinen Fokus auf Superzivilisationen, die uns in ihrer Technologieentwicklung um Millionen bis Milliarden von Jahren voraus sind.[451] Nachdem er im Caltech-Katalog der damals registrierten Radioquellen zwei vielversprechende Kandidaten (CTA-21 und CTA-102) aufgespürt hatte, initiierte er von August 1964 bis Februar 1965 einen insgesamt 80-stündigen Suchlauf auf einer Frequenz von 920 Megahertz. Obwohl hierbei Antennen »von nicht sonderlich guter Qualität«[452] zum Einsatz kamen, waren sich Kardashev und sein Kollege Evgeny Sholomitsky nach der Observation sicher, Zeugen eines historischen Moments geworden zu sein. Schließlich beobachteten die beiden Forscher bei CTA-102 ein starkes Signal mit einer sehr breiten Ausdehnung des Spektrums.[453] Da die Stärke des registrierten Signals langsam, aber stetig

---

449) Asimov, Isaac: Außerirdische Zivilisationen, a.a.O., S. 349.

450) Dyson, Freeman John: Search for Artificial Stellar Sources of Infrared Radiation, in: Science (03.06.1960), Bd. 131, S. 1667.

451) Dick, Steven J.: Life on other Worlds, a.a.O., S.222.

452) Drake, Sobel, a.a.O., S. 182.

453) Heidmann, Bioastronomie, a.a.O., S. 170.

anstieg, »erweckte es den Anschein, als versuche es, auf sich aufmerksam zu machen«.[454] Für einige Vertreter der kommunistischen Propaganda war dies Anlass genug, am 12. April 1965 über die Agentur TASS verlautbaren zu lassen, sowjetische Forscher hätten interstellare Signale aufgefangen, deren Ursprung intelligenter Natur sei.[455] In Unkenntnis der neuesten Forschungsergebnisse über Quasare, die kurz zuvor vornehmlich amerikanische Wissenschaftler erarbeitet hatten, beraumten sie über die Köpfe von Kardashev und Sholomitsky hinweg zwei Tage später eine große Pressekonferenz an, auf der das Duo den erstaunten Journalisten und der Weltöffentlichkeit freudig von den so signalfreudigen Superzivilisationen Bericht erstattete. Doch wie bei vorschnell publizierten Verlautbarungen dieser Art häufig, bestätigte sich die hastig breitgetretene Sensationsmeldung nicht. Bereits im November 1964 hatten zwei US-Astronomen die Radioquelle CTA-102 als waschechten Quasar mit einer starken Rotverschiebung identifiziert. Nach einer mehrmonatigen heftigen amerikanisch-sowjetischen Kontroverse über die Echtheit der extraterrestrischen künstlichen Quelle[456] nahmen selbst die beiden sowjetischen Astronomen Abschied von ihrem so verheißungsvollen Kandidaten. Obwohl die zweite SETI-Observation der Wissenschaftsgeschichte den zweiten großen Fehlalarm auslöste, begaben sich nach Kardashevs Flop insgesamt zehn verschiedene Teams auf die Suche nach seinen Superzivilisationen vom Typ II und III. Manche Forscher konzentrierten sich dabei auf rein infrarotemittierende Dyson-Sphären, andere ganz allgemein auf sehr starke Strahlenquellen.[457]

Kardashev-Skala (1964)
Nikolai Kardashev kategorisierte die verschiedenen Entwicklungniveaus außerirdischer Intelligenzen und Zivilisationen allein nach deren Energieverbrauch. Seiner Einschätzung nach gelangt jede Kultur, die ihren Ressourcenverbrauch jährlich sukzessive erhöht, nach wenigen oder vielen Jahrtausenden unweigerlich auf die nächsthöhere Stufe. Nach Ansicht des weltbekannten US-Physikers Michio Kaku von der New Yorker City University befindet sich unsere Gesellschaft soeben in der Übergangsphase von Zivilisationstyp 0 zu 1.[458]

454) »Darüber hinaus war es stark genug, um die Astronomen glauben zu lassen, dass es sich hier um eine Nachricht einer Zivilisation vom Typ III handelte, die in der Nähe der als CTA-102 bekannten Radioquelle angesiedelt war.« So Frank Drake in: Signale von anderen Welten, a.a.O., S. 183.

455) Heidmann, Bioastronomie, a.a.O., S. 170.

456) Sullivan, Walter: Radio Emissions From Space Spur Disagreement Between American and Soviet Astronomers, in: New York Times (18.04.1965), S. 66.

457) Archive of SETI Searches (Appendix L), in: SETI 2020, a.a.O., S. 381–425.

Typ I Zivilisationen, die in etwa unseren Technologiestandard haben und so weit gediehen sind, dass sie die Energieressourcen ihres Heimatplaneten voll auszuschöpfen vermögen. Sie sind in der Lage, Energien von 4×10^9 Kilowatt zu kontrollieren.

Typ II Hochstehende Zivilisationen, die den gesamten Energieoutput ihres Muttergestirns nutzen. Sie vermögen Energien von 4×10^{23} Kilowatt zu kontrollieren.

Typ III Superzivilisationen, die ihre gesamte Galaxie als Energielieferanten nutzen. Sie können Energien von 4×10^{34} Kilowatt kontrollieren.

Wenn fiktive Dyson-Sphären schon so salonfähig geworden sind und als lohnenswertes Observationsziel gehandelt werden, dann sollte dies desgleichen für die von interstellaren Raketen hinterlassenen Schweife und Spuren im All zählen. Dies dachte sich Michael J. Harris und machte die Probe aufs Exempel. 1981 stöberte der US-Astronom aus Maryland im »Interplanetary Network Catalogue« nach Gammastrahlenausbrüchen (engl. Gamma Ray Bursts/GRB). Kosmische Gammastrahlenausbrüche sind temporär am Himmel aufleuchtende, sehr helle Strahlenquellen, deren Eruptionsdauer zwischen rund 0,01 und 1000 Sekunden beträgt. Binnen diesem Zeitraum sind derlei Objekte die hellsten Himmelserscheinungen am Firmament. Als Verursacher kommen Supernovae, Schwarze Löcher, miteinander verschmelzende Neutronensterne – oder eben auch Raumschiffe einer mächtigen Technologie infrage, dachte sich Harris. In dem Katalog stieß er auf reichhaltiges Datenmaterial, das die Gammastrahlendetektoren der Raumsonden Pioneer Venus (USA) und Venera 11 und 12 zwischen 1978 und 1980 registriert und aufgezeichnet hatten. Nur die Qualität der Gammastrahlenmessungen ließ zu wünschen übrig.[459] Da ein Raumschiff mit einem Annihilationsantrieb (Materie-Antimaterie) oder Fusionsantrieb (Wasserstoff → Helium) als Abfallprodukt Gammastrahlen hinterlässt, widmete sich Harris beim Studium der GRB-Ereignisse nur diesen Antriebsarten. Hierbei konzentrierte er sich auf schmale lange und kurzlebige Linien im Gammastrahlenspektrum. Sie würden entstehen, wenn ein Raumschiff beschleunigt oder geradewegs von Stern A nach Stern B reist – schnell und (erwartungsgemäß) geradlinig. In

458) »Das Internet ist der Beginn eines Typ-I-Telefonsystems, das die Bewohner des ganzen Planeten miteinander verbindet.« Weiter hierzu: Kaku, Michio: Die Physik des Unmöglichen. Beamer, Phaser, Zeitmaschinen, Rowohlt Verlag, Reinbek 2008, S. 191 f.

459) Harris, Michael J.: SETI Through the Gamma-Ray Window: A Search for Interstellar Spacecraft, in: Bioastronomy. The Search for Extraterrestial Life – The Exploration Broadens: Proceedings of the Third International Symposium on Bioastronomy Held at Val Cenis, Savoie, France, 18.–23. Juni 1990, Hrsg.: Jean Heidmann, Michael J. Klein, Lecture Notes in Physics, Bd. 390, S. 305 [doi: 10.1007/3-540-54752-5_237].

diesem Fall würde sich das aufgezeichnete Gammastrahlenereignis im Spektrum anders präsentieren als ein typischer Gammastrahlenausbruch – eben als gerade Linie. Nach dem Studium von 77 GRBs lautete das wenig überraschende Fazit: »Keine verdächtigen Spuren und Linien konnten aufgespürt werden.«[460]

Doch warum in die Ferne schweifen, um Antriebsemissionen interstellarer Raumschiffe in einer Distanz von Millionen Lichtjahren auszumachen, wenn dies vor der stellaren Haustür möglich ist, fragten sich die unverwüstlichen SETA-Forscher Freitas und Valdes. Im Juni 1983 gingen sie erneut in medias res und suchten 100 Stunden lang in erdnahen Sternsystemen nach Spuren von Tritium, einem natürlichen Isotop von Wasserstoff, das im kosmischen Raum nur selten vorkommt. Weil Tritium bei der Kernfusion als Abfallprodukt anfällt, hielt das Forscherduo mit dem 26-Meter-Radioteleskop in Hat Creek ausschließlich nach extraterrestrischen Raumsonden mit Fusionsantrieb Ausschau. Um einen »Raketenstrahl« einer fremden Sonde zu visualisieren, tasteten sie das Radiospektrum von 53 erdnahen Sternsystemen auf einer Frequenz von 1516 Megahertz nach hyperfeinen Tritiumlinien ab.[461] Obgleich sie keinen Erfolg verbuchen und somit keine Lorbeeren ernten konnten, erhielten sie für ihren Ansatz und ihre Suchstrategie immerhin großes Lob von ihrem Kollegen Michael D. Pagagiannis:

> *»Würde Tritium, das eine sehr kurze Halbwertszeit von nur 12,5 Jahren hat, in unserem Sonnensystem gemessen, würde dies auf die aktive Präsenz einer oder mehrerer Raumsonden hindeuten. Dies wäre der einfachste Weg, um fortgeschrittene außerirdische Technologie zu entdecken.«*[462]

Dunkle Energie, Schwarze Löcher, Pulsare, Minipulsare, Neutronensterne, Quasare, Neutrinos, Gravitationswellen oder Gammastrahlenblitze – was unsere Himmelsforscher auf ihren Streifzügen durch das Universum alles wie selbstverständlich als natürliche astrophysikalische Quelle einordnen, könnte theoretisch auch einen künstlichen Ursprung haben. Für jedes dieser Phänomene könnten nach Meinung zahlreicher Alien-Jäger Astroingenieure von

---

460) Ebd. S. 300.

461) Valdes, Francisco/Freitas Jr., Robert A.: A search for the tritium hyperfine line from nearby stars, in: Icarus (Januar 1986), Bd. 65, Nr. 1, S. 152 [doi: 10.1016/0019-1035(86)90069-2].

462) Papagiannis, Michael D.: A Search for Tritium Sources in our Solar System may reveal the Presence of Space Probes from other Stellar Systems, in: Extraterrestrials. Where are they?, Hrsg.: Ben Zuckerman/Michael H. Hart, Cambridge University Press, Cambridge 1995, S. 107.

Superzivilisationen verantwortlich sein, die entweder absichtlich Botschaften ins All senden oder nur ihrer regulären Arbeit nachgehen und dabei jede Menge »Dreck« produzieren. So bizarr diese Hypothese beim ersten Lesen wirkt – sie hat auch ihre Anhänger, selbst unter den seriösen und arrivierten SETI-Forschern. Zu diesen zählt fraglos Seth Shostak, ein konservativer, dennoch begeisterungsfähiger Skeptiker und Könner seines Fachs. Der Chefastronom des SETI-Instituts stellte 2002 en passant die Überlegung an, ob das ungewöhnliche Aussehen der M82-Galaxie, die »zu explodieren« scheint, wirklich das Ergebnis eines astrophysikalischen Prozesses sei:

> *»Man kann versuchen, das mit natürlichen Prozessen zu erklären. Aber vielleicht wird dort auch gerade ein großer galaktischer Krieg ausgetragen, wer weiß?«*[463]

Eigentlich kann jeder geneigte SETA-Fantast alle astrophysikalischen Phänomene mit dem bunten Treiben von Alien-Astroingenieuren »wegerklären«. Praktisch jede Helligkeitsschwankung eines Sterns, jede noch so winzige Veränderung in seinem Lichtspektrum, jede unbekannte Röntgenstrahlenquelle, jeder aus dem Takt geratende Pulsar, jeder ungewöhnliche Gammastrahlenblitz, jede verfrühte oder verspätete Supernova-Explosion könnte eine Superzivilisation absichtlich oder unabsichtlich beim Umbau anderer Sonnensysteme oder beim Verschieben eines Sterns verursacht haben. Megatechnologien könnten beim Zähmen eines Schwarzes Lochs oder beim Aufbau von Wurmlöchern Raumzeitverzerrungen und Erschütterungen des Raum-Zeit-Kontinuums herbeiführen und via Gravitationswellen unfreiwillig Informationen von sich preisgeben. Gravitationswellen, die Quasare oder Schwarze Löcher mit Vorliebe erzeugen und mit Lichtgeschwindigkeit durchs All schicken, würden in diesem Fall Zeugnis ablegen von allen intergalaktischen Manipulationen der superintelligenten Megakulturen. Möglicherweise treten solche kosmischen Überflieger vom Kardashev-Typ III nur mit ihresgleichen in Kontakt. Sie könnten geneigt sein, gezielt künstliche Gravitationswellen zu erzeugen, indem sie beispielsweise zwei Supernovae-Ereignisse synchron steuern oder stellare Binärsysteme mit einer bestimmten Periode synchronisieren. Was auch immer sie machen – wir können darüber nur rätseln. Der Fantasie sind hier keine Grenzen gesetzt. Alles ist möglich, weil alles nur bloße Spekulation zwischen *Science* und *Fiction* ist.

---

463) Marsiske, Hans-Arthur: Über die Suche nach außerirdischer Intelligenz. Ein Gespräch mit Seth Shostak vom SETI-Institut, in: Telepolis.de, 27.11.2002 [*http://www.heise.de/tp/r4/artikel/13/13650/1.html*].

10 Irdische Flaschenpost

»Active SETI« und METI

Sollen wir auch senden? Ganz sicher sollten wir das, so meine ich. Wer hören will, soll reden; wer Antwort will, soll fragen.

Sebastian von Hoerner, 2003

Das höchste Gut für eine Zivilisation ist neue Information.

Nikolai Kardashev, 1981

Pionier der *Pioneers*

Irgendwann in astronomisch ferner Zukunft: Inmitten des galaktischen Ozeans treibt ein bizarr aussehendes kleines künstliches Gebilde einem unbekannten Planetenufer entgegen. Es ist keine gewöhnliche planetare Küste, auf die es unaufhaltsam zudriftet. Bereits vor Jahrmillionen ist hier eine erdähnliche Kultur gestrandet, die zum Zeitpunkt der Ankunft des fremden Eindringlings zu einer hoch technisierten Zivilisation gereift und der interstellaren Raumfahrt längst mächtig ist. Als die Astronomen das rätselhafte Objekt lokalisieren und zum ersten Mal sehen, verschlägt es ihnen die Sprache. Nur kurze Zeit später erfolgt die erste offizielle Verlautbarung, die ein ganzes Weltbild ins Wanken bringt. Ausgewählte Wissenschaftler und Exopsychologen beraten das weitere Vorgehen. Ihren Entschluss, das fremde Gebilde aus dem Weltraum zu fischen, setzt kurze Zeit später ein Roboter in die Tat um. Nach einer intensiven Quarantäne und Dekontamination verfrachten Logistiker die metallische Apparatur auf eine Raumstation. Spezialisten beginnen damit, das Raumgefährt zu sezieren. Mit ungläubigem Staunen analysieren sie das Material und fremdartige Instrumentarium des Objekts. Ihre Aufmerksamkeit richtet sich speziell auf eine versteckt montierte Metallplakette, auf der mysteriöse Zeichen oder Symbole eingraviert sind, die – wie Exokryptologen nach langen Diskussionen, Computersimulationen und interdisziplinären Studien herausfinden – eine mit einigen wissenschaftlichen Informationen versehene Grußbotschaft einer fernen Zivilisation zu sein scheinen, die einmal in einem am Rande der Galaxie gelegenen Sonnensystem mit neun Planeten[464] gelebt haben muss oder noch immer existiert.

Ob in fernster Zukunft wirklich eine außerirdische Technologie eine derartige unheimliche Begegnung der dritten Art erleben wird, wie in diesem fiktiven, zugegebenermaßen höchst anthropozentrisch-fantastischen Szenarium ausgedacht, halten irdische Wissenschaftler und Koryphäen wie Carl Sagan zwar für höchst unwahrscheinlich, dennoch für theoretisch möglich.[465] Sonst hätte die NASA im letzten Jahrhundert wohl kaum gleich vier Raumsonden mit Botschaften für fremde, kulturell hochstehende Intelligenzen versehen und ins All entlassen.

Den Kontakt zum Heimathafen längst verloren, treiben diese interplanetaren Botschafter heute eher wie irdische Nomaden unaufhaltsam durchs kosmische Meer unbekannten astralen Gestaden entgegen. Sternenstaub, Asteroiden, Strahlung und andere kosmische Gefahrenquellen haben ihnen wohl nichts anhaben können. Von der Welt, der sie entstammen, zeugt aus deren Perspektive derweil nur noch ein winziger, kaum wahrnehmbarer Punkt, der sich zusehends in nichts auflöst.

Seit mehr als drei Dekaden vagabundieren die NASA-Raumsonden Pioneer 10, Pioneer 11, Voyager 1 und Voyager 2 am Rande des Sonnensystems. Wie strapaziös und zugleich effektiv die Forschungsexkursionen während ihrer Blütezeit in den 1970- und 80ern waren, dokumentieren zahlreiche beeindruckende Bilder von den äußeren Planeten und anderen Objekten, die das Sonden-Quartett im Vorbeiflug minutiös festgehalten hat.

Einst unterwegs in wissenschaftlicher Mission, den Kontakt zur irdischen Basis über Jahrzehnte stets wahrend, haben die beiden Pioneer-Roboter inzwischen die Nabelschnur zur Erde durchtrennt und irren fortan nur noch in kosmisch-diplomatischer Mission durch den Weltraum. Bestückt mit Grußbotschaften für unbekannte außerirdische Adressaten, befinden sich die ausgedienten Weltraumveteranen wie die Voyager-Sonden auf dem Sprung in den interstellaren Raum und nähern sich den Sternen unaufhörlich.

Die älteste und erste interstellare Versuchssonde, der erste roboterartige Repräsentant der Menschheit,[466] verabschiedete sich am 2. März 1972 von

464) Dass Pluto in der irdischen Astronomie derweil seinen Status als Planet verloren hat, werden die potenziellen Empfänger natürlich nicht wissen, da auf der Plakette neun Symbole für neun Planeten in unserem Sonnensystem eingraviert sind.

465) »But it appears possible that some civilizations technologically much more advanced than ours have the means of detecting an object such as Pioneer 10 in interstellar space, distinguishing it from other objects of comparable size but not of artificial origin, and then intercepting and acquiring the spacecraft.« Siehe Sagan, Carl/Salzman Sagan, Linda/Drake, Frank: A Message from Earth, in: Science (25.02.1972), New Series, Nr. 175 (4024), S. 881.

der Erde. Nach einem Bilderbuchstart vom Cape Canaveral (Kennedy Space Center) in Florida entließ eine dreistufige Trägerrakete vom Typ Atlas-Centaur die NASA-Raumsonde Pioneer 10 ins All. Damit nahm ein unvergleichliches Abenteuer seinen Anfang, das Pioneer 10 zahlreiche interessante und riskante Höhepunkte bescherte. So durchquerte der interplanetare Globetrotter nach dem Passieren des Mars mit einer Rekordgeschwindigkeit von 120.000 Stundenkilometern (mittels der Rotverschiebung der Radiowellen lässt sich die Sonden-Geschwindigkeit bestimmen) den als äußerst gefährlich eingestuften Asteroidengürtel. Nachdem das unbemannte Raumschiff die kritische, zwischen Mars und Jupiter gelegene Zone, in der kilometergroße Brocken und Myriaden kleiner Gesteinsteile herumschwirren, schadlos überstand, erreichte ihr interplanetarer Ritt den ersten Höhepunkt: In einer Entfernung von nur 131.000 Kilometern flitzte das Raumvehikel Ende 1973 über die Ammoniak-Eiswolken des größten Planeten unseres Sonnensystems hinweg und überstand auch das Strahlenbombardement, mit dem Jupiter das irdische Gefährt willkommen hieß. Dass sich der ganze Aufwand seinerzeit lohnte, dokumentieren heute noch über 300 Fotos, welche die Forschungssonde vom Gasriesen Jupiter in einer Auflösung von bis zu 500 Kilometer pro Pixel zur Erde funkte.

Auch die Schwestersonde Pioneer 11, die am 5. April 1973 die Erde verließ, bediente sich beim Vorbeiflug am Jupiter der Swing-by-Technik. Hierbei nutzten die Raumflugkörper das Schwerefeld des größten Planeten des Sonnensystems, um ihre Beschleunigung katapultähnlich zu erhöhen. Das interplanetarische Billardspiel glückte; die Anziehungskraft des Jupiters beschleunigte insbesondere die Pioneer-10-Sonde auf eine Geschwindigkeit von 12,5 Kilometer pro Sekunde, womit sie damals zum schnellsten Objekt avancierte, das die Menschheit je konstruiert und gebaut hatte.[467]

Nach dem erfolgreichen Vorbeiflug an Jupiter erwies sich Pioneer 10 als so langlebig, dass das Gefährt zur Erforschung der Heliosphäre eingesetzt wurde, jenem Bereich, der die Grenze zwischen unserem Sonnensystem und dem extrasolaren Raum markiert. Wo genau diese Grenze verläuft und wie weit der Einfluss der Sonne ins All reicht, konnte Pioneer 10 auch bis zum 31. März 1997 indes nicht erklären. An diesem Tag wurde die gesamte Mission offiziell für beendet erklärt.

466) Sagan, Carl: Für künftige Zeiten und Existenzen, in: Signale der Erde. Unser Planet stellt sich vor, Hrsg.: Carl Sagan, Droemersche Verlagsanstalt, München/Zürich 1980, S. 16.

467) Sagan, Carl/Salzman Sagan, Linda/Drake, Frank, A Message from Earth, a.a.O., S. 881. Sagan, Carl/Agel, Jerome: Nachbarn im Kosmos. Leben und Lebensmöglichkeiten im Universum, Kindler Verlag, München 1975, S. 23.

Frühestens in 10.000 Jahren taucht die Sonde in den interstellaren Staub der astralen Zone ein. In 80.000 Jahren erreicht sie den erdnächsten Stern Proxima Centauri.[468] Nach zwei Millionen Jahren, wenn das kosmische Intermezzo der Menschheit möglicherweise nicht mehr als eine Randnotiz in der ungeschriebenen galaktischen Enzyklopädie sein dürfte, erreicht der Roboter das Sternbild Stier (Taurus) und streift die dortigen Sterne. Gesetzt den unwahrscheinlichen Fall, dass der irdische Botschafter dereinst wirklich von einer dort lebenden Kultur aufgelesen würde, fänden die fremden Lebensformen eine aufmontierte 15 mal 22,5 Zentimeter große und 1,27 Millimeter dicke Aluminiumplatte vor, auf der das Abbild zweier Menschen, eines Mannes und einer Frau von durchschnittlicher Körpergröße, so wie die Natur sie geschaffen hat, zu bewundern ist. Es ist wohl die berühmteste Metall-Gravur, auf dem sich ein Menschenpaar die Ehre gibt. Während der junge Mann die rechte Hand (für den Betrachter die linke) zum Willkommensgruß hebt, steht ihm eine um einen Kopf kleinere junge Frau zur Seite. Beide unbekleideten Figuren weisen bewusst unterschiedliche ethnische Charakteristika[469] auf und sind maßstabgerecht vor der Raumsonde Pioneer 10 stehend abgebildet. Links von ihnen befindet sich die sogenannte Pulsarkarte. Pulsare sind schnell rotierende Neutronensterne, die nach dem Tod von massereichen Sternen aufblühen. Sie versinnbildlicht eine Sternexplosion mit 14 geraden Linien, wobei jede Linie einen Pulsar darstellt. Die proportionale Länge der jeweiligen Linien steht für ihre Entfernung vom zentralen Punkt der Sonne. Hierzu Frank Drake:

> *»Entlang jeder Linie schrieb ich die Pulsarperiode in binären Zahlen, wobei ich die Strahlung des Wasserstoffatoms als eine universelle Einheit für Zeit und Länge verwendete.«*[470]

So bizarr das spinnenartige Gebilde auch wirkte und zugleich optisch hervorstiecht, ihr Schöpfer, Frank Drake, wollte den vermeintlichen »Entdeckern« zu guter Letzt mithilfe der gewählten bekannten Pulsare die Position der Erde vermitteln. Da jeder Pulsar auf einer ganz charakteristischen und exakt gleichbleibenden Frequenz emittiert, diese nur sehr gering voneinander

468) Sagan, Carl/Agel, Jerome, Nachbarn im Kosmos, a.a.O., S. 23.

469) »Die Frau erhielt Augenlider mit Mongolenfalte und auch ansonsten teils asiatische Züge, der Mann eine breite Nase, dicke Lippen und einen kurzen ›Afro‹-Haarschnitt. Beide tragen außerdem kaukasische Merkmale. Wir hatten gehofft, damit wenigstens drei der wichtigen Menschenrassen berücksichtigt zu haben.« Sagan, Carl/Salzman Sagan, Linda/Drake, Frank, a.a.O., S. 881. Sagan, Carl/Agel, Jerome, Nachbarn im Kosmos, a.a.O., S. 30.

470) Drake, Frank/Sobel, Dava: Signale von anderen Welten. Mit dem NASA-SETI-Projekt auf der Suche nach fremden Intelligenzen, Droemersche Verlagsgesellschaft/Knaur, München 1994, S. 297.

abweichen und solche rotierenden Neutronensterne auch in vielen Millionen Jahren noch existieren,[471] könnte der Empfänger der Nachricht hieraus Rückschlüsse ziehen, von wo die Odyssee der Sonde startete und wann sie ihren Anfang nahm.

»Einer Zivilisation, die klug genug wäre, die Pioneer-10-Botschaft aufzufangen und zu deuten, würde die Differenz der Pulsarfrequenzen zwischen denen auf der Gravur und denen bei der Entdeckung der Nachricht zeigen, wie viel Zeit vergangen war, seit die Karte angefertigt wurde.«[472]

Um die Botschaft mit einem Schlüssel für die verwendeten Zeit- und Längeneinheiten zu versehen, ätzten die Wissenschaftler auf dem oberen linken Feld der goldeloxierten Aluminiumplatte eine schematische Darstellung des Übergangs eines neutralen Wasserstoffatoms: von einem mit parallelem zu einem mit antiparallelem Protonen- und Elektronen-Spin. Geschickterweise platzierten Sagan und Drake darunter die Binärzahl eins. Dies aus gutem Grund, wie Carl Sagan zu berichten weiß:

»Derartige Übergänge von Wasserstoff sind von der Emission eines Photons mit der Radiofrequenz von etwa 21 Zentimeter Wellenlänge und der Frequenz von etwa 1420 Megahertz begleitet.«[473]

Da sich ein solcher Quantensprung binnen einer bestimmten Zeit und auf einer bestimmten Strecke abspielt, erhält der Finder mit der Basisstrahlung der Wasserstofflinie zugleich einen universellen Zeitmesser und Zollstock für die vorliegende Informationsplatte. Abgerundet wird die Information durch die Darstellung der Binärzahl acht, die auf dem rechten Rand zwischen zwei Zeichen steht. Sollten Aliens nun die Zahl Acht mit der Länge der natürlichen Strahlung des H-Atoms von 21 Zentimetern multiplizieren, erhielten sie den Wert 168 Zentimeter, also die Körpergröße der abgebildeten Frau.

Damit spätere Kulturen den Absenderplaneten überdies gezielt lokalisieren, ergänzte Carl Sagan die Karte mit einer Skizze des Sonnensystems. Am unteren Rand platzierte er die Sonne mitsamt ihren (damals noch) neun Planeten, deren Durchmesser in dem Vielfachen von Wasserstoffwellenlängen angegeben wurden. Vom dritten Planeten ausgehend symbolisiert ein Pfeil die Flugbahn des Pioneer-10-Roboters entlang dem Mars bis zum Jupiter, wo er ausschert und gen Unendlichkeit driftet.

---

471) Sagan/Salzman Sagan/Drake, a.a.O., S. 882.
472) Drake/Sobel, Signale von anderen Welten, a.a.O., S. 296.
473) Sagan, Carl/Agel, Jerome, Nachbarn im Kosmos, a.a.O., S. 24.

Sollten einst vernunftbegabte Lebewesen die Symbole und schemenhaften Figuren auf der Leichtmetallplatte richtig deuten, wovon Carl Sagan felsenfest ausgeht,[474] erfahren sie auf plastische Weise, dass vor langer Zeit einmal eine andere Lebensform den Drang verspürt hat, den unbekannten Brüdern und Schwestern im All einen Gruß zu übermitteln. Aus irdischer Sicht war es ein Gruß in die ferne Zukunft – für den Empfänger wäre es ein Gruß aus fernster Vergangenheit, von einer womöglich inzwischen vergangenen Kultur.

Dass die Pioneer-Zwillinge mit je einer kosmischen Flaschenpost bestückt wurden, ist in erster Linie dem schon zu dieser Zeit bekannten Astronomen und Wissenschaftler der Cornell University in Ithaca, Carl Sagan, zu verdanken. Inspiriert von den Vorschlägen des Journalisten Eric Burgess und des Planetariumsdozenten Richard Hoagland, überredete Sagan am Rande eines Treffens der American Astronomical Society in San Juan in Puerto Rico im Dezember 1971 Frank Drake zur Mitarbeit. Bereits nach wenigen Stunden legten sich beide Forscher auf die Grundelemente der Botschaft fest.[475] Schnelles Handeln war ohnehin gefragt. Schließlich standen Sagan und Drake für die Vorlage der Idee, der Ausarbeitung des Entwurfs und der künstlerischen Umsetzung, sprich der Gravierung der Botschaft, nur drei Wochen zur Verfügung. Obendrein mussten sie binnen diesem Zeitraum auch noch die Zustimmung der NASA einholen. Wie bei der Arecibo-Botschaft von Frank Drake, dem ersten gezielten Versuch einer Kontaktaufnahme mit den Anderen, agierten die beteiligten Forscher und geistigen Väter der interplanetaren Nachricht also wieder einmal unter enorm großem Zeitdruck.

Letztendlich war es Sagans und Drakes Enthusiasmus und unbedingtem Willen zu verdanken, dass die legendäre 0,12 Kilogramm schwere, mit Gold beschichtete Aluminiumplatte Wochen später dann doch noch an der Antennenverstrebung der Sonde befestigt werden konnte. Am Ende war ein einzigartiges Artefakt der Menschheit zu bestaunen, eines, dem eine bis dahin einmalige Lebenserwartung beschieden sein könnte. Denn ausgehend von der Überlegung, dass die zu erwartende Erosionsrate für die Aluminiumplatte im interstellaren Raum recht gering ist, attestierte Sagan der Pioneer-Botschaft eine Lebensdauer von mindestens mehreren 100 Millionen Jahren.[476]

Was auch immer Lebewesen einer fernen Welt einmal von dem auf der Plakette abgebildeten menschlichen Paar denken mögen, das Carl Sagans damalige Ehefrau, Linda Salzmann Sagan, kreiert hatte – in puncto Polemik

474) »Nevertheless we feel that an advanced technical civilization would be able to decipher it.« Siehe Sagan/Salzman Sagan/Drake, a.a.O., S. 881.
475) Sagan, Carl/Agel, Jerome, a.a.O., S.24.
476) Ebd.

und Schärfe wird die Diskussion, die unmittelbar nach dem Bekanntwerden der Pioneer-Flaschenpost auf Mutter Erde entbrannte, kosmosweit konkurrenzlos bleiben. Jene Debatte, die heute vielleicht nicht mehr nachvollziehbar ist und hauptsächlich dem Zeitgeist der 1970er-Jahre geschuldet war, hatte keinen wissenschaftlichen Bezug mehr. Alles, was Sagan und Drake im Vorfeld en detail durchdacht und konzipiert hatten, gewann mit einem Male eine höchst triviale Ausrichtung.

Dabei verliefen die Diskussionen über das in die Kritik geratene Menschenpaar anfangs noch in geregelten Bahnen. Mit Blick auf die Art und Weise seiner Darstellung fokussierten sich die Forscher nicht so sehr auf geschlechtsspezifische Feinheiten, sondern stärker auf die Hände der schemenhaften Protagonisten. Wie waren Mann und Frau in Szene zu setzen? Sollten nicht beide als Paar erscheinen, das seine Zusammengehörigkeit Hand in Hand symbolisiert? Von dem ersten Entwurf, auf dem das Duo tatsächlich händchenhaltend in Erscheinung trat, nahmen die Forscher jedoch schnell wieder Abstand, weil sich für einen außerirdischen Betrachter der Eindruck aufdrängen könnte, auf der Platte sei ein einziger Organismus zu sehen. Stattdessen bildeten die irdischen Forscher den männlichen Vertreter der Botschaft mit gespreizter und gehobener Hand ab, wohl wissend, dass Außerirdische mit dem auf Mutter Erde internationalen, vielleicht sogar universellen Freundschaftsgruß respektive mit dieser Geste des guten Willens eher wenig anfangen können. Immerhin aber ließ sich auf diese Weise die Morphologie der menschlichen Hand gut darstellen, vor allem der gespreizte Daumen und die Anzahl der Finger. Neben der Visualisierung des menschlichen Greifapparats gab das kosmische Paar noch andere Geheimnisse preis. Allein aus der Tatsache, dass die Personen zueinander verschiedene Körperhaltungen einnehmen, könnten die Extraterrestrischen ableiten, dass auch die unteren Extremitäten dieser Wesen beweglich sind. Möglicherweise könnten sie auch aus dem verschiedenen Aussehen der beiden Figuren schließen, dass sie eine Gesellschaft repräsentierten, die aus verschiedenen ethnischen Gruppen besteht.

Doch von all diesen wissenschaftlichen Überlegungen nahmen die Medien und die Öffentlichkeit keine Notiz. Stattdessen echauffierten sie sich – wen mag es noch überraschen – größtenteils an der in ihren Augen obszönen Darstellung von Mann und Frau. So machte sich die *Chicago Sun-Times* sogleich daran, die anstößigen Geschlechtsorgane inklusive Brustwarzen zu retuschieren.[477] Andere Zeitungen gefielen sich darin, den Mann zu einem geschlechtslosen Wesen zu degradieren, sehr zur Freude jener radikaler Femi-

477) Drake/Sobel, a.a.O., S. 299.

nistinnen, die in einem Leserbrief an die *New York Times* vermeldeten, dass sie über die unvollständige Illustration und passive Haltung der Frau so aufgebracht seien, dass sie am liebsten den rechten Arm des Mannes abhacken würden.[478] So ziemlich alle denkbaren Kommentare und Stimmen mischten sich in den Chor der entsetzten Sittenrichter und kritikfreudigen Hobby-Wissenschaftler. Mal bemängelten Weiße, die Personen auf der Plakette seien zu weiß, ein anderes Mal warfen Afro-Amerikaner ein, sie sähen zu schwarz aus.[479] In der *Los Angeles Times* schlug ein Leser ernsthaft vor, auf Geschlechtsorgane des menschlichen Paares ganz zu verzichten und stattdessen einen Storch mit Baby darzustellen. Ein anderer warnte davor, dass Außerirdische die erhobene rechte Hand des Mannes als Hitlergruß fehlinterpretieren könnten. Einige Katholiken schlugen vor, die beiden Personen auf der Plakette mit zum Gebet gefalteten Händen darzustellen.

Während gewiefte Geschäftsleute das Design der kosmischen Botschaft auf T-Shirts und andere Accessoires druckten oder anderweitig kommerziell ausschlachteten, fokussierten etliche religiöse Gruppen ihr Augenmerk auf die Nacktheit des Paares, rückten diese in die Nähe von Pornografie und mahnten desgleichen das Fehlen einer christlichen Botschaft in der Nachricht an. In der angesehenen Zeitschrift *Scientific American* beanstandete ein gewisser Professor E. Gombrich, seines Zeichens Historiker und Direktor der bekannten Warburg-Kunstakademie in London, an dem Piktogramm vor allem den aufgeführten Pfeil, der die Flugbahn der Sonde versinnbildlicht. Seinem Dafürhalten nach sei ein solches Symbol nur für Zivilisationen plausibel und nachvollziehbar, wenn sich – wie in unserer Urgeschichte – auch deren Vorfahren größtenteils aus Jägern entwickelt und ergo auch eine Jagdkultur herangebildet hätten.[480]

Trotz all dieser wenig erfreulichen Reaktionen, die genug Stoff für einen Schauerroman bieten, parodierte manch Cartoonist das Geschehen auf künstlerische und somit auf eher distinguierte Weise. Ein Künstler brachte mit Blick auf die Adressaten der Pioneer-Botschaft seine Gedanken in einer Karikatur zum Ausdruck und zeichnete eine Gruppe »kleiner grüner »Menschen«, die die Aluminiumplakette der Pioneer-Sonde studieren und analysieren. Während seine grünhäutigen Kollegen fragend dreinschauen, kommentiert einer das Gesehene mit dem nüchternden Satz: »Ich stelle fest, dass die Erdlinge genau wie wir aussehen, bloß tragen sie keine Kleidung.«[481]

---

478) Zit. nach Sagan, Carl/Agel, Jerome, a.a.O., S. 28.
479) Drake/Sobel, a.a.O., S. 299.
480) Gombrich, Ernst: The Visual Image, in: Scientific American (September 1972), S. 46–60.
481) Drake/Sobel, a.a.O., S. 300.

Wer weiß, vielleicht wird jemand in einigen Millionen Jahren diese Feststellung beim Anblick der Pioneer-Botschaft wirklich zum Besten geben.

Moderne Botschafter für die Ewigkeit: Voyager 1 und 2

Ihren Anfang nahmen die beiden Voyager-Missionen 1977 in Cape Canaveral. Seit ihrem erfolgreichen Raketenstart verlieren sich die Raumsonden mit einer Geschwindigkeit von zirka 17,4 Kilometern in der Sekunde immer tiefer in der intergalaktischen Unendlichkeit. Am meisten gefordert wurde die nur 20 Watt sendestarke und 3,7 Meter große Parabolantenne der Voyager-1-Sonde, als sie beim Vorbeiflug an den Planeten Jupiter (1979) und Saturn (1980) große Datenmengen zur Erde funkte, deren Auswertung noch andauert. Das Bildmaterial war einzigartig: Noch heute dokumentieren zehntausende hochwertige Farbfotos – wie etwa die faszinierenden Aufnahmen vom Jupitermond Io –, dass Voyager 1 seiner Mission mehr als gerecht wurde. Kein Wunder, wies der Forschungsroboter doch in einer Entfernung von nur 130.000 Kilometern auf dem Trabanten zum ersten Mal außerirdische vulkanische Aktivitäten nach. Träfen die Voyager-Sonden (oder wenigstens eine davon) dereinst wirklich auf eine außerirdische Kultur, fänden diese auf ihnen eine 31 Zentimeter große, vergoldete Schallplatte, auf deren Hülle eine interstellare Gebrauchsanleitung erklärt, wie die Datenplatte abzuspielen und zu dekodieren ist. Anders als bei den reinen Pioneer-Gravuren haben NASA-Konstrukteure auf der »Voyager Golden Record« in vorsorglicher Weltsichtigkeit Bild- und Toninformationen der menschlichen Zivilisation und ihrer Mitbewohner gespeichert. Wie bei den Pioneer-Piktogrammen sind auf den Voyager-Goldplatten jeweils ein Wasserstoffatom und eine Pulsarkarte eingraviert; die erforderlichen Zeitangaben wurden ebenfalls binär codiert. Dabei ist die in den Metallrillen der Platte eingegrabene Information dermaßen sicher deponiert, dass ihr selbst die Weltraumstrahlung und die aufprallenden astralen Staubkörner nichts anhaben können. Und in puncto Langzeitspeicherung ist die Weltraum-*Record* ohnehin einsamer Rekordhalter. Denn mit einer Überlebensdauer von bis zu eine Milliarde Jahren – in diesem Zeitraum fliegt Voyager immerhin viermal um das Zentrum unserer Galaxis – stellt sie jeden Computer, jede Bibliothek oder jedes Archiv weit in den Schatten. Grußbotschaften in 55 Sprachen, 90 Minuten Musik, hierunter Meisterwerke von Johann Sebastian Bach, Ludwig van Beethoven, Wolfgang Amadeus Mozart etc., 115 analog gespeicherte Fotos und Alltagsgeräusche von Lebewesen einer längst vergangenen Kultur – darunter das Freudengeschrei von Kindern, Wind und Donner oder der Gesang von Buckelwalen – würden wieder zu neuem Leben erwachen, sofern technisch versierte Aliens das beigefügte Abspielgerät auch wirklich reaktivieren können.

Sonderfall LAGEOS-Botschaften

1976 entsandte die NASA die 407 Kilogramm schwere und im Durchmesser 60 Zentimeter große Raumsonde LAGEOS I (Laser Geodynamic Satellites) auf eine ungewöhnlich hohe, gleichwohl sehr stabile kreisförmige Umlaufbahn.[482] 1992 folgte ihr der jüngere Doppelgänger LAGEOS II, den die NASA zusammen mit der italienischen Raumfahrtbehörde ASI (Agenzia Spaziale Italiana) ins All hievte.

Seitdem observieren und kontrollieren die beiden 5848 Kilometer von der Erde entfernten Späher die Kontinentalverschiebung mit *Argus*-Sensoren. Sie registrieren präzise die Bewegungen und Stauchungen der Erdkrustenplatten und gehen auch den Ursachen von Vulkanismus und Erdbeben auf den Grund. Äußerlich erinnern sie an überdimensionierte Golfbälle, an denen zahlreiche riesige Facettenaugen kleben. In Wahrheit jedoch verbirgt sich hinter jedem einzelnen Facettenauge ein würfelförmiger Reflektor mit 4,6 Zentimetern Kantenlänge. Davon verteilen sich etwa auf der LAGEOS-1-Sonde genau 426. Die Aufgabe dieses kleinen Reflektorschwarms besteht darin, jenes Laserlicht in die Einfallsrichtung zurückzuwerfen, das Lasersender von verschiedenen Kontinenten aus gezielt auf die Sonde strahlen. Aus der Laufzeit des Lichts lassen sich indirekt die Bewegungen der Erdteile zentimetergenau erfassen.

Um die beiden Sonden vor Materialermüdung, Beschädigungen und vor den Kräften des Sonnenwinds sowie den Auswirkungen des Erdmagnetfeldes zu schützen, umgaben die Ingenieure die kleinen »Roboter« mit einer Aluminiumhülle. Der im Innern der Satelliten integrierte robuste Messingkern tat das Übrige, um die LAGEOS-Satelliten – ganz im Gegensatz zu ihren Mitstreitern im Orbit – vor übermäßigem Strahlungsdruck der Sonne und anderen schädlichen Einflüssen wirksam zu schützen.[483]

Dank der soliden Struktur und gewählten runden Form sind LAGEOS I und II derart robust und widerstandsfähig, dass ihnen Wissenschaftler nach wie vor eine Lebensdauer von vielen Millionen Jahren attestieren. Unabhängig davon aber endet das orbitale Intermezzo der beiden Forschungsroboter spätestens in acht Millionen Jahren, wenn sich das Duo aus der Erdumlaufbahn verabschiedet und (größtenteils) in der Erdatmosphäre verglüht.

Der hohen Lebenserwartung von LAGEOS I Rechnung tragend, beauftragte die NASA Carl Sagan, der beim Entwurf und der Umsetzung der Pioneer-Nachricht sein Können bereits unter Beweis gestellt hatte, mit der Kon-

482) Hoerner v., Sebastian: Sind wir allein? SETI und das Leben im All, Verlag C.H. Beck München 2003, S. 139.

483) Sagan, Carl, Signale der Erde, a.a.O., S. 17.

zeption einer weiteren Plakette. Sagan sollte eine irdische Zeitkapsel für die Zukunft entwerfen, eine für ferne Erdbewohner oder für eine außerirdische zufällig gestrandete Zivilisation. Eine Botschaft für die *nahe* Ewigkeit, deren Adressaten vielleicht aus den Tiefen des Raums kommen ...

Von der mal wieder unter großem Zeitdruck angefertigten interplanetaren Botschaft wurden jeweils gleich zwei identische 10 mal 18 Zentimeter große Kopien im Herzen beider LAGEOS-Sonden verstaut – und zwar »je eine an jedem Ende des Bolzens, der die beiden Halbkugeln verbindet, aus denen LAGEOS besteht«.[484]

Lokalisierten etwa in fünf Millionen Jahren außerirdische Lebewesen (oder roboter- bzw. androidenartige Wesen) oder unsere fernen Nachkommen die LAGEOS-Satelliten im Erdorbit und nähmen diese näher unter die Lupe, fänden sie in ihnen jeweils zwei rostfreie Stahlplatten, auf denen jeweils zwei »historische« Weltkarten und eine halbwegs »aktuelle« eingeätzt wurden. Auf dem rechten oberen Bild der Plakette begegnete ihnen eine zweidimensionale Weltkarte der Erde, so wie die Kontinente noch Anno Domini 2009 ausgesehen hatten und links unten davon den eingezeichneten Abflug der Satelliten.

Auf der linken unteren Weltkarte offenbarte sich ihnen der Urkontinent Pangäa, so wie er sich etwa vor 268 Millionen Jahren präsentierte; und rechts unten wäre sodann die Anordnung der Kontinente acht Millionen Jahre nach dem Start der Sonde zu bestaunen – mitsamt dem dargestellten Absturz des Satelliten. Oben halblinks fänden die Betrachter ein sehr simples, auf Binärzahlen basierendes Zählsystem. Und in der Mitte des Bildes eine schematische Zeichnung der Erde in ihrer Umlaufbahn um die Sonne. Während ein Pfeil die Richtung der Bewegung anzeigt, steht unter der Gravur die Binärzahl 1, welche die verwendete Zeitperiode definiert.[485] Während das Jahr Null für das Entsendungsjahr des Satelliten steht, gehen zwei »Zeitpfeile« von der Null aus nach rechts und nach links, entsprechend den Zeitkategorien Zukunft und Vergangenheit. Mittels eines einfachen Vergleichs der (aus der Sicht des Finders) aktuellen Geografie der Erdoberfläche mit den auf der Platte abgebildeten »historischen« Karten wäre die seit dem Start des Satelliten verstrichene Zeit leicht zu berechnen.

Wenngleich die LAGEOS-Zeitkapseln im Gegensatz zu den Pioneer- und Voyager-Grußbotschaften keineswegs eine klassische Flaschenpost an Bord haben, die von Punkt A nach Punkt B oder C usw. »fliegt«, übermitteln sie

---

484) Pressemeldung der NASA, 15.04.1976, abgedruckt in: Sagan, Carl, Signale der Erde, a.a.O., S. 283.
485) Ebd.

doch dem Wunschdenken ihres geistigen Vaters Carl Sagan gemäß eine einprägsame Botschaft:

> *»Vor einigen hundert Millionen Jahren hingen alle Erdteile zusammen, wie die oberste Zeichnung zeigt. Zur Zeit des Starts von LAGEOS sieht die Erde so aus wie auf der mittleren Zeichnung. In acht Millionen Jahren, wenn LAGEOS zur Erde zurückkehren sollte, werden die Erdteile vermutlich so aussehen wie in der unteren Zeichnung. Mit unseren besten Grüßen.«*[486]

Cosmic Calls

Alexander L. Zaitsev ist ein Solist und Einzelkämpfer. Er gefällt sich in der Rolle des Botschafters des Planeten Erde und als Repräsentant einer Idee, die vom Prinzip her zwar schon im vorletzten Jahrhundert ersonnen wurde (S. 23 ff.), die jedoch ungeachtet ihrer historischen Dimension viele Astronomen und SETI-Wissenschaftler gegenwärtig als riskant charakterisieren und daher kategorisch ablehnen. Seitdem der russische Radioastronom und Chefwissenschaftler des »Instituts für Radiotechnik und -elektronik« der »Russischen Akademie der Wissenschaften« Zaitsev gezielt Funkbotschaften ins All sendet, eilt ihm in der SETI-Szene der Ruf voraus, ein leicht überspannter und exaltierter Sonderling zu sein, der zu Aktivitäten neigt, die theoretisch gefährlicher Natur sein könnten.

Mögen ihn viele Radioastronomen als exzentrisch hinstellen – ein Spinner und Esoteriker ist Zaitsev beileibe nicht, kann er doch auf eine sehenswerte wissenschaftliche Karriere zurückblicken. Immerhin erhielt der heute 64-jährige Russe 1985 für die Erforschung der Planeten Merkur, Venus und Mars mit Radarstrahlen den Wissenschaftspreis der damaligen sowjetischen Regierung und vier Jahre später die Koroliov-Goldmedaille der sowjetischen Raumfahrtbehörde. In Anerkennung einer erfolgreichen Asteroidenobservation – er verfolgte und analysierte 1992 erneut mithilfe von Radarstrahlen den Flug eines 3,6 Millionen Kilometer von der Erde entfernten Asteroiden – wurde selbiger Himmelskörper nach ihm benannt.

486) Sagan, Signale der Erde, a.a.O., S. 18. In ihrer offiziellen ersten LAGEOS-Pressemeldung kleidete die NASA besagte Botschaft sogar in noch pathetischere Worte: »LAGEOS wird einmal zu einem Zeitpunkt zur Erde zurückkehren, der weiter von heute entfernt ist als der Zeitpunkt des Ursprungs der Menschheit in der Vergangenheit. [...] Wer immer die Erde in dieser fernen Epoche bewohnen wird, wird sich über eine kleine Grußkarte aus der fernen Vergangenheit freuen.« Siehe Pressemeldung der NASA, 15.04.1976, a.a.O., S. 284.

Seit 1999 widmet sich Zaitsev verstärkt einem Projekt, das er selbst auf den Namen METI (Messaging to Extraterrestrial Intelligence = Versenden von Botschaften an außerirdische Intelligenzen) getauft hat. Im Unterschied zu »Active SETI«, das Zaitsevs Ansicht nach eher auf Botschaften wie die Arecibo-Nachricht abzielt, die an ein 25.000 Lichtjahre entfernte Zielgebiet gerichtet war, beinhaltet METI das Entsenden von Signalen an erdnahe Sternsysteme. Zaitsev sieht aber einen noch weiteren Unterschied:

> *»Im Gegensatz zu ›Active SETI‹ verfolgt METI nicht eine lokale, sondern eine mehr globale Absicht – nämlich das große Schweigen im Universum zu überwinden und den außerirdischen Nachbarn die lange erwartete Botschaft zu verkünden: Ihr seid nicht allein!«*[487]

Auch wenn diese Definition in SETI-Kreisen allerdings nicht gängig ist, so hat indes das veraltete Kürzel BETI (Broadcast to Extraterrestrial Intelligence = Radiosendungen an außerirdische Intelligenzen) ausgedient. An seine Stelle ist das Akronym CETI (Communication with Extraterrestrial Intelligence = Kommunikation mit außerirdischen Intelligenzen) gerückt, das oft mit METI, »Active SETI« oder BETI in einem Atemzug genannt wird, das aber eher als Überbegriff aller Varianten verstanden werden sollte, zumal es auch auf den Fall der Fälle zutrifft, wenn ein »First Contact« in einen Dialog übergeht.[488]

Völlig autark, ohne andere SETI-Forscher oder Teams zuvor zu konsultieren oder zu informieren, sendeten Wissenschaftler und Privatpersonen binnen zehn Jahren etliche Datenpakete an erdnahe Sternsysteme, in denen intelligente Lebensformen heimisch geworden sein könnten. Gespickt mit wissenschaftlichen Informationen, beinhalteten die Sendungen im Unterschied zur Drake'schen Arecibo-Nachricht von 1974 auch persönliche Grußbotschaften von zahlreichen Menschen.

Genau ein Vierteljahrhundert nach der legendären Arecibo-Botschaft Drakes – die streng genommen erste von Menschen durchgeführte METI-Aktion – schickte Zaitsev in Kooperation mit der russischen RSC Energia Ltd. 1999 das erste interstellare Postpaket raus. Verantwortlich für den Inhalt der kosmischen Mitteilung waren die beiden kanadischen Physiker und Hobby-SETI-Forscher Stéphane Dumas und Yvan Dutil. Sie sorgten dafür, dass sich die erstellten Piktogramm- und Schriftsymbole beim ersten »Cosmic Call« auf sage und schreibe 23 Seiten verteilten[489] – und ermöglich-

487) Zaitsev, Alexander: Proposing a METI Institute, IRE [*http://ieti.org/articles/metiinst.pdf*]. Siehe auch Centauri Dreams. The News Forum of the Tau Zero Foundation (Blog-Archiv): Alexander Zaitsev, 01.10.2006 [*http://www.centauri-dreams.org/?p=840*].

488) Das seit 1961 bestehende Akronym CETI wurde Mitte der 1970er-Jahre durch das heute allseits bekannte Kürzel SETI ersetzt. Näheres hierzu bei Drake, Sobel, a.a.O., S. 264 f.

ten auch vier Jahre später den zweiten »Cosmic Call«. Beide Sendungen finanzierte ein texanisches Startup-Unternehmen, das 2004 wieder das Zeitliche segnete. Wer zahlungswillig war, konnte für knapp 15 Dollar »Porto-Kosten« sein ganz persönliches Schreiben an ETI aufsetzen und abschicken.

Inhaltlich warteten beide »Cosmic Calls« mit wissenschaftlichen Details aus den Gebieten der Astronomie, Biologie, Geografie und Kosmologie auf, die nach Ansicht ihrer Verfasser universellen Status hatten und somit am besten geeignet für eine Kommunikation schienen. So zierten eine Darstellung der DNA, ein Abbild eines Menschenpaars und das Periodensystem der Elemente die Tafeln. Abgerundet wurden die Bits und Bytes mit Informationen über die menschliche Natur, den Planeten Erde und das Sonnensystem. Und mit einem Appell an die unbekannten Empfänger baten die Macher der Nachricht um eine möglichst zügige Antwort. Zaitsev verfolgte damit ein bestimmtes Ziel:

> *»Im Gegensatz zu vielen führenden SETI-Forschern glauben wir, dass […] nicht eine Handvoll elitärer Forscher für die Erde sprechen sollte, sondern die Menschen selbst […].«*[490]

Damit die »Cosmic Calls« nicht Gefahr liefen, während der Transmission im Rauschen des kosmischen *Äthers* unterzugehen, konfigurierten die beiden Kanadier die Daten unter Anwendung einer speziellen Software höchst geschickt und versahen die 370967 Bits an Information mit besonders störungsresistenten Zeichen. Da die leistungsstarken Radioteleskope in Arecibo und Goldstone nicht zur Verfügung standen, wichen die beiden Kanadier auf das Evpatoria-Planetary-Radioteleskop aus und sendeten innerhalb des Radiobereichs von sechs Zentimetern (5-Ghz-Band), wo das Signal nur geringen Störungen ausgesetzt war.[491]

Während beider Durchläufe visierten sie neun sonnenähnliche Sterne in einem Umkreis von 40 bis 70 Lichtjahren an und pulsten mit dem 150-Kilowatt-Transmitter der 70-Meter-Schüssel in der Ukraine insgesamt drei Mal zirka drei Stunden lang Einsen, Nullen und Pausenzeichen in Richtung der erdnahen Sterne. So ganz fehlerfrei kam die erste Botschaft jedoch nicht beim Empfänger an. Noch bevor das Fernschreiben auf seine Reise ging, bemerkte der niederländische Programmierer Paul Houx, dass an zwei Stellen der Bot-

---

489) Die gesendeten 23 Seiten sind online abrufbar. Siehe Dutil, Yvan/Dumas, Stéphane: Encounter 2001 »Cosmic Call«: [*http://www.matessa.org/~mike/dutil-dumas.html*].

490) Zaitsev, Alexander L./Chafer, Charles M./Braastad, Richard: Making a Case for METI (Guest Editorial SETI League) [*http://www.setileague.org/editor/meti.htm*].

491) Dumas, Stéphane: The 1999 and 2003 messages explained [*http://www3.sympatico.ca/stephane_dumas/CETI/messages.pdf*].

schaft ein Gleichheitszeichen durch ein falsches Symbol dargestellt war.[492] Eine Korrektur war damals jedoch nicht mehr möglich, da das russische Evpatoria-Observatorium vor elf Jahren noch über keinen Internetzugang verfügte und infolge des Zeitdrucks (das Teleskop war nur für eine kurze Zeit angemietet) eine Modifikation nicht mehr durchführbar war. Diese fand erst 2003 beim zweiten »Cosmic Call« Berücksichtigung, der im Gegensatz zu dem von 1999 mit einem veränderten Format, mit neuen und noch störungsresistenteren Symbolen aufwartete und sich vor allem nicht mehr länger auf 23 Seiten ausdehnte.

Sendungen verschiedener Couleur

Natürlich hat sich der große METI-Pionier Alexander L. Zaitsev nicht mit der Rolle des reinen Statisten allein begnügt, sondern konzipierte und initiierte mit drei anderen Kollegen eine eigene Nachricht, die in der SETI-Szene unter dem Namen »Teen Age Message« (TAM) Bekanntheit erlangte. Anders als die vorangegangenen Arecibo- und »Cosmic-Call«-Botschaften funkte er mit dem Evpatoria-Planetary-Radioteleskop in sechs Übertragungssequenzen vom 29. August bis zum 4. September 2001 an sechs ausgewählte erdnahe Zielsterne ein komplexes Informationspaket, das in drei verschiedene Sektionen aufgeteilt wurde. Während in der ersten astrophysikalische Daten und in der zweiten ein 15-minütiges, von Teenagern komponiertes Konzert gebündelt waren, stauten sich im dritten Teil der Nachricht bilinguale Texte und Grüße (russisch und englisch) an die Fremdartigen und nicht zuletzt eine Bildgalerie.[493]

Ausgesprochen informationsreich präsentierte sich am 30. September 2006 eine Sendung (im wahrsten Sinne des Wortes), die der europäische Fernsehsender ARTE unter dem Namen »Cosmic Connexion« ins All pulste. Bei ihr handelte es sich nicht um Funkfetzen oder eine binnen eines kurzen Zeitraums übertragene Folge von Signalen (wie bei der Arecibo-Botschaft oder den »Cosmic Calls«), sondern um eine 160-minütige Dokumentationssendung, in der – in Anspielung auf das »skandalöse« Pioneer-Paar – zwei gezeichnete und animierte nackte Moderatoren durch die Sendung führten. Als Weltpremiere, als einzigartiges Dokument der Zeitgeschichte und fantastisches Experiment kündigten die Macher das Verschicken einer vollständi-

492) Whitehouse, David: A cosmic mistake, in: BBC News Online (26.05.1999) [*http://news.bbc.co.uk/2/hi/science/nature/353409.stm*].

493) Zaitsev, Alexander L.: A Teen-Age Message to the Stars, in: Cplire.ru [*http://www.cplire.ru/html/ra&sr/irm/teen-age-message.html*].

gen TV-Sendung ins All an. Fernsehhistorisch war diese in der Tat. Immerhin war sie die erste von Menschen produzierte komplette Fernsehsendung, die direkt für fremde außerirdische Adressaten bestimmt war und auch übertragen wurde. Nicht einfach ins kosmische Blaue hinein, sondern gezielt in das 45 Lichtjahre entfernte Doppelsternsystem Gamma Cephei AB, auch Errai genannt (Sternbild Kepheus), in dem Astronomen 2003 einen Exoplaneten von der 1,76-fachen Jupitermasse aufgespürt hatten und in dem – so vermuten Planetenforscher – auch erdähnliche Welten beheimatet sein könnten. Eine im Durchmesser 4,5 Meter große Parabolantenne der französischen Raumfahrtagentur CNES in Aussaguel bei Toulouse – für wahre Lauschangriff-Experten sind derlei Teleskope als Solisten ungewöhnlich klein – schickte den in deutscher und französischer Sprache ausgestrahlten Film ins All. Der Coup hieran war, dass vor der Ausstrahlung die Zuschauer via Internet eigene Vorschläge oder sogar vollständige kurze Videobotschaften an ARTE schicken konnten, von denen inzwischen ein Teil auf dem Weg ins Errai-Binärsystem ist. Wenn die Botschaft das Dualsystem im Jahr 2051 erreicht und dort mit viel Glück auch »erhört wird, könnte eine Antwort frühestens im Jahr 2096 vorliegen. Fragt sich nur, ob die Anderen dann mit dem bunten Kaleidoskop von Meinungen und Kommentaren von Astrophysikern, Prominenten, Künstlern und Philosophen und den ausgewählten Bekenntnissen diverser Erdenbürger etwas anfangen können.

Ähnlich bunt ging es auch bei der AMFE-Sendung zu, die sich – den »Cosmic-Connexion«-Film zum Vorbild nehmend – ebenfalls mit einem Kaleidoskop von irdischen Bildern und Stimmen schmückte und darüber hinaus genauso gezielt an ein fremdes Sonnensystem gepulst wurde. Am 9. Oktober 2008 nahm eine aus 501 Einzelbotschaften bestehende Kosmo-Depesche mit Lichtgeschwindigkeit Abschied vom Planeten Erde. Für die Sendung war das »Social Network *Bebo*« verantwortlich, eine in England überaus erfolgreiche Online-Kommunikationsplattform, die zumindest auf der Insel und im ozeanischen Raum einige Global Player à la Facebook oder MySpace hinter sich gelassen hat. Mehr als 25 Millionen User frequentieren derzeit *Bebo*, um Bilder und Videos zu speichern, hochzuladen, Blogs zu schreiben und zu lesen. Man sucht Freunde und findet neue – und zur Not auch im Weltraum, wie sich einige findige *Bebo*-Network-Betreiber ausmalten. Unter dem Projektnamen »A message from Earth« (AMFE) konsultierten sie 2008 den unverwüstlichen Dr. Zaitsev, der von der Ukraine aus einmal mehr mit der Evpatoria-Planetary-Antenne ausgewählte private Nachrichten zu einem ausgewählten erdnahen Sonnensystem schicken sollte. Gemeinsam mit dem Medienkonzern RDF Media, der die Kosten übernahm, setzten die *Bebo*-Macher die AMFE-Idee in die Tat um. Alle *Bebo*-User, aber auch Prominente und Politiker, wurden geladen, ihre persönliche Botschaft zu formulieren und ins Internet zu stellen, über die dann vom 4. August bis 30. September 2008 online abgestimmt wurde. Nachdem sich an der Aktion 500.000 User beteiligt hatten und eine Auswahl nach demokratischem Mehrheitsprinzip getroffen worden war, bereitete Alexander Zaitsev alles für die Transmission der Top 501 vor. »Ich verstehe, dass die Mehrheit der Nachrichten naiv sein mögen, aber ich hoffe, dass wir auch einen kreativen und erfrischenden Blick auf das Thema erhalten werden«, sagte der Wissenschaftler noch vor der Abstimmung im September 2008.

Als Zielregion der digitalen Zeitkapsel einigten sich die Verantwortlichen schnell auf das 20,5 Lichtjahre entfernte System Gliese 581, in dem Astronomen der Europäischen Südsternwarte ESO 2007 den bis dahin kleinsten und masseärmsten extrasolaren Planeten aufgespürt hatten. Tatsächlich lokalisierten diese unter Anwendung einer ausgefeilten Observationstaktik und -technik und einer speziellen Apparatur mit dem 3,6-Meter-Teleskop der ESO im Sternbild Waage (lat. libra) einen Exoplaneten mit der nur 5-fachen Erdmasse, der überdies nur den 1,5-fachen Erdradius hat. Er umrundet seinen Heimatstern einmal binnen 13 Tagen. Obwohl er seine Muttersonne in einer Distanz von nur 10,7 Millionen Kilometern umkreist (dies ist 14-mal geringer als der Abstand Erde-Sonne), vermuteten die Astronomen auf dieser fernen Welt Temperaturen zwischen 0 und 40 Grad Celsius und somit auch flüssiges Wasser. Heute zählt Gliese 581c zwar immer noch zu den kleinsten respektive masseärmsten Exoplaneten, aber von einer »zweiten Erde« kann bei ihm keineswegs die Rede sein, nicht zuletzt deshalb, da Gliese 581c einen sogenannten Roten Zwergstern vom Typ M umkreist.[494] Zugleich richtete sich die Aufmerksamkeit der Astronomen auch auf seinen planetaren Bruder, der zur selben Zeit entdeckt wurde. Gliese 581d, so der Name des Planeten mit der achtfachen Erdmasse, umrundet seine Sonne binnen 84 Tagen einmal. Bereits im Juli 2007 kristallisierte sich heraus, dass Gliese 581d ein heißer Kandidat für Leben sein könnte. Gliese 581d dreht sich – genau wie unser Mond um unsere Erde – während eines Umlaufs exakt einmal um die eigene Achse und zeigt seinem Mutterstern immer dieselbe Seite, was zur Folge hat, dass auf einer Seite des Planeten immer Nacht und damit klirrende Kälte, auf der anderen indes fortwährend Tag und ergo permanente Hitze das Klima prägen.

494) Derlei Sterne sind äußerst langlebige (je nach Masse werden sie bis zu 50 Billionen Jahre alt), sehr licht- und massearme Sterne. Sie stellen schätzungsweise mehr als 70 Prozent aller stellaren Gebilde in der Milchstraße. Im Schnitt ist diese Sternklasse weitaus kleiner, kälter und leuchtet durchschnittlich 50-mal schwächer als etwa Sterne vom Typ unserer Sonne.

Viel Fantasie vorausgesetzt könnte sich auf diesem Planeten in der Übergangszone durchaus eine intelligente Spezies herangebildet haben, bestenfalls sogar eine technisch versierte Zivilisation, die auf die digitalisierte AMFE-Zeitkapsel dereinst antwortet. Frühestens in 41 Jahren könnte deren Replik vorliegen.

Völlig ziellos hingegen sendet das rein kommerziell gestrickte Deep-Space-Message-Projekt die Mitteilungen seiner Klienten in den Weltraum. Das amerikanische Unternehmen Cenyo, Inc. Daniel Waldmann, eröffnet in Kooperation mit der US-Firma Communications Concepts, Inc. allen Erdbürgern gegen entsprechendes Entgelt die Möglichkeit, eine 20-sekündige Audio- oder Videobotschaft mithilfe einer in der Nähe von Cape Canaveral stationierten fünf Meter großen Parabolantenne ins All zu senden. Manchmal kommt auch ein mobiler, mit einer 4-Meter-Schüssel ausgerüsteter Bus zum Einsatz. Alle Mitteilungsbedürftigen und Zahlungswilligen erhalten eine Urkunde, auf der auch die Übertragungsdaten, sprich die Himmelskoordinaten und der genaue Zeitpunkt der Übertragung, verzeichnet sind.

Damals, zur guten alten Zeit, die man bekanntlich retrospektiv gerne meist zu einer solchen schnell verklärt, fing alles noch als großes Abenteuer an. Die Drake-Botschaft, deren Transmission 1974 im Beisein von mehr als 200 geladenen Gästen begossen und gefeiert wurde, war einst von einem eigentümlichen Zauber umgeben (S. 48) und löste allerorts mehrheitlich Faszination und Erstaunen aus. Heute indes kann jeder Amateur-Radioastronom mit einer leistungsstarken 4-Meter-Schüssel und einem sendestarken Transmitter persönliche Audio- oder Video-Botschaften (oder Piktogramme) permanent ins Universum senden. Gewiss, mit der Sendeenergie der großen Arecibo-Anlage in Puerto Rico oder der Evpatoria-Schüssel können die kleinen Antennen nicht im Geringsten mithalten. Deren Transmitter sind letztlich viel zu schwach, um eine kosmische Flaschenpost tief ins All zu befördern. Dennoch versinnbildlicht ihre bloße Existenz, aber auch die Sendebereitschaft ihrer Besitzer, die ad libitum interstellar pulsen können, dass aus dem Abenteuer METI längst eine Spielerei geworden ist, die immer mehr ins Triviale und Kommerzielle abrutscht. Die verloren am Rande des Sonnensystems schwebenden Pioneer- und Voyager-Raumsonden, versehen mit wissenschaftlich fundierten Grüßen für die Ewigkeit, sind schon lange von den unsinnigsten lichtschnellen Video- und Bildsignalen überholt worden. Das Sammelsurium an Funksignalen, die wir seit 1896 tagtäglich unabsichtlich und seit 1974 phasenweise absichtlich ins All senden, könnte schlimmstenfalls für uns apokalyptische Konsequenzen haben. Denn jede von uns hoffnungsvoll ins stellare Meer geworfene Flaschenpost könnte eine für uns fatale Antwort heraufbeschwören ...

11 Interstellare Büchse der Pandora?
Wie gefährlich ist ein Kontakt via Radio- und Lichtwellen?

Es ist eine Unterstellung, dass sie friedliebend sein werden – eine gefährliche Unterstellung.

Sir Bernard Lovell, 1987

Von Xenophobie zur Kardinalfrage

Die Angst vor dem Unbekannten, dem völlig Fremdartigen, die in der einschlägigen Literatur unter dem Namen Xenophobie firmiert, ist in der menschlichen, womöglich auch außerirdischen Psyche tief verankert.

Was vor allem wir als Homo sapiens mit unseren Sinnen nicht zu tasten, zu sehen und zu hören vermögen, wirkt auf uns zeitweilig höchst bedrohlich. Oft assoziieren wir mit dem Andersartigen, dem Unsichtbaren etwas Gefahrvolles, schlimmstenfalls etwas Todbringendes in Gestalt einer irdischen oder gar einer furchteinflößenden außerirdischen Kreatur.

Das englische Wort Alien bildet sowohl sprachlich als auch inhaltlich eine Brücke zwischen dem Unbekannten sowie Fremdartigen und dem Außerirdischen. Einerseits steht das Adjektiv *alien* für *fremd*, *fremdartig* und *ausländisch*, andererseits scheint sich das Nomen ausschließlich auf ein außerirdisches Individuum respektive eine *fremde* Lebensform zu beziehen, ja geradezu für eine solche reserviert zu sein. So verwenden viele den Begriff Alien als Synonym für ET (Extraterrestrials = Außerirdische) oder ETI (Extraterrestrial Intelligence = außerirdische Intelligenz), allerdings mit einer negativeren Ausprägung. Denn seitdem in dem amerikanischen Kino- und Science-Fiction-Gruselklassiker *Alien. Das unheimliche Wesen aus einer fremden Welt* aus dem Jahr 1979 – filmtechnisch und von der Spannungsdramaturgie her in diesem SF-Subgenre sicherlich unübertroffen – das Fremdartige und Böse seinen Meister in einer aggressiven außerirdischen Lebensform fand, assoziieren viele mit dem eigentlich wertneutralen Begriff Alien, bewusst oder unterbewusst, eine höchst feindselige extraterrestrische intelligente Kreatur, die ihren chancenlosen Opfern keine Gnade oder Mitleid zuteil werden lässt.

Dass derart kriegerische Geschöpfe auch in der Gedankenwelt vieler seriöser Wissenschaftler und SETI-Anhänger Jahr für Jahr immer mehr an Raum einnehmen, ohne dass dabei Science-Fiction-Vorlagen eine Rolle spielen, ist ein relativ neuer Trend. Tatsächlich prägt eine neue Qualität die gegenwärtige wissenschaftliche Debatte über Aliens, von der in akademischen Kreisen vor vier Jahrzehnten kaum einer ernsthaft Notiz genommen hätte. Im Mittelpunkt stehen dabei – wie in dem legendären *Alien*-Film mit seinen drei Fortsetzungsstreifen – ausgesprochen angriffslustige Wesen aus dem All, gleichwohl nur als »Denkmöglichkeit«, als theoretische Gefahr, aus der aber nach Meinung einiger pessimistisch gestimmter Forscher durchaus eine reale für die Menschheit erwachsen könnte.

Während das Szenarium eines Angriffs einer außerirdischen Rasse auf die Menschheit seit dem Buchklassiker *War of the Worlds* von H.G. Wells (1898) eines der beliebtesten Motive in der SF-Literatur wurde, ignorierten Wissenschaftler solcherlei Gedankenspiele bis zum Jahr 1974 beharrlich. Diese Haltung änderte sich erstmals nach der Arecibo-Botschaft von Frank Drake. Als geistiger Vorreiter trat der englische Radioastronom Sir Martin Ryle (1918–1984) in Erscheinung, der sich – kurz nachdem Drake und einige Kollegen eine auf die Schnelle selbst entworfene Nachricht zu einem 25.000 Lichtjahre entfernten Kugelsternhaufen ins All gesandt hatten – zu Wort meldete und über die in seinen Augen verantwortungslose und spontane Aktion schimpfte.

> *»Wir können nie wissen, ob es dort draußen feindselige oder hungrige Geschöpfe gibt, und wenn sie von uns erfahren, könnten sie vielleicht kommen und uns angreifen oder auffressen.«*[495]

Abgesehen von Frank Drake, der seinerzeit im Bestreben, die Wogen zu glätten, mit Ryle den Kontakt suchte, nahmen viele SETI-Anhänger die Anmerkungen des frisch gekürten Nobelpreisträgers in Physik anfangs noch stillschweigend, später sogar mit Erheiterung zur Kenntnis. Doch nach den beiden »Cosmic Calls« von 1999 und 2003 änderte sich die Situation schlagartig. Es kam zu einem Paradigmenwechsel, der in einem offenen Streit mit teilweise hart geführten Wortduellen gipfelte. Bei diesen verbalen Scharmützeln drängten mit einem Mal Fragen in den Vordergrund, die in dieser offenen Form zuvor keiner jemals zu stellen gewagt hatte und die noch heute auf

495) Zit. nach Zaitsev, Alexander L.: The SETI Paradox, in: Bull. Spec. Astrophys. Obs., 60, 2006, S. 4.

Außenstehende anmuten müssen, als seien sie allesamt einem schlechten Science-Fiction-Roman entliehen. Im Zentrum des Interesses stehen vier unbeantwortete Fragen, die gelegentlich die Gemüter immer wieder erhitzen:

- Ist es angemessen und sinnvoll, die Initiative zu ergreifen und aktiv Radio- oder Lichtbotschaften ins All zu pulsen, um einen Kontakt mit einer außerirdischen Zivilisation herzustellen?
- Wie soll eine solche Botschaft im Idealfall aussehen? Welche Informationen soll sie enthalten?
- Wer soll sie formulieren? Wer spricht für die Erde?
- Welche Risiken gehen mit einer aktiven Suche einher?

Bei diesen vier Fragen geht es nicht darum – und darauf sei explizit verwiesen –, wie eine Botschaft nach einem »First Contact« verfasst und codiert werden soll. Welches Prozedere nach dem Erhalt einer verifizierten außerirdischen Flaschenpost angedacht ist, welche abgesprochenen staatlichen und internationalen Bürokratismen und Automatismen für den Fall der Fälle greifen sollen, bevor eine Antwortbotschaft formuliert und entsandt wird, ist nicht Bestandteil der Active-SETI- und METI-Diskussionen, sondern fällt ausschließlich in den Bereich CETI.

Zur Kardinalfrage innerhalb der Active-SETI- und METI-Diskussion indes erhob sich eine, die vielmehr das gesamte Spektrum der Science-Fiction-Ängste widerspiegelt: Wie hoch ist das Risiko, dass wir feindlich gesinnten Zivilisationen via Kosmogramm nicht nur die Position der Erde verraten, sondern von uns selbst vorschnell Informationen preisgeben, die eine oder mehrere aggressiv geartete Spezies auf den Plan rufen oder eine halbwegs neutrale dazu ermuntern könnte, unser Wissen ohne eine Gegenantwort einfach zu inkorporieren?

Um das theoretische Risiko einer aktiven Funkbotschaft abzuschätzen, schlug der ungarische Astronom Iván Almár während einer Konferenz in San Marino 2005 vor, in Anlehnung an die Richter-Skala ein ähnlich geartetes metrisches System zu entwickeln. Zusammen mit dem SETI-Forscher Paul H. Shuch, dem Vorsitzenden der SETI League, einer Vereinigung von sehr engagierten SETI-Amateurastronomen, initiierte und konzipierte er kurze Zeit später die San Marino Skala,[496] die Mitglieder der IAA »SETI Permanent Study Group« (SPSG) verfeinerten und 2007 absegneten.

---

496) Almár, Iván/Shuch, H. Paul: The San Marino Scale: a new analytical tool for assessing transmission risk, in: Acta Astronautica (Januar 2007), Bd. 60, Nr. 1, S. 57–59.

San Marino Skala (2005)		
Wert	→	**Potenzielle Gefahrenstufe**
10	→	außerordentlich hoch
9	→	außerordentlich
8	→	tiefgreifend und weitreichend
7	→	hoch
6	→	beachtlich
5	→	mittelhoch
4	→	mäßig
3	→	klein
2	→	sehr gering
1	→	unbedeutend, vernachlässigbar

Der Sinn und Zweck dieses Risikogradmessers besteht nicht darin, eingehende Funksignale, sondern ausschließlich abgesandte METI-Botschaften auf ihr Gefahrenpotenzial hin zu messen. »Nicht alle Übertragungen haben den gleichen Gefahren- oder Risikograd«, betonen die Autoren der Studie.[497] Den Unterschied machen charakteristische Parameter wie die Stärke der Transmission (im Verhältnis zur natürlichen Hintergrundstrahlung der Erde), die Senderichtung und Sendedauer, der Inhalt der Nachricht, insbesondere die damit einhergehende Intention des Absenders. Unter Anwendung des auf der SPSG-Website abgelegten »San Marino Scale Calculator« lässt sich das Risiko jeder Sendung berechnen.[498] Von den Werten vergangener Active-SETI-Botschaften haben aber bislang nur Insider und ausgewiesene METI-Gegner Notiz genommen. Ihnen dürfte jedenfalls geläufig sein, dass die 1974 versandte Arecibo-Botschaft von Frank Drake als *tiefgreifend und weitreichend* eingestuft und mit dem San-Marino-Skalenwert 8 versehen wurde,[499] obwohl die Flaschenpost das ursprünglich anvisierte Ziel, den 25.000 Lichtjahre entfernten Kugelsternhaufen M13, aufgrund eines Rechenfehlers nicht wunschgemäß erreichen wird.

---

497) Ebd., S. 59.

498) San Marino Scale Calculator, in: SETI League (online), September 2007 [*http://www.setileague.org/iaaseti/smicalc.htm*].

499) Gilster, Paul: San Marino: Assessing Active SETI's Risk, in: Centauri Dreams. The News Forum of the Tau Zero Foundation (02.01.2008) [*http://www.centauri-dreams.org/?p=1653*].

»Kassandrarufer« versus Befürworter

Als einer der eindringlichsten und nachhaltigsten Kritiker aller Active-SETI- und METI-Bestrebungen, die um Antworten auf diese sehr futuristisch klingende Frage nicht verlegen sind, präsentiert sich derweil ausgerechnet ein Wissenschaftler, der für das Futuristische eine literarische Schwäche hat und mittlerweile nicht von ungefähr zu den weltweit erfolgreichsten SF-Bestseller-Autoren zählt. Der 59-jährige US-Schriftsteller David Brin, der in dem Bereich Astrophysik promoviert hat und lange Jahre am Jet Propulsion Laboratory der NASA unter anderem auch als Berater für den Fachbereich Astrobiologie tätig war, hält nichts davon, irdische Botschaften ins All zu entlassen.

Noch bevor seine ersten Bestsellerromane die Verkaufsregale zahlreicher Buchhandlungen zierten, veröffentlichte er 1983 einen in SETI-Kreisen vielbeachteten Aufsatz. In ihm schimmerte bereits seine Kritik an dem einseitig positiven Alien-Bild durch, das gegenwärtig vor allem in SETI-Kreisen, selbst von SETI-Profis, gemeinhin gepflegt wird.

Einer, der stets an das Gute im Alien glaubte, war der deutsche SETI-Astronom Sebastian von Hoerner. Er konnte sich beim besten Willen nicht vorstellen, dass ausgeprägt streitsüchtige außerirdische Gesellschaften eine sehr hohe Evolutionsstufe erreichen. Bösartige Geschöpfe, die von Stern zu Stern, von Planet zu Planet wandern, um ihrer Streit- und Eroberungslust zu frönen, waren für ihn das Produkt schlechter Science-Fiction. Was von Hoerner in Büchern zu diesem Thema las und in Filmen sah, waren für ihn Ausgeburten kranker Fantasien,[500] die den Blick auf das Wesentliche verstellen. Hoerners Philosophie hierzu bringt Seth Shostak, der wie das Gros seiner SETI-Kollegen ebenfalls von der Friedfertigkeit extraterrestrischer Zivilisationen überzeugt ist, am besten auf den Punkt:

> *»Das Anwachsen der Zerstörungskraft, die der irdischen Technologie mittlerweile zu eigen ist, stellt für von Hoerner ein überzeugendes Argument dar, dass es allen Zivilisationen, die ihre eigene wissenschaftliche Evolution überlebt haben, gelungen sei, die Aggression aus ihrer Mitte zu verbannen. Außerirdischen Gesellschaften ist nur dann ein langes Leben beschieden, wenn sie passiv und friedlich sind.«*[501]

Von den »Unsterblichen«, wie er sie einmal nannte, erwartet der SETI-Begründer Frank Drake nur Gutes. Denn die Entdeckung eines Signals berei-

---

500) Hoerner, Sebastian v.: Sind wir allein? SETI und das Leben im All, Verlag C.H. Beck, München 2003, S. 137.

501) Shostak, Seth: Nachbarn im All. Auf der Suche nach Leben im Kosmos, F. H. Herbig, München 1999, S. 157.

chere die Menschheit auf unermessliche Weise. Ein Kontakt mit einer Superzivilisation zöge in wissenschaftlicher, technischer, kultureller und philosophischer Hinsicht zwangsläufig einen intellektuellen Sprung auf eine höhere Ebene nach sich.[502]

Beseelt von dem Gedanken und Wunschbild einer fortgeschrittenen Hochkultur und Superzivilisation, die um gute Beziehungen zu ihren Brüdern und Schwestern im All bemüht ist, war vor allem der große SETI-Pionier Carl Sagan. In seinem SETI-Kultroman *Contact*, der in dem gleichnamigen Film mit Jodie Foster auch zu cineastischen Ehren gelangte, entwarf der Astrophysiker den aus der Sicht von SETI-Anhängern wahrhaften Idealtypus einer aufgeklärten und hochentwickelten Metakultur. Sagan zeichnet in seinem Buch das Bild einer Gesellschaft, deren kosmisch-interkulturelle Annäherungstaktik darin besteht, zufällig oder absichtlich entsandte künstliche Signale aufzufangen, um den Absendern ein kryptisches Datenpakt zuzusenden, in dem in chiffrierter Form die Anleitung zum Bau eines interstellaren Raumschiffs deponiert ist. Wer den Code knackt, das nötige wissenschaftliche Verständnis sowie technisches Know-how mitbringt, um das Raumgefährt zu konstruieren, besteigt eine außerirdische Apparatur, mit deren Hilfe er auf einer Wurmloch-Autobahn durch den Hyperraum geschleust und in eine simulierte Projektion – ähnlich dem Holodeck im Star-Trek-Universum – entlassen wird, in der der erste Kontakt zelebriert wird. Dabei nehmen die Außerirdischen nicht nur das Aussehen der »geladenen« Spezies an, sondern schlüpfen zudem in die Rolle einer möglichst vertrauten Person des Reisenden. In Sagans Roman erscheint der Protagonistin, Ellie Arroway, das Außerirdische in Gestalt ihres verstorbenen Vaters. Sein Antlitz entfaltet Vertrautheit und emotionale Wärme, und die Tatsache, dass er obendrein in Arroways Landessprache parliert, kommt der beidseitigen Kommunikation zugute.

Auf die Frage der Romanheldin Arroway an die überlegene Intelligenz, ob das Ganze als eine Art Aufnahmeprüfung zu verstehen sei, entwickelt sich ein Dialog, der einen wundervollen Einblick in die Gedankenwelt eines eingefleischten SETI-Pioniers gibt, der wie Hoerner und viele andere renommierte Astronomen absolut davon überzeugt war, dass hochentwickelte und kommunikationsfreudige Aliens uns auch in ethischer und moralischer Hinsicht weit überlegen sind:

> *»Du darfst dir uns nicht wie interstellare Sheriffs vorstellen, die vogelfreie Zivilisationen abknallen. Nimm uns eher als eine Art Institut für Galaktische Volkszählung. Wir sammeln Informationen. Ich weiß,*

502) Dick, Steven J.: Life on other Worlds. The 20th-Century Extraterrestrial Life Debate, Cambridge University Press, Cambridge 1998, S. 242.

dass ihr denkt, niemand könne von euch etwas lernen, weil ihr technologisch so rückständig seid. Aber eine Zivilisation kann auch andere Vorzüge haben.«

Arroway: »Zum Beispiel?«

»Oh, Musik, Herzensgüte [...], Träume. Die Menschen sind sehr gut im Träumen, obwohl man das aus euren Fernsehprogrammen nie schließen würde. Überall in der Galaxis gibt es Kulturen, die mit ihren Träumen Handel betreiben.«

Arroway: »Ihr betreibt einen interstellaren Kulturaustausch? Ist es das? Ist es euch egal, wenn eine raubgierige, blutrünstige Zivilisation interstellare Raumfahrt betreibt?« [...]

»Du wärst überrascht, wenn du wüsstest, wie selten so etwas vorkommt. Auf lange Sicht zerstören sich die aggressiven Zivilisationen fast immer selbst. Es liegt in ihrer Natur. Sie können nicht anders. In einem solchen Fall wäre es unsere Aufgabe, sie in Ruhe zu lassen. Dafür zu sorgen, dass niemand sie belästigt. Damit sie ihr Schicksal erfüllen können.«[503]

Dass sich technologisch hochstehende fremde exoplanetare Kulturen automatisch durch hohe Moral und hehre Absichten auszeichnen oder sich aufgrund ihres höheren Zivilisationsalters weiser und freundlicher gerieren als wir, so wie es Sagans Nachkommen mehrheitlich auch heute noch glauben, hält der eingangs erwähnte David Brin indes für einen Trugschluss. Bereits vor 27 Jahren distanzierte er sich von solch einer Einstellung und Denkweise[504] und ergänzte die Drake-Formel konsequent um drei Faktoren, die er in Drakes alter Gleichung schmerzlich vermisst hatte. So beschreibt der erste Brin'sche Faktor n die interstellare Migration außerirdischer Superzivilisationen. Denn als Folge der expansiven Verbreitung einer extraterrestrischen Art könnten, nur wenige oder viele Lichtjahre von deren Heimatwelt entfernt, Hunderte Kolonien errichtet worden sein, auf denen auch elektromagnetische Wellen zur Kommunikation eingesetzt werden, die wiederum andere Zivilisationen detektieren könnten. Der zweite neue Faktor A soll die Wahrscheinlichkeit näher bestimmen, mit der fortgeschrittene Zivilisationen überhaupt bereit sind zu senden. Postulierte die klassische Drake-Gleichung noch,

503) Sagan, Carl: Contact. Knaur, München 1986, S. 399.

504) The »Great Silence«: the Controversy concerning Extraterrestrial Intelligent Life, in: Journal of Royal Astronomical Society (1983), Nr. 24, S. 307 [*http://www.brin-l.com/brin/silence.html*].

dass alle außerirdischen sendefähigen Zivilisationen auch wirklich die Reihe durch senden, berücksichtigt Brins Formel dagegen auch jene fortgeschrittenen Technologien, die sich aus diversen Gründen entschlossen haben, schlichtweg zu schweigen und daher von keiner anderen Spezies wahrgenommen werden können. Zu guter Letzt repräsentiert der dritte Neue im Bunde, der Faktor N^*, die Anzahl der infrage kommenden bewohnten Welten innerhalb einer im Rahmen eines Suchprojekts abgetasteten Raumzone.[505]

Mittlerweile ist Brins Standpunkt insbesondere in praktischer Hinsicht radikaler geworden, wohl deshalb, weil die Anhängerschaft der Active-SETI-Methode selbst immer radikaler, sprich ihre Bereitschaft zu senden immer größer geworden ist. Hinzu kommt, dass die Debatte immer weitere Kreise zieht.

Brin hingegen zählt im stetig wachsenden Chor der METI-Skeptiker nicht nur zu den führenden Theoretikern, sondern auch zu den schärfsten Kritikern. Wann immer Wissenschaftler und die Medien über dieses Thema philosophieren und spekulieren, ist seine Meinung gefragt. Bei jeder sich bietenden Gelegenheit – so auch in der sehenswerten deutschen TV-Dokumentation *Die wahren »Alien-Jäger«. Großer Lauschangriff ins All* (2008) – kleidet Brin sein Hauptargument immerfort in eine kurze und schlüssige Formel. Es ist in der Regel eine, die zur Vorsicht mahnt.

Brin führt das Fehlen eines bisherigen ersten Kontakts über elektromagnetische Wellen nicht auf die Abwesenheit extraterrestrischer Intelligenz im Universum zurück. An deren Existenz zweifelt er keineswegs. Was die klassischen SETI-Suchprogramme seit 50 Jahren praktizieren, hält er für elementar wichtig und richtig.[506] Nur wertet er das große Schweigen im Äther als Indiz dafür, dass hochentwickelte technologische Zivilisationen – wenn überhaupt – ihre Signale höchst dosiert einsetzen.[507] Aus einem unerfindlichen Grund orientieren sie sich nicht an Sagans Idealtypus einer friedliebenden, altruistischen Superzivilisation, die im Sinne eines interplanetaren Kulturaustauschs sowohl fleißig horcht als auch sendet. Nein, Brins Außerirdische üben sich vielmehr in Zurückhaltung. Doch genau diese Attitüde sollte uns, wie Brin betont, nachdenklich stimmen, insbesondere diejenigen unter den SETI-

505) Näheres zu David Brins Formel siehe ders., The »Great Silence«, a.a.O, S. 284 ff.; vgl. auch Brian Mc Connell. Beyond Contact. A Guide to SETI and Communicating with Alien Civilizations, O'Reilly, Cambridge 2001, S. 68 ff.

506) Brin, David: Shouting at the Cosmos ... or how SETI has taken a worrisome turn into dangerous territory, in: Lifeboat Foundation Special Report [*http://lifeboat.com/ex/shouting.at.the.cosmos?print*].

507) »Es könnte sich zeigen, dass das große Schweigen dem in einem Kinderzimmer ähnelt, in dem Erwachsene sanft und leise sprechen, um die blumigen und farbenfrohen Träume ihrer Kinder nicht zu stören.« Brin, David: The »Great Silence«, a.a.O., S. 307.

Enthusiasten, die nicht mehr länger gewillt sind, passiv zu lauschen, sondern am liebsten permanent in den Weltraum funken würden.[508] Die für Brin zentrale Frage kann daher nur lauten: Wenn freilich da draußen viele intelligente Spezies existieren, die sich darauf verständigt haben, allesamt zu schweigen, ist dann nicht die Frage naheliegend, ob wir ihrem Beispiel folgen sollten? Könnte es nicht sein, dass die Gründe für ihr Schweigen tiefgreifender Natur sind?

> *»Wenn Aliens wirklich so fortgeschritten und selbstlos sind und sich dennoch entschlossen haben, ruhig zu bleiben und nicht zu senden – sollten wir dann nicht in Betracht ziehen, ihrem Beispiel zu folgen, zumindest für eine Weile?«*[509]

Ein zu freizügiges Verschicken von Datenpaketen könnte auch den irreversiblen Verlust wertvollen Geistesguts nach sich ziehen. Denn wer maßlos und einseitig Botschaften ins kosmische Blaue hinein oder im extremsten Fall den Inhalt des gesamten World Wide Web ins All pulse, verscherbele laut Brin seine interstellare Handelsware freiwillig.

Entgegen der von Sagan literarisch verklärten Superzivilisation, die ganz gezielt einen interplanetaren Kulturaustausch fördert, mahnt Brin zu Weitsicht und Abstinenz und fordert, mit den intellektuellen und kulturellen Ressourcen unserer Gesellschaft möglichst sparsam zu haushalten, weil sie unser größtes Kapital sind. Denn was hätte unsere Kultur einer fremden Rasse später einmal noch zum Tausch anzubieten, beamte sie vorschnell ihr gesammeltes Wissen, ihre Musik, ihre Wissenschaft und ihre Bücher als Geschenk großzügig und unwiderruflich weg? Könnte ein hemmungsloses einseitiges interplanetares Mitteilungsbedürfnis sich als größter Fehler aller Zeiten erweisen? Könnten künftige Historiker geneigt sein, diejenigen, die einstmals das Erbe der Menschheit unbesorgt und altruistisch ins All geschleudert haben, als größte Menschheitsverräter zu bezeichnen, weil sie ohne Gegenleistung gesendet und uns »alle damit ärmer gemacht haben«?[510]

Dass ausgerechnet der bekannte SETI-Radioastronom Seth Shostak der strittigen Active-SETI-Methode etwas Positives abgewinnen kann, obwohl er wie Frank Drake, Jill Tarter und John Billingham längst offiziell davon Abstand genommen hat, im Rahmen des SETI-Programms eine irdische Botschaft ins All zu senden, spiegelt die ambivalente Haltung der SETI-Profis

---

508) Ders.: Die Gefahren des Erstkontaktes, in: Leben im All. Positionen aus Naturwissenschaft, Philosophie und Theologie, Hrsg.: Tobias Daniel Wabbel, Patmos-Verlag, Düsseldorf 2005, S. 89.

509) Ders., Shouting at the Cosmos, a.a.O.

510) Ders., Die Gefahren des Erstkontaktes, in: Leben im All, a.a.O., S. 106.

unserer Ära nur allzu deutlich wider. Zu diesem delikaten Thema gehen in der SETI-Szene die Meinungen weit auseinander.[511] Während der 1996 verstorbene Carl Sagan trotz seiner positiven Einschätzung der moralischen Qualitäten außerirdischer Gesellschaften davon abrät, kosmische Visitenkarten zu verteilen, statt dessen empfiehlt, sich lieber für längere Zeit aufs Zuhören zu beschränken,[512] plädiert Shostak neuerdings für eine Doppelstrategie. Seine Devise lautet fortan: Horcht nach Funksignalen, sendet aber auch fleißig!

Geht es darum, überraschende Ideen zum Besten zu geben, nimmt der sympathische, konservative Advokat der klassischen SETI-Suche selten ein Blatt vor dem Mund und kontert bisweilen mit »liberalen« Ideen. Dabei gelingt es ihm aber nicht immer, andere mit seinem Optimismus zu infizieren. So dürfte David Brin fraglos irritiert gewesen sein, als Shostak 2009 mit dem Vorschlag überraschte, Außerirdische mit so vielen Informationen wie nur irgend möglich einzudecken, ihnen das aktuelle Wissen der Welt, alle im World Wide Web konzentrierten und gespeicherten Bits und Bytes zuzusenden. Per Radiosignal ließe sich die planetare Enzyklopädie binnen sechs Monaten als kompakte Lieferung verschicken. Mittels eines Infrarot-Laserstrahls könne die ganze Prozedur, so Shostak, innerhalb von nur zwei Tagen abgewickelt sein.[513]

In seinem elf Jahre zuvor publizierten Erstlings(solo)werk liest sich dies jedoch anders. Darin weist Shostak explizit darauf hin, es gebe keine Garantie dafür, dass die Ethik der Außerirdischen der unsrigen in irgendeiner Form gleiche. Technologische Überlegenheit drücke sich nicht automatisch in Kultiviertheit oder moralischer Tugendhaftigkeit aus. Daher könne es durchaus sein, dass sie uns im Falle eines Kontakts alles andere als zuvorkommend behandeln:

> *»Es ist […] vorstellbar, dass Aliens wissenschaftlich auf höchstem Stand, kulturell aber Barbaren sind. […] Seine [die des Alien] Einstellung gegenüber Menschen oder anderen Wesen im Universum kann so unterschiedlich sein wie die des Menschen gegenüber Kakerlaken und Cockerspaniels.«*[514]

Zu einer Zeit, in der es noch keinen wissenschaftlichen Diskurs über die Vorzüge, Nachteile und Gefahren der Active-SETI- und METI-Variante gab, hat

511) Ders., Shouting at the Cosmos, a.a.O.

512) Ebd.

513) Shostak, Seth: Confessions of an Alien Hunter. A Scientist's Search for Extraterrestrial Intelligence, National Geographic Society, Washington, D.C. 2009, S. 242 f.

514) Ders.: Nachbarn im All. Auf der Suche nach Leben im Kosmos, F.A. Herbig, München 1999, S. 131 f.

sich Frank Drake mit seiner Arecibo-Botschaft von 1974 auf kosmische Weise verewigt. Es war das stärkste Radiosignal, das bislang die Erde verließ. Sein Kollege aus Russland, Alexander L. Zaitsev, hat indes schwächere, dafür aber bereits mehrere Sendungen zu den Sternen geschickt. Um mit leistungsstarken Radioteleskopen seine METI-Philosophie alleine in die Tat umzusetzen, nutzt er praktisch jede sich ihm bietende Gelegenheit, interplanetare Datenpakete zu verschicken.

Das Akronym METI und die gleichnamigen Projekte hat Zaitsev selbst ins Leben gerufen. Ihn als Nestor der »Active SETI«-Bewegung zu bezeichnen, ist deshalb angebracht, weil er wie weltweit kein anderer Wissenschafter von dem Gedanken besessen ist, im Auftrag der Menschheit laut ins All hinauszurufen.

Der oft selbst im Fokus der Kritik stehende Russe geizt bezüglich der konventionellen SETI-Suchmethode keineswegs mit Kritik. Die Situation, dass sich die weltweit verstreuten Radioastronomen darin gefallen, den Himmel ausschließlich passiv nach extraterrestrischen Funksignalen abzutasten und von aktiven Sendungen bewusst abzusehen, dabei aber stillschweigend voraussetzen, dass andere Zivilisationen fleißig senden, bezeichnet Zaitsev als SETI-Paradoxon. Wenn wir nur suchten, von uns jedoch nichts hören ließen, von den *Anderen* freilich eine genau gegenteilige Philosophie und Vorgehensweise erwarteten, bleibe jeglicher Kontakt reine Illusion.[515]

Ohnehin hält Zaitsev die Diskussion über machtbesessene und kriegerische Aliens, die jede fremde Botschaft gleich als Angriffsignal zum interstellaren Eroberungsfeldzug interpretierten, für naiv. Zu einer »METI-Phobie«[516] bestünde kein Anlass. Feindselige Außerirdische würden uns auch dann lokalisieren, wenn wir keine Botschaften sendeten. Sollten uns eines Tages jene barbarischen, blutdürstigen und rücksichtslosen Räuber aus dem All heimsuchen, die wir aus dem Science-Fiction-Universum zur Genüge kennen, hätten wir ohnehin keine Chance. »Sie werden uns finden«, so Zaitsev.[517] Schließlich verlassen seit Anfang des 20. Jahrhunderts unentwegt Radiowellen die Erde, seit den 1940er-Jahren sogar intensive Radarstrahlen, verursacht von vielen starken, unablässig arbeitenden Militärradarsystemen, die Russland und die USA für ihre Raketenabwehrsysteme installiert haben und die seit den frühen 1970er-Jahren sogar 24 Stunden am Tag operieren.[518]

515) Zaitsev, Alexander L.: The SETI Paradox, in: Bull. Spec. Astrophys. Obs. (2006), Bd., 60, S. 1.
516) Ebd., S. 4.
517) Ebd., S. 5.
518) Ebd.

Der Russe erklärt, dass insbesondere Radarstrahlen, die zu astronomischen Zwecken verwendet werden, noch stärkere Emissionen verursachen. Die Wahrscheinlichkeit, dass uns außerirdische Zivilisationen infolge einer METI-Aktion entdecken, ist seinen Berechnungen nach eine Million Mal geringer als beim Einsatz von Radarstrahlen zur Planeten-, Kometen- und Asteroidenobservation.[519] Und selbst dieses Szenarium sei recht unwahrscheinlich, da die Radarstrahlen eben nur auf bestimmte Objekte fokussiert werden und nicht gezielt an andere Sternsysteme gerichtet sind. Weil das Universum höchst materiearm sei und ergo größtenteils aus leerem Raum bestehe, verlören sich auch die kleinsten Funkfetzen solcher Transmissionen im All.[520]

Neben den qualitativen gebe es, so Zaitsev, bei den Funksendungen auch quantitative Unterschiede. Immerhin seien bis April 2008 weltweit schätzungsweise 1400 auf Radarstrahlen basierende Beobachtungsreihen mit den drei leistungsstärksten Radarteleskopen, dem Arecibo Radar Telescope (ART), dem Goldstone Solar System Radar (GSSR) und dem Evpatoria Planetary Radar (EPR), durchgeführt worden, wohingegen bis April 2008 nur insgesamt 16 METI-Transmissionen die Erde verlassen haben.[521] Sollte sich daher jemand ernsthaft Sorgen machen, jemals von einer bösartigen Metakultur entdeckt zu werden, müsse er nicht METI, sondern zuallererst die Radarastronomie verbieten.[522]

Angesichts der auf der Erde zu beobachtenden Entwicklung, dass die Mehrheit der etablierten SETI-Wissenschaftler sich gegen eine aktive Kontaktaufnahme mit Aliens ausspricht, schlägt Zaitsev – sicherlich auch in Anspielung auf Brins Formel – eine Erweiterung der Drake-Gleichung um den Faktor f_m vor. Der Parameter f_m stünde sodann für jene Zivilisationen, die daran Interesse haben und den Mut aufbringen, der METI-Philosophie entsprechend auch wirklich aktiv und immerfort Nachrichten ins All zu pulsen. Fakt sei nun einmal, betont Zaitsev, dass unsere Zivilisation nur solche Kulturen im Kosmos lokalisieren könne, die auch in einem fort senden, also just das praktizieren, was unsere Kultur sträflich vernachlässigt:

---

519) Zaitsev, Alexander L.: Detection probability of terrestrial radio signals by a hostile Super-Civilization, in: Journal of Radio Electronics (Mai 2008), Nr. 5, S. 1, Hrsg. Yu.V. Gulyaev [*http://jre.cplire.ru/jre/may08/2 /text_e.html*].

520) Ders.: Sending and Searching for Interstellar Messages, in: Acta Astronautica (September 2008), Bd. 5-6, Nr. 63, S. 614–617 [doi: 10.1016/j.actaastro.2008.05.014 – S. 4].

521) Ders.: Detection probability of terrestrial radio signals by a hostile Super-Civilization, a.a.O., S. 1 f.

522) Ebd., S. 3.

»[...] in einer kommunikativen Phase zu sein und METI-Botschaften zu versenden ist nicht dasselbe. Obwohl wir uns in einer kommunikativen Phase befinden, sind wir beispielsweise keine kommunikative Zivilisation. Wir unternehmen keine Anstrengungen, gezielt und regelmäßig interstellare Nachrichten zu entsenden.«[523]

Bei alledem birgt die konventionelle Suche nach Funksignalen in den Augen Zaitsevs auch Gefahren. Nicht auszuschließen sei nämlich, dass nach dem Eintreffen einer außerirdischen Funknachricht ohne adäquate restriktive Kontrolle der UNO oder anderer Organisationen nur eine irdische Nation in den Besitz der kosmischen Flaschenpost gelangen und deren Inhalt zur Durchsetzung eigener Expansionspläne missbrauchen könnte. Gesegnet mit dem Wissen einer zum Beispiel um 100.000 Jahre älteren Technologie, könnte sich ein gewaltbereiter Staat der Erde darin bestärkt fühlen, eine Superwaffe zu konstruieren und mit dieser offen zu drohen.[524]

Doch von wenigen Ausnahmen abgesehen steht Zaitsev mit seinem Plädoyer für eine intensive und regelmäßige »Active SETI«-METI-Kampagne recht allein da. Der Chor der warnenden Stimmen, die alles übertönen, ist groß, die Stimmen selbst sehr ausdrucksstark, stammen sie doch vornehmlich von renommierten Autoren und Wissenschaftlern, die Zaitsev in puncto Fantasie weit voraus sind. Die Kassandrarufe kommen von Ronald Bracewell oder Freeman Dyson, die in der SETI-Szene beinahe Kultstatus genießen. Während der US-Astronom Bracewell darauf hinweist, dass unsere Signale außerirdische Mächte anlocken könnten, deren Raumschiffe schwerbewaffnet sind, da auch Aliens höchstwahrscheinlich keine interstellaren Reisen ohne eine angemessene Selbstverteidigung antreten würden,[525] plädiert der US-Physiker Dyson für eine wissenschaftliche Vorgehensweise:

»Es ist genauso unwissenschaftlich, fortgeschrittenen Intelligenzen Gelassenheit und Weisheit zuzuschreiben, wie ihnen irrationale und mörderische Absichten zu unterstellen. Wir müssen auf beide Möglichkeiten vorbereitet sein und unsere Suche entsprechend durchführen.«[526]

---

523) Zaitsev, Alexander L.: The SETI Paradox, a.a.O., S. 5.

524) Ders.: Sending and Searching for Interstellar Messages, a.a.O., S. 3 [doi: 10.1016/j.actaastro.2008.05.014].

525) Zit. nach: Michaud, Michael: Contact with Alien Civilization. Our Hopes and Fears about Encountering Extraterrestrials, Springer, New York 2007, S. 244.

526) Michaud, Michael: »Active SETI« is not Scientific Research, 2004, in: SETI League [*http://www.setileague.org/editor/actvseti.htm*].

Die Natur des Universums könnte zwei Arten von hochstehenden ETIs hervorgebracht haben, betont Dyson, nämlich friedliebende und eher an der Zunahme von Wissen und Weisheit interessierte Alien-Philosophen oder von Planet zu Planet ziehende gewaltbereite Kreaturen, deren Ziel es ist, die gesamte Galaxis zu unterjochen.

Andere Skeptiker üben sich in ähnlich gearteter Schwarzmalerei. So bezeichnet der Pulitzer-Preisträger und Evolutionsbiologe Jared Diamond die Vorgehensweise der »Active SETI«-Anhänger als »naiv« und »gefährlich«. Die Arecibo-Botschaft von 1974 wertet er als »selbstmörderische Eselei« und setzt diese Aktion mit einem historischen Beispiel in Korrelation. Denn einstmals hätte auch der Herrscher der Inkas den goldgierigen spanischen Eroberern von dem Reichtum seiner Stadt erzählt und diese damit nur noch neugieriger gemacht. Die Geschichte des Homo sapiens lehre eben, dass ein erster Kontakt und Austausch zwischen primitiven Völkern und hochstehenden Zivilisationen, die in unterschiedlichen Ökosystemen und Kulturen leben, sehr oft mit der Vernichtung des Schwächeren ende. Sein Resümee ist hochgradig pessimistisch:

> *»Wenn dort draußen wirklich Zivilisationen existieren, die Radioastronomie betreiben und innerhalb unserer Reichweite sind, dann sollten wir um Himmelswillen unsere Transmitter ausschalten, um einen Kontakt zu vermeiden, andernfalls sind wir dem Untergang geweiht.«*[527]

Auch der Nobelpreisträger für Medizin (1967) George Wald gesteht freimütig, dass er sich keinen schrecklicheren Albtraum vorstellen könne, als mit einer außerirdischen überlegenen Technologie in Kontakt zu treten.[528]

Selbst die *New York Times* schenkte diesem delikaten Thema Aufmerksamkeit. 1982 schürte ein namentlich nicht aufgeführter Autor in einem Beitrag viele altbekannte Science-Fiction-Ängste und warf die Frage auf, was wohl passierte, wären hoch technisierte Aliens »unfreundlich, hinterhältig oder sogar kannibalistisch« veranlagt. Da unsere Vergangenheit zeige, dass stets die rücksichtsloseren und stärkeren Nationen ihre unterlegenen Nachbarn angegriffen, ausgelöscht oder unterdrückt hätten, könnte ein Kontakt mit außerirdischen Zivilisationen hochgefährlich werden. Die Frage sei nur, ob sich die Sterngucker dessen bewusst seien.[529] Genau sechs Jahre davor konnten sich die Leser der *New York Times* im Editorial eine gegenteilige Meinung zu Gemüte führen. In einem Beitrag mit der Überschrift »Soll sich

527) Diamond, Jared: The Third Chimpanzee. New York, Harper Collins 1992, S. 214.
528) Michaud, Michael, Contact with Alien Civilization, a.a.O., S. 238.
529) Beware the Cow in E.T. Barn [N.N], in: New York Times (28.12.1982).

die Menschheit verstecken?« resümiert der Verfasser, das Universum sei viel zu reich, als dass sich intelligente Hochkulturen dazu genötigt fühlen müssten, den spärlichen Schatz der Erde mit hungrigen Blicken zu beneiden. »Es gibt keinen Grund anzunehmen, dass außerirdische Intelligenzen im Weltall feindselig und räuberisch sein müssen.«[530]

Michael Archer, ein in Sydney forschender und lehrender australischer Biologe, sieht größten Anlass zur Vorsicht, weil auch jede außerirdische Kreatur auf ihrem Planeten die Evolutionsleiter Sprosse für Sprosse mühsam habe erklimmen müssen. Wer diesen beschwerlichen Weg einmal gegangen sei und überstanden habe, müsse im höchsten Grade abgehärtet und kämpferisch sein. Daher würden auch andere außerirdische intelligente Arten nicht minder böse und durchtrieben sein als wir: »Sie werden wie ein extrem angepasster und aggressiver Superräuber sein«, so Prof. Archer.[531]

Neben Bracewell sind auch andere Astronomen auf die vermeintlichen Hochkulturen im Universum nicht gut zu sprechen, wie etwa Robert Rood von der University of Virginia in Charlottesville (USA). Der Astronom warnt davor, sich der Illusion hinzugeben, ein gutgemeinter Ruf ins All ziehe ausschließlich ein positives Echo nach sich. Eine solche Aktion ähnele vielmehr der eines urzeitlichen Hominiden, der von der Baumkrone aus mit Rufen eine Katze anzulocken versuche, in Wirklichkeit aber einen Säbelzahntiger aus der Höhle hole.[532]

Der 1993 in England verstorbene tschechische Astronom Zdenek Kopal empfiehlt sogar, auf eine Kontaktaufnahme mit intelligenten fremden Geschöpfen ganz zu verzichten. Sollte das Weltraumtelefon klingeln, wäre es ratsam, nicht abzuheben und zu antworten, um keine schlafenden Hunde zu wecken. Wer unnötig auf sich aufmerksam mache, laufe Gefahr, für den anderen, besser gesagt die *Anderen* eine Spur zu attraktiv und interessant zu werden.[533]

Wie gering die Wahrscheinlichkeit ist, dass primitive Zivilisationen mit kosmischen Überfliegern jemals direkt in Kontakt treten und diesen womöglich ausbauen, führt der renommierte, an der City University in New York (US-Bundesstaat New York) lehrende Physiker Michio Kaku vor Augen. Der Mitbegründer der Stringtheorie vermutet, dass die Einstellung außerirdischer Superzivilisationen uns gegenüber der entsprechen könnte, die wir gegenüber einem Ameisenhaufen an den Tag legen. Anstatt vor diesem haltzumachen,

---

530) Should Mankind Hide? [N.N.], in: New York Times, Editorial (22.11.1976).

531) Michaud, Michael.: »Active SETI« is not Scientific Research, in: The SETI League (online) (2004) [*http://www.setileague.org/editor/actvseti.htm*].

532) Zit. nach: Michaud, Contact with Alien Civilization, a.a.O., S. 244.

533) Zit. nach: Michaud, »Active SETI« is not Scientific Research, a.a.O.

niederzuknien und den Tierchen »Glasperlen und billigen Schmuck« anzubieten, werde die Mehrzahl der Menschen ihn eher ignorieren und ohne Zögern passieren. Selbst einen geplanten Feldzug gegen den Bau und seiner Bewohner erachtet er als sinnlos, weil der Gegner weder eine Bedrohung darstelle noch eine besondere Bedeutung habe. Die einzige reale Gefahr, die den Ameisen durch uns drohen könne, bestehe darin, »im Weg zu sein und einfach niedergewalzt zu werden«.[534] Douglas Adams lässt grüßen ...

Um das bisherige Ausbleiben außerirdischer Besucher zu erklären und die Gefahren eines Kontakts mit hochentwickelten Mega-Kulturen aus dem All zu verdeutlichen, bedient sich der weltbekannte englische Astrophysiker Stephen Hawking desgleichen einer Insekten-Analogie. Er hält es für möglich, dass fortgeschrittene Intelligenzen von unserer Existenz wissen, andererseits aber nicht im Geringsten an einem Dialog interessiert sind und uns lieber »in unseren primitiven Säften schmoren« lassen. Hawking zweifelt allerdings an der Generosität der Fremden. Wenn der Mensch sich nicht daran störe, wie viele Insekten und Würmer er tagtäglich unter seinen Fußsohlen zerquetsche, sei es nicht auszuschließen, dass Superzivilisationen genauso handelten.[535] Kritisch äußert sich Hawking über die Plaketten der Pioneer 10 und 11 und die goldenen Schallplatten der Voyager-1- und -2-Sonden (S. 241), die Kunde von unserer Welt geben und zugleich die Position derselbigen verraten. Dies könne uns eines Tages zum Nachteil gereichen, ja sogar zum Verhängnis werden. Denn der Besuch von Außerirdischen könne laut Hawking den Anfang vom Ende der Menschheit einleiten, weil solcherlei Überwesen tausendmal intelligenter und weiter entwickelt seien als wir und daher mit Sicherheit auch unseren Planeten allein okkupieren und bewohnen wollten.

> *»Wir sollten uns davor hüten zu antworten, wenigstens so lange, bis wir uns weiterentwickelt haben. Eine sehr fortgeschrittene Zivilisation zum jetzigen Zeitpunkt unserer Entwicklung zu kontaktieren, wäre ein wenig so, als würden wir als Ureinwohner Amerikas auf Kolumbus treffen. Ich glaube nicht, dass wir dann besser dran wären.«*[536]

Weitaus entspannter sieht dies hingegen der italienische Mathematiker Claudio Maccone, der seit dem Jahr 2000 als stellvertretender Leiter der »IAA SETI Permanent Study Group« (SPSG) fungiert und keineswegs glaubt, dass

---

534) Kaku, Michio: Die Physik des Unmöglichen. Beamer, Phaser, Zeitmaschinen, Rowohlt Verlag, Reinbek 2008, S. 193.

535) Hawking, Stephen: Das Universum in der Nussschale, Hoffmann und Campe, Hamburg 2002, S. 179.

536) Ders.: Life in Universe (Lecture), in: Website Prof. Stephen Hawking [*http://hawking.org.uk/index.php?option=com_content&view=article&id=65*].

ein Übermaß an Sendeaktivität die Invasion blutgieriger Monster bedingen könne. Seinem Dafürhalten nach werden wir ihnen »ziemlich egal sein«. Denn zwischen Menschen und Insekten (Insekten sind anscheinend in diesen Kreisen das bevorzugte Analogie-Motiv) gebe es ja auf unserer Welt ebenfalls keinen Austausch.[537]

Isaac Asimov, Science-Fiction-Autor par excellence, ist sich ebenfalls sicher, dass von Außerirdischen, die andere Planeten besiedeln, kaum Gefahr ausgeht. Denn nur Gesellschaften, die ihre Engstirnigkeit und Kampfeslust im Zaum zu halten vermögen, seien zu einer interstellaren Kolonisation fähig. Gemessen an unserer Entwicklung und unserem Verhalten müssten Geschöpfe, die ihre kritische Phase seit Langem überwunden haben, von gutwilliger Natur sein.[538] Außerdem könnten wir auch deshalb jegliche Invasionsängste ad acta legen, so Asimov, weil eine außerirdische Okkupation weder in der frühen Geschichte noch in der jungen Vergangenheit, von der Gegenwart ganz zu schweigen, jemals stattgefunden habe.[539]

Die affirmative Haltung und positive Einstellung Arthur C. Clarkes gegenüber fortgeschrittenen Aliens ist spätestens seit der legendären Verfilmung »*2001 – Odyssee im Weltraum*« weithin bekannt. In seinem zwei Jahre später publizierten Roman »Childhood's End« (dt. Titel: »Die letzte Generation«) wird Clarke noch konkreter. Hierin erscheinen eines Tages gewaltige Raumschiffe über den Großstädten der Erde. Doch mit der extrem aggressiven Rasse aus dem Film »Independence Day« haben die sogenannten *Overlords* nichts gemein. Der Menschheit präsentieren sie sich vielmehr als friedliche und technisch sowie moralisch weit überlegene Spezies. Selbst im Dienste einer übergeordneten Macht stehend, führen die *Overlords* die menschliche Zivilisation in ein goldenes Zeitalter, auf eine neue Stufe ihrer Evolution; eine, die viele andere kosmische Kulturen längst erreicht haben.[540]

Kriegerische Aliens haben in dem Weltbild des US-amerikanischen Geologen und Evolutionsforschers Stephen Jay Gould (1941–2002) desgleichen keinen Platz. Er vermutet, dass ein positives SETI-Signal eine neue Ära des

---

537) Interview Hans-Arthur Marsiske mit Claudio Maccone: Gegenwärtig hält die Mehrheit der Wissenschaftler SETI nicht für besonders interessant!, in: Telepolis.de, 21.04.2007 [*http://www.heise.de/tp/r4/artikel/25/25056/1.html*].

538) Interview Frank White mit Dr. Isaac Asimov, 11.08.1989, in: White, Frank: The SETI Factor. How the Search for Extraterrestrial Intelligence is changing our View of the Universe and Ourselves, Walker and Company, New York 1990, S. 182.

539) Asimov, Isaac: Die Apokalypsen der Menschheit. Katastrophen, die unsere Welt bedrohen, Bastei-Lübbe, Bergisch Gladbach 1986, S. 265.

540) Lesenswerte Lektüre: Clarke, Arthur C.: Die letzte Generation. Wilhelm Heyne Verlag, München 2003.

Homo sapiens einläuten und das »umwälzendste Ereignis« in seiner »gesamten intellektuellen Geschichte« sein werde.[541]

Von intelligenten Rassen, die zu den Sternen reisen, gehe nach Meinung des russischen Astronomen und aktiven SETI-Forschers V. L. Gindilis mitnichten irgendeine Bedrohung aus. Wir seien vor ihnen sicher, so Gindilis. Nicht etwa, weil sie von Natur aus freundlich und gutmütig seien, sondern weil sie an uns nicht das geringste Interesse hätten. »Ich glaube, wir können dies mit Nachdruck garantieren.«[542]

Inzwischen hat der schon seit einigen Jahren latent unter den Wissenschaftlern gärende Disput, ob der Homo sapiens aktiv mit gezielten Botschaften ins All nach außerirdischen Intelligenzen suchen soll, größere Dimensionen angenommen. Ehemals ausschließlich im SETI-Milieu hoffähig und en vogue, stellte diese Streitfrage Mitte Oktober 2006 ausgerechnet die weltweit angesehene Wissenschaftspublikation *Nature* einer größeren (akademischen) Öffentlichkeit erstmals vor. Nicht irgendwo versteckt im Mittel- oder Endteil des Magazins, sondern für jedermann gut sicht- und lesbar im Editorial, in dem ein unbekannter Autor die Risiken der »Active-SETI«-Methode offen zur Sprache brachte. Zugleich nahm der *Nature*-Autor mit eindringlichen Worten die verantwortlichen Wissenschaftler unmissverständlich in die Pflicht:

> *»[...] die von ›Active SETI‹ ausgehende Gefahr ist real. Es ist nicht ersichtlich, ob alle außerirdischen Zivilisationen freundlich sein werden oder dass sogar ein Kontakt mit einer friedliebenden Kultur keine Folgen für die Menschen auf der Erde haben wird. [...] Wenn die neuen Technologien uns radikal neue Möglichkeiten eröffnen, dann haben diejenigen, die das Privileg haben, damit zu spielen, die Pflicht, sich intensiv und breit über die Gefahren solcher Möglichkeiten auszutauschen.«*[543]

Veranlasst zu diesem Leitartikel sah sich *Nature* infolge des Kongresses der International Academy of Astronautics (IAA) in Valencia (Spanien), der wenige Tage vor der Veröffentlichung des Editorials seine Pforten geschlossen und zumindest aus der Sicht vieler SETI-Akteure mit einem unbefriedigenden Resultat geendet hatte.

In der IAA, die jährlich ihre Hauptversammlung im Rahmen des International Astronautical Congress (IAC) zelebriert, haben sich Experten weltweit

541) Dick, Steven J.: Life on other Worlds. The 20th-Century Extraterrestrial Life Debate, Cambridge University Press, Cambridge 1998, S. 243.

542) Zit. nach: Michaud, Contact with Alien Civilization, a.a.O., S. 243.

543) Ambassador for Earth. [N.N.], in: Nature (12.10.06) (Editorial), Bd. 443, Nr. 606 [doi: 10.1038/443606a].

organisiert, um die Entwicklung der Astronautik für friedliche Zwecke zu fördern und auf diese Weise – metaphorisch ausgedrückt – die Grenzen des Weltalls zu erweitern. Die Nichtregierungsorganisation wurde am 16. August 1960 in Schweden gegründet und arbeitet seitdem eng mit der International Astronautical Federation (IAF) und nationalen sowie internationalen Raumfahrtagenturen zusammen. Innerhalb der IAA wiederum hat sich Maccones SPSG seit 2001 zu einer festen Institution gemausert, in der SETI-Forscher Workshops organisieren und wissenschaftliche Aufsätze veröffentlichen. Fernerhin diskutieren sie über aktuelle fachspezifische Fragen und anstehende Entscheidungen und stimmen nach dem demokratischen Mehrheitsprinzip ab. Auch wenn allein die Vielzahl von Anträgen, Beschlüssen, Protokollen und alle vor und hinter den Kulissen ausgetragenen Streitereien über die Aktivitäten von METI und die damit verbundenen Gefahren Stoff für etliche Bücher böten und sicherlich gesonderte Aufmerksamkeit verdienten, wollen wir uns hierin nicht zu sehr vertiefen. Nicht zuletzt deshalb, da das einzig Konkrete, das sich bis dato aus alledem herauskristallisiert hat, nur den Charakter einer inoffiziellen Empfehlung hat. Es ist bestenfalls eine Devise, der man folgen kann, aber nicht muss. Und die heißt: Sendet besser nicht!

Aber genau dieser »Wahlspruch« fand auf der IAA-Konferenz in Valencia im Oktober 2006 keine Mehrheit. Nach harten Wortwechseln über das Für und Wider von Active SETI und METI fanden die beiden zerstrittenen Lager keinen Konsens. Weder die Optimisten, die von gutwilligen und friedfertigen Aliens ausgehen, noch die Pessimisten, die mit bösen, heimtückischen Geschöpfen rechnen, konnten die jeweils anderen von ihrer Philosophie überzeugen. Als in Valencia einige Mitglieder der SPSG darüber hinaus gegen den Widerstand vieler ankündigten, eine Arbeitsgruppe für »Active SETI« ins Leben rufen zu wollen, folgten Konflikte auf höchstem Niveau, die mit einem schwachen Kompromiss endeten. Es war einer, den vor allem die Skeptiker nur mit Zähneknirschen zur Kenntnis nahmen, da die Gruppe sich dagegen aussprach, METI-Aktionen generell zu verbieten. Im Klartext bedeutete dies, dass es jedem Besitzer eines halbwegs leistungsstarken Radioteleskops mitsamt Transmitter nach wie vor freigestellt blieb, seine persönliche Depesche ins All zu entsenden und sich als »Botschafter für die Erde« aufzuspielen.[544]

Aufgrund des enttäuschenden Ergebnisses verließ der ehemalige NASA-Wissenschaftler und engagierte SETI-Wissenschaftler John Billingham die Gruppe aus Protest. Seiner Meinung nach war eine konstruktive Auseinandersetzung über die möglichen Folgen einer einseitigen Kontaktaufnahme mit außerirdischen Zivilisationen in der Öffentlichkeit zu kurz gekommen. »Wir

544) Ebd.

reden darüber, die Kommunikation mit anderen Zivilisationen aufzunehmen«, lautete sein Kommentar, »aber wir wissen nichts über deren Ziele, Fähigkeiten und Absichten.«[545] Ratsam sei es, wenn künftig alle in METI involvierten Wissenschafter eine Art hippokratischen Eid ablegten, eine Grundsatzerklärung über unser »galaktisches« Verhalten, die gemäß dem klassischen Vorbild lauten müsse: Vor allem schade nicht![546]

Dem Beispiel Billinghams folgte auch Michael Michaud, der früher im US-Außenministerium gearbeitet und dem SETI-Team zeitweise als Vorstandsmitglied angehört sowie ein Standardwerk zu SETI verfasst hatte.[547] Er nahm es seinen Kollegen übel, dass sie weiteren METI-Aktionen im Verlaufe der Diskussion keinen Einhalt geboten hatten. Michaud, der allen »Active SETI«-Bestrebungen stets mit Skepsis begegnete, kämpfte schon seit Jahren gegen ein zu freimütiges Versenden von Funkbotschaften. Michaud forderte die METI-Akteure dazu auf, sich künftig so lange zurückzuhalten, bis die Konsequenzen ihrer Transmissionen gründlich bedacht worden seien, bis darüber en detail diskutiert und notfalls abgestimmt worden sei. Mit Blick auf die von den Verantwortlichen zu fällenden Entscheidungen nach einem ersten Kontakt mit extraterrestrischen Intelligenzen und den damit einhergehenden Risiken und Gefahren erstellte Michaud 2003 ein Diskussionspapier mit dem vielsagenden Titel »Ten Decisions that could shake the World« (»Zehn Entscheidungen, die die Welt verändern könnten«). In dem Dokument verlieh er unter anderem seiner Besorgnis Ausdruck, dass ETIs die empfangenen terrestrischen Signale zur Positionsbestimmung der Erde nutzen könnten. Nicht zuletzt vergrößere sich die Neugierde der Fremden durch jede von uns ausgesandte Botschaft. Insbesondere bei denjenigen Rassen, die der interstellaren Raumfahrt längst mächtig seien, müsse man mit Besuchen rechnen:

> *»Wir können nicht davon ausgehen, dass ein bewohntes Universum infolge der Entfernungen zwischen den Sternen von Natur aus sicher ist. Unser Schicksal könnte von der Moral der anderen abhängen. Selbst wenn keine Gewaltandrohung vorliegt, legt die Erfahrung der Menschen nahe, dass eine Ausweitung der Macht einer bestimmten Zivilisation fast immer dazu führt, diese Macht auch zu nutzen, um die eigenen Werte, Lebensformen und Institutionen auf andere Gesellschaften zu übertragen.«*[548]

545) Grinspoon, David: Who speaks for Earth?, in: SEEDMAGAZINE, 12.12.2007 [*http://seedmagazine.com/content/article/who_speaks_for_earth/*].
546) Ebd.
547) Michaud, M.: Contact with Alien Civilization, a.a.O.

Kaum tragbar hingegen ist Michauds Ansicht nach, dass derweil einige SETI-Protagonisten und Betreiber von Radar-, Radio- sowie Fernsehstationen selbstherrlich und höchst optimistisch wild drauf los senden, ohne zuvor die Konsequenzen zu überdenken und zu wissen, was genau zu tun sei, wenn wirklich eines Tages ein Signal entdeckt werden sollte oder bereits der erste Schritt zu einer Kommunikation erfolgt sei.

Noch heute ist völlig unklar, wohin die »Active-SETI«-Reise gehen soll, zumal sich die Hauptakteure immer noch auf keine offizielle Regelung, kein rechtsverbindliches Dokument oder keinen für alle Seiten bindenden Vertrag geeinigt haben.[549]

Die aktive Suche, das Versenden von irdischen Daten ins kosmische Blaue hinein, geht weiter – trotz aller denkbaren Risiken und Gefahren, die in der Tat nicht gleich null sind.

Extraterrestrischer Pluralismus

Im Star-Wars-Universum stand er auf der dunklen Seite der Macht und agierte als finsterer Diener des Imperators – in der METI-Szene steht sein Name für das absolute »Worst-Case«-Szenarium, das zahlreiche Science-Fiction-Geschichten auf literarische, triviale und filmische Weise häufig mehr schlecht als recht durchspielen: der Angriff aus dem All, die Invasion feindlicher außerirdischer Wesen, die Eroberung unserer Heimatwelt durch teuflische Kreaturen oder gefühlskalte Roboter. Alexander L. Zaitsev spricht in diesem Zusammenhang vom »Darth Vader«-Szenarium. Obwohl der Vater des METI-Gedankens solcherlei Ängste mit Nachdruck ins Reich der SF-Fantasien verbannt und eine extraterrestrische Invasion in wissenschaftlicher Perspektive für hochgradig unwahrscheinlich hält, macht er dennoch ein winziges Restrisiko aus, demzufolge die von uns kontaktierten Aliens vom Naturell her in der Tat gefährlich, habgierig und imperialistisch sein könnten. Sie könnten über uns herfallen.[550]

Wenn schon der unnachgiebigste Verfechter der »Active SETI«-METI-Methode in diesem Punkt eine minimale Restwahrscheinlichkeit konzediert, ist der Gedanke naheliegend, dass das reale Risiko eventuell noch um ein Jota höher sein könnte. Denn auch vernunftbegabte Aliens werden im Verlaufe

548) Ders.: Ten Decisions that could shake the World, in: Space Policy, Bd. 19, Nr. 2 (Mai 2003), S. 132 [doi: 10.1016/S0265-9646(03)00019-5].

549) Shuch, Paul H./Almar Iván: Shouting in the Jungle: The SETI Transmission Debate, in: Journal of the British Interplanetary Society (April 2007), Bd. 60, Nr. 4, S. 142.

550) Zaitsev, Alexander L./Chafer, Charles M./Braastad, Richard: Making a Case for METI, in: SETI League (online) [*http://www.setileague.org/editor/meti.htm*].

ihrer Evolution einer Hydra begegnet sein, die der Homo sapiens seit seinem Erscheinen in Form von Krieg, Gewalt, Eroberungs- und Zerstörungslust sehr gut kennt. Bis auf den heutigen Tag haben weder er noch ein Herakles, auch kein Staat, keine Regierung, keine Gesellschaft das irdisch-mythische Ungeheuer zu bezwingen vermocht. Der sich durch die gesamte Geschichte der Menschheit ziehende rote Faden verdankt seine Farbe dem traurigen Umstand, dass die Spuren einer jeden menschlichen Generation immerfort mit Blut getränkt waren.

So anmaßend, fantastisch und Science-Fiction-lastig es klingen mag – selbst auf anderen bewohnten Welten werden Blutspuren davon Zeugnis ablegen, dass das Damoklesschwert der Gewalt auch über außerirdischen Häuptern schwebt, ob diese nun Ohren à la Spock oder Facettenaugen wie irdische Fliegen haben. Es drängt sich in diesem Zusammenhang die Frage auf, warum nur auf der Erde eroberungssüchtige und kaltblütige Zivilisationen ihre Nische gefunden haben sollen. Wäre es nicht denkbar, dass das Zusammengehen von Expansionsdrang und Aggression ein weit verbreitetes kosmisches Phänomen ist? Ist nicht auf galaktischer Ebene ein aggressiver Impetus für Superzivilisationen, welche die eigene Galaxie besiedeln und sogar erobern wollen, ebenso unabdingbar, im Idealfall sogar von Vorteil?

Immerhin führt uns die Geschichte der Menschheit auf drastische Weise vor Augen, dass der Drang zur Expansion seinen Quell stets aus den Untugenden Aggression und Machtstreben bezog. Zu allen Zeiten, in allen Kulturen, galt von jeher das ungeschriebene sozialdarwinistische Gesetz, dass militärisch hochgerüsteten, strategisch versierteren und technisch höher entwickelten Zivilisationen oder Nationen automatisch das Recht zukommt, den schwächeren Völkern den Garaus zu machen. In den Annalen unserer Spezies finden sich Beweise en masse, die mit grausiger Offenheit dokumentieren, dass von diesem vermeintlichen Recht oft, sehr oft Gebrauch gemacht wurde. Gäbe es ein Ranking in unserer Galaxis, wie konsequent und rigoros die Mächtigen auf ihrer Heimatwelt ihren Machtanspruch zum Leidwesen der Schwächeren ohne Rücksicht auf Verluste durchgesetzt haben, belegte unser Planet – und zu dieser wenig gewagten Prognose steht der Autor dieser Zeilen – einen Spitzenplatz.

Unsere Vorliebe, technisch und kriegsstrategisch unterlegene Völker und Rassen rücksichtslos auszurauben, auszuplündern, zu unterdrücken, zu misshandeln, zu versklaven und nicht selten sogar ganze Kulturen auszumerzen, kam bei der Conquista und in der Ära des Imperialismus sehr deutlich zum Vorschein. Während der Conquista, dem mehr als ein Jahrhundert dauernden, von Spanien und Portugal in Gang gesetzten Prozess der Eroberung des mittel- und südamerikanischen Festlands ab 1492, fielen Scheinchristen und brutale Eroberer vom Schlage eines Hernán Cortés, Pedro de Alvarado oder Francisco Pizarro erbarmungslos über ahnungslose unschuldige Menschen her. Im Zeitalter des Imperialismus (»Hochimperialismus«) nahmen sich die europäischen Groß- und Mittelmächte – vom Eroberungswahn getrieben – die Freiheit heraus, Überseekolonien in Afrika und Asien zu etablieren, um den dortigen Bewohnern die Segnungen der Zivilisation in Gestalt von Mord und Todschlag zuteil werden zu lassen. Die Liste der von Homo sapiens begangenen Grausamkeiten ließe sich nach Belieben fortsetzen. Und ein Ende ist noch lange nicht in Sicht, da sich unsere Art weiterhin von ihren atavistischen Instinkten nicht lösen kann und will.

Angenommen, die Außerirdischen brächten nur 20 Prozent der Angriffslust auf, mit der unsere Vorfahren auf dieser Welt gewütet haben (über die Nachfahren wollen wir mit Rücksicht auf die begrenzte Seitenzahl dieses Buches kein Wort verlieren), dann erscheinen die Ängste der METI-Skeptiker plötzlich in einem anderen Licht. Denn eingedenk unserer eigenen blutrünstigen Geschichte bekommt auf einmal der Faktor Vorsicht eine besondere Note. Er wird zum guten Ratgeber, weil ungeachtet der immerfort zugeschriebenen positiven altruistischen Eigenschaften der Aliens ein »extraterrestrisches Restrisiko« bleibt. Im Konzert der Superzivilisationen könnten eben doch raumfahrtbegeisterte und aggressiv-expansive Rassen mitmischen, die Imperialismus im größeren, sprich kosmischen Stil betreiben. Manch Spezies könnte eine gutgemeinte Visitenkarte, ein Funk- oder Signalfeuer, als Einladungskarte auslegen. Sollten Ethik und Moral außerirdischer Hochintelligenzen auch nur ansatzweise der unsrigen entsprechen, bleibt nur die Hoffnung, dass sie mit ihren galaktischen oder intergalaktischen Brüdern und Schwestern anders verfahren als etwa die Conquistadores mit den Inkas und Mayas oder die Mächte des 19. Jahrhunderts mit vielen afrikanischen Völkern und asiatischen Nationen.

Davon ausgehend, dass wir auf der Suche nach den kosmischen Nachbarn ganz gewiss nicht die Einzigen sind, nähern wir uns in der Absicht, eine Antwort zu finden, ganz vorsichtig der delikaten Frage, wie groß tatsächlich die reale Gefahr für die Menschheit ist, infolge aktiv ausgesendeter Radio- oder Lichtwellen böse außerirdische Geister heraufzubeschwören. Hierbei orientieren wir uns an der sehr optimistischen Prognose von Carl Sagan aus dem Jahr 1966, der seinerzeit nicht ins Blaue extrapolierte, sondern die fünf Jahre zuvor kreierte Drake-Formel konsequent anwendete.

Sagan, von dem der weltberühmte Science-Fiction- und Sachbuchautor Isaac Asimov einmal ganz unbescheiden gesagt haben soll, er sei neben ihm und Marvin Lee Minsky der klügste Mensch, den er jemals getroffen habe, schätzte die Anzahl intelligenter Zivilisation in der Milchstraße auf sage und schreibe eine Million. Keine Frage, ein stolzer Wert, den wir, weil wir ja Vorsicht walten lassen wollen, sicherheitshalber durch zwei teilen. Somit bleiben immer noch 500.000 Megakulturen, die das nötige Know-how und die Technik besitzen könnten, mit anderen Lebensformen in Kontakt zu treten. Hier kommt nun David Brins Formel nochmals ins Spiel, der die Drake-Gleichung mit drei weiteren Faktoren ergänzte. Sie erinnern sich? (S. 257 ff.) Genauer gesagt wollen wir uns auf den Brin'schen Faktor A beschränken, der für die Anzahl hochentwickelter außerirdischer Technologien steht, die entweder unbeirrt funken, um für andere »erkennbar« zu werden (Brin notiert hierfür den Wert 1) oder ganz bewusst nichts von sich preisgeben und lediglich lauschen (Wert O).

Extrapolieren wir einfach frisch von der Leber weg, dass die eine Hälfte der 500.000 verbliebenen ETI kontaktfreudig und die andere höchst verschwiegen ist. Unter Einbeziehung des Faktors A kämen wir sodann auf 250.000 sende- und empfangsbereite Zivilisationen. Nicht zuletzt sollten wir noch den von Alexander F. Zaitsev erschaffenen Parameter f_m berücksichtigen, der dem Brin'schen Faktor A zwar ähnelt, aber noch stärker das »aktive« Moment hervorkehrt. Er bezieht sich nämlich nicht bloß auf die empfangs- und sendebereiten außerirdischen Gesellschaften, sondern berücksichtigt jene Welten noch nachhaltiger, deren Bewohner wirklich aktiv und regelmäßig Kosmogramme ins All pulsen. Voller Zuversicht legen wir uns auf die Zahl 200.000 fest. Nicht vergessen wollen wir unsere Eigenkreation P_B: den O-Bryan-Proxmire-Parameter (S. 99 ff.). Er prangert die Engstirnigkeit und den intellektuell fehlenden Weitblick aller Entscheidungsträger an – universumweit. Denn auch fernab der Erde werden die Suchprogramme anderer Zivilisationen Energie und Zeit beanspruchen, die nun einmal irgendwie »finanziert« werden müssen. Wir wissen nicht, auf wie vielen Exoplaneten ebenfalls kurzsichtige Politiker in interstellarer Hinsicht auf Sparkurs gegangen sind. Aber lassen wir uns nicht beirren und blicken hoffnungsvoll nach vorn und ziehen von den 200.000 sende- und empfangsbereiten sowie sendewilligen Technologien ein Viertel ab. Erfreulicherweise verbleiben uns immer noch 150.000 Zivilisationen. Und gehen wir zugleich davon aus, dass von den 150.000 Lebensformen zwei Drittel sich den Status einer Superzivilisation auf ihre Fahnen schreiben können. Die sich nun daraus ergebenden beiden wichtigen Fragen, die sich nach unserem zugegebenermaßen sehr willkürlichen Gedankenexperiment (jeder angegebene Wert hätte ein anderer sein können und dürfen) herausdestillieren lassen, lauten somit: Wie viele der sende- und empfangsbereiten sowie sendewilligen Superzivilisationen pflegen einen aggressiven Habitus? Wie viele Alien-Kulturen haben einen Hang dazu, schwächere Zivilisationen zu versklaven, deren Planeten auszuplündern oder die einheimischen Lebensformen allesamt auszurotten?

Um hierauf eine halbwegs zufriedenstellende Antwort zu erhalten, knüpfen wir uns nochmals das kosmologische Prinzip vor. Es besagt bekanntlich, dass der Raum homogen und isotrop ist, das Universum folglich keinen Mittelpunkt hat. Keine Richtung, kein Punkt im Kosmos ist ausgezeichnet. Die Raumkrümmung hat im Mittel überall den gleichen Wert, und die Materie ist fernerhin genauso homogen verteilt. Selbst ultraintelligente Außerirdische, die noch nicht mit Wurmlöchern oder Schwarzen Löchern experimentieren, sitzen also räumlich und zeitlich im selben Boot wie wir. Wenigstens am Anfang waren die Gesetze der Physik für alle gleich.

Vielleicht spiegelt sich diese Gleichheit oder Gleichartigkeit auch in den moralischen und ethischen Werten außerirdischer Gesellschaften wider. Denn wenn das Universum für alle gleich ist, kein Ort in ihm ausgezeichnet, die Materie darin allerorten von gleicher Natur ist, all seine Lebewesen eine Evolution vom Einfachen zum Komplexen hin durchlaufen haben, wenn wir also alle Kinder des Wasserstoffs sind, muss es dann nicht so sein, dass wir uns auch in moralischer und ethischer Hinsicht ähneln? Aus unserer Sicht wären das Gute und das Böse dann ein *all*gegenwärtiges Prinzip, ein omnipräsenter Grundsatz im Universum, eine Art kosmisches Yin und Yang. Hieraus wäre sogleich die bittere Konsequenz zu ziehen, dass sowohl *gute* als auch *böse* Rassen und Arten ihren Platz im Universum gefunden haben müssen.

Unsere Auffassung von Pluralismus als gemeinhin friedliche Koexistenz verschiedener Interessen, als Vielfalt von Ansichten und Lebensstilen, sollte im Universum desgleichen auch für die Multiexistenzen gelten, die wir in unserem Gedankenexperiment auf 100.000 in der Galaxis geschätzt haben. Sie versinnbildlichen das, was wir extraterrestrischen Pluralismus nennen wollen. Die Außerirdischen unterscheiden sich in puncto Morphologie, im psychischen, physischen und natürlich im mental-geistig-intellektuellen Bereich gravierend oder manchmal auch nur subtil voneinander. Viele werden anders sein als die anderen, manche in erstaunlicher Verwandtschaft mit ihren interstellaren Brüdern und Schwestern stehen, wenige ihnen gleichen. Eines jedoch ist gewiss: Die Charaktere und die Einstellung zu den moralischen und ethischen Werten, die auf unserer Welt zuweilen von Kontinent zu Kontinent, von Nation zur Nation differieren, werden auch von Exoplanet zu Exoplanet voneinander abweichen. Rufen wir uns die 100.000 »extrapolierten« Zivilisationen erneut in Erinnerung, die in der Milchstraße theoretisch leben könnten (aber nicht müssen!), dann wird ersichtlich, dass unter ihnen – gemessen an unseren Wertmaßstäben – viele friedfertige Arten existieren müssen. Lebewesen, die so ganz nach unserer Façon wären. Geschöpfe, die so weise und mitteilungsbedürftig wären, wie die Superzivilisation in Carl Sagans Buch *Contact*. Viele SETI-Wissenschaftler, die nach wie vor an das Gute im Alien glauben, zeichnen immer wieder das Idealbild des hoch moralischen Außerirdischen. Ihr Credo: Nur fortgeschrittene Zivilisationen, die das Böse längst vertrieben und der Aggression abgeschworen haben, sind langfristig überlebensfähig.

Doch Vorsicht! Es verbietet sich eigentlich von selbst, dem naiven Glauben anzuhängen, alle hochstehenden Zivilisationen seien automatisch sanftmütig und friedliebend, nur weil es ihnen irgendwann im Verlaufe ihrer technischen Evolution gelungen ist, das kritische Stadium zu überwinden, den »globalen« Krieg respektive die totale Selbstzerstörung abzuwenden. Denn im Universum können ebenso hochaggressive Lebensformen ihre heiklen Momente problemlos gemeistert haben. Eventuell hat ihnen dabei ihre Kampf- und Streitlust mehr geholfen als geschadet. Das Zepter der Macht in ihrem Sonnensystem fest in den Händen haltend, kann bei solchen Arten schnell »interstellares« Fernweh aufkommen, vor allem dann, wenn sie realisieren, wann eine Reise lohnt und wohin es geht.

Extraterrestrischer Pluralismus bedeutet eben auch, dass da draußen gleichfalls expansive und von ihrer Natur aufs Töten konditionierte Spezies herumgeistern könnten. Vielleicht ist von den 100.000 Kulturen nur ein Zehntel extrem feindselig. Und vielleicht beherrschen nur 10 Prozent davon die interstellare Raumfahrt, von denen womöglich wiederum 10 Prozent auf demselben galaktischen Spiralarm wie wir beheimatet sind. Es wären dann immer noch sage und schreibe 100 Superzivilisationen, die uns umgäben, in deren ständiger Reichweite wir wären.

Selbst wenn das »Darth Vader«-Szenarium recht unwahrscheinlich ist und das zuvor Beschriebene sehr an Science-Fiction erinnert, haben Außerirdische mit kriegerischen Absichten dennoch gute Karten, unsere METI-Depeschen oder unseren Funkabfall aufzufangen und zu entziffern, der seit 1896 mit zunehmender Intensität die Erde verlässt und mittlerweile eine Kugel mit einem Radius von 114 Jahren ausfüllt. Eine Zone, in der mehrere 1000 Sterne beheimatet sind.

Sie könnten aber auch anders taktieren und den umgekehrten Weg beschreiten. Sie könnten ihren künftigen Opfern ebenso gut eine Anleitung zum Bau einer Höllenmaschine zusenden. Im Unterschied zu Carl Sagans friedvollen Außerirdischen in *Contact* würden diese alles dergestalt arrangieren, dass ihre Apparaturen die vermeintlich primitiven Rassen nicht durch Wurmlöcher in andere Welten entführen. Nein, deren technisches Wunderwerk würde die Heimatwelt der Unglückseligen entweder flugs in die Luft sprengen oder alles Leben dort restlos vernichten. Es wäre ein interstellares trojanisches Pferd, eine perfide List, die im Science-Fiction-Universum schon Anwendung gefunden hat.

Aus der Sicht distinguierter und friedlicher Zivilisationen könnten aber genauso gut wir die Bösen, sprich die kosmischen Barbaren sein. Denn unsere freizügig und freiwillig versandten Daten- sowie Informationspakete, insbesondere der Informationsmüll unserer Gesellschaft, der seit Jahrzehnten in Form von Fernseh-, Radio- und Radarwellen ungeplant in den Kosmos wandert, zeichnen bekanntlich kein rosiges Profil unserer kriegerischen Art. Vor allem sophistische, hochintellektuelle, allein der Philosophie zugewandte außerirdische Gesellschaften – es mag sie hier und da im Universum geben – könnten unser Funkfeuer und unsere Rasse als höchst beunruhigend erachten.

Das Albtraum-Szenarium ist aber ein anderes: Vielleicht warten vor unserer kosmischen Haustüre wirklich 100 sende- und empfangsbereite sowie sendewillige aggressive Superzivilisationen sehnsüchtig darauf, von einer unterentwickelten Nachbarwelt wie der unsrigen via Funk- oder Lichtsignal kontaktiert zu werden. Auch wenn die Wahrscheinlichkeit noch so gering ist – bereits ein einziges Signal in die falschen Tentakel oder krabbenartigen Scheren könnte für den Absender im ungünstigsten Fall das Ende bedeuten. Jedes eintreffende Antwortsignal einer aggressiven Gesellschaft könnte eine kosmische Büchse der Pandora in allerschlimmster Ausprägung sein. Wehe dem Erdenmenschen oder Außerirdischen, der sie öffnet!

Epilog: Quo vadis, SETI?

Viele Entdeckungen aber sind künftigen Jahrhunderten vorbehalten, wenn wir längst vergessen sind.

Seneca, ca. 63 n. Chr.

Ein schmalbandiges Signal. Ein starker Puls. Ein hoher Amplitudenausschlag. Ein rhythmisches Intervall. Ein erkennbares Informationsmuster. Eine Tonfolge, die sich deutlich von der Kakofonie des kosmischen Geräuschkonzerts abhebt und auf der 21-Zentimeter-Wasserstofflinie eine mehrtätige interstellare Sinfonie anstimmt, deren Komponist zwar unbekannt ist, aber unüberhörbar auf eine angemessene Reaktion des Auditoriums hofft. Eine gezielt gewählte Frequenz, eine starke Signalintensität, eine ungewöhnliche Polarisation und ein großer Informationsgehalt – erklänge eine solche Melodie im Radiobereich, brächte sie alles mit, was eine künstlich intonierte extraterrestrische Kantate auszeichnet. Eine kosmische Etüde, die jeder Besitzer eines leistungsstarken Radioteleskops hören und genießen könnte. Eine musikalische Botschaft, notiert und codiert in der Sprache der Mathematik. Zuerst Primzahlen, danach Subtraktions- und Additionsübungen, später komplexe Symbole und Muster, die das Fundament für eine gemeinsame Kommunikation legen. Zu guter Letzt der *eigentliche* Inhalt der astralen Flaschenpost – eine in dem Trägersignal verstaute enzyklopädische Datei außerirdischen Wissens ...

Was wäre wohl, wenn ein perfekt gestricktes und verpacktes außerirdisches Funkfeuer dieser Machart morgen auf die SETI-Antennen oder weltweit verstreuten militärischen Schüsseln prasselte, allen voran auf die Radioteleskope und Radaranlagen der US-amerikanischen National Security Agency (NSA), die mit größter anzunehmender Wahrscheinlichkeit auch ein geheimes internes SETI-Programm betreibt? Was passierte, wenn sich bald ein detektiertes Signal als der lang erhoffte Treffer entpuppte? Hätten in diesem Fall die naiv anmutenden, in verschiedenen SETI- und UNO-Protokollen schriftlich fixierten, aber nicht staatlich ratifizierten Absichtserklärungen überhaupt eine Chance, ihren koordinierten Weg zu gehen? Könnten bei einem *First Contact* die SETI-Astronomen weltweit überhaupt sorgfältig die

Echtheit des Signals in aller Ruhe prüfen und bestätigen, ohne dass die Medien die Sensation voreilig lancierten?

Wann und wie auch immer das erste interplanetare Kosmogramm bei uns eintrudelt – eines ist gewiss: Keiner von den schönen, im Vorfeld ausgeklügelten Bürokratismen wird greifen, weil bei einem Ereignis dieser Tragweite die menschlichen Reaktionen kaum kalkulierbar und vorhersehbar sind. So ziemlich alles das, was aus dem Ruder laufen könnte, wird aus dem Ruder laufen. Inwieweit die Erkenntnis, dass wir nicht *mehr* alleine sind, unsere Psyche und unser Verhalten verändert, werden noch nicht einmal die Extraterrestrier antizipieren. Werden positive Gefühle wie Glück, Hoffnung und Freude oder negative, über Skepsis und Angst bis hin zu Panik reichende Empfindungen die Oberhand gewinnen? Alle Pläne und Absichtsbekundungen der »SETI Permanent Study Group«, des SETI-Instituts, der UNO und anderer Behörden auf internationaler und nationaler Ebene sind vernachlässigbar, weil die sensationslüsterne und Panik schürende Regenbogenpresse und die Boulevardsender gerade in diesem Fall schneller schalten und walten werden als alle anderen. Sie werden als Erste von der historischen Nachricht Wind bekommen und die Neuigkeit unversehens reißerisch ausschlachten und verzerrt kolportieren.

Damit eine solche Zukunftsmusik, ob in Dur oder Moll, überhaupt erklingen kann, werden die rund um den Globus spähenden SETI-Astronomen in Zukunft alle Register der Technik, der Strategie, der Methodik, der Fantasie und der Kreativität ziehen müssen – noch intensiver als je zuvor, da bislang kein Funksignal, geschweige denn ein intelligenter Piepser, die Sphärenmusik des Äthers übertönt hat. Immerhin konnten die beflissenen SETI-Forscher bis heute weltweit mehrere Hundert verdächtige Treffer registrieren und das Gros davon Kandidat für Kandidat aussieben und als Fehlalarm entlarven.

Um ihr Ziel nicht aus den Augen zu verlieren, müssen die mit Aliens liebäugelnden Radioastronomen die alten Pfade ihrer Vorgänger links liegen lassen und völlig neue Wege einschlagen, ihr Hauptaugenmerk auf modernste Techniken, Strategien, Zielsterne, Teleskope und Hard- und Software richten. Beseelt von der Erkenntnis, dass in allen Unmöglichkeiten immer auch eine Restwahrscheinlichkeit *Möglichkeit* steckt, und im Wissen, dass das Unerwartete jederzeit eintreffen kann, werden sie in langfristiger Hinsicht – allen Unkenrufen der Pessimisten und Skeptiker zum Trotz – ihren Weg schnurstracks gehen und das Ziel vielleicht schon morgen, übermorgen, in zehn oder erst 100 Jahren erreichen. Gemessen in astronomischen, geologischen und evolutionsbiologischen Zeiträumen hat die Jagd nach den Extraterrestren noch nicht einmal richtig angefangen. Dass SETI bislang noch mit keiner Erfolgsmeldung auftrumpfen konnte, sollte uns nicht überraschen. Für Nervosität, Hektik und Frustration besteht jedoch nicht im Mindesten Anlass. Selbst wenn wir in 1000 Jahren noch keine Flaschenpost ans Erdufer gezogen haben, könnte in 1001 Jahren das Märchen wahr und der außerirdische Flaschengeist zum Leben erweckt werden. Dazu bedarf es nur der Ruhe, der Muße und ausreichender Zeit, worauf SETI in der Vergangenheit allerdings selten zurückgreifen konnte. Fast alle aktiven Sendungen (Pioneer- und Voyager-Sonden, Cosmic Calls etc.) und die passiven Horchaktionen mit angemieteten Teleskopen fanden unter großem Zeit- und Gelddruck statt. Von ihren Kollegen oftmals kritisch beäugt, manchmal mitleidsvoll belächelt, wobei ihre Arbeit gelegentlich sogar verächtlich als Nonsens abgetan wurde, führten die Lauschangriff-Aktivisten innerhalb der Radioastronomie lange Zeit ein tristes Mauerblümchendasein. Sie werkelten stets in den Nischen, die man ihnen gewährte. Doch seit Anfang der 1980er-Jahre sind sie peu à peu aus dem Schatten getreten und streben fortan einer im wahrsten Sinne des Wortes lichtreichen Zukunft entgegen. Diesen Übergang markiert die 2001 offiziell proklamierte SETI-Dualstrategie auf geradezu symbolische Weise. Seitdem fahnden diverse Forscher verstärkt nach Lasersignalen und künstlich erzeugten Lichtblitzen außerirdischer Herkunft. Inzwischen haben sie mit dem Allen Telescope Array (ATA) einen weiteren hellleuchtenden Silberstreifen am Horizont ausgemacht. In fünf bis zehn Jahren wird den SETI-Detektiven 24 Stunden am Tag und sieben Tage in der Woche ein 350 Antennen starkes Interferometer-Radioteleskop zur Verfügung stehen, das dank seines einmaligen Auflösungsvermögens und seiner großen Frequenzbandbreite das Tor zu den Sternen, Exoplaneten und deren Bewohnern noch weiter aufstößt. Hoffnungsvoll stimmt auch die über Europa verstreute moderne Teleskop-Phalanx LOFAR. Tritt sie 2012 planmäßig in Aktion, könnte SETI die größte über Datenleitungen vernetzte Teleskopanlage der Welt frequentieren und das SETI-Frequenzspektrum um weitere Frequenzen vergrößern. Nicht zu vergessen das ambitionierteste internationale Großprojekt in der Geschichte der Radioastronomie: das »Square Kilometre Array« (SKA), das in 15 Jahren seinen regulären Betrieb aufnehmen könnte. Mit dem SKA könnten die Alien-Jäger und Radioastronomen gemeinsam und zeitgleich vier Himmelsrichtungen anvisieren. Ihnen würde sich ein breites Radiofenster öffnen, das den Blick auf alle Frequenzen zwischen 100 Megahertz und 25 Gigahertz freigibt.

Parallel zu ihrer Radio- und Laser-Dualstrategie konnten die SETI-Wissenschaftler sogar jenseits des elektromagnetischen Fensters aktiv werden und nach künstlich erzeugten bzw. manipulierten Neutrinos spähen. Ab 2011 könnte SETI theoretisch die für alle Forscher zugänglichen Daten vom Ice-Cube-Detektor am Südpol auswerten. Auf Spurensuche nach artifiziell manipulierten Neutrinos müssten sie nur jedes eingehende Neutrino Partikel für

Partikel sezieren und systematisieren. Solange das erste NuSETI-Experiment (Neutrino-SETI) allerdings auf seine Premiere warten muss, müssen sich auch die aus den außerirdischen Quellen gespeisten Geisterteilchen gedulden, die vielleicht gerade massenweise durch uns hindurchströmen, ohne dass wir dies bemerken.

So sehr die futuristisch anmutende Neutrino-Variante die Fantasien entzügelt, so wenig sollte SETI im Kampf gegen die wachsenden ersatzreligiösen Strömungen und pseudowissenschaftlichen Verklärungen die Zügel schleifen lassen. Vor dem Hintergrund, dass sich SETI während ihrer 50-jährigen Schaffenszeit die akademische Anerkennung mühsam erarbeiten musste, sind der Seriosität halber alle Protagonisten gefordert, jeglichen Verschwörungstheorien und esoterischem Brimborium rigoros Einhalt zu gebieten. Schließlich lässt sich der harte, steinige und mit einer Vielzahl hoher Hürden gepflasterte Weg zu den Aliens nur beschreiten, wenn die Grenzen der guten Wissenschaft eingehalten werden. Anstatt allzu tief ins Traumland der Fantasie einzutauchen oder sich im Geflecht wirrer Thesen zu verlaufen, sollten die SETI-Macher auch in Zukunft den Boden der Wissenschaft zu keinem Zeitpunkt verlassen. Es ist nämlich gerade dieser Boden, einst geebnet von den griechischen Philosophen der Antike, auf dem SETI sein Fundament auch künftig erweitern muss. Heute, zirka 2500 Jahre nachdem die Erfinder der Natur- und Geisteswissenschaften (u. v. a.) nach den *plures mundi* (»vielen Welten«) und ihren Bewohnern Ausschau gehalten haben, schöpft SETI – ohne es vielleicht zu ahnen – indirekt aus dem reichhaltigen Fundus des antiken Erbes. Vereinte in der Antike die Philosophie als Vater- und Mutterwissenschaft noch alle Künste, aus denen sich sukzessive die Einzeldisziplinen herausentwickelten, so finden einige davon dank SETI wieder unter einem Dach zusammen. Schließlich ist SETI zu einem interdisziplinären Projekt gereift, bei dem sich Exo- und Xenobiologen, Planetenjäger, Physiker, Biochemiker, Historiker, Philosophen, Soziologen und Anthropologen auf SETI-Kongressen die Türklinken in die Hand geben und sich die Hände sogar reichen. Alle ziehen an einem Strang, um den Erfolg zu erzwingen. Wo Frank Drake vor 50 Jahren den ersten wissenschaftlichen Suchlauf startete und Nikola Tesla und Guglielmo Marconi in den 1920er-Jahren den Himmel erstmals mit einfachen Antennen nach Radiosignalen abtasteten, geht die Fahndung nach den üblichen (fremden) Verdächtigen am intensivsten weiter. Professionell koordiniert vom kalifornischen SETI-Institut, verlagern sich die Hauptaktivitäten der Horcher immer mehr zurück ins Ursprungsland der SETI-Idee. Dorthin, wo auch die meisten privaten Spendengelder fließen, von denen letzten Endes alle Observationsprogramme abhängig sind, weil staatliche Subventionen zumeist ausbleiben. Kurzsichtige, in Legislaturperioden denkende Politiker investieren bekanntlich lieber in Rüstung, Industrie, Banken und Unternehmen als in Grundlagenforschung.

In und auf Europa hat SETI keine Wurzeln schlagen können. Der Kontinent, auf dem ehemals die wissenschaftliche Methode und langfristig gesehen auch die Astronomie des Abendlands ihre Väter und Meister fanden, hat für die SETI-Idee paradoxerweise nichts übrig. Abgesehen von einem einzigen in Italien (SETI-Italia) ansässigen Programm, bei dem die 32-Meter-Antenne von Medicina parasitär genutzt wird, hüllen sich zu diesem Thema derzeit alle großen Schüsseln Europas in Schweigen. Selbst das weltweit zweitgrößte voll bewegliche Radioteleskop Effelsberg in der Eifel (Deutschland) stand von August 1972 bis heute nur ein einziges Mal für eine zweistündige, bestenfalls indirekte SETI-Spähaktion zur freien Verfügung. Die neben Medicina letzten verbliebenen europäischen Schüsseln, die außerirdische Funksignale ins Visier nehmen, starren für die engagierten Hobbyforscher der SETI League in den Himmel. Europa, der Kontinent, auf dem die Dampfmaschine, das Flugzeug, das Auto, das Teleskop, die Raumfahrt, die moderne Physik und das Science-Fiction-Genre (u. v. m.) erfunden wurden sowie die philosophische, literarische und wissenschaftliche Beschäftigung mit den Aliens ihren Anfang nahm, hat für extraterrestrische Intelligenzen sprichwörtlich keine Antennen. Europa hat sich aus unverständlichen Gründen (vorerst) aus dem SETI-Abenteuer ausgeklinkt. Eine Tatsache, die durchaus nachdenklich stimmt, sollte doch eine konstruktive Suche nach außerirdischer Intelligenz nicht allein einer Nation (USA) vorbehalten sein. Denn nur in Form einer konzertierten internationalen Anstrengung vermag SETI langfristig zu überleben. Nur wenn die staatlichen finanziellen Zuschüsse und privaten Spendengelder Hand in Hand gehen, die Suche auf allen wichtigen Frequenzen und Kanälen (sofern machbar) mit besonderem Nachdruck fortgeführt wird, die besten Teleskope sowie Interferometer auf der Erde, im Orbit und im Idealfall auf dem Mond bis zum letzten Bit ausgeschöpft werden und Fantasie sowie Optimismus sich paaren, wird SETI eines Tages die Früchte ihrer Saat ernten. Insbesondere auf der Rückseite des Erdtrabanten könnten die Astronomen ein neues Zeitalter einläuten. Fernab aller irdischen Radio- und Lichtemissionen herrschen hier geradezu paradiesische Zustände. Bereits in einigen Jahren könnte auf dem Mond im Rahmen einer unbemannten Robotermission eine kleinere, autonome Radioteleskop-Phalanx namens LunarLOFAR installiert sein, mit der SETI auch operieren könnte. Technisch machbar und finanziell realisierbar, wartet auf der erdabgewandten lunaren Seite eine der größten Chancen und Herausforderungen für die gesamte Astronomie – vor allem für SETI.

Es ist davon auszugehen, dass viele hochentwickelte, neugierige Spezies all diese Optionen längst nutzen und aus purer Kontaktfreudigkeit alles

Erdenkliche in die Wege leiten. Vielleicht auch nur, um in Erfahrung zu bringen, wer in der stellaren Nachbarschaft oder galaktischen Umgebung Fernweh nach den *Anderen* verspürt. Wenn sie Technosignaturen systematisch sammeln und katalogisieren, werden sie auch mit Radio- und Lichtwellen kommunizieren, also gängige irdische SETI-Verfahren nutzen, die für uns zeitgemäß, für sie indes hoffnungslos veraltet sind. Sollten sie jedoch zielgerichtet nach kultivierten und hochstehenden Technologien fahnden, werden sie sich anderer Techniken bedienen und jedwede Kontaktaufnahme absichtlich erschweren. Ihren interstellaren Pisa-Test würden dann nur jene Zivilisationen bestehen, die beispielsweise aus einem hochenergetischen Neutrinostrahl oder einer Folge von Gravitationswellen eine Nachricht extrahieren und dechiffrieren können. Wem dies gelänge, der hätte seine kosmische intellektuelle Reife bewiesen und die Aufnahme in den intergalaktischen Club der Besten gemeistert.

Andere Arten wiederum könnten gezielt Zeitmarker nutzen und daher nur zu ganz bestimmten kosmischen Anlässen funken, wie etwa beim Tod eines Sterns (Supernova). Dann zöge die millionen- bis milliardenfach erhöhte Leuchtkraft des sterbenden Sterns wie ein maritimer Leuchtturm im Lichtmeer der Milchstraße alle Aufmerksamkeit auf sich. Eine ideale Gelegenheit, um die Antennen auszurichten und Botschaften zu empfangen oder zu senden. Obwohl eine derartige Beobachtungsstrategie ohne großen Aufwand etabliert werden könnte, hat in diese Richtung noch kein SETI-Forscher ernsthafte Anstrengungen unternommen.

Doch vor allzu großer Sendefreudigkeit sei gewarnt! Denn wenn von SETI überhaupt eine reale Gefahr ausgeht, dann sind hierfür die Active-SETI- und METI-Befürworter verantwortlich, die schon mehrfach Botschaften mit leistungsstarken Radioteleskopen zu erdnahen Sternen gesendet haben: freimütig, voreilig, oft unter Zeitdruck und häufig fehlerhaft. Der renommierte Science-Fiction-Autor David Brin, einer der entschiedensten Gegner dieser Methode, warnt explizit und völlig zu Recht vor den Folgen einer zu freizügigen Entsendung irdischer Information ins kosmische Blaue hinein. Tatsächlich besteht eine theoretische, wenngleich ausgesprochen geringe Gefahr, dass im Zuge einer maßlosen und einseitigen datenreichen Sendung außerirdische Geister heraufbeschworen werden könnten. Denn wer kann uns glaubhaft garantieren, dass unter den ein bis zwei Millionen intelligenten Kulturen, die in der Milchstraße ihren Platz an ihrer Sonne gefunden haben, ausnahmslos friedliche Arten einladende Antwortschreiben aufsetzen? Könnte es nicht sein, dass unsere bisherigen, naiv beschrifteten Visitenkarten schon einige unbekannte Empfänger neugierig gemacht haben? Angenommen, unter diesen befänden sich raumfahrtbegeisterte, in puncto Technik uns weit überlegene Arten, die ähnlich geringe moralische und ethische Werte an den Tag legen wie wir – würden sie unsere Information ohne Gegenleistung inkorporieren? Davon ausgehend, dass allein in unserer Galaxis sich viele Kulturen voneinander unterscheiden, viele völlig anders geartet sind als die anderen, manche in erstaunlicher Verwandtschaft mit ihren interstellaren Brüdern und Schwestern stehen, wenige ihnen gleichen, werden da draußen auch expansive und von ihrer Natur aufs Töten konditionierte Spezies herumgeistern. So sehr dies nach Science-Fiction klingt und wissenschaftlich höchst spekulativ wirkt – sie könnten uns eine Anleitung zum Bau einer Höllenmaschine zusenden. Im Unterschied zu Carl Sagans friedvollen Außerirdischen in *Contact* würde sie mitnichten einen Vertreter einer primitiven Art über Wurmlöcher in andere Welten entführen. Nein, deren technisches Wunderwerk wäre ein interstellares trojanisches Pferd, eine exoplanetare Büchse der Pandora. Wehe der Spezies, die eines von beiden öffnet! Es wäre eine perfide List, die im *realen* Universum vielleicht schon Anwendung gefunden hat.

Auch wenn ein solches Szenarium eher unwahrscheinlich ist und es in der Tat höchst unwissenschaftlich wäre, hochintelligenten Zivilisationen willkürlich räuberische und mörderische Intentionen zu unterstellen, so wäre es ebenso deplatziert, ihnen Ehrlichkeit, Nächstenliebe und Weisheit zuzuschreiben, so wie dies heutzutage die meisten SETI-Anhänger tun. Sollten wir dereinst ein Alien-Signal einfangen, müssen wir streng genommen beide Möglichkeiten ins Kalkül ziehen. Für eine aktive Botschaft gilt dies umso mehr. Zurückhaltung beim Entsenden einer informationsreichen irdischen Flaschenpost wäre grundsätzlich zu empfehlen. Jedes auf die interstellare Reise entlassene schmalbandige Signal sollte wohlüberlegt und von einem internationalen Team abgesegnet sein. Denn auch auf galaktischer Ebene könnte die Sendedosis das Gift machen.

Wir können nur hoffen, dass die meisten Arten in der Galaxis und in den anderen Weltenoasen von höheren Idealen beseelt sind als unsere aggressive Spezies. Und wir können nur hoffen, dass sie weniger Gefallen daran finden, technisch und kriegsstrategisch unterlegene Völker und Kulturen derart rücksichtslos auszuplündern und auszumerzen, wie es unsere Vorfahren in der Vergangenheit aus Machtstreben und Gewinnsucht oft praktiziert haben. Ob die *Anderen* biologischer Natur sind, ihr Leben auf DNA basiert oder auch nicht, ob sie Roboter, Androiden, Klone oder bloß Computer sind – wir sollten uns nicht darüber wundern, wenn *wir* es sind, vor denen sich viele von ihnen fürchten.

Es sei auch erwähnt, dass SETI als ausgesprochen technologieorientiertes Projekt nicht nach direkten Anzeichen allgemeiner, musischer oder sozialer Intelligenz sucht, sondern strikt Technosignaturen, sprich Spuren technologischer Intelligenz, im Fokus hat, weshalb sie eigentlich ersatzweise das Akronym SETT (Search for Extraterrestrial Technology) erhalten müsste.

Im Wissen um die extrem hohe Wahrscheinlichkeit, dass in diesem Universum zahlreiche vernunftbegabte Spezies existieren, haben wir gar keine andere Wahl, als mutig, offensiv, aber mit aller wissenschaftlichen Vorsicht und Akribie Intelligenzen im Kosmos aufzuspüren, von denen allein in der Milchstraße sehr viele die samtene Schwärze des Alls und das Funkeln ihrer Lichtoasen bereits mit eigenen Augen oder Sensoren erlebt haben.

Eingedenk der Tatsache, dass unser Universum extrem kreativ, experimentierfreudig und dank seiner vielen Planeten sehr lebensbejahend ist, brauchen sich die anderen Millionen Alien-Kulturen in der Milchstraße keine Sorgen zu machen, alleine und verloren im All zu sein. Auch wenn wir alle voneinander durch Raum und Zeit getrennt sind und jeweils in unserer eigenen speziellen Raum- und Zeitblase leben, kann die Neugierde, gewiss nicht die schlechteste menschliche und sicher auch außerirdische Tugend, auch auf interstellarer Ebene Kulturen zusammenführen. So gesehen sollten wir weiterhin nach den Tentakeln, Scheren, Schwimmflossen oder Händen der *Anderen* greifen: Der Lauschangriff auf ET & Co. muss mit allen zur Verfügung stehenden wissenschaftlichen Mitteln auf allen Gebieten fortgesetzt werden. Noch stärker und intensiver als je zuvor. Selbst die futuristisch anmutende, bislang mit optischen Teleskopen und Radar durchgeführte Suche nach potenziellen außerirdischen Artefakten im Sonnensystem (SETA) hat ihre Daseinsberechtigung, sofern sie streng wissenschaftlich angelegt ist. Auf Spurensuche nach ETI sollten wir für alles Neue offen sein, ohne das Altbewährte auszublenden. Vielleicht sollten wir uns eine intellektuelle Scheibe von den alten griechischen Gelehrten abschneiden, die bereits vor 2500 Jahren völlig ohne Instrumentarium und empirische Daten, alleine ihrem Intellekt und ihrer Intuition folgend, dem außerirdischem Leben eine Chance gaben und sich ihm wenigstens gedanklich näherten.

Im Gegensatz zu ihnen verfügen wir hier und heute – in naher und ferner Zukunft umso mehr – über das notwendige technische Equipment sowie die Strategien und Methoden, erstmals mit einer fernen Intelligenz in Kontakt zu treten. Noch nie waren die Chancen für den Homo sapiens so groß, sich ins Stammbuch der Extraterrestrischen einzutragen und in deren Annalen verewigt zu werden. Ja, die Suche nach ETI muss weitergehen, zumal sie erst ganz am Anfang steht. Wir müssen sie fortsetzen, weil sie uns zu dem macht, was wir sind, wie der große Arthur C. Clarke einst auf aphoristische Weise zum Besten gab: »SETI stellt die höchstmögliche Form der Forschung dar, und wenn wir aufhören zu forschen, hören wir auf, menschlich zu sein.«

Danksagung

4711 Flaschen Wasser*, 1111 Liter Kaffee, 1962 Tassen grüner Tee, 525 Flaschen Apfel- und Orangensaft, etliche Flaschen Rotwein, unzählige Tafeln Schokolade, 99 Gummibärchen, viele Kohlenhydrate, Berge von Papier, Unmengen von Textmarkern, zahlreiche Druckerpatronen und Bücher, Zeitungen, Fachmagazine en masse, einige Konferenzbesuche, ungezählte Internetrecherchen, etliche Telefonate, E-Mails sowie Postsendungen waren nötig, damit dieses Buch genau 50 Jahre nach dem ersten SETI-Suchlauf zu Papier gebracht werden konnte. Dass mir all diese Hilfsmittel immerfort zur Verfügung gestanden haben, was keine Selbstverständlichkeit ist, erfüllt mich mit tiefer Dankbarkeit.

Zu tiefem Dank verpflichtet bin ich insbesondere all jenen kreativen Damen und Herren, die mir in meiner Schaffensphase mit Rat und Tat zur Seite gestanden und den Diskurs immerfort auf konstruktive Weise belebt haben. Hervorheben möchte ich ganz besonders Frau Carolina Haut, die das Manuskript studierte, kritisierte und die Lesbarkeit des Buches mit zahlreichen Vorschlägen erhöhte.

Ein herzliches Dankeschön auch an Frau Dr. Angelika Jockers, deren kreative Art des Redigierens geradezu beispielhaft war.

Für fachliche Korrekturen und wertvolle Ratschläge bin ich folgenden hervorragenden Wissenschaftlern und Kollegen zu großem Dank verpflichtet, die ich alphabetisch aufführen möchte: Prof. Dr. Hans-Joachim Blome, Dr. Norbert Junkes, Prof. Dr. Harald Lesch, Andrea Naica-Loebell (M.A.), Dr. Jürgen Rink, Dr. Christian Spiering, Prof. Dr. Peter Ulmschneider, Tobias Daniel Wabbel und Prof. Dr. Ulrich Walter. Letzterer, der den Sternen am nächsten kam (er war 1993 für 10 Tage im All) und mit dem ich mehrfach diskutierte, inspirierte mich am nachhaltigsten zu diesem Buch. Ihm gebührt mein besonderer Dank und gesonderte Anerkennung.

Harald Zaun
Köln, im Juni 2010

---

* Es könnten auch ein paar mehr gewesen sein. Jedenfalls kann ich nicht garantieren, dass alle aufgeführten Zahlenwerte die quantitative Dimension meines hoffentlich nicht allzu exzessiven Konsums wahrheitsgemäß widerspiegeln.

Zehn ungewöhnliche SETI-Observationen*

Datum/Zeitraum:	1960
Zielobjekt(e):	2 erdnahe Sterne (Tau Ceti und Epsilon Eridani)
Projektleiter:	Frank Drake – Projekt *Ozma*
Instrument:	NRAO (Green Bank/USA**)
Teleskopdurchmesser:	26 Meter (Radioteleskop)
Suchfrequenz:	1420 bis 1420,4 MHz
Observationszeit:	200 Stunden
Besonderheit:	Die allererste SETI-Beobachtung in der Wissenschaftsgeschichte; Beginn der Suche nach extraterrestrischen künstlichen Funksignalen.

Datum/Zeitraum:	1964 bis 1965
Zielobjekt(e):	2 Quasare (CTA-21 und CTA-102)
Projektleiter:	Nikolai Kardashev und Gennadii Borisovich Sholomitskii
Instrument:	Crimea Deep Space Station (Sowjetunion/UdSSR)
Teleskopdurchmesser:	16 Meter (8 Antennen)
Suchfrequenz:	923 MHz
Observationszeit:	80 Stunden
Besonderheit:	Die weltweit erste Suche nach Typ-III-Zivilisationen. Damals behauptete Kardashev, er habe bei CTA-102 Indizien für die Existenz einer Superzivilisation gefunden. Die Quelle war ein Quasar mit starker Rotverschiebung.

Datum/Zeitraum:	1973 bis 1974
Zielobjekt(e):	21 Sterne
Projektleiter:	Victor F. Shvartsman – Projekt *MANIA*
Instrument:	Special Astrophysical Observatory (SAO) (UdSSR)
Teleskopdurchmesser:	60 Zentimeter (optisches Teleskop)
Suchfrequenz:	5.45×10^8 MHz
Observationszeit:	unbekannt
Besonderheit:	Die weltweit erste Suche nach optischen Laserpulsen im Nanosekundenbereich. Beginn der Suche nach außerirdischen Lichtsignalen (OSETI).

Datum/Zeitraum:	1974
Zielobjekt(e):	3 erdnahe Sterne (Epsilon Eridani/Tau Ceti/Epsilon Indi)
Projektleiter:	Herbert F. Wishnia

Instrument:	NASA-Satellit *Copernicus* (OAO-3) (USA)
Teleskopdurchmesser:	82 Zentimeter
Suchfrequenz:	3×10^9 MHz
Observationszeit:	unbekannt
Besonderheit:	Erster SETI-Einsatz eines Satelliten bzw. Weltraumteleskops und erster Suchlauf im ultravioletten Bereich.

Datum/Zeitraum:	1977 bis 1980
Zielobjekt(e):	3 Sterne (wurden als Eichquellen anvisiert)
Projektleiter:	Richard Wielebinski und John Seiradakis
Instrument:	MPIFR – Radioteleskop Effelsberg (Deutschland)
Teleskopdurchmesser:	100 Meter
Suchfrequenz:	1420 MHz
Observationszeit:	2 Stunden
Besonderheit:	Das erste und letzte Mal, dass Radioastronomen mit dem größten deutschen Radioteleskop indirekt nach ETI bzw. nach Periodizitäten in »Objects of special interest« suchten.

Datum/Zeitraum:	1979
Zielobjekt(e):	Lagrangepunkte L4 und L5 im Erd-Mond-System
Projektleiter:	Francisco Valdes und Robert A. Jr. Freitas
Instrument:	Leuschner Observatorium (UC Berkeley/USA)
Teleskopdurchmesser:	76 Zentimeter (optisches Teleskop)
Suchfrequenz:	5.45×10^8 MHz
Observationszeit:	30 Stunden
Besonderheit:	Die weltweit erste offizielle Suche nach außerirdischen Artefakten bzw. interstellaren Sonden in einer stabilen Erd-Mond-Umlaufbahn im sichtbaren Licht.

Datum/Zeitraum:	1978 bis 1980
Zielobjekt(e):	54 Gammastrahlenblitze (GRB)
Projektleiter:	Michael J. Harris
Instrument:	Pioneer Venus und Venera-11- und -12-Raumsonden (USA)
Suchfrequenz:	4.84×10^{12} bis 2.42×10^{14} MHz
Observationszeit:	unbekannt
Besonderheit:	Erstmals sezierten Wissenschaftler mehrere Gammastrahlenausbrüche auf die Frage hin, ob diese von außerirdischen interstellaren Raketen stammen könnten.

Datum/Zeitraum:	1980
Zielobjekt(e):	20 Sterne
Projektleiter:	Fred Witteborn
Instrument:	NASA-University of Arizona, Mt. Lemmon (USA)
Teleskopdurchmesser:	1,5 Meter (optisches Teleskop)
Suchfrequenz:	3×10^{14} Hz
Observationszeit:	50 Stunden
Besonderheit:	Die weltweit erste Suche nach extraterrestrischen, von Dyson-Sphären stammenden Emissionen im Infrarot.

Datum/Zeitraum:	1982
Zielobjekt(e):	400 Sterne
Projektleiter:	Paul Horowitz und Teague/Linscott/Chen/Backus
Instrument:	NAIC (Arecibo-Radioteleskop) (USA)
Teleskopdurchmesser:	305 Meter
Suchfrequenz:	2840,8 und 1420 MHz
Observationszeit:	75 Stunden
Besonderheit:	Die von Horowitz eingeleitete »Koffer«-SETI-Ära bescherte SETI mehr Flexibilität und Mobilität. Bei Bedarf ließ sich das benötigte SETI-Instrumentarium in drei kleinen Kisten verstauen und zu jedem beliebigen Observatorium der Welt transportieren.

Datum/Zeitraum:	1987
Zielobjekt(e):	Region des 1977 detektierten *Wow*-Signals (OSURO 1977)
Projektleiter:	Robert Gray
Instrument:	Oak Ridge (Harvard University, USA)
Teleskopdurchmesser:	26 Meter (Radioteleskop)
Suchfrequenz:	1420,4 MHz
Observationszeit:	16 Stunden
Besonderheit:	Mit dem META-SETI-System führte Gray eine Nachmusterung jener Region vor, aus der zehn Jahre zu vor das legendäre *Wow*-Signal*** empfangen worden war.

* Bezieht sich ausschließlich auf SETI-Projekte, die abgeschlossen wurden.
** Bezieht sich auf das jeweilige Land, in dem die Observation durchgeführt wurde.
*** Das legendäre und allseits bekannte Wow-Signal wurde in dieser Liste nicht aufgeführt.

Einen Überblick über das Gros der bisherigen mehr als 120 weltweit durchgeführten SETI-Projekte geben folgende Quellen, die ihrer Wichtigkeit nach aufgelistet sind:

- SETI 2020. A Roadmap for the Search for Extraterrestrial Intelligence. Produced for the SETI-Institute by the SETI Science&Technology Working Group. Hrsg.: Ronald D. Ekers, D. Kent Cullers, John Billingham und Louis K. Scheffer, SETI Press, Mountain View 2002, S. 381–425.
- Tarter, Jill: SETI observations worldwide, in: The search for extraterrestrial life: Recent developments. Proceedings of the Symposium, Boston, MA, 18.–21. Juni 1984 (A86-38126 17-88), Dordrecht, D. Reidel Publishing Co., 1985, S. 271–290.
- Drake, Frank/Sobel, Dava: Signale von anderen Welten. Mit dem NASA-SETI-Projekt auf der Suche nach fremden Intelligenzen, Droemersche Verlagsgesellschaft/Knaur, München 1994, S. 403–409.
- Frank Drakes Auflistung online: http://www.science-at-home.de/seti-pr.php.

Quellen- und Literaturverzeichnis

Eine Auswahl der ausgewählten Quellen, Literatur und Links
(Weitere und ergänzende Literatur ist in den Fußnoten respektive im Anmerkungsapparat zu finden.)

Gedruckte Primärquellen (einschließlich Memoiren)

Bruno, Giordano: Über das Unendliche, das Universum und die Welten, Reclam Verlag, Stuttgart 1994.

Clarke, Arthur C.: Der Wächter, in: 2001: Odyssee im Weltraum. Der Roman zum Film, Heyne-Verlag, München 2001, S. 253–266.

Cusanus, Nicolaus: Die belehrte Unwissenheit. Lateinisch-Deutsch, Felix Meiner Verlag, Hamburg 1994.

Drake, Frank/*Sobel*, Dava: Signale von anderen Welten. Mit dem NASA-SETI-Projekt auf der Suche nach fremden Intelligenzen, Droemersche Verlagsgesellschaft/Knaur, München 1994.

Epikur: Von der Überwindung der Angst. Brief an Herodot, in: Epikur: Von der Überwindung der Furcht. Mit einer Einführung und Erläuterungen von Olof Gigon, Deutscher Taschenbuch Verlag, München 1991.

Gunn, James: Die Horcher, Wilhelm Heyne Verlag, München 1983.

Jones, Eric M.: Where is everybody? An Account of Fermi's Question, in: Los Alamos Technical Report, LA-10311-MS, UC 34B, März 1985.

Lucrez: Welt aus Atomen. Lateinisch-Deutsch, Reclam-Verlag, Stuttgart 1986, 2. Buch, Vers 1074 ff., S. 163.

Lukain: Der wahren Geschichte erstes Buch, in: Marsmenschen. Wie die Außerirdischen gesucht und erfunden wurden, Hrsg.: Justus Fetscher/Robert Stockhammer, Reclam Verlag Leipzig 1997, S. 61–77.

Sagan, Carl: Contact, Droemer Knaur, München 1986.

SETI Pioneers. Scientists talk about their search for Extraterrestrial Intelligence, Hrsg.: David W. Swift, University of Arizona Press, Tucson&London 1990.

SETI 2020. A Roadmap for the Search for Extraterrestrial Intelligence. Produced for the SETI-Institute by the SETI Science&Technology Working Group, Hrsg.: Ronald D. Ekers, D. Kent Cullers, John Billingham und Louis K. Scheffer, SETI Press, Mountain View 2002.

Shostak, Seth: Confessions of an Alien Hunter. A Scientist's Search for Extraterrestrial Intelligence, National Geographic, Washington, D.C. 2009.

Tesla, Nikola: Gespräch mit den Planeten, in: Marsmenschen. Wie die Außerirdischen gesucht und erfunden wurden, Hrsg.: Justus Fetscher/Robert Stockhammer, Reclam Verlag, Leipzig 1997, S.161–168.

The New York Times (New York Times Article Archive).

Voltaire: Mikromegas. Eine philosophische Geschichte, in: Marsmenschen. Wie die Außerirdischen gesucht und erfunden wurden, Hrsg.: Justus Fetscher/Robert Stockhammer, Reclam Verlag, Leipzig 1997, S. 185–204.

Zaun, Harald: »Es ist bereits zu spät!« Interview mit Frank Drake, Potsdam, 28. Mai 2009, in: Telepolis, 05.09.2009, *http://www.heise.de/tp/r4/artikel/30/30989/1.html.*

Zaun, Harald: »We've been doing astrobiology since 1984!« Remarks of Prof. Jill Tarter from the SETI-Institute (California/Mountain View) concerning the serious scientific SETI work and its problems, in: Telepolis, 09.06.2003, *http://www.heise.de/tp/r4/artikel/14/14965/1.html.*

Bücher, Monografien etc.

Aczel, Amir D.: Warum es intelligentes Leben im All geben muss, Rowohlt, Reinbek 2001.

Adams, Fred: Leben im Universum, dtv, München 2006.

Akerma, Karim: Ausserirdische Einleitung in die Philosophie. Extraterrestrier im Denken von Epikur bis Hans Jonas, Verlagshaus Monsenstein und Vannerdat, Münster 2002.

Asimov, Isaac: Außerirdische Zivilisationen. Sind wir nicht allein im Weltall?, Bastei-Lübbe, Bergisch-Gladbach 1989.

Barrow John/*Tipler* Frank: The Anthropic Cosmological Principle, Oxford University Press, 1986.

Blome, Hans-Joachim/*Duerbeck*, Hilmar/*Feitzinger*, Johannes V./*Hoell*, Josef/*Priester*, Wolfgang/*Scheffler*, Helmut/*Speer*, Fridtjof: Sterne und Weltraum, in: Bergmann-Schaefer, Lehrbuch der Experimentalphysik, Bd. 8. Hrsg.: Wilhelm Raith, Verlag Walter de Gruyter, Berlin/New York 2002.

Blome, Hans-Joachim/*Zaun*, Harald: Der Urknall. Anfang und Zukunft des Universums, C.H. Beck, München 2007.

Breuer, Reinhard: Kontakt mit den Sternen. Leben auf fremden Planeten?, Ullstein Verlag, Frankfurt a. M. 1978.

Bürgin, Luc: Irrtümer der Wissenschaft. Verkannte Genies, Erfinderpech und kapitale Fehlurteile – »Und sie hatten doch recht«, Bastei-Verlag Gustav H. Lübbe, Bergisch Gladbach 1997.

Clark, Stuart: Life on Other Worlds and How to Find It, Springer, Berlin 2000.

Crowe, Michael J.: The Extraterrestrial Life Debatte – Antiquity to 1915, A Source Book, Notre Dame/Indiana 2008.

Crowe, Michael J.: The Extraterrestrial Life Debate, 1750–1900, Dover Publications, Mineola, New York 1999.

Davies, Paul: Sind wir allein im Universum? Über die Wahrscheinlichkeit außerirdischen Lebens, Scherz Verlag, Bern/München/Wien 1996.

Davoust, Emmanuel: Signale ohne Antwort? Die Suche nach außerirdischem Leben, Seehamer Verlag, Weyarn 1997.

Dick, Steven J.: Life on other Worlds. The 20th-Century Extraterrestrial Life Debate, Cambridge University Press, Cambridge 1998.

Dick, Steven J. (Hrsg.): Many Worlds. The New Universe, Extraterrestrial Life & the Theological Implications, Templeton Foundation Press, Radnor/Pennsylvania 2000.

Fuchs, Walter R.: Leben unter fernen Sonnen. Wissenschaft und Spekulation, Droemer/Knaur, München/Zürich 1973.

Lesch, Harald/*Zaun*, Harald: Die kürzeste Geschichte allen Lebens. Eine Reportage über 13,7 Milliarden Jahre Werden und Vergehen, Piper, München 2008.

Haber, Heinz: Brüder im All. Von der Möglichkeit kosmischen Lebens, Rowohlt, Reinbek 1972.

Harrison, Albert R.: After Contact, Plenum Press, Cambridge (MA), 1997.

Hoerner, Sebastian v.: Sind wir allein? SETI und das Leben im All, Verlag C.H. Beck München 2003.

Horneck, Gerda/*Baumstark-Khan* (Hrsg.): Astrobiology. The Quest for the Conditions of Life, Springer-Verlag, Berlin/Heidelberg 2002.

Heidmann, Jean: Bioastronomie. Über irdisches Leben und außerirdische Intelligenz, Springer-Verlag, Berlin/Heidelberg 1994.

Kaku, Michio: Die Physik des Unmöglichen. Beamer, Phaser, Zeitmaschinen, Rowohlt Verlag, Reinbek 2008.

Lesch, Harald/*Müller,* Jörn: Big Bang zweiter Akt – Auf den Spuren des Lebens im All, C. Bertelsmann, München 2003.

Lovell, Sir Bernhard: Signale aus dem Weltall. Eine Einführung in die Radioastronomie vom Leiter der berühmten Sternwarte Jodrell Bank, Wilhelm Goldmann Verlag, München 1970.

McConnell, Brian: Beyond Contact. A Guide to SETI and Communicating with Alien Civilizations, O'Reilly, Cambridge 2001.

Michaud, Michael A. G.: Contact with Alien Civilizations. Our Hopes and Fears about Encountering Extraterrestrials, Springer, New York 2007.

Rees, Martin: Unsere letzte Stunde. Warum die moderne Naturwissenschaft das Überleben der Menschheit bedroht, C. Bertelsmann, München 2003.

Röhrlich, Dagmar: Hallo? Jemand da draußen? Der Ursprung des Lebens und die Suche nach neuen Welten, Spektrum Akademischer Verlag, Heidelberg/Berlin 2008.

Ross, Monte: The Search for Extraterrestrials. Intercepting Alien Signals, Springer, Berlin/Heidelberg/New York 2009.

Sagan, Carl: Signale der Erde. Unser Planet stellt sich vor, Knaur, München/Zürich 1980.

Sagan, Carl/*Agel,* Jerome: Nachbarn im Kosmos. Leben und Lebensmöglichkeiten im Universum, Kindler-Verlag, München 1975.

Sagan, Carl/ *Shklovskii*, Iosif Samuilovich: Intelligent Life in the Universe, Dell, New York 1966.

Sahm, Peter R./*Rahmann*, Hinrich/*Blome*, Hans-Joachim/*Thiele*, Gerhard P. J. (Hrsg.): Homo spaciens. Der Mensch im Kosmos. Ein interdisziplinärer Ausblick auf Ursprung und Zukunft des Menschen im All (Berichtsband der Tagung »Mensch und Kosmos IV« vom 14.–16.10.2004 auf Schloß Theuern/Oberpfalz), discorsi, Hamburg 2005.

Schetsche, Michael/*Engelbrecht*, Martin (Hrsg.): Von Menschen und Außerirdischen. Transterrestrische Begegnungen im Spiegel der Kulturwissenschaften, transcript, Bielefeld 2008.

Shostak, Seth: Nachbarn im All. Auf der Suche nach Leben im Kosmos, F.A Herbig, München 1999.

Silk, Joseph: Das fast unendliche Universum. Grenzfragen der Kosmologie, C.H. Beck, München 2006.

Ulmschneider, Peter: Intelligent Life in the Universe: Principles and Requirements behind its Emergence, Springer, Berlin/Heidelberg 2006.

Vaas, Rüdiger: Tunnel durch Raum und Zeit. Von Einstein zu Hawking, Kosmos, Stuttgart 2010.

Villard, Ray/*Cook*, Lynette: Infinite Worlds: An Illustrated Voyage to Planets beyond Our Sun, University of California Press 2005.

Wabbel, Tobias Daniel (Hrsg.): S.E.T.I. Die Suche nach dem Außerirdischen, Beustverlag, München 2002.

Walter, Ulrich: Zivilisationen im All. Sind wir allein im Universum?, Spektrum Akademischer Verlag, Heidelberg/Berlin 1999.

Webb, Stephen: If the Universe is teeming with Aliens ... Where is Everybody? Fifty Solutions to the Fermi Paradox and the Problem of Extraterrestrial Life, Copernicus, New York 2002.

White, Frank: The SETI Factor. How the Search for Extraterrestrial Intelligence is changing our View of the Universe and Ourselves, Walker and Company, New York 1990.

Aufsätze und Fachartikel

Almár, Iván/*Shuch*, H. Paul: The San Marino Scale: a new analytical tool for assessing transmission risk, in: Acta Astronautica (Januar 2007), Bd. 60, Nr. 1, S. 57–59.

Beck, Rainer: Das Square Kilometre Array. Ein Radioteleskop der Superlative, in: Sterne und Weltraum (September 2006), S. 22–33.

Bracewell, Ronald N.: Communications from Superior Galactic Communities, Nature (28.05.1960), Bd. 186, S. 670–671 [doi: 10.1038/186670a0].

Brin, David: Die Gefahren des Erstkontaktes, in: Leben im All. Positionen aus Naturwissenschaft, Philosophie und Theologie, Hrsg.: Tobias Daniel Wabbel, Düsseldorf 2005, S. 87–113.

Cash, Webster: Detection of earth-like planets around nearby stars using a petal-shaped occulter, in: Nature (06.07.2006), Bd. 442, Nr. 7098, S. 51–53 [doi: 10.1038/nature04930].

Cocconi, Giuseppe/*Morrison*, Philip: Searching for Interstellar Communications, in: Nature (19.09.1959), Bd. 184, Nr. 4690, S. 844–846.

Ditfurth, Hoimar v.: Der blinde Fleck in der Forschung. Die Suche nach Erkenntnislücken, in: Unbegreifliche Realität. Reportagen, Aufsätze, Essays eines Menschen, der das Staunen nicht verlernt hat (Hoimar v. Ditfurth), Rasch und Röhring Verlag, Hamburg 1987, S. 239–248.

Dyson, Freeman John: Search for Artificial Stellar Sources of Infrared Radiation, in: Science (03.06.1960), Bd. 131, S. 1667–1668.

Falcke, Heino/*Beck*, Rainer: Per Software zu den Sternen, in: Spektrum der Wissenschaft (Juli 2008), S. 26–34.

Freitas Jr., Robert A.: The Search for Extraterrestrial Artifacts (SETA), in: Acta Astronautica (1985), Bd. 12, S. 1027–1034 [IAA-84-243 (A)].

Gray, Robert H./*Marvel*, Kevin B.: A VLA Search for the Ohio State »Wow«, in: The Astrophysical Journal (10.01.2001), Bd. 546, S. 1171–1177 [doi: 10.1086/318272].

Heidmann, Jean: A proposal for a radio frequency interference-free dedicated lunar far side crater for high sensitivity radioastronomy: programmatic issues, in: Acta Astronautica (01.04.2000), Bd. 46, Nr. 8, S. 555–558.

Labeyrie, Antoine: Snapshots of Alien Worlds – The Future of Interferometry, in: Science (17.09.1999), Bd. 285, Nr. 5435, S. 1864–1865 [doi: 10.1126/science.285.5435.1864].

Lachmann, M./*Newman*, M. E. J./*Moore*, C.: The physical limits of communication or why any sufficiently advanced technology is indistinguishable from noise, in: American Journal of Physics (2004), Bd. 72, Nr. 10, S. 1290–1293.

Learned, John G./*Pakvasa*, Sandip/*Zee*, A.: Galactic Neutrino Communication, in: Physical Letters (12.01.2009), Bd. 671, Nr. 1, S. 15–19 [doi: 10.1016/j.physletb.2008.11.057] [arXiv:0805.2429v3].

Lemarchand, Guillermo A.: Denkt dort draußen jemand?, in: Spektrum der Wissenschaft (I/2000), Intelligenz [Spezial/Nachdruck], S. 96–106.

Loeb, Abraham/*Zaldarriaga*, Matias: Eavesdropping on Radio Broadcasts from Galactic Civilizations with Upcoming Observatories for Redshifted 21cm Radiation (19.11.2006) [arXiv: astro-ph/0610377v2].

Maccone, Claudio: Lunar Farside Radio Lab, in: Acta Astronautica (März 2005), Bd. 56, Nr. 6, S. 629–639 [doi: 10.1016/j.actaastro.2004.10.008].

Pace, G. W./*Walker*, J. C. G.: Time markers in interstellar communication, in: Nature (03.04.1975), Nr. 254, S. 400–401 [doi: 10.1038/254400a0].

Rauchhaupt, Ulf von: SETI: Wissenschaft zwischen Populärkultur und Ersatzreligion, in: Science & Fiction II. Leben auf anderen Sternen, Hrsg.: Thomas P. Weber, Fischer-Verlag, Frankfurt a. M. 2004, S. 204–228.

Sagan, Carl/*Salzman-Sagan*, Linda/*Drake*, Frank: A Message from Earth, in: Science (25.02.1972), New Series, Nr. 175, S. 881–884.

Schwartz, R. N./*Townes*, C. H.: Interstellar und Interplanetary Communication by Optical Masers, in: Nature (15.04.1961), Bd. 190, Nr. 4772, S 205–208.

Subotowicz, M.: Interstellar communication by neutrino beams, in: Acta Astronautica (Januar-Februar 1979), Bd. 6, Nr. 1 u. 2, S. 213–220 [doi: 10.1016/0094-5765(79)90157-7].

Tang, T. B.: Supernovae as time markers in interstellar communication, in: British Interplanetary Society (Juli/August 1976), Nr. 29, S. 469–470.

Tarter, Jill C./*Backus*, Peter R. u. v. a.: A Re-appraisal of the Habitability of Planets Around M Dwarf Stars, in: Astrobiology (Februar 2007), Bd. 7, Nr. 1, S. 30–65 [doi: 10.1089/ast.2006.0124].

Vaas, Rüdiger: Außerirdische – wo seid ihr?, in: bild der wissenschaft (2/2010), Konradin, Leinfelden-Echterdingen 2010, S. 40–47.

Valdes, Francisco/*Freitas Jr.*, Robert A.: A search for the tritium hyperfine line from nearby stars, in: Icarus (Januar 1986), Bd. 65, Nr. 1, S. 152–157 [doi: 10.1016/0019-1035(86)90069-2].

Diverse Links

(Bei längeren Links empfiehlt es sich, den Eigennamen oder den Titel des Beitrags mitsamt Autorennamen in die jeweilige Internet-Suchmaschine einzugeben. Zu beachten ist bitte die notorische *Halbwertzeit* der jeweiligen Links. Weitere Links folgen in den Fußnoten.)

Aleksandr L. Zaitsev: *www.cplire.ru/html/ra&sr/irm/personalia/index.html*

Allen Telescope Array (ATA): *http://ral.berkeley.edu/ata/*

Astrobiology – Life in Universe (NASA): *http://astrobiology.nasa.gov/*

Astrosociology Research Institute: *www.astrosociology.org/*

David Brin: *http://www.davidbrin.com/*

Frank Drake: *http://www.seti-inst.edu/about-us/people/staff/drake-frank.php*

Interaktiver Extrasolarer Planetenkatalog: *http://exoplanet.eu/catalog.php.*

Interstellare Missionen: *http://www.interstellarmissions.com/news1.html*

Isaac Asimov: *www.asimovonline.com/*

METI: *www.setileague.org/editor/meti.htm*

New Worlds Observer (NWO): *http://newworlds.colorado.edu/*

OZ-OSETI: *www.coseti.org/4273-22.htm*

Paul Horowitz Group: *http://seti.harvard.edu/index.html*

Seth Shostak: *http://www.seti.org/shostak*

SETI Institute: *www.seti.org*

SETI League: *http://www.setileague.org/*

SETI Permanent Study Group: *http://iaaseti.org/*

SETIs Wow-Signal: *www.bigear.org/wowmenu.htm*
Square Kilometre Array (SKA): *http://www.skatelescope.org/*
The Columbus Optical SETI Observatory: *http://www.coseti.org/*
The Planetary Society: *http://www.planetary.org/home/*

Personen- und Sachregister

Die in diesem Buch themenbedingt häufig verwendeten Begriffe wie *Aliens, Außerirdische, außerirdische bzw. extraterrestrische Intelligenz etc., Erde, Astro- und Exobiologie, NASA, Radioastronomie, Radioteleskope, SETI u.a.* wurden ebenso wenig aufgeführt wie einzelne Nationalstaaten.

D

E

F

G

M

N

O

P

Q

R

S